环保公益性行业科研专项经费项目系列丛书

设施农业土壤环境质量演变规律、环境风险与管理对策

黄 标 胡文友 等 著

科 学 出 版 社

北 京

内 容 简 介

本书是作者10多年来开展我国设施农业土壤环境质量演变规律、环境风险与管理对策研究工作的全面总结。针对我国设施农业生产中农药、肥料、农膜等农用投入品长期、高强度使用的特点，系统介绍设施农业土壤中农药、氮磷养分、农膜、酞酸酯、重金属、抗生素等积累对土壤环境质量的影响及其演变规律，分析设施农业土壤中污染物的来源与污染清单，评价不同污染物的生态效应和环境风险。在此基础上，建立我国设施农业土壤环境管理框架体系。这些研究成果对认识我国设施农业土壤环境质量演变、环境风险以及制定设施农业土壤污染防控和环境管理对策等，具有重要的学术价值和参考意义。

本书可作为设施农业土壤污染防控与修复、设施农业安全生产与环境管理、农业环境保护、农田土地利用规划、国土资源利用等专业和领域的管理者、科研工作者、研究生等的参考书，也可作为高等院校、科研院所土壤学、环境科学、生态学、环境工程、农学等相关学科的研究生教学参考教材。

图书在版编目（CIP）数据

设施农业土壤环境质量演变规律、环境风险与管理对策 / 黄标等著. —北京：科学出版社, 2018.11

（环保公益性行业科研专项经费项目系列丛书）

ISBN 978-7-03-058684-1

Ⅰ. ①设… Ⅱ. ①黄… Ⅲ. ①设施农业-土壤环境-环境质量-研究 Ⅳ. ①S62

中国版本图书馆CIP数据核字（2018）第202491号

责任编辑：周 丹 沈 旭 / 责任校对：彭 涛
责任印制：张克忠 / 封面设计：许 瑞

科学出版社 出版
北京东黄城根北街16号
邮政编码：100717
http://www.sciencep.com
河北鹏润印刷有限公司 印刷
科学出版社发行 各地新华书店经销
*
2018年11月第 一 版 开本：787×1092 1/16
2018年11月第一次印刷 印张：19 3/4
字数：466 000

定价：168.00元

（如有印装质量问题，我社负责调换）

环保公益性行业科研专项经费项目系列丛书

编著委员会

《设施农业土壤环境质量演变规律、环境风险与管理对策》著者名单

主要著者：

黄　标　胡文友　虞云龙　沈根祥　滕　应
何　跃

著者成员（按姓氏笔画顺序）：

方　华　华小梅　何　跃　冷　欣　汪　军
沈根祥　张艳霞　胡文友　钱小雍　高新昊
黄　标　曹云者　章海波　虞云龙　滕　应

序　言

目前，全球性和区域性环境问题不断加剧，已经成为限制各国经济社会发展的主要因素，解决环境问题的需求十分迫切。环境问题也是我国经济社会发展面临的困难之一，特别是在我国快速工业化、城镇化进程中，这个问题变得更加突出。党中央、国务院高度重视环境保护工作，积极推动我国生态文明建设进程。党的十八大以来，按照“五位一体”总体布局、“四个全面”战略布局以及“五大发展”理念，党中央、国务院把生态文明建设和环境保护摆在更加重要的战略地位，先后出台了《环境保护法》、《关于加快推进生态文明建设的意见》、《生态文明体制改革总体方案》、《大气污染防治行动计划》、《水污染防治行动计划》、《土壤污染防治行动计划》等一批法律法规和政策文件，我国环境治理力度前所未有，环境保护工作和生态文明建设的进程明显加快，环境质量有所改善。

在党中央、国务院的坚强领导下，环境问题全社会共治的局面正在逐步形成，环境管理正在走向系统化、科学化、法治化、精细化和信息化。科技是解决环境问题的利器，科技创新和科技进步是提升环境管理系统化、科学化、法治化、精细化和信息化的基础，必须加快建立持续改善环境质量的科技支撑体系，加快建立科学有效防控人群健康和环境风险的科技基础体系，建立开拓进取、充满活力的环保科技创新体系。

“十一五”以来，中央财政加大对环保科技的投入，先后启动实施水体污染控制与治理科技重大专项、清洁空气研究计划、蓝天科技工程专项等专项，同时设立了环保公益性行业科研专项。根据财政部、科技部的总体部署，环保公益性行业科研专项紧密围绕《国家中长期科学和技术发展规划纲要（2006—2020 年）》、《国家创新驱动发展战略纲要》、《国家科技创新规划》和《国家环境保护科技发展规划》，立足环境管理中的科技需求，积极开展应急性、培育性、基础性科学研究。“十一五”以来，环境保护部组织实施了公益性行业科研专项项目 479 项，涉及大气、水、生态、土壤、固废、化学品、核与辐射等领域，共有包括中央级科研院所、高等院校、地方环保科研单位和企业等几百家单位参与，逐步形成了优势互补、团结协作、良性竞争、共同发展的环保科技“统一战线”。目前，专项取得了重要研究成果，已验收的项目中，共提交各类标准、技术规范 1362 项，各类政策建议与咨询报告 687 项，授权专利 720 项，出版专著 492 余部，专项研究成果在各级环保部门中得到较好的应用，为解决我国环境问题和提升环境管理水平提供了重要的科技支撑。

为广泛共享环保公益性行业科研专项项目研究成果，及时总结项目组织管理经验，环境保护部科技标准司组织出版环保公益性行业科研专项经费系列丛书。该丛书汇集了一批专项研究的代表性成果，具有较强的学术性和实用性，可以说是环境领域不可多得的资料文献。丛书的组织出版，在科技管理上也是一次很好的尝试，我们希望通过这一尝试,能够进一步活跃环保科技的学术氛围,促进科技成果的转化与应用,不断提高环境治理能力现代化水平，为持续改善我国环境质量提供强有力的科技支撑。

黄润秋

中华人民共和国生态环境部副部长

前　　言

20 世纪 80 年代以来，我国设施农业发展极其迅速，设施生产面积从 1983 年的不足 1.5 万 hm^2 增加到 2010 年的近 446.7 万 hm^2，目前，产值超过 8000 亿元，创造了近 7000 万个就业岗位，其中，设施蔬菜种植面积占我国设施栽培面积的 95%。这为园艺产品的均衡稳定供给、农民的持续增收、农业现代化水平的持续提升做出了巨大贡献。尤其近二十多年来，设施蔬菜面积更是以每年约 10%的速度增长，中国现已成为世界上设施生产面积最大的国家，设施栽培占全世界的 85%以上，总面积和总产量均居世界第一位。

然而，设施蔬菜生产复种指数高，农药、化肥、有机肥、农膜等投入量大，设施环境温度高、湿度大、无雨水淋洗等，这些明显不同于露天蔬菜产地的生态环境条件，易造成污染物在土壤和环境中积累及有效性增加，从而对设施蔬菜产地生态环境及人体健康造成一定的不利影响。因此，迫切需要对设施蔬菜产地土壤环境质量问题及其原因进行系统分析，并提出环境管理对策，为设施蔬菜生产的可持续发展提供重要决策依据。

本书主要是在环保公益性行业科研专项项目“设施农业土壤环境质量变化规律、环境风险与关键控制技术”（No.201109018）资助下，同时结合了作者们多年积累的资料和研究成果的基础上完成的。全书共分 6 章，第 1 章绪论，介绍了设施农业的定义、国内外发展概况及设施农业环境管理的内涵和特征；第 2 章系统介绍了与设施农业土壤环境质量相关的土壤物理、化学和生物性质等的演变规律，以及农药、酞酸酯、重金属、抗生素等污染物的积累特征；第 3 章讨论了设施农业土壤中污染物的来源，并列出了各种污染物的污染清单；第 4 章系统评价了设施农业土壤环境质量演变的生态效应及生态风险；第 5 章在分析国内外设施农业发展现状和存在问题的基础上，构建了我国设施农业生产土壤环境管理框架体系，并对农用投入品的安全使用与管理对策、土壤环境标准体系的完善和建立、土壤污染综合防控的对策和技术体系构建等方面提出了具体的建议和设想；最后，第 6 章对今后设施农业土壤环境管理方面的工作提出了一些设想和建议。

本书第 1 章由黄标、张艳霞编写；第 2~4 章中有关设施农业土壤性质演变、养分积累、污染清单及生态效应评价方面的内容由沈根祥、钱小雍、高新昊、冷欣、黄标撰写，有关农药累积、污染清单及生态效应评价方面的内容由虞云龙、方华撰写，有关农膜及酞酸酯积累、污染清单及生态效应评价方面的内容由滕应、汪军、曹云者撰写，有关重金属积累、污染清单及生态效应评价方面的内容由胡文友、黄标撰写，有关抗生素积累、污染清单及生态效应评价方面的内容由章海波、方华撰写；第 5 章内容由黄标、何跃、胡文友、华小梅、虞云龙等撰写；第 6 章由黄标、胡文友撰写。最终，整体书稿由黄标、胡文友编辑整理。

由于作者水平有限，尽管力求完善，但书中的缺点在所难免，恳请读者批评指正。

著　者

2017 年 12 月 30 日于南京

目　　录

序言
前言
第1章　绪论……1
1.1　设施农业内涵及发展概况……1
1.1.1　设施农业的定义……1
1.1.2　设施农业的发展历程……2
1.1.3　设施农业的发展形式……3
1.1.4　国内外设施农业发展现状……4
1.1.5　国内外设施农业发展趋势……7
1.2　设施农业环境管理的内涵和特征……9
1.2.1　设施农业环境管理的概念及产生背景……9
1.2.2　设施农业环境管理研究的理论基础……10
1.2.3　设施农业环境管理与农业和环境可持续发展……12
1.3　设施农业研究区的选择和区域概况……15
1.3.1　我国设施农业生产发展概况……15
1.3.2　我国不同设施农业生产区域概况……18
参考文献……23
第2章　设施农业土壤环境质量状况与演变规律……25
2.1　设施农业土壤基本性质演变状况……25
2.1.1　物理性质……25
2.1.2　化学性质……27
2.1.3　土壤养分含量……30
2.1.4　生物指标……33
2.2　设施农业土壤环境质量演变状况……35
2.2.1　土壤可溶性氮的时空演变……35
2.2.2　土壤磷素的时空演变……37
2.2.3　土壤盐分的时空演变……39
2.3　设施农业土壤中农药的消解及其积累特征……39
2.3.1　农药在土壤中的消解特征……39
2.3.2　农药在土壤中的积累特征……47
2.4　设施农业土壤中酞酸酯的积累特征……52
2.4.1　我国土壤中酞酸酯的积累现状……52

2.4.2 典型设施农业区土壤酞酸酯的积累特征 ……54
2.4.3 农膜使用方式对土壤酞酸酯积累的影响 ……57
2.5 设施农业土壤中重金属的积累特征 ……60
2.5.1 全国设施农业土壤重金属累积的空间分布状况 ……60
2.5.2 南方典型塑料大棚设施土壤重金属积累特征 ……61
2.5.3 北方典型日光温室设施土壤重金属积累特征 ……67
2.6 设施农业土壤中抗生素的积累特征 ……70
2.6.1 我国农田土壤抗生素污染状况 ……70
2.6.2 设施农业土壤抗生素污染状况调查 ……71
2.6.3 设施与非设施农业土壤抗生素污染比较 ……74
2.6.4 不同种植年限下设施土壤抗生素的积累规律 ……75
参考文献 ……77
第 3 章 设施农业土壤中污染物的来源与污染清单 ……82
3.1 设施农业重点投入农药清单 ……82
3.1.1 常用农药环境优先控制品种风险评价原则 ……82
3.1.2 常用农药环境优先控制品种风险评价标准 ……82
3.1.3 常用农药环境优先控制品种风险评价计算公式 ……84
3.1.4 常用农药环境优先控制品种风险评估清单 ……85
3.2 设施农业土壤中养分的来源与污染清单 ……87
3.3 设施农业农膜及酞酸酯的来源与污染清单 ……88
3.4 设施农业土壤中重金属的来源与污染清单 ……90
3.4.1 设施农业土壤重金属的来源分析 ……90
3.4.2 设施农业土壤和肥料中重金属的污染清单分析 ……92
3.5 设施农业土壤中抗生素的来源与污染清单 ……95
3.5.1 设施农业土壤抗生素的来源分析 ……95
3.5.2 设施农业土壤抗生素的污染清单 ……99
3.5.3 设施农业土壤中抗生素的污染负荷 ……102
参考文献 ……105
第 4 章 设施农业土壤环境质量演变的生态效应与风险评估 ……108
4.1 设施农业土壤环境质量演变对土壤生态功能的影响 ……108
4.1.1 设施农业农药重复施用对土壤微生物功能和结构的影响 ……108
4.1.2 设施农业农药重复施用对土壤遗传毒性的影响 ……116
4.1.3 设施农业农药在土壤中的环境行为及风险 ……117
4.1.4 设施农业抗生素污染对土壤功能和结构的影响 ……119
4.1.5 设施农业土壤抗生素污染的微生物抗性响应 ……124
4.1.6 设施农业土壤重金属累积趋势预测 ……127
4.2 设施农业土壤环境质量演变对作物产量和品质的影响 ……130

4.2.1 土壤养分高量施用对蔬菜产量和品质的影响 ········ 130
4.2.2 农药高频高量施用对蔬菜品质的影响 ········ 140
4.2.3 设施农业农膜和酞酸酯污染的植物生态效应与阈值 ········ 146
4.2.4 设施农业土壤重金属积累对农产品安全的影响 ········ 162
4.3 设施农业土壤环境质量演变对水环境质量的影响 ········ 167
4.3.1 设施农业肥料高投入对水环境的氮磷污染风险 ········ 167
4.3.2 基于水体安全的土壤抗生素污染的评价指标与体系 ········ 174
4.4 设施农业土壤环境质量演变对土壤动物和人体健康影响 ········ 175
4.4.1 农药施用对土壤动物健康的影响 ········ 175
4.4.2 设施农业土壤酞酸酯污染的动物健康影响效应 ········ 177
4.4.3 设施农业农膜与酞酸酯污染的人体健康风险评估 ········ 187
4.4.4 设施农业重金属积累的人体健康风险评估 ········ 190
参考文献 ········ 196
第 5 章 设施农业土壤环境质量管理对策 ········ 199
5.1 发达国家的先进经验 ········ 199
5.1.1 大力发展无土栽培 ········ 199
5.1.2 强化污染源头控制，促进设施农业环境保护 ········ 199
5.1.3 制定农产品质量标准，加强蔬菜产品质量追踪 ········ 200
5.2 我国设施农业发展现状及问题分析 ········ 201
5.2.1 典型设施农业基地的社会状况 ········ 202
5.2.2 典型设施农业基地的经济状况 ········ 203
5.2.3 典型设施农业基地的管理现状 ········ 204
5.3 我国设施农业农用投入品使用和管理状况 ········ 206
5.3.1 设施农业农药使用和管理状况 ········ 206
5.3.2 设施农业肥料使用和管理状况 ········ 208
5.3.3 设施农业农膜使用和管理状况 ········ 213
5.4 我国设施农业土壤环境质量问题产生的原因 ········ 216
5.4.1 设施农业农用投入品高投入成为普遍现象 ········ 217
5.4.2 经营粗放、环境保护意识较薄弱、污染控制技术相对落后 ········ 218
5.4.3 法律法规缺失、环境质量标准不适应管理需求 ········ 219
5.4.4 生产整体规划缺乏、监管监测职责不明、体系机制缺失 ········ 221
5.5 我国设施农业土壤环境管理框架体系的建立 ········ 222
5.5.1 土壤环境管理要素 ········ 222
5.5.2 土壤环境管理措施 ········ 223
5.6 设施农业农用投入品安全使用与环境管理对策 ········ 227
5.6.1 农药安全使用与土壤环境管理对策 ········ 227
5.6.2 肥料安全使用与土壤环境管理对策 ········ 230

5.6.3 农膜安全使用与土壤环境管理对策 ········234
5.7 设施农业土壤环境质量标准体系的建立和完善 ········236
5.7.1 设施农业土壤环境质量标准的完善 ········236
5.7.2 设施农业土壤环境质量评价标准体系框架 ········247
5.8 设施农业土壤污染综合防控对策和技术体系 ········254
5.8.1 土壤污染防控技术研究 ········254
5.8.2 土壤污染防控对策和技术体系的构建 ········283
参考文献 ········296
第 6 章 设施农业土壤环境质量演变、风险评估与环境管理研究展望 ········298
参考文献 ········300

第1章　绪　　论

1.1　设施农业内涵及发展概况

1.1.1　设施农业的定义

广义的设施农业（greenhouse agriculture）包括设施种植和设施养殖，指利用农业工程手段，通过现代设施实现部分人工控制环境的种植业和养殖业。狭义的设施农业指设施种植，通常也称为设施园艺（greenhouse horticulture）或设施栽培（greenhouse cultivation），这也是本书论述的范围。设施农业是集生物工程、农业工程、环境工程为一体的跨部门、多学科的系统工程，指借助一定的硬件设施对作物生长的全部或部分阶段所需的环境条件（如光、温、水、肥、气等）进行调节、控制或者创造，使植物地上部和根部环境得以改善，提高作物光能利用率，进而增加作物产量、改善作物品质、延长作物生长季节，并使作物在露地不能生长的季节和环境中能正常生长。这在一定程度上可以使作物摆脱对自然环境的高度依赖，是一种高效的农业生产（Jensen and Malter, 1995; 张乃明, 2006; 李廷轩和张锡洲, 2011）。以高技术、高投入、高产出为特征的设施农业不仅代表现代农业的发展方向，而且设施农业发展的程度已经成为衡量一个国家或地区农业现代化水平的重要标志之一。

理想的设施农业旨在缓解或解决作物与其生长环境、人与自然资源及社会需求与供给等方面可能存在的矛盾，具有鲜明的地域特征，并与社会经济、文化发展关系密切。现代设施农业具备以下特点：

（1）具有经济效益、社会效益、生态效益三重性。设施农业系统是典型的生态经济系统，具有经济、社会和生态综合效益：第一，设施农业通过对环境条件的控制，使农业生产摆脱自然环境的束缚，实现周年性、全天候和反季节的规模生产，产品产量高、品质好、生产周期短，从而提高经济效益；第二，设施农业可为人们提供新鲜、奇特、健康、安全的农副产品，满足城乡居民对农产品的市场需求，从而取得一定的社会效益；第三，设施农业可使农业资源得到优化配置和高效利用，并改善农业环境，从而取得生态效益。

（2）抵御风险的能力强。设施农业对农业生产的各个方面及环节，都可以进行人为的干预和控制，使农业生产及农产品的储藏不再受到自然条件的限制，从而增强了抵御风险的能力。

（3）物质和能量的投入大。设施农业是科技含量及集约化程度非常高的现代农业生产方式，要求有大量物质和能量的投入。

（4）知识与技术高度密集。设施农业是先进的生物技术、工程技术、信息技术、通信技术和管理技术的高度集成，涵盖了建筑、材料、机械、通信、自动控制、环境、栽培、管理与经营等学科领域的系统工程。通过可调控的技术手段对农业资源进行合理配置、综合调控、高效利用并使之良性循环，在环境友好的基础上达到高产、高效、优质。

（5）地域差异性显著。设施农业生态系统具有显著的地域差异性。

1.1.2　设施农业的发展历程

设施农业发展历史悠久。公元前 4 世纪已有植物被种在保护地上生长的相关记载。公元初期，罗马人已利用透明的云母片覆盖黄瓜，使之提早成熟，被视为设施栽培的起源；15～16 世纪，英国、荷兰、法国和日本等国家就开始利用简易温室栽培时令蔬菜或小水果；17～18 世纪，法国、英国、荷兰等国家开始发展玻璃温室，并用火炉和热气加热玻璃温室；19 世纪初，英国学者开始研究温室屋面的坡度对进光量的影响以及温室加温设备的研发，并据此开发研制了具有双屋面的玻璃温室，主要用于黄瓜、葡萄、甜橙、柑橘、甜瓜、凤梨等的栽培；19 世纪后期，温室栽培技术从欧洲传入世界各地，其中日本、中国等国家纷纷开始研制单屋面的温室；20 世纪 60 年代，美国成功研制无土栽培技术，并成为温室栽培技术大变革的重要标志；20 世纪 70 年代初，美国已有 400hm^2 无土栽培温室用于生产黄瓜、番茄等蔬菜；20 世纪 80 年代，全世界用于蔬菜生产的温室面积达 16.5 万 hm^2，总产值达 300 亿美元/a；用于花卉生产的温室 5.5 万 hm^2，总产值达 160 亿美元/a。这个时期，亚洲和地中海地区温室数量迅速增加。欧洲南部的温室主要生产蔬菜，而北欧的温室则主要生产附加值高的鲜花和观赏植物。

我国早在 2000 多年前，《汉书》就有记载使用透明度高的桐油纸作覆盖物进行时令蔬菜的栽培。然而，现代意义上的设施农业发展较晚，20 世纪 70 年代末至 80 年代初，温室生产得到大规模的发展，我国陆续从国外引进温室，在消化和吸收国外先进技术的基础上，以地膜覆盖、塑料拱棚和日光温室为主的保护地栽培得到了长足的发展。我国自身的温室技术和产品也在不断提高，80 年代末，基本形成温室产业的雏形；20 世纪 90 年代初，随着经济的发展和生活水平的提高，人们对特色菜、优质蔬菜、花卉等消费的不断增加，为满足多方面的需求，我国温室建设进入了一个新的发展阶段；90 年代后期，除了符合我国国情的经济节能型日光温室和塑料大棚外，国外先进的温室生产设施也纷纷引入我国，温室生产逐渐从北方向南方、冬季向夏季、以蔬菜业为主向果树和花卉方向迅速拓展，成为我国农家致富、丰富城乡居民“菜篮子”的有效手段，是我国农业中最富有活力的新产业之一（刘峰和张明宇，2014；张乃明，2006；滕应和骆永明，2014）。到 2013 年底，我国的温室面积已达到 200 万 hm^2，较 2000 年增加了将近 190%（中国农业年鉴编辑委员会，2011），温室面积居世界第一。节能日光温室的快速发展，使反季节、超时令的设施蔬菜数量充足、品种丰富，蔬菜全年均衡供应水平大大提高。

1.1.3 设施农业的发展形式

由于模式选取的基点、背景条件以及目的不同，不同地区设施栽培的发展模式也有所不同。设施栽培的发展模式主要有简易覆盖型（主要以地膜覆盖为典型代表）、简易设施型（主要包括中、小拱棚）、一般设施型（如塑料大棚、加温温室、日光温室以及微滴灌系统等）和工厂化农业（玻璃或PC板连栋温室），其中以日光温室（节能日光温室、普通日光温室）和塑料大棚发展最快。简易覆盖型、简易设施型和一般设施型设施栽培农业技术含量低、粗放经营、经营规模较小；工厂化农业是设施农业的高级发展阶段，在我国尚处于试验阶段，是我国设施农业未来的发展方向。

（1）小拱棚（遮阳棚）：优点是制作简单、投资少、作业方便、管理非常省事；缺点是不宜使用各种装备设施的应用，并且劳动强度大、抗灾能力差、增产效果不显著，主要用于种植蔬菜、瓜果和食用菌等。

（2）日光温室：我国科技工作者在一面坡温室的基础上不断完善提高开发出来的一种具有中国特色的温室形式。它是以太阳能为主要能源，夜间采用活动保温被在前屋面保温进行越冬生产的单屋面塑料薄膜温室。该类温室的东、西、北三面墙体和后屋面采用高保温建造材料，在我国北方地区，正常条件下不用人工加温可保持室内外温差达20～30℃以上。此类温室现已推广到北纬30°～45°地区，是北方地区越冬生产园艺产品的主要温室形式。日光温室的优点有采光性和保温性能好、取材方便、造价适中、节能效果明显，适合小型机械作业。

（3）塑料大棚：以塑料薄膜作为透光覆盖材料的单栋拱棚，一般跨度在6.0～12.0m，脊高2.4～3.5m，长度在30～100m以上。塑料大棚内部结构用料不同，分为竹木结构、全竹结构、钢竹混合结构、钢管（焊接）结构、钢管装配结构以及水泥结构等。总体来说，塑料大棚优点是造价比日光温室要低、安装拆卸简便、通风透光效果好、使用年限较长、主要用于果蔬瓜类的栽培和种植；缺点是棚内立柱过多、不宜进行机械化操作、防灾能力弱、北方一般不用它做越冬生产。

（4）连栋温室：将多个单跨的温室通过天沟连接起来的大面积生产温室，是当今世界和我国发展现代化设施农业的趋势和潮流。连栋温室根据结构型式和覆盖材料不同，分为连栋玻璃温室、连栋塑料温室和聚碳酸酯板温室（PC 板温室）。其中连栋塑料温室根据覆盖塑料薄膜的层数分为单层塑料薄膜温室和双层充气温室。PC 板温室根据聚碳酸酯板材料的不同，分为 PC 中空板温室和 PC 浪板温室。温室的屋面形式有拱圆形、锯齿形和人字形等。玻璃或PC板连栋温室具有自动化、智能化、机械化程度高的特点，温室内部具备保温、光照、通风和喷灌设施，属于现代化大型温室；有采光时间长，抗风和抗逆能力强等优点；缺点为建造成本过高。

（5）工厂化农业：设施农业的高级发展阶段，即使用高科技设施材料，运用先进的工程技术手段构建与田间传统农业截然不同的生产环境，如同在工厂中进行农业生产，通常包括加热系统、降温系统、通风系统、遮阳系统、微灌系统和中心控制系统，它属于集约高效型农业。

1.1.4 国内外设施农业发展现状

国外设施农业起步较早，技术较成熟，发展到现阶段，设施农业已是高科技、高投入、高产出、高效益的集约化农业。其中，代表最高水平设施农业生产的国家主要包括荷兰（林金水, 2014; 黄丹枫和葛体达, 2008）、以色列、美国、日本（Ito, 1997; van Berkel, 1984; 张乃明, 2006; 李廷轩和张锡洲, 2011; 滕应和骆永明, 2014; 郭世荣等, 2012） 等。发达国家设施农业呈现的特点是：不仅重视高水平的设施建设和能源投入，而且非常注重生态环境保护和资源循环利用，配有先进的设施栽培管理技术，实现全天候生产，具有先进的设施环境综合调控方法、农业机械化技术、新型覆盖材料、规范化栽培技术、采收后作物的商品化及营销手段等，并不断向高科技、自动化、智能化、网络化发展。

1. 荷兰

荷兰地势平坦，降雨充足，但光照不足，土地有限，荷兰政府为使有限的土地得到高效的利用，采取了一系列符合国家气候特点和国情的农业发展战略及政策。1983～1992 年间，政府实行补贴政策，从事温室生产的农户均可获得 50%的政府资助，荷兰的温室农业产值一直呈上升趋势。随后，政府着重致力于农业宏观产业环境的营造，一是通过信贷政策和补贴政策，鼓励重点发展的领域和产业“快步增长”，出口创汇；二是积极参加欧盟事务；三是加强水利工程和环境保护的建设，促进荷兰农业高效、持续发展；四是在有效保护农业知识产权的基础上，加强对农业高新技术和信息网络技术方面的投入；五是帮助企业组织宣传，扩大国际交流合作。

荷兰设施农业的集约化、规模化、专业化的生产水平非常高，是世界上应用玻璃温室最先进的国家。荷兰玻璃温室面积占世界玻璃温室面积的 1/4，设施温室技术先进。大多数农业企业采用集约化、规模化的生产方式，有利于设施专业化配置，降低生产成本，提高产品质量和效益。同时专业化生产促进了专业领域的研究，企业发展后劲强劲。荷兰已研制出对设施光、温、水、气等环境进行综合调控的模拟模型软件，可根据作物对环境的不同需求，由计算机对设施内的环境因子进行自动监测与调控，使设施土壤连作障碍不再成为影响作物生长的限制因子，并能全面有效地调控温室温度、光照、水分、肥料等环境条件。高效的温室设施使作物生产摆脱了自然气候的束缚，造就了荷兰发达的生态农业，其商品率高达 90%以上。荷兰设施园艺规模大、自动化程度高、生产效率高，设施农业温室内的温、光、水、气、肥等均实现了智能化控制，从品种选择、栽培管理到采收包装形成了一整套完整规范的技术体系，番茄、黄瓜等实现了一年一大茬的长季节无土栽培，平均产量 600t/hm^2，创造了当今世界最高产量和效益水平。

荷兰设施农业具有高度工业化特征。由于摆脱了自然气候的影响，设施园艺完全可以实现按照工业生产方式进行产品的生产和管理。温室种植生产过程中有其特定的生产规则、生产周期、产品包装、产品销售等，因此称为工厂农业。在荷兰，工业化技术植入农业生产已经成为工业化大体系不可分割的部分。植物工厂是荷兰最具工业生产特点的现代化农业。完善市场经营模式、规范市场体系，为荷兰的温室产品快速进入消费领域提供了优质的服务和保障。荷兰温室及配套设施的生产已经形成高度社会化、专业化、国际化的市场体系，无论从规模、面积、水平都位于世界前列，但荷兰境内却没有一家专门制造温室的企业，例如，荷兰温室的覆盖材料、保温材料等均从比利时、瑞典等国进口，温室建造的运作主要靠温室工程公司。

知识和科技是农业创新的手段，荷兰的农业知识体系为其农业发展提供了巨大的支撑。农业政策和相关领域科研工作由专门机构负责。农业研究包括基础研究、战略研究、应用研究和实际研究，这些研究与成果推广主要来自三个方面：农业科学研究所、研究站、地区研究中心。农业领域推广工作组织结构分明，政府、企业、农民和相关推广部门之间形成高效的“农业知识网络”，通过这个网络，农业科研的最新知识和技术成果迅速传播到每个农户，并很快在全国推广普及。

2. 以色列

自然条件恶劣，水资源匮乏，土地盐碱化严重，60%的土地位于干旱区，20%为半干旱区，然而，以色列却创造了沙漠中的奇迹。它已研制出世界上最先进的农业技术，在有效利用水资源、使用农业计算机和高精尖技术以及生产产品等方面都居世界领先地位，被誉为欧洲的“冬季厨房”。以色列长期致力于开发节水灌溉新技术，现代化的滴灌和喷灌系统均配备有测定温度、湿度、CO_2浓度等环境因子的电子传感器和测定分析水肥需求的计算机，实现了灌溉系统的遥控指挥。这种封闭的输水和配水灌溉系统，不仅有效地减少了田间灌溉过程中的渗漏和蒸发损失，使农业用水减少30%以上，而且先进的设施可以使施肥和灌溉同时进行，有效地实现了水肥一体化作业，节省肥料30%～50%。这种集灌溉、计算机于一体的技术已被应用到美国、巴西、韩国、中国等地，其灌溉设备已向50多个国家出口。

以色列的温室采用高架结构，不仅可以提高温室内土地的利用率，同时增加室内有效空间，温室内装有热屏，冬季保温、夏季遮阳，有效控制室内生长环境的稳定性；温室覆盖材料具有较高的透光率，能最大限度地吸收阳光。温室具有良好的通风和防病虫害的效果，通风系统根据外界天气变化由计算机指挥，病虫害的常规预防也由计算机指挥。以色列具有先进的种子科学技术和种子科研机构，全国各地有多个专门的私立育种实验室、良种培育机构。这些科研机构培育出了大量的农作物优良品种，还培育出了适应沙漠地区咸水生产的小麦、洋葱、西红柿、西瓜等。

以色列拥有科研、推广和农民协会三位一体的网络支撑。以色列对农业研究与开发工作在财政上给予相当的投入。以色列的农业技术推广服务机构十分健全，推广服务按照农业经营者的要求适时进行调整，具有高度的针对性和专业性。科研课题直接来自生产实际，并由生产部门提供适当的经费和试验基地，科研成果通过推广向农民传授，所创利润由生产部门和科研部门获得，从而使科研、生产双赢。以色列的农民中90%具有中专或高中学历，有3%受过大学教育，有50%的农民具有较高的技术应用水平。

3. 美国

美国的温室多数为大型连栋温室，主要分布在南部的加利福尼亚州、亚利桑那州和东南部的佛罗里达州；在美国的北部，只发展冬季不加温的塑料大棚，而把温室企业发展中心转移到南方，节省大量的能源。在设施栽培技术及综合环境控制技术方面，如无土栽培技术、营养液供给系统、增施 CO_2 技术、雄峰授粉、机器人移苗、高压雾化降温、加湿系统以及湿帘降温系统等均处于世界领先水平。

美国设施农业发展迅速，自 20 世纪 50 年代起至今，温室建筑发生了三次大的转变：

第一阶段（1950～1969 年），美国温室建筑以木结构为主，覆盖材料几乎全部用玻璃。部分温室有加温设备和自然通风，室内以土壤栽培为主，自动化设备较少。主要以芝加哥为中心的温室群为代表。

第二阶段（1970～1989 年），覆盖材料除了玻璃外，出现了玻璃钢和双层充气薄膜，减轻了骨架质量，降低了建筑成本。20 世纪 80 年代中期，增施 CO_2 技术、应用计算机控制环境及滴灌技术、无土栽培技术已普遍应用，温室降温采用电扇强力通风、冷水墙等技术开始普及。

第三阶段（1990 年以后），20 世纪 90 年代以后，美国温室又有了较大的发展。首先在建筑材料上，PC 板已进入实用阶段，该板透光与保温性能好，不易破损，防火性能强，可制成 3 层中空板，但价格较高。此外，光谱选择薄膜的研究进展较快，红外线薄膜可以降低温室内的温度，使植株矮化，促使果实生长发育。

4. 日本

日本的温室器材制造业、太阳能利用、温室骨架材料、覆盖材料和温室综合环境调控技术都处于世界领先水平。目前，日本农户大量采用的设施是塑料钢架大棚，占设施栽培总面积的 80%，实现棚架标准化；也有用单栋管架棚连接成连栋棚，上部有排水沟，节省耕地，利于环境调控管理。此外，还有比大棚面积小的中、小型拱棚，其骨架多采用钢管。塑料大、中、小棚覆盖材料为功能性聚氯乙烯农膜。炎夏覆盖遮阳网、防虫网或不织布等材料，并可强制通风，淋水降温、降湿；冬季有自动加温的暖房机，夜间暖膜覆盖；有自动供水系统，可滴灌、渗灌、雾化降温。日本的温室设施可以通过计算机将温度、湿度、CO_2 浓度和肥料等控制在最适合植物生长发育的水平上，所开发的设施栽培计算机控制系统可以较全面地对设施内栽培的植物所需环境进行多因素检测与控制。

5. 中国

我国设施栽培的主要类型是中、小型塑料拱棚、塑料大棚、日光温室和现代大型温室。中、小型塑料拱棚和塑料大棚主要用于春提前、秋延后的保温栽培，南方地区多用于夏季的遮阴栽培；日光温室用于北方地区的越冬保温栽培；现代大型温室用于各地区周年栽培。我国先后在1979～1987年间和1995～2000年间，分别从荷兰、日本、美国等国引进大型连栋温室，并不断引入配套栽培品种和管理技术，也逐步考虑到了不同温室类型、气候条件等因素的影响。目前，从实际使用情况看，尽管设施、品种、栽培技术、配套设备生产规范，可以形成规模生产能力，产品产量高、品质好，但也存在对中国气候的适应性差、能耗大和运行费用高等问题。在我国，要特别指出的是，北方地区冬季的鲜菜生产和供应存在较大问题。20世纪80年代中期，我国辽宁的鞍山、瓦房店地区，利用日光温室生产越冬蔬菜获得成功，以后各地农民和相关专家对日光温室进行研究开发和技术完善，逐步形成节能型日光温室，并在北方多地迅速推广应用，为有效解决冬春新鲜蔬菜的生产和供应起了非常明显的作用，成为具有鲜明中国特色的技术，为世界瞩目（刘峰和张明宇, 2014; 张乃明, 2006; 钟钢, 2013）。

现阶段，我国设施栽培已进入巩固、完善、提高、再发展的阶段。设施栽培总体布局区域合理，多数地区在发展中体现了以节能为中心，低投入、高产出的特色；设施设备的总体水平有了明显提高，设施类型向大型化发展。中国的设施农业虽然取得了举世瞩目的成就，但与发达国家相比，仍有较大差距，主要表现在：设施有效利用水平低、抵御自然灾害能力差；虽然设施栽培面积巨大，但90%以上的设施仍为简易型，仅能起到防雨、保温作用，无法满足对设施内温、光、水、肥、气等环境因子的智能调控，一旦受到恶劣天气、病虫害的影响，作物产量和品质即受到严重冲击；机械化程度低、劳动强度大，设施栽培的作业设备和相关配套尚不完善，生产仍以人力为主，生产效率低下；设施栽培科技含量低、技术不完善、生产不规范；设施管理不科学，导致设施条件种植的农产品质量和品质始终无法达到国际水平。

1.1.5 国内外设施农业发展趋势

1. 国外设施农业发展趋势

随着现代生物技术、工程技术、网络技术的快速发展，设施农业的技术含量会越来越高，并朝着自动化、智能化、网络化的方向继续发展。总体上讲，国外设施农业的发展呈现以下趋势：

（1）设施覆盖材料多样化。北欧国家多用玻璃，南欧国家多用塑料，美国多用聚乙烯膜双层覆盖，日本应用聚氯乙烯膜。覆盖材料的保温、透光、遮阳、光谱选择性能将日渐完善。

（2）温室建筑面积大型化。在农业技术先进的国家，每栋温室的面积都在0.5hm^{2}以上。大型温室设施具有投资高、土地利用率高、便于实行机械化自动管理、实现产业化规模生产、立体栽培、室内环境相对稳定等优点，因此，如荷兰、加拿大等发达国家的温室逐渐向大型化方向发展。

（3）环境调控自动化、智能化。温室应用的核心是能够对设施内栽培环境进行有效的控制，创造出适宜作物生长的最佳环境条件。因此，未来的人工智能控制系统要做到栽培环境全自动控制，设施内部环境因素（温度、湿度、光照、CO_2浓度）的调控由单因子控制向利用环境、计算机等多因子动态控制系统发展。同时，还要与市场、气象站、种苗公司、病虫害测报等相结合，进行产量、产值的预测，为生产者提供更为广泛的信息情报和确切的决策依据。

（4）设施园艺作业高度机械化。发达国家从事农业人员较少，加上劳动力成本较高，设施园艺生产中非常注重管理水平和劳动生产率的提高，从温室耕作、作物栽培、生长管理、产品采收、包装和运输等过程全部实现机械化控制。随着工业技术的不断发展，机器人技术将会逐渐应用于设施园艺的生产，使温室作业精确、高效、省力。

（5）温室生物防治、节能、节水等新技术将成为研究的重点。为防治温室内化学物质的污染，发达国家重视在温室内减少肥料、农药使用量，大力发展生物防治技术。通过温室光能利用、作物生长与温室环境关系等基础理论研究，温室的结构优化设计与新材料开发等技术在发达国家受到重视。在节水方面，国际上也正在研究以作物需水量信息为依据的自动化灌溉系统。

（6）设施作物品种多样化、市场服务体系日趋完善。随着各国设施农业的发展，除原来作为主栽培品种的蔬菜、水果和花卉外，一些能产生高附加值的植物如香料、特种植物、工业用原料植物、药用植物、食用菌、其他特种观赏植物等都已成为温室栽培的主要品种，温室类型和栽培品种趋于多样化。各国都十分注重发展自己的特色栽培，走特色化和规模化的道路。

（7）无土栽培成为现代设施园艺的主要栽培形式。目前，全球已有 100 多个国家将无土栽培技术用于温室生产品质优、商品性好、安全、绿色的园艺产品。在发达国家中，无土栽培与温室面积的比例，荷兰超过 70%，加拿大超过 50%。随着未来人口数量的不断增长、可耕地面积日益锐减，无土栽培技术在提高作物产量、拓展土地利用空间以及保护自然生态环境方面具有广阔的应用前景，在设施园艺、观光农业、家庭园艺、植物工厂和太空农业领域也将会拥有广阔的发展前景。

（8）设施园艺的生态、社会功能更加突出。随着人们对农产品安全和生态环境保护的日益关注，温室环境友好、资源高效利用技术得到广泛重视，设施栽培产品及对环境的无污染化成为必然。设施园艺在都市美化绿化、环境保护、园艺健康、休闲观光等方面应用将会得到蓬勃发展，将在提高社会生态文明和精神文明建设中做出突出的贡献。

国外设施园艺蓬勃发展，新材料、新手段、新技术、新模式、新成果不断应用，科技、产量、效益水平不断提高，发达国家的经验和好的做法值得我国借鉴，有助于我国从设施农业大国向设施农业强国转型。发展设施农业，使农产品工厂化生产是发展绿色食品、有机食品、提高农产品在国际市场竞争力的必由之路；是实现农业增产、农民增收的重要措施；是农业和农村经济结构调整的战略选择。

2. 国内设施农业发展趋势

未来，我国在设施农业的发展应在基本满足社会需求总量的前提下协调发展，逐步实现规范化、标准化、系列化、产业化，形成具有中国特色的技术和设施体系，主要表现在以下几个方面：

（1）将设施生产与自动控制技术相结合。开展作物与温、光、水、气、肥等环境因子交互作用规律与仿真模型的研究，实现光、温、水、肥、气等因子的自动监控和机械作业的自动化管理。促进设施与产品向标准化发展，建立和完善设施农业系统的相关标准，包括温室及配套设施的性能、结构、设计、安装、建设、使用标准，设施栽培工艺与生产技术规程标准，产品质量与监测技术标准等。

（2）重视现有技术和新成果的推广应用。随着科学技术的迅猛发展，我国的温室也必将向大型化、集约化、规模化、产业化方向发展。温室大棚骨架材料趋向强度大、轻便、耐腐蚀、使用寿命长等方向发展；覆盖材料向透气性好、保温保湿性能优越的方向发展；配套设施向电动、自动监控的方向发展；规模向多拱拼装式、大型连栋式的方向发展。采光利用率高、能耗低的日光温室将成为发展重点。开展设施配套技术与装备的研究开发，包括温室用新材料、小型农机具和温室传动机构、环境监测等关键配套产品。

（3）逐步开展自动化、智能化试验和推广。研究开发具有我国自主知识产权的、适用于环境调控的各种设备装置及探测头，真正实现自动化、机械化和智能化管理。对具有我国自主知识产权的高效节能型日光温室，应组织专门力量进行深入研究，加速其设施设备现代化，作业机械化、自动化和智能化的进程。开展适宜于不同地区、不同生态类型的新型系列温室的研究开发，提高我国自主创新能力和设施环境的调控能力。

（4）与生物技术结合，研发出具有抗逆性强、抗虫害、耐贮藏、高产的温室作物新品种，利用生物制剂、生物农药、生物肥料等专用生产材料，向精确农业方向发展，为社会提供更加丰富的无污染、安全、优质的绿色健康食品。

（5）开展植物工厂的研发。该设施是在全封闭的设施内周年生产园艺作物的高度自动化控制生产体系，植物工厂内以采用营养液栽培和自动化综合环境调控为重要标志，能免受外界不良环境的影响，实现高技术密集型省力化作业。

1.2 设施农业环境管理的内涵和特征

1.2.1 设施农业环境管理的概念及产生背景

1. 设施农业环境管理的概念

1974 年在墨西哥召开的“资源利用、环境与发展战略方针”专题研讨会上“环境管理”的概念首次被正式提出。1975 年休埃尔在其《环境管理》一书中对环境管理做了专门阐述，指出“环境管理是对损害人类自然环境质量的人为活动（特别是损害大气、水和陆地外貌质量的人为活动）施加影响”。他特别说明，所谓“施加影响”是指“多人协同的活动，以求创造一种美学上会令人愉快、经济上可以生存发展、身体上有益于健康的环境所作出的自觉的、系统的努力”。我国学者刘天齐主编的《环境技术与管理工程概论》一书中，对环境管理的含义做出了如下论述：“通过全面规划，协调发展与环境的关系，运用经济、法律、技术、行政、教育等手段，限制人类损害环境质量的行为，达到既满足人类的基本需要，又不超出环境允许极限的目的”。

设施农业环境管理是指运用行政、法律、经济、教育和科学技术等手段，坚持宏观综合决策与微观监督执法相结合，从环境与设施农业发展综合决策入手，运用各种有效管理手段，规范设施农业责任主体的各种行为，协调设施农业发展、经济、社会发展同生态环境保护之间的关系，限制责任主体损害环境质量的农业活动，以维护设施农业生产正常的环境秩序和环境安全，实现设施农业的可持续发展。

2. 产生背景

在我国，设施农业已经成为部分农村地区的支柱产业，成为农业产业结构调整不可替代的模式。设施农业是以节地、节水、节能为目标，综合应用保护措施、生物技术、环境调控和工程技术管理的现代农业生产方式。但是由于受各类污染源、设施环境及栽培方式特殊性的影响，设施土壤盐渍化、酸化、污染物积累、地力下降、地下水污染、蔬菜品质下降等环境问题日益严重，对设施农业土壤的可持续利用及农产品、环境、健康安全造成不同程度的不利影响（华小梅等, 2013; 张真和和李建伟, 2000; 黄标等, 2015）。

另外，我国在对水肥、农药的施用管理，设施农业生产经营以及污染控制技术等方面总体落后，相关的法律法规缺失、环境质量标准不适应管理需求、设施农业生产规划和监测监管缺失、体系机制职责不明，设施农业责任主体环境保护意识薄弱、盲目性强等因素加剧了设施农业环境的恶化，设施农业的可持续发展受到了严重的威胁（刘峰和张明宇, 2014; 黄标等, 2015）。因此，开展设施农业环境管理的相关研究工作刻不容缓。

1.2.2　设施农业环境管理研究的理论基础

1. 公共物品和外部性理论

公共物品是指一般由政府向社会所有成员提供的各种公共服务及公共设施的总称，是那种不论个人是否愿意购买，都能使整个社会中的每个成员获益的物品。公共物品具有非竞争性和非排他性。农业环境资源具有部分公共物品的性质，任何一个个体的使用或消耗不会影响其他个体的使用，这就是环境的非竞争性，但是，如果破坏环境会影响其他人的使用质量；而无论何人保护环境产生的生态效益任何人都可以使用，无法将一些人排除在外使其不享用，这就是环境的非排他性。公共物品的非竞争性和非排他性特征注定使市场机制决定的公共物品供给量无法达到最优状态，从而导致市场机制失灵（何兰平, 2007; 田翠翠, 2014; 马彩华, 2007）。要解决市场机制的失灵，政府机制的介入就非常有必要。总体上讲，市场机制适宜从事私人物品的配置，而政府机制适宜从事公共物品的配置。因此，要解决农业环境，就必须依靠政府的力量来实现。

所谓外部性是指某种生产活动会影响他人的福利，而这种影响不能通过市场买卖。

外部性可以分为外部经济（即正外部性）和外部不经济（即负外部性）。外部经济就是一些人的经济活动使另一些人受益而又无法向受益者收费的现象；外部不经济就是一些人的经济活动使另一些人受损而没有给予受损者补偿的现象。农业活动过程会产生环境问题，但生产者无须（从经济人特性的角来说他们也不自愿）对生产过程中所导致的环境污染支付费用，也就是说，生产者在核算产品成本中没有将环境成本包括在内，这部分成本被外部化。

英国著名经济学家庇古认为正外部性就是使边际社会收益大于边际私人收益，为了解决因外部性存在使私人收益少而降低外部性提供者积极性的问题，庇古提出了外部性内部化的设想，引入政府，由政府给正外部性提供者以补贴，提高其私人收益来鼓励发展，从而实现边际社会效益与边际私人效益均衡。他在《福利经济学》一书中提出了政府依据污染造成的损失对排污者征税的理论，以促进减少对社会的损失，消除边际社会成本与边际私人成本的差距，使两者均衡，从而实现负外部性内部化，这种赋税就是所谓的“庇古税”。然而，英国诺贝尔经济学奖获得者科斯认为只要产权明晰，在市场的交易成本为零的情况下，可以通过市场机制解决外部性问题。基于这种认识，在这一时期，政府对生产者采用了许多经济手段，以期消除环境问题所带来的外部性。这对环境问题的解决起到了很大的作用。但是，环境问题仍在继续恶化。

2. 农业可持续发展理论

20 世纪 50 年代到 70 年代，发达国家大规模地快速发展经济，引领全球经济迈进繁荣阶段。然而随着经济、人口不断增长，人类活动对资源和环境带来的压力也在不断增加，人们开始质疑经济增长模式与经济发展模式的等同性。1962 年，美国著名的生物学家蕾切尔·卡森在《寂静的春天》一文中深刻阐述了人类与环境之间的密切关系，揭示了环境污染对农业生态系统的影响，并描述了农药污染所致的生态影响。在蕾切尔·卡森思想的影响下，人类对于传统观念和自身行为开始了深入反省，并在发展观念上，开始总结和探索新的发展道路和模式。

1972 年，英国经济学家芭芭拉·沃德和美国微生物学家勒内·杜博斯在《只有一个地球》一书中第一次将环境问题与经济增长问题联系在一起来寻找环境问题产生的根源，突破了传统上仅局限于从生产技术角度去寻求环境问题产生根源的不足。随后“持续增长”和“合理地持久地均衡发展”的概念出现在《增长的极限》的研究报告中，该报告明确指出：如果人类不采取措施，遏制人口数量增长、环境污染以及资源消耗使其以较高的增长态势继续发展的话，自然界和人类社会必将达到极限，地球将最终面临崩溃。因此，呼吁人们要尽快采取行动，制止不合理、不可持续的发展模式，建立可持续的稳定状态。

“可持续发展”概念在世界保护联盟 1980 年起草的《世界自然资源保护大纲》中被第一次提出。1987 年，世界环境与发展委员会在《我们共同的未来》研究报告中进一步将环境问题与社会发展问题联系起来，并明确指出环境问题产生的根本原因就在于人类的发展方向、发展道路和发展方式，报告正式提出了“可持续发展的模式”这一概念，并对将其详尽阐述为：既满足当代人的需要，又不对后代人满足其需要的能力构成危害的发展。报告还指出要将环境保护与人类发展结合起来，短期发展目标和长远发展目标要保持协调一致。1992 年，联合国环境与发展大会通过的全球《21 世纪议程》，深刻反思为保持经济快速发展所产生的“高生产、高消费、高污染”以及“先污染、后治理”的传统发展模式，把可持续发展理论与实际行动结合起来，从此，可持续发展理论广泛应用于国际社会，并进行持续深入地探索。

农业可持续发展就是协调好农业经济发展与其所处环境的关系，由于各国的发展状况和基本国情不同，农业可持续发展的内涵和模式在不同的地区有不同的表现与应用。农业环境问题不仅仅是技术问题，更主要的是经济问题和社会问题，而导致环境污染的一系列经济问题和社会问题都和人们的思想分不开的。我国作为农业大国，务必在合理运用农业资源和保护人类赖以生存的环境的前提下，处理好人口、资源、社会、环境之间的关系。

1.2.3 设施农业环境管理与农业和环境可持续发展

近 30 年，我国设施农业发展日新月异，为有效提高农业的产量产值与产业素质，保障国家粮食数量安全，尤其是蔬菜、瓜果、花卉等园艺产品的有效供给，不断满足城乡居民日益增长的农产品和饮食文化需求，实现农业增效、农民增收、农村发展后劲增强“三增”等做出了不可磨灭的巨大贡献。然而，基于经济、科技、管理和发展理念与方式等诸方面的掣肘及局限性，我国设施农业作为现代农业的重要组成部分，面临可持续发展的挑战也愈凸显和空前严峻，乃至远甚于大田露地的传统、常规农业。因此，转变发展理念与模式，积极深入探究现阶段设施农业可持续发展的新途径、新方式迫在眉睫（张桃林, 2015; 杨曙辉等, 2011）。

1. 以新理念引领农业持续发展

“高投入、高产出”是高度集约化、专业化的现代设施农业基本生产经营理念。高投入并不意味着土地、物质、资金、劳动力、技术等生产要素的简单、粗放式的叠加、集中和组合，而是要求诸要素间高度协调一致及科学合理地优化配置；同样，高产出并非直观、表象和一般意义上农产品产量简单、暂时的提高与增长，而是特指充分考量投入产出比的高效益、高效率的增长，并寓意持续性、安全性及生态性。

因此，各级政府、责任部门和领导干部应深刻认识、充分把握现阶段设施农业发展中存在的诸多现实问题与种种积弊，在不断提高自身思想觉悟、认知度的同时，强化宣传、教育、培训和引导，着力提升各级管理者、企业和广大农民的思想认识水平与素质，转变粗放化、掠夺式的生产经营观念和方式，切实将“绿色”、“低碳”、“循环”、“资源节约、环境友好”等可持续发展的新理念贯穿于现代设施农业建设与发展的全过程，用以保障农业生态环境安全和农产品质量安全，引领现代设施农业可持续发展。

2. 以标准化力促农业持续发展

高度集约化、规模化、专业化的设施农业区已成为我国重要的农业高产区，但同时又是农业污染与农产品质量安全问题较为突出的重点地区之一。因此，应将设施农业标准化生产作为“全面实施农业标准化战略、促进现代农业科学持续发展、保障农产品质量安全”的切入点、关键点，并将此摆在更加突出的位置、更为重要的议事日程。

加强设施农业相关环境质量标准的修订。我国设施农业土壤环境质量标准的更新已严重滞后，修订和完善现行设施土壤环境质量标准势在必行。首先，尽快根据设施蔬菜生产基地土壤重金属积累状况调查和重金属在设施土壤中的环境化学行为、迁移转化规律等修订现行的设施土壤重金属环境质量标准。其次，针对目前缺乏反映设施农业农药、肥料和农膜高投入污染的土壤环境质量指标，应尽快完善设施农业中常规使用农药、氮磷养分、农膜与酞酸酯残留、抗生素等污染物的含量限值。根据设施蔬菜生产体系的特点，规范相应的土壤环境质量评价方法。

制定农用投入品污染物限量标准。在设施农业农用投入品方面，应构建设施农业条件下农用投入品生产、安全使用规范与污染物控制限量标准。尤其是针对目前商品有机肥标准的不健全，如未列入监管的抗生素及 Cu、Zn 等元素、农膜中尚未制定酞酸酯的限定标准等，完善相应的标准体系，为设施农业土壤环境质量管理提供依据。

开展设施蔬菜产地环境风险评估与调控。制定设施蔬菜生产基地土壤污染的风险评估技术和土壤修复技术导则，开展设施产地污染土壤对环境和人体健康的风险评估，构成完善的风险评估框架体系。对于设施蔬菜产地土壤污染物累积与污染问题，应采取以防为主，防治结合的原则。对于未出现污染物超标的设施蔬菜产地，坚持源头控制，严格监管和限制污染物进入环境。对于有一定污染物累积但未形成风险的设施蔬菜产地，可通过筛选、组装和推广土壤污染调控关键技术进行污染物累积过程阻断。对于已出现污染物累积超标的，可采取多种修复手段结合的方法，实现污染的末端治理。

3. 以新技术力保农业持续发展

土壤保护与修复。积极采取合理轮作、科学灌溉与施肥、灌水洗盐、改土（客土、换土、去表土、深耕翻土）、施用土壤改良剂等综合技术措施，强化保护和改善土壤环境。

肥料技术。推广应用包括缓（控）释肥、长效肥、高效复合（混）肥、有机生物肥、微生物肥、专用肥料等各类新型肥料，以及测土配方施肥、平衡施肥和微灌施肥、CO_2 气态施肥等设施精准高效施肥技术。

绿色植保技术。着力推广普及农业防治、生物防治、物理机械防治和综合防治，以及生物农药，高效、低毒、低残留绿色化学农药与高效、精准施药等设施病虫草无公害防治新技术。

设施内环境的调控管理技术。科学合理调控光、温、湿、气等设施内环境和小气候，有利于作物抗性增强，病虫危害减轻和有害物质的分解、降解与扩散。

新型塑料膜技术。大力研发和推广应用光解/生物降解等新型可降解农用塑料膜，以及先进、高效的传统地膜揭膜、残膜清除、回收利用新技术。

大力推广无土栽培。无土栽培与种植作为现代设施农业的重要发展方向和有效破解土壤环境与农产品质量安全问题的最佳措施应在温室生产中得以推广与应用。

4. 以新型生产者力推农业持续发展

现代设施农业是技术与知识高度集约，资金、劳动、生产高度密集的新兴高效农业，这就意味着生产经营主体——农民必须具备较高的科技文化水平与素质。为提高从业者的环保意识，政府可通过环保基金计划减轻农民的经济压力，同时通过通俗易懂的方式对低教育水平生产者进行环保知识和科学生产的宣传教育与示范，让生产者意识到自己的生产方式对环境产生的影响。尤其要加强设施蔬菜生产企业环保意识的引导，企业产品质量和产地环境质量的提高有利于提高企业的社会形象，可明显增强企业的社会责任感。

提高农民的组织化程度。大力扶持农业龙头企业，建立和完善农民合作经济组织、专业技术协会或研究会等，将过度分散的设施生产经营者组织起来，全面推行“公司+基地+协会+标准+农户”产业经营新模式，实行“产前、产中、产后”全程统一质量监控；同时，建立健全农产品质量认证制度和市场准入准出制度等，力保设施农业产业化、规范化、标准化生产与可持续发展。

5. 以合理监管保障农业可持续发展

加强设施产地的区域宏观调控。建议环保部根据国家各个地区的资源和区位优势，制订有指导性的设施农业污染防治规划，明确设施农业发展的优势区域、重点领域和重要项目。各地区环保部门应参与到设施农业的发展规划中，进行监管和指导，把节约资源和保护生态环境的理念落实在设施农业发展的各个环节。为了保障一个地区的资源合理利用，在合理规划的基础上制定设施产地的准入、退出制度，保护区域土壤资源合理利用。

建立设施产地环境监管体系。建立以环保部门负责的环境监管职能部门，统筹设施蔬菜生产系统环境管理制度、环境监测标准、环境监测监管手段、土壤环境评价、土壤环境生态补偿确定和实施等制度，使设施生产的环境管理落到实处。开展设施土壤环境质量状况的系统调查与定位监测，逐步建立设施产地土壤环境质量监测与评价体系，实时了解区域设施土壤污染的特征与程度，及时反馈规划和决策部门。

加强设施产地农用投入品使用的监管和指导。应对设施作物用药安全间隔期做出严格限定，同时，加强农药销售商的监管和指导，制定生物农药和环境友好型农药助剂、农药减量化栽培种植管理技术等的使用导则。在畜禽养殖业饲料添加剂、有机肥原料、商品肥料等各个农用投入品生产环节建立污染物限值标准，加强污染物含量监测。同时，在肥料投入环节建立各种污染物投入总量控制标准，实施总量控制。通过制定严格农膜生产质量标准来规范农膜生产企业的生产，杜绝不合格农膜上市流通；政府部门可通过免税或补贴政策倡导企业生产可降解地膜；在农膜末端处置环节，建设废旧农膜回收站和田间垃圾回收点，建立废旧农膜回收、处置及资源化利用技术导则。

6. 以科技创新支撑农业持续发展

关于设施农业发展和环境间的协调关系，目前的研究基础还很薄弱。进一步加大各级财政对农业科技创新的投入支持力度，强化农业科技人才队伍建设，基础研究和应用研究并重，“软硬”技术并举，着力提高设施科技创新、自主创新、集成创新和引进、吸收、消化再创新能力与水平，以科技的不断进步、配套设施装备水平和农艺技术的不断提升，支撑现代设施农业的持续发展。

根据国际设施农业发展趋势和大方向，紧密结合自身国情和各地实际，开发具有自主知识产权的设施农业环境技术设备和污染控制技术，例如，适宜不同气候、生态类型、区域的温室结构优化研究与配套产品自主研发；保温、节能、透光等新型多功能覆盖材料研制；节能、节水、节肥等绿色环控设施，微灌与自动化灌溉技术，精准施肥用药技术；以生物防治、生物农药为重点的设施病虫草害综合防控技术；高产、高抗、优质设施专用新品种选育；多功能、可降解、无公害农膜的深度研发；无土栽培设施及其配套装备自主研发、无土栽培农艺配套技术；以大型温室、智能控制、管理机器人和植物工厂为代表的高度机械化、智能化、自动化、规模化现代设施农业装备与技术体系的研究建立等。

1.3 设施农业研究区的选择和区域概况

1.3.1 我国设施农业生产发展概况

20 世纪 70 年代末，我国设施农业开始大规模的发展，进行诸如地膜覆盖、塑料大棚和日光温室为主的保护地栽培（滕应和骆永明，2014）。我国设施蔬菜产业在国家相关政策大力促进与扶持下，进入 90 年代后发展迅速，在蔬菜产业中的地位日益提升，已成为我国许多区域的农业支柱产业。设施蔬菜播种面积占蔬菜总播面积的比例从 1990 年的 2.5%增加到 2010 年的 25%，是全国蔬菜生产总规模扩大的主要贡献因素。2010 年设施蔬菜播种面积约达 467 万 hm^2（图 1-1），分别占我国设施栽培面积的 95%和世界设施园艺面积的 80%，成为世界上设施面积最大的国家，且仍以每年 10 %左右的速度在增长；设施蔬菜总产量超过 1.7 亿 t，占蔬菜总产量的 25%，产值分别占蔬菜总产值的 65%以上，人均设施蔬菜占有量已达 200 kg 以上，全国农民人均增收接近 800 元，占农民人均纯收入的 16%，提供了近 4000 万个就业岗位，为解决城乡居民菜篮子需求、促进农民增收发挥了巨大作用。

根据地理气候、区位优势等因素，可以将我国蔬菜产区大致划分为北部高纬度、黄土高原、黄淮海与环渤海、长江流域、华南与西南热区、云贵高原六个优势区域。设施蔬菜生产优势区域主要集中在环渤海及黄淮冬春光热资源相对丰富的地区，共有 204 个蔬菜产业重点县（市、区），面积约占全国设施蔬菜总面积的 50%以上，其中山东省设施蔬菜面积约占全国的 1/5 以上。每个重点县日光温室与大中棚面积≥2000hm^2，外销量≥15 万 t，人均占有量≥350kg。根据《全国蔬菜产业发展规划（2011—2020 年）》规划，2015 年 204 个重点县设施蔬菜总产量将达到 1.53 亿 t，约占全国蔬菜总产量的 55%，外销量 1.07 亿 t；2020 年蔬菜总产量达到 1.63 亿 t 以上，外销量 1.16 亿 t。

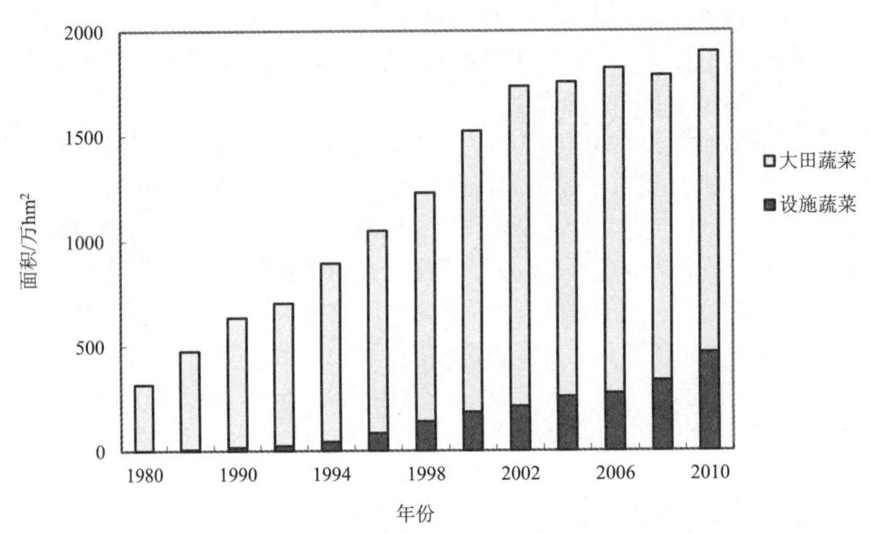

图 1-1　我国历年大田和设施蔬菜播种面积

图片来源：国家发展改革委、农业部《全国蔬菜产业发展规划（2011—2020 年）》

除上述优势区外，大城市（直辖市、计划单列市、省会城市等）为满足必需的常年菜地最低保有量，提高蔬菜自给率，也将设施栽培作为蔬菜生产的重要手段。如上海市设施菜地占菜地总面积的比例已从 2000 年的 22%增加到 2010 年的 35%。

据预测，未来我国对蔬菜需求不断增加，到 2050 年，人均蔬菜消费将增长 50%，需求增长 75%。从全国范围设施蔬菜发展看，“十一五”以来，随着农业部与全国近二十个省、直辖市、自治区发展设施农业的相关文件和扶持政策的先后出台，各地方政府积极落实、稳步加大资金投入，使越来越多的传统蔬菜种植向设施种植转换，设施蔬菜基地建设已成为各地蔬菜规模化生产及高效农业、农业科技示范园、农业生态旅游等的载体，设施蔬菜生产已在全国呈现遍地开花、蓬勃发展之势。可见我国设施蔬菜生产的发展潜力巨大。

我国设施蔬菜的设施类型在 1995 年以前，小拱棚的应用面积高于大、中棚；从 1995 年开始，大、中棚增长率升高，到 2000 年应用大、中棚面积超过小拱棚，居所有类型之首（图 1-2）。同时，节能日光温室和普通日光温室的应用面积也在逐年攀升，其中节能日光温室的增长率明显更高。至 2010 年全国日光温室（节能日光温室+普通日光温室）的应用面积为总设施面积的 23%，小拱棚占 37%，大、中拱棚占 39%（郭世荣等，2012）。不管怎样，主要设施类型大致可分为两类，即各类塑料大棚和日光温室。

不同区域布设的设施类型、生产模式与当地的气候、光热等条件相关。日光温室种植茄果类、瓜类、豆类等喜温瓜菜以及芹菜、韭菜等喜凉蔬菜；塑料大棚种植茄果类、瓜类、豆类和叶菜类等。日光温室主要分布在东北、华北、西北等光能较充足的地区，实现冬、春季果菜的无加温生产。优势区中辽宁以日光温室为主，北京、天津、河北、山东、河南 5 省市塑料大棚与日光温室并存。江苏、安徽以及长江中下游、西南、华南地区主要发展规模不等的塑料大棚，实现果菜、根菜、叶菜、水生蔬菜等多样化蔬菜的周年生产。

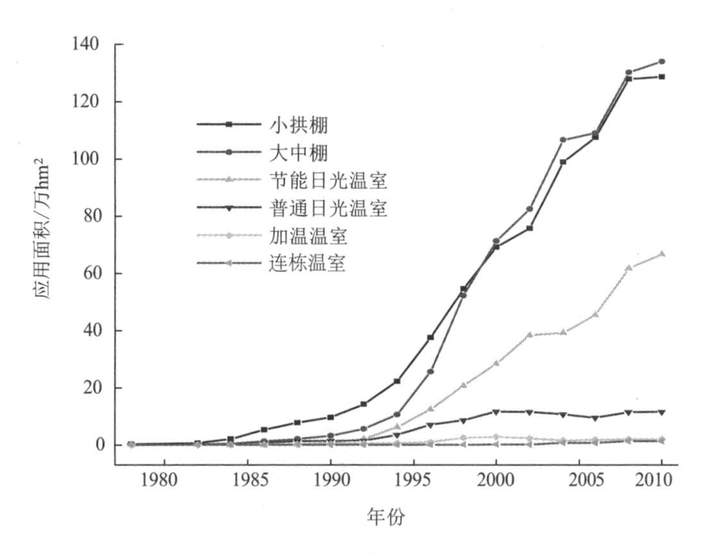

图 1-2　全国设施蔬菜面积及结构类型逐年变化（郭世荣等，2012）

根据我国设施农业的类型特点、土壤分布状况，结合目前我国关于设施农业土壤环境方面的研究基础，本研究选取北方设施蔬菜生产区（山东寿光、河北永清、北京大兴、辽宁沈阳、陕西西安、宁夏银川）、东南设施农业生产区（江苏铜山、江苏南京、江苏张家港、江苏东台、浙江嘉兴、上海市郊、福建泉州）以及西南设施农业生产区（云南昆明、四川成都、西藏拉萨）等区域开展了典型研究区的调研。最终确定了以北方日光温室（以碱性、砂壤质土壤为主）和南方联栋大棚（以酸性、黏壤质土壤为主）两种设施蔬菜生产类型为重点研究对象（图 1-3）。应该说，这两种设施蔬菜生产类型是我国最主要的设施农业生产类型。同时选定了在上述地区的典型设施蔬菜生产基地，系统开展了各项研究工作。

（a） 北方日光温室　　（b）南方塑料大棚

图 1-3　我国设施农业 2 种主要类型

1.3.2 我国不同设施农业生产区域概况

本研究先后调研的具体地区自北而南包括宁夏银川、陕西西安、辽宁沈阳、北京大兴、河北廊坊、山东寿光、江苏铜山、江苏南京、江苏东台、江苏张家港、上海市郊区、浙江嘉兴、福建泉州、云南昆明、四川成都、西藏拉萨等。通过这些地区的调研，对我国设施农业生产有了一个较为全面的认识。其中，山东寿光、江苏铜山、江苏南京、江苏张家港、上海市郊区以及浙江嘉兴作为重点的研究区，分别开展了后续各项深入研究工作。

各个典型研究区的基本情况如下。

1）山东省寿光市

山东省是中国蔬菜的主要产区，蔬菜种植面积常年占全国的10%以上，设施蔬菜的面积占全国的近50%。其中，寿光市更是全国的重要蔬菜生产基地，有“中国蔬菜之乡”之称，其日光温室蔬菜种植在全国极具代表性。寿光市位于山东半岛中部，渤海莱州湾南畔，全市面积2180 km^2，人口113.9万。该市地处中纬度带，北濒渤海，属暖温带半湿润气候，年均温度约12.4℃，年均降水量约608 mm。整体地形为平原，土壤类型主要为褐土和潮褐土。全市蔬菜种植面积84万亩[①]，日光温室达30多万个，年产蔬菜439万t，656个品种获得“国家优质农产品”标志，11个产品获“国家地理标志产品”认定。

寿光市日光温室蔬菜生产产地主要集中分布在中南部乡镇。基于科学性、代表性和准确性的原则，选取山东省寿光市日光温室蔬菜种植具有代表性的古城、孙家集、洛城、纪台、稻田、文家等6个乡镇作为研究区域，对日光温室蔬菜的生产状况进行了调查。在采集不同蔬菜生产年限土壤的基础上，开展了土壤性质和肥力演变、重金属积累以及农药、酞酸酯和抗生素等有机物残留、土壤污染调控技术等方面的研究工作。

2）江苏省铜山区

江苏铜山位于江苏省西北部徐州市，地处黄泛冲积平原与低丘陵相间地带，属暖温带湿润和半湿润的季风气候。年平均气温13.9℃，年平均降水量868.6mm，平均无霜期为210d。铜山蔬菜种植面积达到122万亩，其中设施蔬菜达到67万亩，百亩以上规模的大、中棚集中度达到63%以上。拥有日光温室、大、中、小棚和智能温室等多种设施类型。另外，该区域还出现了大面积设施蔬菜与粮食作物（水稻、玉米）轮作的生产方式。对铜山地区6个典型设施蔬菜生产乡镇进行了系统调研和采样，它们分别是马坡镇、郑集镇、黄集镇、张集镇、三堡镇和棠张镇。铜山地区的设施蔬菜生产主要以乡镇合作社为主体，农民自建的各个设施基地为单位，其经营管理模式主要分3类，分别为“公司+合作社”、“合作社+个体农户”、“公司经营”模式。在对该区域系统调查和采样的基础上，还对该地区的设施农业社会经济状况和生产管理状况、土壤性质的演变、重金属积累和环境效应、酞酸酯和抗生素残留状况、土壤污染调控等方面进行了研究。

---

① 1亩≈666.667m^2。

3）江苏省南京市

南京市属北亚热带季风气候区，年平均气温 15.7℃，年平均降水量为 1072.9mm。为了满足城市对新鲜蔬菜的供应，城市周边发展了大量的设施蔬菜生产基地，在前期调研和大量实地考察的基础上，最终选择了分布于长江阶地或丘陵区第四纪黄土母质上，由长期种植水稻而形成的水耕人为土转变成设施蔬菜生产的基地作为典型研究区。选择的研究基地包括南京谷里街道标准设施蔬菜科技示范基地（种植时长 6a，定义为中期无公害蔬菜基地）、南京江宁区汤山镇锁石村设施蔬菜生态旅游基地（种植时长 15a，定义为长期无公害蔬菜基地）、南京溧水区永阳镇普朗克有机蔬菜公司（种植时长 12a，定义为中长期有机蔬菜基地）、江宁区湖熟街道河南高效设施蔬菜基地（种植时长 4a，定义为短期无公害蔬菜基地）等。这些设施蔬菜基地的设施类型均为塑料大棚。在对这些研究区设施蔬菜生产系统社会经济状况和生产管理状况调查的基础上，对四个典型研究基地，通过密集土壤和作物等采样分析，研究了土壤性质和肥力演变、重金属积累和环境效应以及农药、酞酸酯和抗生素等有机物残留和环境效应、土壤污染调控技术等方面的研究工作。

4）江苏省张家港市

张家港市地处长江三角洲冲积平原，地势平坦，属北亚热带季风气候，年平均气温 15.2℃，年平均降水量 1039.3 mm。该市土壤类型主要有潮湿雏形土和水耕人为土两个亚纲，前者主要分布于北部的沿江圩田地区，为长江冲积物母质发育而成，历史上曾以棉-麦轮作为主，目前主要为稻-麦轮作；后者则主要分布于南部的平田地区，由潟湖相沉积母质发育而成，以稻-麦轮作为主。

自 20 世纪 90 年代初开始，张家港市经历农业产业结构调整的第二阶段，在这一阶段，该市大力发展高效经济作物，扩大蔬菜种植面积，土地利用强度增大。全市的蔬菜种植面积由 1991 年的 2028.96 hm^2 增加到 1996 年的 2715.44 hm^2，2000 年，种植面积为 2882.11 hm^2；2003 年，种植面积为 3115.4 hm^2；2007 年，种植面积为 3444.44 hm^2，蔬菜种植面积在不断增加，年均增加量约为 90 hm^2。近五年来蔬菜种植方式主要以设施种植为主。作者在该市也进行了大规模调查采样，详细研究了该地区土壤性质和肥力演变、土壤重金属积累和环境效应方面的研究工作。

5）江苏省东台市

东台市属亚热带和暖温带的过渡区，气候条件良好，水热资源丰富，具有温和湿润，光照充足，雨水充沛，四季分明的特点。年平均气温 14.5℃，年平均日照时数 2231.9h，以 8 月最多、2 月最少；年平均降水量 1059.8mm，年际变化幅度大，降水量季节分配不均，以 6～9 月为主，占全年降水量的 60%以上。东台属江、淮和黄河的冲积平原，境内地势平坦，土壤基质肥力较低，盐碱化较高，地下水埋深浅且矿化度高。土壤类型以滨海盐土为主。

东台市高效农业和设施农业面积均列全省第一，2016 年被表彰为“全省发展现代高效农业成效显著县”。全市拥有全国最大的大棚西瓜、甜叶菊特色生产基地，全省大棚种植规模最大的青椒基地，韭菜、番茄、土豆、白菜等蔬菜的设施种植规模也较大。

全市已建成 9 个现代农业园区，仙湖现代农业示范园、三仓现代农业产业园等跻身省、市级示范园区。全市已建立大棚西瓜、三韭、青椒、甜叶菊、胡萝卜、时令茄果等六大优势产业基地。据统计，2015 年东台市新增设施农业面积 1.35 万亩，总面积 66 万亩。项目在该基地进行了设施农业土壤氮磷、重金属的积累特征及其环境效应等方面的研究。

6）上海市郊区

上海市是长江三角洲冲积平原的一部分，属北亚热带季风性气候，年均气温 15.2～15.8℃，年平均降水量 1178.2mm。土壤类型主要包括两种，一是分布于西南部地区，发育于湖积物母质上的水稻土；二是分布于沿江或沿海，发育于冲积物母质上的潮土。上海的设施蔬菜的生产以规模化设施蔬菜园艺场为特色，所以，在上海市郊区展开了规模化塑料大棚的生产状况面上调查，调查范围涉及松江、青浦、金山、奉贤、崇明、闵行、嘉定、宝山、浦东新区等上海市各郊区，调查对象为占地面积在 200 亩以上的规模化设施蔬菜园艺场。在面上调查的基础上，选择部分典型园艺场进行土壤采样，并对土壤各种基本性质进行了后续的分析工作，详细开展了这类设施蔬菜生产过程中土壤性质和肥力演变、土壤养分积累的环境效应、土壤污染调控技术等方面的研究。

7）浙江省嘉兴市

浙江省嘉兴市位于杭嘉湖平原上，海拔较低，气候上属于北亚热带南缘的东亚季风气候，年平均气温 15.8℃，平均降水量 1155.7mm，土壤类型为发育于湖积物母质上的水稻土，由于地势低，地下水位高，所以，大部分水稻土属于潜育性水稻土。项目选择了该区丁栅镇界泾港村作为重点研究区。该区种植蔬菜的历史较长，设施蔬菜生产的发展也较早，主要类型为当地农民经营的设施蔬菜大棚，蔬菜产品中的主打产品是番茄，2004 年，被农业部命名为"中国番茄之乡"；除此之外，黄瓜、青菜等也是常见的蔬菜产品。浙江省嘉兴市农科院在该村设立了一个设施农业试验基地。值得注意的是，该村为了解决设施蔬菜生产中出现的连作障碍问题，大部分农户采用蔬菜与水稻轮作的方式。项目在该基地进行了详细的农药施用状况调查，并重点开展了设施条件下各种农药在土壤、作物上降解和积累状况、农药施用调控技术等的研究。

8）云南省昆明市

项目以滇池东岸昆明市呈贡、晋宁县的连片设施农业区为主要研究对象。该区地处长江、红河、珠江 3 大水系分水岭地带，属中亚热带湿润季风气候，冬暖夏凉，四季不分明，干湿季变化显著，年平均气温为 14.7℃，年平均降水量为 1035 mm，90%的降雨集中在 5～10 月份，年均蒸发量达 2472.3 mm。地带性土壤为山原红壤（湿润富铁土），偏酸性，肥力稍差；坝区为河湖堆积而成的水稻土，土壤肥沃。成土母质为石灰岩、砂岩残积物、坡积物和冲积物。目前，滇池东岸的官渡—呈贡—晋宁一带土地利用方式由原来的粮食作物生产转变为以大棚生产为主，作物类型以蔬菜和花卉为主，其中蔬菜种植占主导地位，其蔬菜交易量占云南全省的 20%以上。本研究在该区进行了设施农业生产状况、土壤肥力演变、土壤重金属演变等方面的研究。

9）陕西省西安市

西安市位于渭河流域中部关中盆地，北临渭河和黄土高原，南邻秦岭。年平均气温13.0～13.7℃，年降水量522.4～719.5mm，由北向南递增。西安市境内土壤母质种类复杂，植被类型众多，河流纵横交错，地下水位悬殊，历史上人类影响程度不一，因而土壤构成复杂多样。主要土壤类型为褐土、潮土等。由于农耕历史悠久，人类生产活动对土壤形成发展影响深刻，土壤兼受自然因素和人为因素双重影响。设施类型主要为日光温室，一般夏季不种菜，秋冬季节进行蔬菜生产。项目在高陵和杨凌的设施蔬菜基地进行了设施农业土壤养分、重金属的积累特征等方面的研究。

10）宁夏回族自治区银川市和中卫市

宁夏回族自治区设施农业起步于20世纪80年代中期，2007年以来，宁夏设施农业发展迅速，年均增长1.3万hm^2以上，形成了节能日光温室、大中小拱棚、大型连栋温室等多种类型的配套设施体系，呈现出园区化建设、集约化生产、产业化经营的发展格局，是农业部规划的黄土高原夏秋蔬菜生产优势区域和设施农业优势生产区。银川市是宁夏区主要的设施蔬菜生产区。地形分为山地和平原两大部分，西部、南部较高，北部、东部较低，略呈西南—东北方向倾斜。地貌类型多样，自西向东分为贺兰山地、洪积扇前倾斜平原、洪积冲积平原、冲积湖沼平原、河谷平原、河漫滩地等。海拔在1010～1150m，属于中温带大陆性气候，年平均气温8.5℃左右，年平均降水量200mm左右，是中国太阳辐射和日照时数最多的地区之一。设施栽培有日光温室、大中拱棚、小拱棚三种类型，其中日光温室是主要设施蔬菜生产类型。

中卫市地势西南高，东北低，市区平均海拔1225m，地貌类型分为黄河冲积平原、台地、沙漠、山地与丘陵五大单元。属典型的温带大陆性季风气候，因受沙漠影响，日照充足，昼夜温差大，平均气温在7.3～9.5℃，年平均降水量180～367mm。项目在贺兰县的山前平原灰钙土和灌淤土区、中卫市的沙漠边缘风沙土区，对日光温室生产基地进行了调研，并进行了设施农业生产类型、土壤重金属的积累特征等方面的研究。

11）辽宁省沈阳市

辽宁省作为我国农业大省和全国设施蔬菜重点发展区域，农业生产力发展水平在全国居领先地位。截至2016年，全省设施农业占地面积发展到74.6万hm^2，位居全国第二位；设施蔬菜生产面积占设施农业总面积的75%以上，日光温室设施蔬菜面积全国第一；设施蔬菜总产量达3235万t，产值超过700亿元；涌现出沈阳市、锦州市、铁岭市、朝阳市4个设施农业面积达到6.7万hm^2以上的大市。沈阳市位于辽河平原中部，属于北温带半湿润大陆性季风气候，年平均气温为6~11℃，年平均降水量为734.5 mm。土壤类型以棕壤、草甸土及水稻土为主。作为沈阳市设施农业的主导产业，沈阳市设施蔬菜产业发展迅速。截至2011年，沈阳市设施蔬菜播种面积5万hm^2，总产量191.9万t，产值39.1亿元，分别占蔬菜播种面积、总产量和产值的42.5%、65.1%和71.6%，设施蔬菜产业现已成为沈阳市农业经济发展中最重要的支柱产业之一。项目在新民县的设施蔬菜生产基地进行了调查和采样，主要研究了设施土壤重金属积累状况。

12）北京市大兴区

北京市位于华北平原的西北部，地势从西北向东南呈山地、丘陵、岗台、冲积平原的有序排列。海拔高度 10～2303 m，属于温带半湿润季风型大陆性气候，年平均气温 11.8℃，年平均降水量 440～640 mm，多集中在 7～8 月份。土壤类型主要为潮土和褐土。设施农业是北京市新农村建设的支柱产业之一，是京郊农民致富的首选产业。截至 2013 年，北京市设施蔬菜播种面积已高达 61.6 万亩，设施蔬菜生产基地主要位于其平原区，主要分布在大兴、昌平、房山和延庆等地区。设施类型以日光温室为主，其次为大棚和中、小拱棚。

13）河北省永清县

河北省永清县是河北省廊坊市下辖的一个县，位于河北中部，京、津、保三角地带中心，总面积 776km^2，属北温带大陆性季风气候，年平均降水量 540mm，年平均气温 11.5℃。土壤类型主要为潮土和褐土，其中潮土面积占土地总面积的 96%。永清县既是一个传统农业县、新兴工业县和生态旅游县，还是京津地区最大的国家级无公害蔬菜生产基地县。该县围绕“城郊-都市型”农业发展定位，大力发展设施农业建设，充分保障京津冬季蔬菜市场的供应与需求。目前，该县已发展设施蔬菜 28 万亩，每年向京津地区供应大量无公害蔬菜，产值近 17 亿元。设施类型主要为日光温室和塑料大棚。

14）福建省泉州市

福建省地处中、南亚热带，属亚热带湿润季风气候，温暖多雨湿润为气候的显著特色。随着农业产业结构的调整，福建省设施蔬菜种植面积和规模不断扩大。2015 年全省设施农业面积达 178 万亩，其中设施蔬果面积超过 130 万亩，千亩以上设施农业规模基地达到 105 个。设施蔬菜产业已成为福建农民增收的新途径。泉州市位于福建省东南沿海、台湾海峡西岸，土地总面积 110.16 万 hm^2，其中耕地面积 240.1 万亩，占土地总面积 14.24%。泉州地处低纬度，东临海洋，属亚热带海洋性季风气候，年平均气温 18～20℃，年平均降水量 1000～1800mm。土壤类型主要为红壤、水稻土及砖红壤性红壤。设施类型主要为塑料大棚和中、小拱棚。

15）四川省成都市

成都平原是位于中国四川盆地西部的一处冲积平原，属于亚热带季风性湿润气候，年平均气温为 16.5℃，降雨充沛，年平均降水量达 900～1300mm。土壤类型主要以水稻土、紫色土为主。近年来，成都设施农业发展迅速，据 2012 年不完全统计，成都市有设施大棚 1. 65 万 hm^2，年复种面积 3.56 万 hm^2，复种指数 2.2。设施类型主要以简易塑料大棚栽培为主。成都平原处于我国西南重金属高背景区，土壤重金属中以 Cd、Pb 污染相对较大，其中以 Cd 的生物有效性最高，Cd 污染相对严重的地区有德阳、广汉、新都、成都周边等地。项目在该区域进行了土壤重金属高背景区设施农业土壤 Cd 等重金属的积累特征等方面的研究。

16）西藏自治区拉萨市

西藏设施农业起步较晚，但发展速度很快，尤其在全国援藏的背景下，在技术引进、资金援助和本地研究成果推动下，西藏设施农业已成为农业结构调整中的主要组成部分，有效地解决了西藏人民吃菜难的问题。而且西藏特殊的气候资源、丰富的生物资源，加之恶劣的农业生产环境，为设施农业的发展提供了动力。经过十多年的发展，基本形成了高海拔地区（4000m 以上）多层覆盖与半地下式结合的日光温室和低海拔地区（4000m 以下）塑料大棚为主、日光温室为辅的设施类型格局。此外，许多内地种菜能手在西藏承包农田建立简易温室生产蔬菜，进一步推动了西藏设施农业的快速发展（王忠红等, 2010）。

拉萨市地处青藏高原南部、雅鲁藏布江支流拉萨河下游谷地北岸的冲积平原上，属于高原温带半干旱季风气候，年平均气温 8℃，年均降水量 200～510mm，降水多集中在 6～9 月，属于一江两河农业区，是全区商品粮主要生产基地之一。拉萨地区海拔高，空气无污染，绝大部分地区降雨少，晴天多，使之日照充足，太阳年均总辐射值是中国东部沿海地区的一倍以上。土壤类型有潮土、高山草甸土和亚高山草原土等。由于一江两河农业区的特殊地位，该区域设施农业土壤利用过程中存在的问题直接关系到西藏自治区的农业可持续发展。项目在该区域进行了设施农业新兴发展区及受人为活动影响较小的条件下设施农业土壤重金属积累特征等方面的研究。

从上述我国不同区域特点及设施蔬菜发展状况的分析结果表明，本书选择的典型研究区及设施类型都有较好的代表性。其结果和结论可以很大程度上代表了我国设施蔬菜生产的发展状况、存在问题、发展趋向，提出的环境管理和调控措施有较强的针对性。

参考文献

郭世荣, 孙锦, 束胜, 等. 2012a. 国外设施园艺发展概况、特点及趋势分析. 南京农业大学学报, 35(5): 43-52.

郭世荣, 孙锦, 束胜, 等. 2012b. 我国设施园艺概况及发展趋势. 中国蔬菜, 18: 1-14.

何兰平. 2007. 我国环境管理研究. 成都: 四川大学.

华小梅, 何跃, 吴运金, 等. 2013. 我国设施农业产地环境问题与土壤环境保护管理对策. 2013 年中国环境科学学会学术年会论文集(第三卷).北京: 中国环境科学出版社: 1381-1385.

黄标, 胡文友, 虞云龙,等. 2015. 我国设施蔬菜产地土壤环境质量问题及管理对策. 中国科学院院刊, 30, 194-202.

黄丹枫, 葛体达. 2008. 荷兰温室园艺对上海农业发展的借鉴. 上海交通大学学报(农业科学版), 26(5): 351-356.

李廷轩, 张锡洲. 2011. 设施栽培条件下土壤质量演变及调控. 北京: 科学出版社.

林金水. 2014. 荷兰园艺新技术介绍与借鉴展望. 现代农业科技, (2): 176-178.

刘峰, 张明宇. 2014. 国内外设施农业发展现状及问题分析. 农业技术与装备, 14: 23-27.

马彩华. 2007. 中国特色的环境管理公众参与研究. 青岛: 中国海洋大学.

马丽丽, 郭昌胜, 胡伟, 等. 2010. 固相萃取-高效液相色谱-串联质谱法同时测定土壤中氟喹诺酮、四环素和磺胺类抗生素. 分析化学, 38(1): 21-26.

滕应, 骆永明. 2014. 设施土壤酞酸酯污染与生物修复研究. 北京:科学出版社.

田翠翠. 2014. 山东省农业环境管理的经济制度研究. 济南: 山东农业大学.

王忠红, 关志华, 李丹. 2010. 基于地域资源优势的西藏设施农业发展分析.中国农学通报, 26(20): 388-392.

杨曙辉, 宋天庆, 欧阳作富, 等. 2011. 设施农业可持续发展面临的挑战与思考. 可持续发展: 21-26.

张乃明. 2006. 设施农业理论与实践. 北京: 化学工业出版社.

张桃林. 2015. 加强土壤和产地环境管理促进农业可持续发展. 中国科学院院刊, 30: 435-444.

张真和, 李建伟. 2000. 我国设施蔬菜产业的发展态势及可持续发展对策探讨. 沈阳农业大学学报, 2: 4-8.

中国农业年鉴编辑委员会. 2011. 中国农业年鉴. 北京: 中国农业出版社.

钟钢. 2013. 国内外温室发展历程、现状及趋势. 农业科技与装备, 231: 68-69.

Blackwell P A, Holten Lützhøft H C, Ma H P, et al. 2004. Ultrasonic extraction of veterinary antibiotics from soils and pig slurry with SPE clean-up and LC–UV and fluorescence detection. Talanta, 64: 1058-1064.

Ito T. 1997. The greenhouse and hydroponic industries of Japan, International Symposium on Growing Media and Hydroponics, 481: 761-764.

Jensen M H, Malter A J. 1995. Protected agriculture: a global review. Singapore, Singapore: World Bank Publications.

Pan X, Qiang Z M, Ben W W, et al. 2011. Simultaneous determination of three classes of antibiotics in the suspended solids of swine wastewater by ultrasonic extraction, solid-phase extraction and liquid chromatography-mass spectrometry. Journal of Environmental Sciences-China, 23: 1729-1737.

van Berkel N. 1984. CO_2 enrichment in the Netherlands. Symposium on CO_2 Enrichment, 162: 197-206.

Yang J F, Ying G G, Zhao J L, et al. 2010. Simultaneous determination of four classes of antibiotics in sediments of the Pearl Rivers using RRLC-MS/MS. Science of the Total Environment, 408: 3424-3432.

第2章　设施农业土壤环境质量状况与演变规律

2.1　设施农业土壤基本性质演变状况

为了阐明设施农业生产对土壤性质演变的影响，在前述的典型研究基地进行了大量土壤采样，采样点的选择主要考虑设施蔬菜的种植年限，即利用强度，或空间分布等特点。其中日光温室以寿光为重点，采集58个土壤样点，塑料大棚以上海（70个样点）、南京（309个样点）和张家港地区（90个样点）等为重点，详细分析不同类型设施土壤各种物理、化学、养分、生物性质，并分析这些土壤性质随土壤利用强度增加的演变状况。

2.1.1　物理性质

寿光日光温室表层土壤（0～30cm）容重随种植年限的增加不断降低，而孔隙度随种植年限的增加不断增大，土壤比重变化不大（图2-1）。

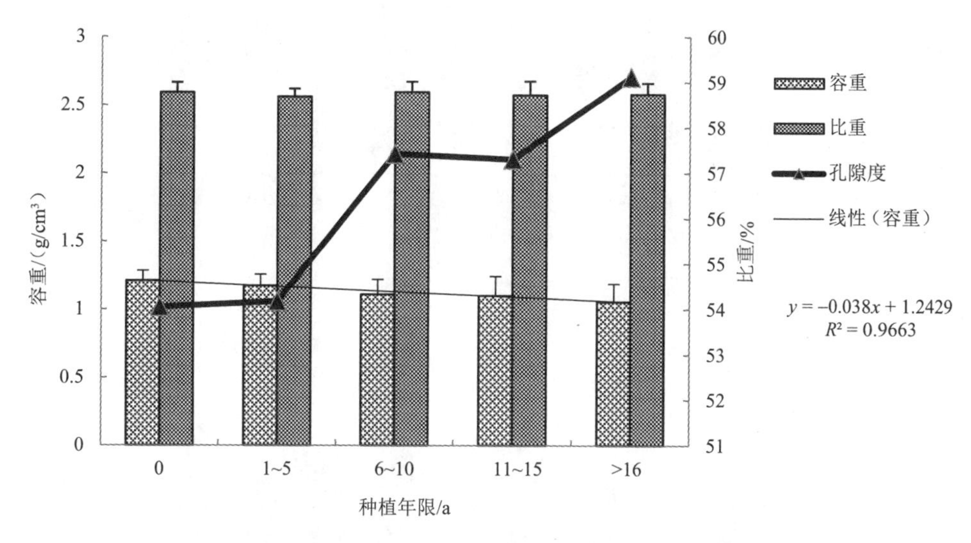

图2-1　不同种植年限设施菜地土壤容重、比重、孔隙度变化

而根据上海各区规模化塑料大棚土壤物理性质分析的结果，设施菜地与当地露天菜地相比，土壤容重、总孔隙度与田间持水量（图2-2）也有明显变化。塑料大棚表层土壤（0～20cm）的容重和田间最大持水量普遍高于露天菜地，总孔隙度则普遍低于露天菜地。

上述两类设施的土壤物理性质随利用强度变化出现不同的变化结果，反映了设施蔬菜土壤物理性质变化的复杂性。日光温室土壤容重的降低可能与设施栽培过程中施用

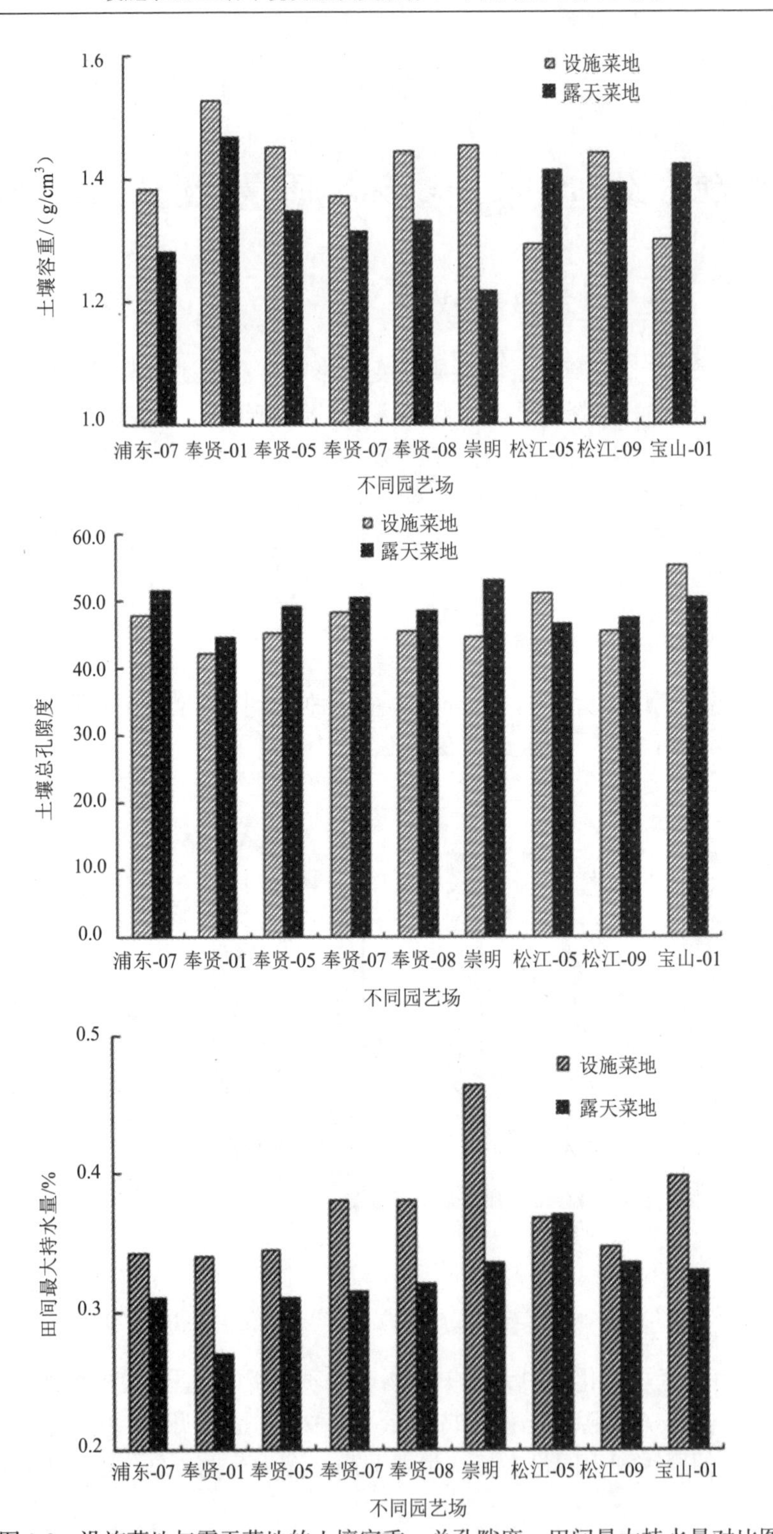

图 2-2　设施菜地与露天菜地的土壤容重、总孔隙度、田间最大持水量对比图

大量的有机肥、耕作精细有关，使得温室大棚内土壤熟化程度不断增加，容重变小，土

壤孔隙度增大（刘兆辉等，2008）。而规模化塑料大棚化肥施用量相对较高，且管理精细程度不如日光温室生产者，导致土壤容重和田间最大持水量上升，总孔隙度下降。

2.1.2　化学性质

1. 土壤 pH

虽然寿光地区日光温室表层土壤 pH 较高、缓冲能力较强，但会随种植年限的增加逐渐下降（图 2-3）。与之相对比，采集的底层土壤 pH 并没有随着种植年限的增加而变化，说明了随着日光温室利用强度的增加，土壤显示酸化的趋势（毛明翠等, 2013; 曾希柏等, 2010; 刘兆辉等, 2008）。

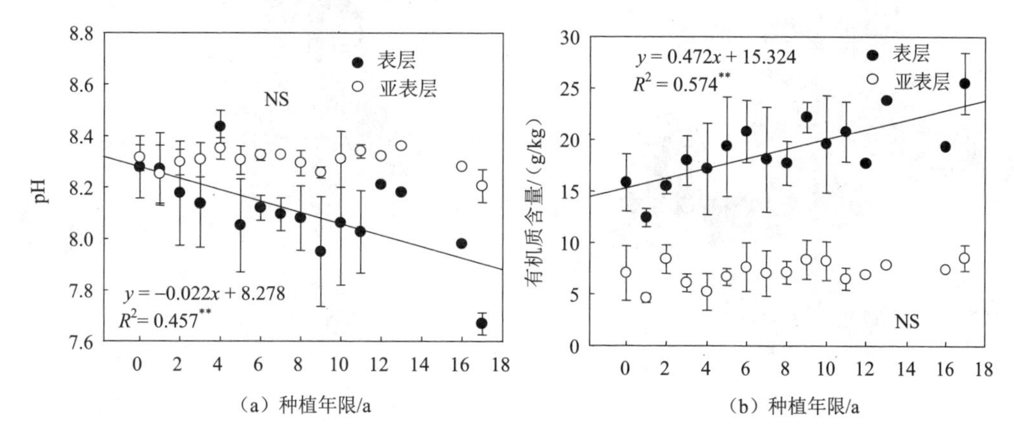

图 2-3　寿光市日光温室蔬菜种植年限与土壤性质的相关关系

**代表极显著相关

同样，在上海规模化设施塑料大棚土壤 pH 的测定结果也显示（表 2-1），设施菜地的表层土壤（0～20cm）pH 均明显低于当地露天菜地（$p<0.05$）。同时也有随着设施蔬菜种植年限增加，土壤 pH 明显降低的趋势。

表 2-1　设施菜地与露天菜地的土壤 pH 比较

园艺场	pH		园艺场	pH	
	露天菜地	设施菜地		露天菜地	设施菜地
浦东-07	6.64	6.54	崇明-02	7.27	7.03
奉贤-01	6.41	6.20	崇明-05	7.31	6.85
奉贤-05	6.22	6.07	松江-05	6.43	6.13
奉贤-07	6.38	6.10	松江-09	6.52	5.88
奉贤-08	6.39	6.18	宝山-01	7.38	7.05

由于南京的分散式设施菜地生产经营者，以外地农户居多，无法获得准确的土壤设施生产的年限，为此，作者在南京的几个设施基地进行了密集采样，获得土壤性质的空间分布。在江宁区湖熟镇发展五年的设施基地，土壤表层 pH 和有机质的空间分布表明，分别自基地中心向周围逐渐增大（图 2-4），而基地中心位置是最早开发进行设施蔬菜

生产的。以往的大量研究表明，土壤一旦被利用为设施蔬菜生产，土壤 pH 会明显降低，而有机质含量会明显增加。所以，这两个基本性质的空间分布正好符合设施土壤种植年限的空间分布规律，即自设施基地中心开始向周围，土壤被逐年开发为设施蔬菜生产。与常规的设施蔬菜生产基地不同，在调查的南京普朗克有机蔬菜生产基地，土壤 pH 随着种植年限的增加变化不明显，甚至还高于周围露天的蔬菜种植土壤（Chen et al., 2014b; Yang et al., 2013a）。

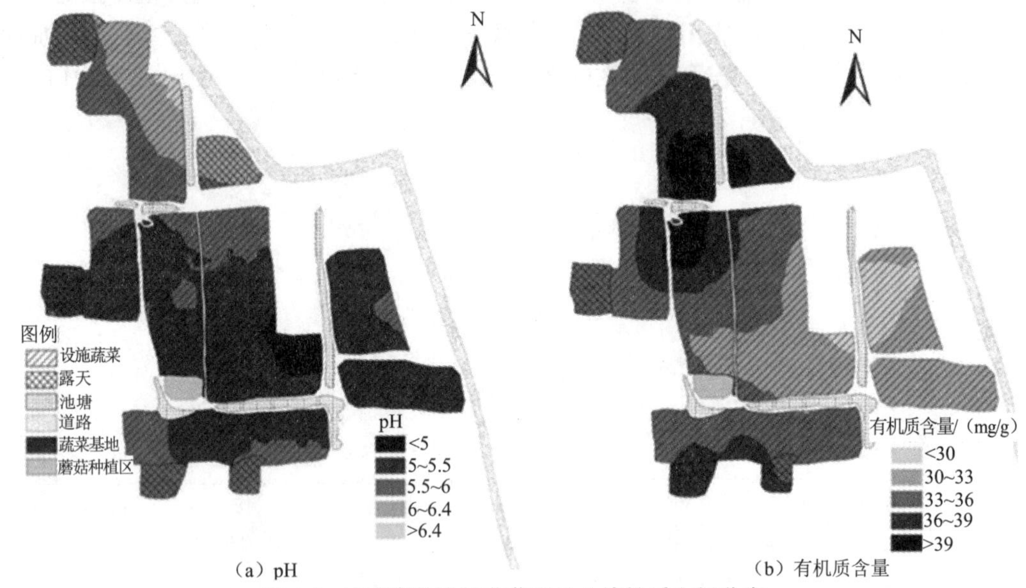

（a）pH　　（b）有机质含量

图 2-4　南京湖熟设施蔬菜基地土壤性质空间分布

张家港市的调查情况（表 2-2）也表明，随着蔬菜种植年限的增加，不管是碱性的潮土还是酸性的水稻土，土壤 pH 都有很明显的降低（刘静等，2011）。

表 2-2　张家港地区不同种植年限蔬菜地土壤基本性质

种植年限/a	0（对照）	1 ~ 5	>5	影响因子差异性		
				土壤类型（S）	种植年限（Y）	S×Y
样品数/个	87	64	35			
有机质/（g/kg）	22.4±4.7a	21.9±5.8a	22.5±5.4a	**	NS	NS
pH	7.14±1.03a	6.93±1.17a	6.32±1.20b	***	***	NS
CEC/（cmol/kg）	14.31±3.14a	12.19±2.60a	13.35±2.38a	***	NS	NS
速效磷/（mg/kg）	10.7±5.2c	86.6±79.2b	108.8±59.1a	*	***	*
速效钾/（mg/kg）	66±24b	167±139a	177±133a	***	***	***
全氮/（g/kg）	1.47±0.56a	1.50±0.43a	1.58±0.31a	***	NS	NS
全磷/（g/kg）	0.73±0.17c	1.15±0.45b	1.30±0.41a	*	***	NS

注：同一行内标准差后字母不同表示在 $p<0.05$ 水平上差异显著；*、**和***分别表示种植年限和土壤类型的交互作用在 $p<0.05$，0.01，0.001 水平上差异显著；NS 为在 $p<0.05$ 水平上差异不显著。

上述研究实例均表明，对于大部分常规的设施蔬菜生产而言，无论是缓冲能力较强的碱性土壤还是酸性土壤，pH 均有不同程度的降低。而不施用化肥的有机蔬菜生产基地土壤 pH 变化不明显，可以认为，土壤 pH 的降低与生产过程中生理酸性的化肥施用有着密切的关系。

2. 土壤有机质含量（OM）与 C/N 比

无论是日光温室还是塑料大棚的设施生产类型，随着设施利用强度的增加，土壤有机质都有较明显的积累。以寿光日光温室为例，直至种植蔬菜 16a 以上的土壤，有机质依然在增加（图 2-3 和图 2-5），平均增加的速率达到 0.47g/（kg · a）（图 2-3）。

南京地区设施蔬菜土壤也有类似规律，湖熟设施蔬菜基地在种植设施蔬菜五年后，种植时间较长的基地中心位置有机质含量明显增加（图 2-4）。南京其他几个设施蔬菜基地也发现了类似规律。另一个值得注意的现象是土壤 C/N 比则随种植年限的增加而明显降低（图 2-5），这与常规设施蔬菜生产化肥施用量较大，大量无机氮的输入和积累不无关系。

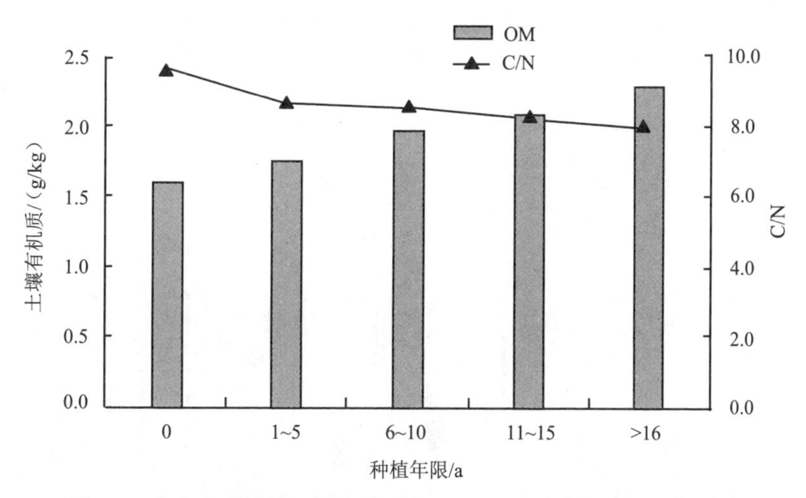

图 2-5　山东寿光设施土壤有机质与 C/N 比随种植年限的变化规律

3. 土壤盐分和电导率（EC）

从寿光设施菜地土壤盐分和电导率（EC）值随种植年限的变化（图 2-6）可以看出，随着种植年限的增加，土壤中盐分含量或 EC 值逐渐增加，种植 16a 以上，土壤平均含盐量已接近 1g/kg。

而对于上海市郊区规模化塑料大棚和南京市郊区分散式塑料大棚而言，土壤盐分的积累更为明显，上海市设施蔬菜土壤平均含盐量在 1.5 ~ 4.5g/kg（图 2-7），将不同种植模式下的设施菜地土壤全盐含量与露天菜地进行对比，可发现设施菜地表层土壤的全盐含量均明显高于露天菜地。不同的种植模式对土壤全盐含量也有一定的影响，叶菜连作模式、叶茄轮作模式、茄果连作模式和露天菜地的土壤全盐含量平均值分别为 2.08 g/kg、

2.79 g/kg、3.33 g/kg 和 1.69 g/kg；叶茄轮作和茄果连作模式的设施土壤含盐量明显高于露天菜地和叶菜连作模式，这可能与茄果栽培施用特有的追肥方式及高投入量有关（Yu et al., 2005；钱晓雍等, 2014；周鑫鑫等, 2013；郭春霞, 2011）。

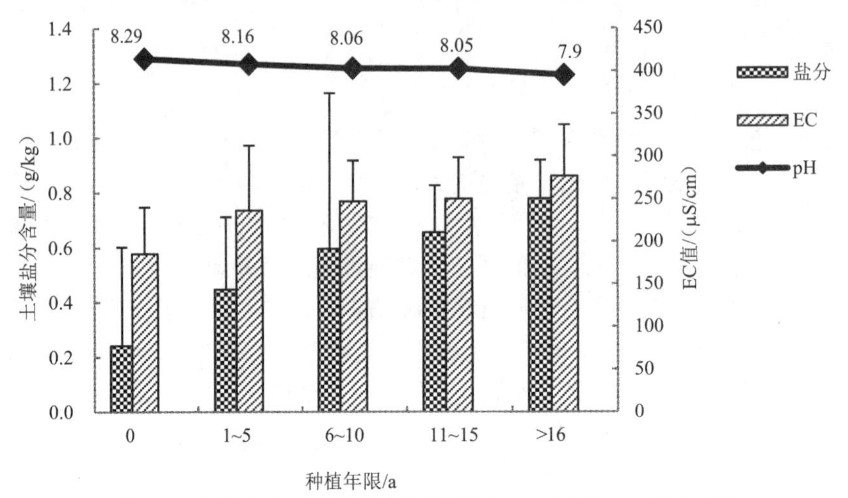

图 2-6　山东寿光不同种植年限土壤的 pH、盐分、电导率变化

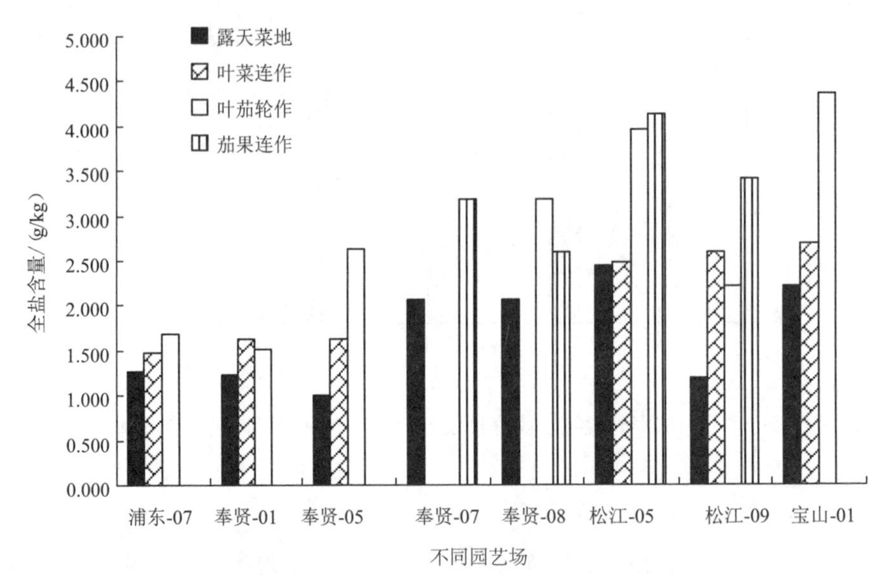

图 2-7　不同种植模式设施菜地与露天菜地的土壤全盐含量对比图

2.1.3　土壤养分含量

日光温室设施菜地表层土壤全氮、全磷、全钾含量随种植年限的增加而升高（表2-3）。露天粮田改种温室大棚后，全氮含量增加了 26.6% ~ 104.3%，全磷含量增加了 82.2% ~ 174.4%，全钾含量变化幅度很小，以全磷的增加幅度最大，其次为全氮。全氮、全磷量变化同种植年限呈极显著线性相关（高新昊等，2013）。

表 2-3　山东寿光不同种植年限表层土壤全氮、全磷、全钾含量

种植年限/a	全氮/%	全磷/%	全钾/%
0	0.094±0.022	0.090±0.021	1.985±0.106
1 ~ 5	0.119±0.031	0.164±0.049	1.979±0.125
6 ~ 10	0.143±0.043	0.196±0.028	1.998±0.150
11 ~ 15	0.159±0.042	0.205±0.033	2.017±0.144
16+	0.192±0.039	0.247±0.030	2.037±0.189

日光温室土壤除了全量氮磷钾有着明显变化之外，表层土壤硝态氮、铵态氮、速效磷、水溶性磷、速效钾含量随种植年限的增加也明显升高（表 2-4）。露天粮田改种温室大棚后，硝态氮含量增加了 50.8% ~ 108.4%，铵态氮含量增加了 15.6% ~ 68.9%。速效磷含量增加了 35.4% ~ 58.3%，水溶性磷含量增加了 299% ~ 549.4%。速效钾含量增加了 195.1% ~ 224.3%。以水溶性磷的增加幅度最大，其次为速效钾、硝态氮。各养分含量变化同种植年限呈线性相关。从种植年限间养分变化幅度看，以露天粮田改种温室大棚 1 ~ 5a，养分含量升高的幅度最大，其后随着种植年限的增加养分含量升高幅度趋缓（高新昊等，2013）。

表 2-4　山东寿光不同种植年限表层土壤不同形态氮磷钾含量

种植年限/a	硝态氮/（mg/kg）	铵态氮/（mg/kg）	速效磷/（mg/kg）	水溶性磷/（mg/kg）	速效钾/（mg/kg）
0	19.22±7.58	2.70±0.82	45.60±14.54	1.923±0.852	183.19±35.01
1 ~ 5	28.99±13.16	3.12±1.44	61.72±16.99	7.673±3.966	540.65±134.04
6 ~ 10	33.18±15.27	3.55±2.36	66.66±16.85	8.619±3.778	634.27±163.46
11 ~ 15	34.46±4.74	3.74±0.65	69.26±20.00	9.631±3.995	580.86±118.30
>16	40.06±11.77	4.56±1.77	72.17±7.64	12.488±4.193	594.14±129.12

南方塑料大棚种植模式下的土壤养分含量也大致显示了上述变化规律。张家港市土壤随着设施种植年限的增加土壤全氮增加不明显，而全磷增加特别明显（表 2-2），土壤速效钾也出现增加趋势。

将上海市不同种植模式下的设施菜地全氮和水解氮（图 2-8）、全磷含量（表 2-5）与当地露天菜地进行对比，设施菜地均普遍高于露天菜地。

在上海市郊区设施农业土壤中，不同的种植模式也影响着设施土壤的全氮、水解氮含量，叶菜连作模式、叶茄轮作模式、茄果连作模式和露天菜地的土壤全氮含量平均值分别为 0.138%、0.150%、0.164%和 0.122%，水解氮含量分别为 111.3 mg/kg、130.7 mg/kg、141.9 mg/kg 和 100.2 mg/kg。叶茄轮作和茄果连作模式的设施土壤全氮、水解氮含量明显高于露天菜地和叶菜连作模式。

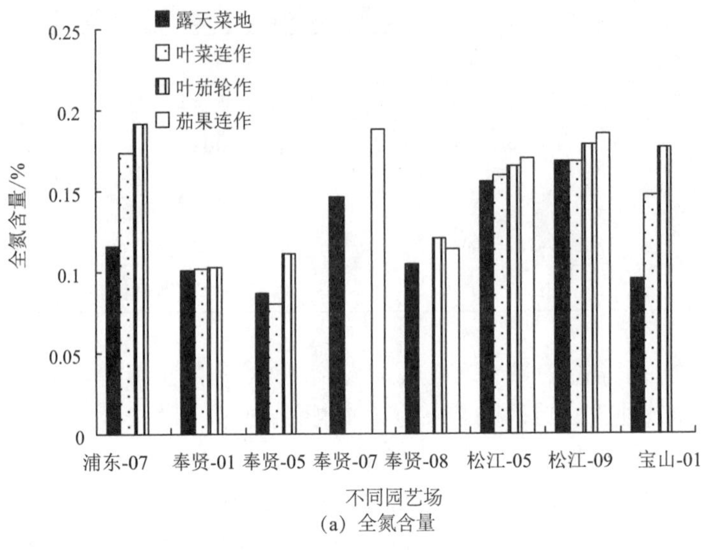

(a) 全氮含量

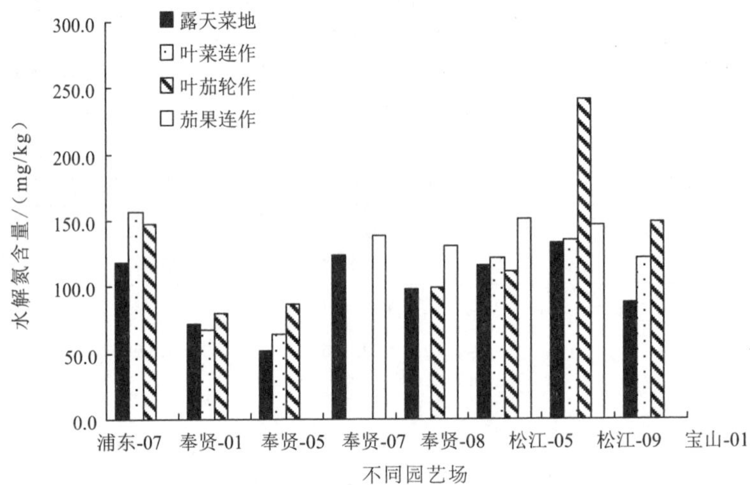

(b) 水解氮含量

图 2-8 上海市不同种植模式土壤全氮、水解氮含量对比图

表 2-5 上海市设施菜地与露天菜地的土壤全磷含量对比

园艺场	全磷/（g/kg）		园艺场	全磷/（g/kg）	
	露天菜地	设施菜地		露天菜地	设施菜地
浦东-07	2.02	2.36	崇明-02	0.72	1.37
奉贤-01	0.82	0.92	崇明-05	0.85	1.78
奉贤-05	0.78	0.97		0.84	1.09
奉贤-07	1.86	2.48	松江-05	1.05	1.23
奉贤-08	1.22	1.08		1.02	1.11

上述设施蔬菜土壤养分的结果显示，无论是日光温室还是塑料大棚，土壤中磷素的

积累明显高于同地区的露天蔬菜土壤，更大程度高于大田作物种植土壤。而氮素在土壤的积累，则要视土壤类型、种植方式、肥料类型等其他因素影响，有时出现积累，有时没有明显增加，但可溶性氮素含量则都普遍增加，其变化规律与土壤全盐含量的积累相一致。对于土壤中钾素而言，随着设施种植年限的增加普遍增加趋势不明显，甚至有时出现降低的情况。可以看出，设施生产过程中，土壤养分对土壤质量的影响主要表现为养分含量不平衡（刘兆辉等，2008），以及以可溶性氮盐积累为主的土壤次生盐渍化（曹文超等, 2012; 薛延丰和石志琦, 2011; 张耀良等, 2009）。

2.1.4　生物指标

对山东寿光地区土壤中微生物区系三种菌类的测定结果显示，土壤中以细菌数量最高，其次为放线菌，真菌数量最低（表-2-6）。

表 2-6　山东寿光不同种植年限下表层土壤微生物区系变化情况

种植年限/a	细菌/（10^5 个/g 干土）	放线菌/（10^5 个/g 干土）	真菌/（10^5 个/g 干土）	微生物总数/（10^5 个/g 干土）
0	142.49±70.5	10.25±3.28	0.60±0.14	153.33
1 ~ 5	225.79±78.5	17.96±4.36	1.25±0.24	245.01
6 ~ 10	303.33±81.7	21.37±4.79	1.44±0.38	326.14
11 ~ 15	270.00±67.5	17.33±3.03	1.63±0.28	288.97
16+	224.02±66.3	17.40±1.59	1.95±0.33	243.37

同露天粮田相比，设施菜地中三种微生物数量均有增加，且三种微生物数量分别为露天粮田的 2 倍左右。随着设施菜地种植年限的增加土壤中细菌数量表现出先升高后降低的趋势，种植年限为 6 ~ 10a 时数量最高，而种植年限超过 16a 后与种植年限 1 ~ 5a 的设施菜地土壤细菌数量接近。放线菌数量变化情况与细菌变化情况相似，也表现出随种植年限增加先升高后降低的趋势，不过种植年限大于 16a 同种植年限为 11 ~ 15a 的放线菌数量基本没有变化。真菌数量变化不同于细菌和放线菌，随着种植年限的增加数量一直在增加；当种植年限超过 16a 后，其数量已是露天粮田数量的 3 倍以上。

上海地区农田土壤中常见蚯蚓种类和数量的监测结果显示，土壤中蚯蚓种类主要为中华环毛蚓（*Pheretima tschiliensis*）与赤子爱胜蚓（*Eisenia fetida*）（图 2-9）。

根据采样监测分析结果，设施菜地与当地露天菜地单位面积土壤蚯蚓数量的对比情况如图 2-10 所示，露天菜地土壤中的蚯蚓数量明显高于同一园艺场中的设施菜地。由此可知，经过多年来有机肥和化肥的大量施用，设施土壤的团粒结构、理化性质等方面已经发生了改变，不再适合土壤动物的居留。

图 2-9　现场采样监测时的土壤蚯蚓照片

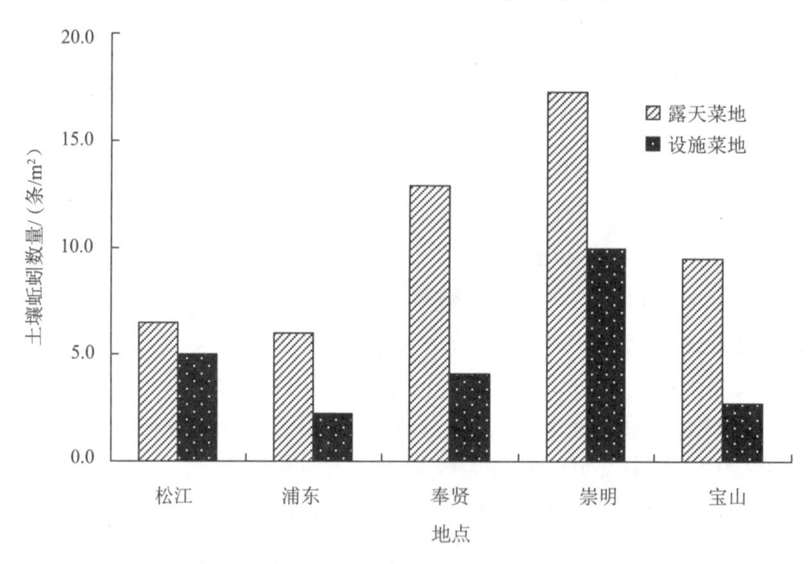

图 2-10　设施菜地与露天菜地单位面积土壤蚯蚓数量对比图

将上海市郊区设施菜地与露天菜地的土壤呼吸速率进行对比（图 2-11）发现，除崇明地区外，其余各区县设施菜地的土壤呼吸速率均小于露天菜地。这一结果表明大多数设施菜地土壤中的微生物活动受到一定程度的抑制。崇明地区的设施菜地主要为多年生芦笋田，而芦笋田的施肥方式以大量施用有机肥为主，为微生物提供了充足的能源和养分，微生物的数量明显增加，因此其土壤呼吸速率明显高于露天土壤。

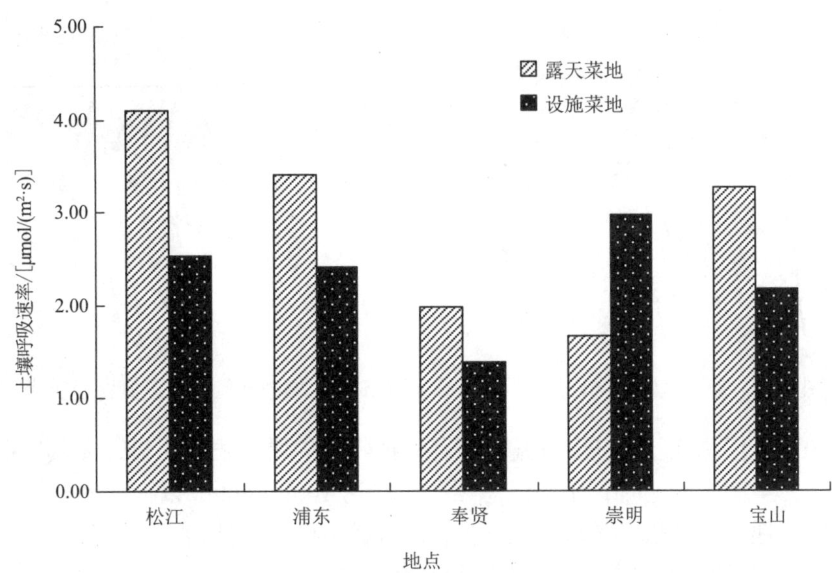

图 2-11　上海市郊区设施菜地与露天菜地的土壤呼吸速率对比图

2.2　设施农业土壤环境质量演变状况

土壤环境质量的演变，除了前述的土壤酸化和养分非均衡化给其环境质量带来的影响外，主要是养分积累对周围水体环境的影响，而土壤中氮、磷养分在剖面中的时空演变特征可以较好地反映土壤环境质量的演变。所以，项目选择典型地区不同种植年限的设施蔬菜土壤进行各种养分含量的分析。

2.2.1　土壤可溶性氮的时空演变

日光温室不同种植年限设施土壤在 0 ~ 210 cm 深度范围内的硝态氮含量的分布结果（图 2-12）表明，设施菜地硝态氮含量（22.15 ~ 44.83 mg/kg），在各个层次均明显高于露天粮田土壤（4.94 ~ 8.91 mg/kg），且随着种植年限的增大，各层面土壤硝态氮含量逐渐增加。露天粮田土壤硝态氮含量随深度增加而递减；而设施菜地土壤硝态氮表现出在 30 ~ 120cm 深度有积累现象，且随着种植年限的增加，其积累的位置有下移趋势。

铵态氮含量在土壤中很低，只有 1.5 ~ 5.0 mg/kg，剖面含量分布趋势情况与硝态氮相似（图 2-12），在 0 ~ 210 cm 深度各个层面上设施菜地铵态氮含量均明显高于露天粮田，且随着种植年限的增加，各层面土壤铵态氮含量逐渐增加。露天粮田土壤铵态氮含量随深度增加而递减；种植年限在 1 ~ 15a 的设施菜地土壤铵态氮表现出在 30 ~ 60cm 深度有积累现象，种植年限 16a 以上的设施菜地土壤铵态氮表现在 60 ~ 90cm 深度有积累现象。

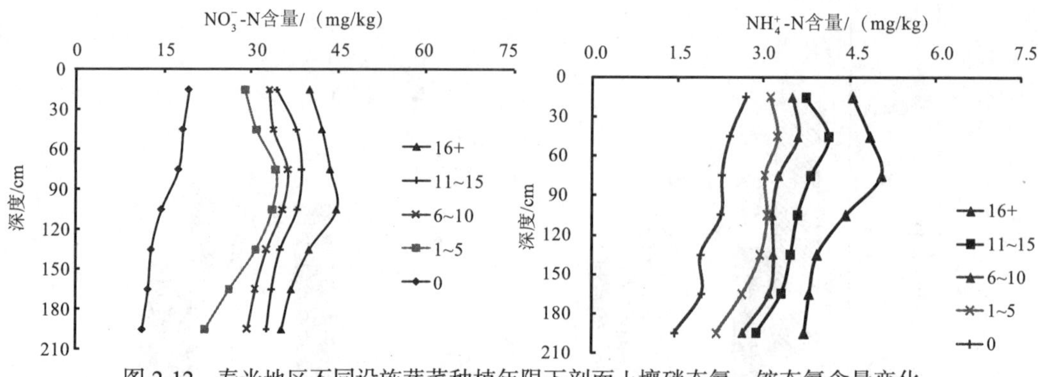

图 2-12　寿光地区不同设施蔬菜种植年限下剖面土壤硝态氮、铵态氮含量变化

0～210 cm 土壤硝态氮与铵态氮均随着种植年限的增加积累明显，尤其以硝态氮积累趋势显著，至 16a 以上时，硝态氮总累积量已达 1000 kg/hm^2 以上（图 2-12）。由于研究区土壤质地较为疏松，在灌溉条件下，这将成为设施菜地地下水硝酸盐污染的重要来源（Song et al., 2009; 高新昊等, 2013）（图 2-13）。

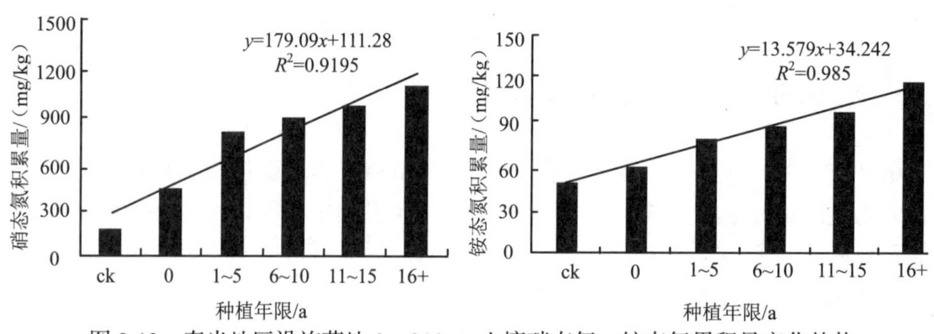

图 2-13　寿光地区设施菜地 0～210cm 土壤硝态氮、铵态氮累积量变化趋势

对上海市郊区不同年限规模化塑料大棚设施菜地与露天菜地 0～80cm 土壤剖面的硝态氮分析结果表明（图 2-14），设施菜地土壤硝态氮含量显著高于露天菜地土壤，且主要集中于 0～20 cm 土层，该层设施菜地土壤硝态氮含量为 112.0～143.3mg/kg，平均为 112.3 mg/kg，而露天菜地土壤硝态氮平均为 69.9 mg/kg。尽管各土层土壤硝态氮含量随深度增加而递减，不同种植年限的设施菜地有逐渐向下淋溶迁移的趋势，即 40cm 深度以上，土壤硝态氮含量均随着种植年限的增加而增加，直至 50cm 深处土壤硝态氮才接近原土壤的硝态氮含量。

设施蔬菜土壤硝态氮剖面累积量计算结果表明，露天菜地、0～3 龄棚、4～6 龄棚、7～9 龄棚和 10 龄以上棚土壤 0～40cm 深度处，土壤剖面硝态氮累积量分别为 112.5 mg/kg、168.3 mg/kg、178.1 mg/kg、218.3 mg/kg 和 257.6 mg/kg，占 0～80cm 总累积量的 71.0%、72.3%、76.2%、75.8%和 81.2%。硝态氮的迁移累积主要发生在较浅层（0～40cm）土壤中，向下迁移的趋势不及日光温室土壤明显。

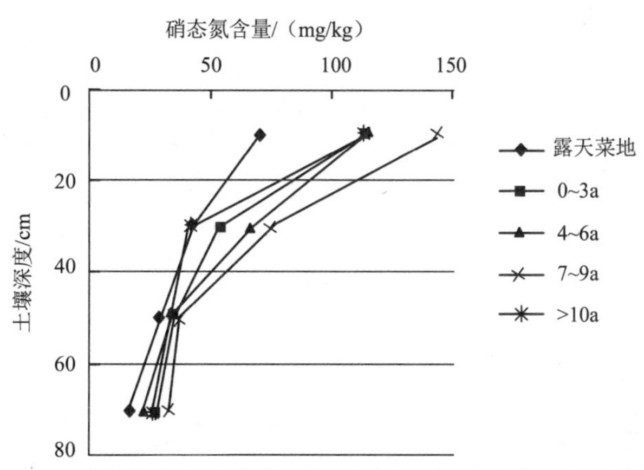

图 2-14　上海市规模化设施蔬菜土壤不同种植年限硝态氮的土壤剖面分布

2.2.2　土壤磷素的时空演变

日光温室设施蔬菜土壤速效磷含量高于露天粮田土壤，随着种植年限的增加而增大，随深度的增加而减小，主要存在于 90 cm 以上土层（图 2-15）。种植年限在 1 ~ 15a 的设施蔬菜土壤速效磷在各层面上含量相差不大，而种植年限 16a 以上的设施菜地土壤速效磷含量则表现出明显的增大现象。

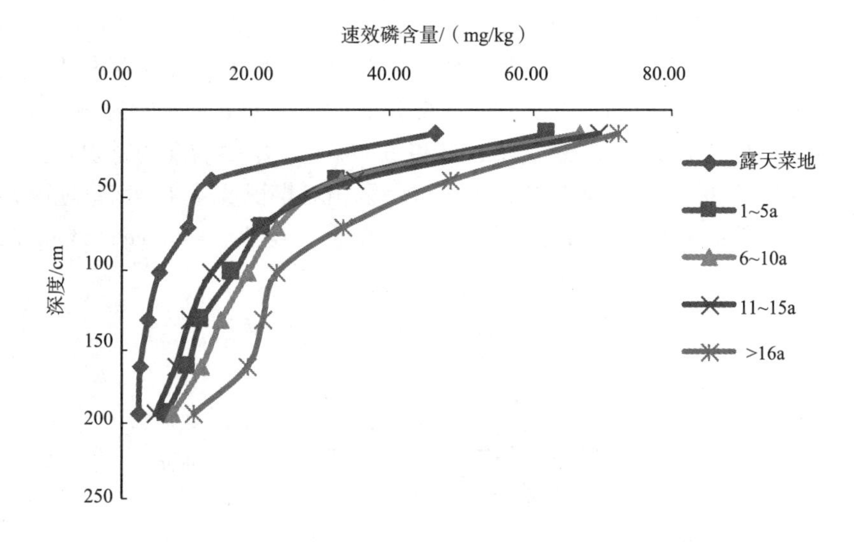

图 2-15　寿光地区设施蔬菜不同种植年限下剖面土壤速效磷含量变化

与土壤速效磷不同，土壤水溶性磷在 30cm 以下含量较低，基本上在 1mg/kg 以下，且随土壤深度增加而降低，不同种植年限对 30cm 以下土壤水溶性磷含量影响不明显（图 2-16）。

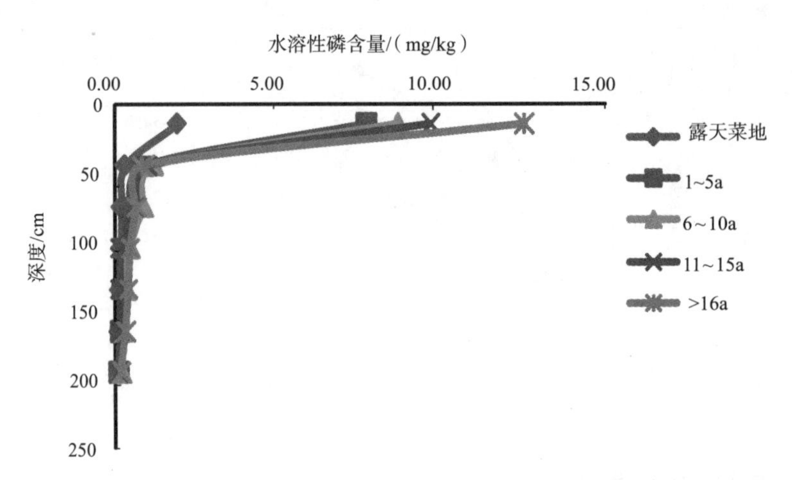

图 2-16　寿光地区设施蔬菜不同种植年限下剖面土壤水溶性磷含量变化

上海市规模化塑料大棚全磷在土壤剖面中的分布（图 2-17）与全氮有类似之处，设施菜地土壤中的全磷含量明显高于露天菜地。全磷主要集中于 0～20cm 土层，设施菜地表层土壤全磷含量为 0.932～1.870g/kg，平均为 1.280g/kg，露天菜地土壤全磷平均为 0.835g/kg，相当于露天菜地土壤的 1.5 倍。剖面上，不同种植年限的设施菜地土壤全磷含量均随深度增加而递减，但至 20cm 以下，各种植年限土壤全磷变化不大。露天菜地、0～3a 龄棚、4～6a 龄棚、7～9a 龄棚和 10a 龄以上棚土壤 0～20cm 深度处，土壤剖面磷素累积量分别为 1.320 g/kg、1.940 g/kg、1.657g/kg、2.267g/kg 和 2.775g/kg，占 0～80cm 总累积量的 62.6%、61.9%、66.0%、62.5%和 67.7%。土壤中磷素的累积主要发生在浅层 0～20cm 土壤中，种植年限越长，土壤中磷素相对累积量越高。南京地区分散式塑料大棚设施土壤的磷素时空分布也表现出了类似的演变规律（Kalkhajeh et al., 2017）。

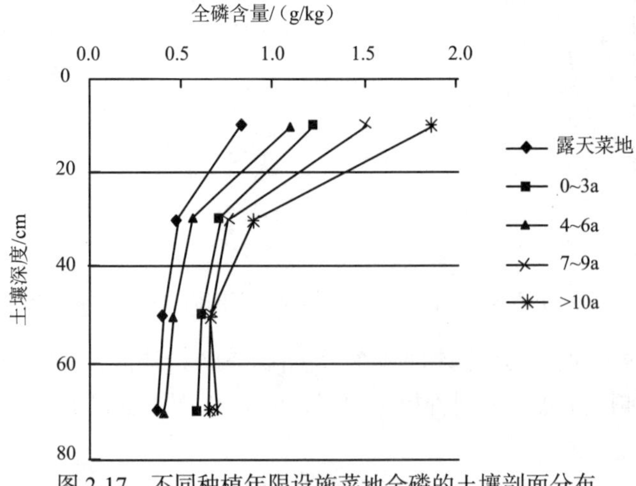

图 2-17　不同种植年限设施菜地全磷的土壤剖面分布

2.2.3　土壤盐分的时空演变

对上海市塑料大棚 0 ~ 80cm 土壤剖面上的全盐含量进行采样分析，结果（图 2-18）显示，露天菜地和不同种植年限的设施菜地在土壤剖面上的全盐含量变化趋势一致，均为表层土壤中的盐分最高，其含量随深度增加而递减；在各个不同深度上，设施菜地土壤中的全盐含量均高于露天菜地。

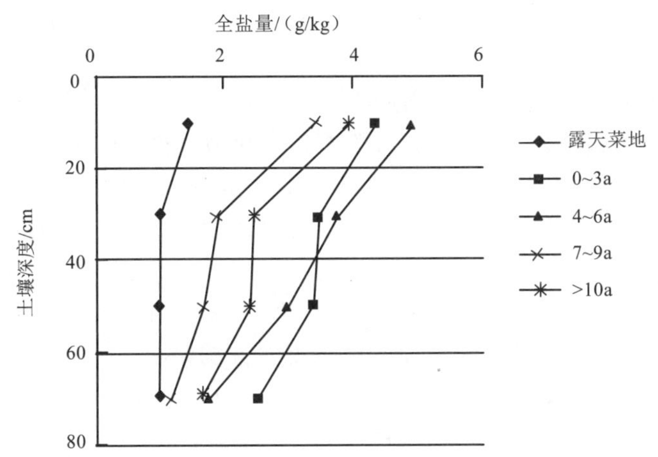

图 2-18　不同种植年限设施菜地全盐含量的土壤剖面分布

对土壤剖面上不同深度的全盐含量进行分析可知：种植年限对其变化趋势具有一定的影响。在设施蔬菜土壤 0 ~ 20cm 和 20 ~ 40cm 深处，当棚龄约在 0 ~ 6a 时，随种植年限的增加，土壤全盐含量呈现增加的趋势，而当棚龄大于 7a 时，反而呈现降低的趋势。

这一结果表明，肥料的高投入已经造成设施菜地土壤中水溶性盐分持续累积，并随水分的迁移不断向深层土壤迁移。当设施土壤的盐害作用威胁到大棚的正常使用时，农户也会采取一定的措施，如休耕、雨季揭膜淋洗、灌水洗盐、施用有机肥等，使土壤盐分降低到植物可以正常生长的范围内（郭春霞, 2011），因此在种植 6a 以后土壤盐分会有下降的趋势。深层土壤中的盐分受洗盐等农艺措施的影响较小，盐分含量相对较为稳定。

2.3　设施农业土壤中农药的消解及其积累特征

2.3.1　农药在土壤中的消解特征

为了了解设施蔬菜生产条件下，农药在土壤中的消解特征，分别对日光温室和塑料大棚两种设施蔬菜生产类型开展了田间实验。由于在两种设施条件下各种农药的消解特征差异较小，所以，这里给出了塑料大棚的实验结果。

塑料大棚的田间实验在浙江省嘉兴市农业科学院试验田大棚进行，同时在露天蔬菜地，夏季还设定了同样条件的实验作为对照。大棚和露天分别种植小青菜、黄瓜和番茄，分冬季和夏季两季种植，其中夏季露天实验施药时间选取晴朗、连续几天无雨的天气施药。

根据前期的调查结果确定了百菌清、多菌灵、毒死蜱三种农药作为研究对象。各农药的施用剂量为：75%百菌清可湿性粉剂以 3000 g/hm^2（推荐剂量）和 6000 g/hm^2（双倍推荐剂量）、50%多菌灵可湿性粉剂以 2250 g/hm^2（推荐剂量）和 4500 g/hm^2（双倍推荐剂量）、48%毒死蜱乳油以 1500 g/hm^2（推荐剂量）和 3000 g/hm^2（双倍推荐剂量）的剂量，这些农药分别对小青菜、番茄、黄瓜进行叶面喷雾。每个处理设 3 个小区，每个小区 10 m^2。

施药后定时采样，每个小区蔬菜随机采收约 1 kg，土壤样品用土钻多点混合取样法随机采取（0 ~ 20cm 表层土），蔬菜和土壤样品分别放入聚乙烯袋中，立即运送到实验室，将蔬菜切碎，混合均匀，然后用四分法称取 50 g，土壤样品过 2 mm 筛，剔除石块和植物残体，混匀后用四分法称取 100 g。所有样品放入聚乙烯袋中储存在–20℃冰箱中待测。

土壤中多菌灵测定方法：准确称取相当于 20 g（精确到 0.01g）干土于 150 mL 三角瓶中，加入 80 mL 甲醇，振荡 2 h 后通过布氏漏斗抽滤，用 50 mL 甲醇洗涤残渣 3 次，合并滤液于 250 mL 平底烧瓶中，55℃减压浓缩至微干，用氮气吹干后色谱纯甲醇定容至 5 mL，过 0.45 μm 有机微孔滤膜，待液相色谱检测。

土壤中百菌清测定方法：准确称取相当于 10 g（精确到 0.01 g）干土于 150 mL 三角瓶中，加入 40 mL 提取液（正己烷：二氯甲烷= 1：1，体积比），超声提取 20 min，静置后倒出上清液，剩余残渣再用 40 mL 提取液按相同方法提取一次，抽滤，三角瓶和抽滤瓶均用 10 mL 正己烷淋洗，合并滤液过无水硫酸钠后 45℃水浴减压浓缩，最后用氮气吹干，用正己烷定容至 10 mL，供气相色谱检测。

土壤中毒死蜱测定方法：称取相当于 20 g（精确到 0.01g）干土重的土样，置于 150 mL 三角瓶中，加入 50 mL 丙酮和 5 mL 蒸馏水，超声提取 30 min，真空抽滤，用 3×20 mL 丙酮淋洗滤渣，并用 10 mL 丙酮洗涤抽滤瓶，合并滤液于 250 mL 分液漏斗中，加入 50 mL 质量分数为 10%的 NaCl 溶液，分别用 50 mL、40 mL、30 mL 石油醚萃取三次，上层有机相经无水硫酸钠合并于 250 mL 平底烧瓶中，置旋转蒸发仪上 45 ~ 50℃水浴浓缩至 1 mL 左右，然后用氮气吹扫至干，用 6 ~ 8 mL 正己烷（分两次）转移到 10 mL 刻度试管并定容到 10 mL，供气相色谱检测。

1. 多菌灵在土壤中的消解特征

多菌灵在大棚和露天三种蔬菜土壤中的消解特征如图 2-19。多菌灵在土壤中的消解分两个阶段，初始阶段消解很快，随后一个阶段消解比较缓慢。多菌灵在土壤中消解可用一级动力学模型来模拟（$C_t=C_0 \times e^{-kt}$）。

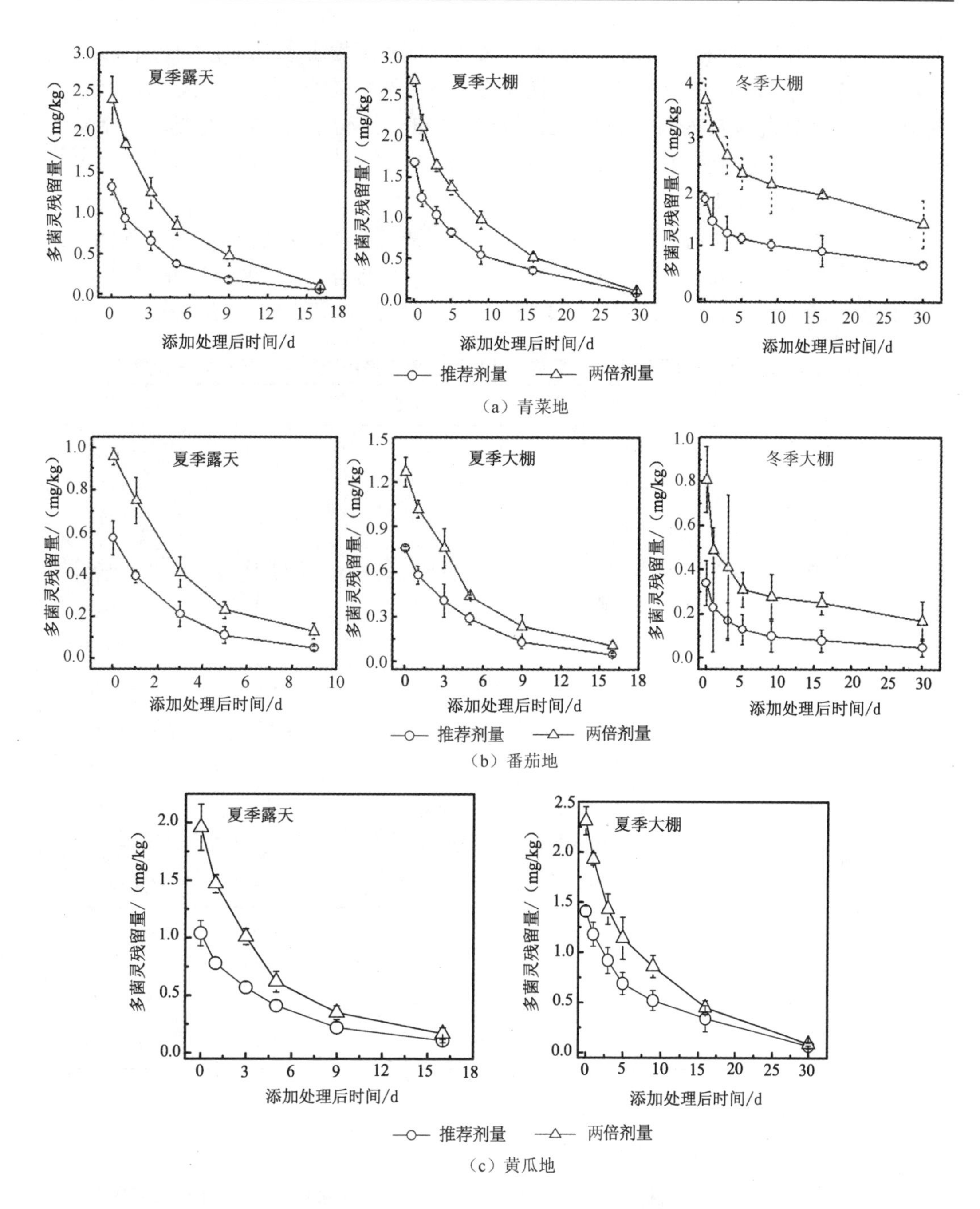

（a）青菜地

（b）番茄地

（c）黄瓜地

图 2-19 多菌灵在冬、夏两季大棚和露天青菜、番茄、黄瓜地的消解特征

表 2-7 为冬、夏两季大棚和夏季露天三种蔬菜土壤中多菌灵降解的一级动力学数据。推荐剂量和两倍剂量多菌灵在冬季大棚、夏季大棚和夏季露天青菜地土壤中的半衰期分别为 20.48d 和 21.79d、5.86d 和 6.12d、2.92d 和 3.46d，与夏季大棚相比，推荐剂量和两倍剂量多菌灵在冬季大棚青菜地土壤中的半衰期明显延长了 2.49 倍和 2.56 倍，与夏

季露天相比，推荐剂量和两倍剂量多菌灵在夏季大棚青菜地土壤中的半衰期明显延长了101%和 77%；推荐剂量和两倍剂量多菌灵在冬季大棚、夏季大棚和夏季露天番茄地土壤中的半衰期分别为 5.36d 和 9.52d、3.58d 和 3.73d、2.14d 和 2.56d，与夏季大棚相比，推荐剂量和两倍剂量多菌灵在冬季大棚番茄地土壤中的半衰期明显延长了 50%和155%，与夏季露天相比，推荐剂量和两倍剂量多菌灵在夏季大棚番茄地土壤中的半衰期明显延长了 67%和 46%；推荐剂量和两倍剂量多菌灵在夏季大棚和夏季露天黄瓜地土壤中的半衰期分别为 6.49d 和 6.00d、3.95d 和 3.31d，推荐剂量和两倍剂量多菌灵在夏季大棚黄瓜地土壤中的半衰期相比夏季露天明显延长了 67%和 46%（$p<0.05$）。

表 2-7　塑料大棚和露天青菜、番茄、黄瓜地土壤中多菌灵降解一级动力学参数

地点		季节	浓度	动力学方程	R^2	$T_{1/2}$/d
青菜地	露天	夏季	推荐剂量	$C=1.23e^{-0.2062t}$	0.9771	2.92±0.10
	露天	夏季	两倍剂量	$C=2.26e^{-0.1885t}$	0.9993	3.46±0.23
	大棚	夏季	推荐剂量	$C=1.56e^{-0.1055t}$	0.9842	5.86±0.52
	大棚	夏季	两倍剂量	$C=2.55e^{-0.1104t}$	0.9893	6.12±0.20
	大棚	冬季	推荐剂量	$C=1.55e^{-0.0331t}$	0.8142	20.48±8.20
	大棚	冬季	两倍剂量	$C=3.28e^{-0.0329t}$	0.9857	21.79±9.98
番茄地	露天	夏季	推荐剂量	$C=0.52e^{-0.2695t}$	0.9903	2.14±0.21
	露天	夏季	两倍剂量	$C=0.96e^{-0.2671t}$	0.9920	2.56±0.37
	大棚	夏季	推荐剂量	$C=0.76e^{-0.1795t}$	0.9991	3.58±0.78
	大棚	夏季	两倍剂量	$C=1.24e^{-0.2051t}$	0.9763	3.73±0.66
	大棚	冬季	推荐剂量	$C=0.25e^{-0.0770t}$	0.7545	5.36±3.60
	大棚	冬季	两倍剂量	$C=0.53e^{-0.0513t}$	0.6161	9.52±4.72
黄瓜地	露天	夏季	推荐剂量	$C=0.91e^{-0.1435t}$	0.9844	3.95±0.20
	露天	夏季	两倍剂量	$C=1.77e^{-0.1818t}$	0.9819	3.31±0.05
	大棚	夏季	推荐剂量	$C=1.38e^{-0.1094t}$	0.9942	6.49±1.96
	大棚	夏季	两倍剂量	$C=2.16e^{-0.1050t}$	0.9968	6.00±0.78

2. 百菌清在土壤中的消解特征

百菌清在冬、夏两季大棚和夏季露天三种蔬菜土壤中的消解特征如图 2-20 所示。百菌清在土壤中的消解分两个阶段，初始阶段消解很快，随后一个阶段消解比较缓慢，可用一级动力学模型来模拟，与多菌灵在土壤中的消解特征类似。

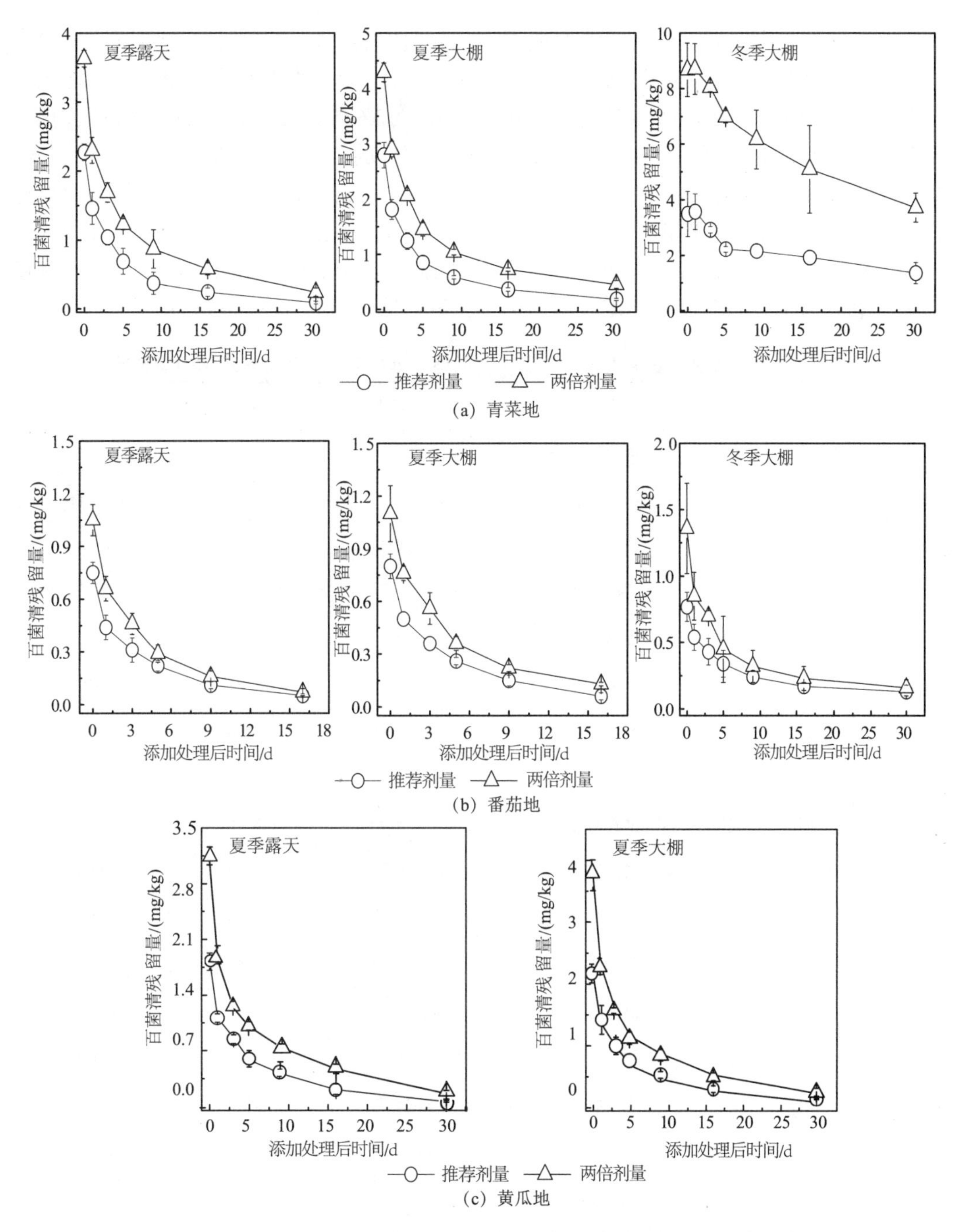

图 2-20　百菌清在冬、夏两季大棚和露天青菜、番茄、黄瓜地的消解特征

表 2-8 为百菌清在冬、夏两季大棚和夏季露天三种蔬菜土壤中降解的一级动力学数据。推荐剂量和两倍剂量百菌清在冬季大棚、夏季大棚和夏季露天青菜地土壤中的半衰期分别为 21.15d 和 21.94d、3.29d 和 3.91d、3.05d 和 3.86d，与夏季大棚相比，推荐剂量和两倍剂量百菌清在冬季大棚青菜地土壤中的半衰期明显延长了 5.43 倍和 4.61 倍，

推荐剂量和两倍剂量百菌清在夏季大棚青菜地土壤中的半衰期稍微长于夏季露天，没有显著性差异；推荐剂量和两倍剂量百菌清在冬季大棚、夏季大棚和夏季露天番茄地土壤中的半衰期分别为 6.23d 和 4.51d、3.16d 和 3.56d、2.68d 和 2.80d，与夏季大棚相比，推荐剂量和两倍剂量百菌清在冬季大棚番茄地土壤中的半衰期明显延长了 97%和 27%，与夏季露天相比，推荐剂量和两倍剂量百菌清在夏季大棚番茄地土壤中的半衰期明显延长了 18%和 27%；推荐剂量和两倍剂量百菌清在夏季大棚和夏季露天黄瓜地土壤中的半衰期分别为 3.52d 和 3.37d、3.40d 和 3.33d，推荐剂量和两倍剂量百菌清在夏季大棚黄瓜地土壤中的半衰期相比夏季露天略有延长，没有显著差异（$p<0.05$）。

表 2-8　塑料大棚和露天青菜、番茄、黄瓜地土壤中多菌灵降解一级动力学参数

地点		季节	浓度	动力学方程	R^2	$T_{1/2}$/d
青菜地	露天	夏季	推荐剂量	$C=1.98e^{-0.1415t}$	0.9268	3.05±0.22
	露天	夏季	两倍剂量	$C=3.37e^{-0.1899t}$	0.9166	3.86±0.66
	大棚	夏季	推荐剂量	$C=1.56e^{-0.0931t}$	0.7928	3.29±0.78
	大棚	夏季	两倍剂量	$C=3.09e^{-0.1005t}$	0.8380	3.91±0.12
	大棚	冬季	推荐剂量	$C=2.97e^{-0.0361t}$	0.5468	21.15±9.55
	大棚	冬季	两倍剂量	$C=8.68e^{-0.0323t}$	0.9181	21.94±2.99
番茄地	露天	夏季	推荐剂量	$C=0.64e^{-0.1864t}$	0.9336	2.68±0.07
	露天	夏季	两倍剂量	$C=0.89e^{-0.1942t}$	0.9506	2.80±0.47
	大棚	夏季	推荐剂量	$C=0.65e^{-0.1763t}$	0.9518	3.16±0.16
	大棚	夏季	两倍剂量	$C=0.81e^{-0.1248t}$	0.9324	3.56±1.10
	大棚	冬季	推荐剂量	$C=0.61e^{-0.0823t}$	0.8384	6.23±0.68
	大棚	冬季	两倍剂量	$C=0.88e^{-0.0777t}$	0.9246	4.51±1.70
黄瓜地	露天	夏季	推荐剂量	$C=1.30e^{-0.1086t}$	0.9527	3.40±0.61
	露天	夏季	两倍剂量	$C=2.28e^{-0.1365t}$	0.8449	3.33±0.10
	大棚	夏季	推荐剂量	$C=1.44e^{-0.0966t}$	0.8730	3.52±0.79
	大棚	夏季	两倍剂量	$C=2.45e^{-0.1214t}$	0.8715	3.37±0.07

3. 毒死蜱在土壤中的消解特征

毒死蜱在冬、夏两季大棚和夏季露天三种蔬菜土壤中的消解特征与前两种农药基本相似（图 2-21），呈现先快后慢的消解特点，依然可用一级动力学模型模拟。

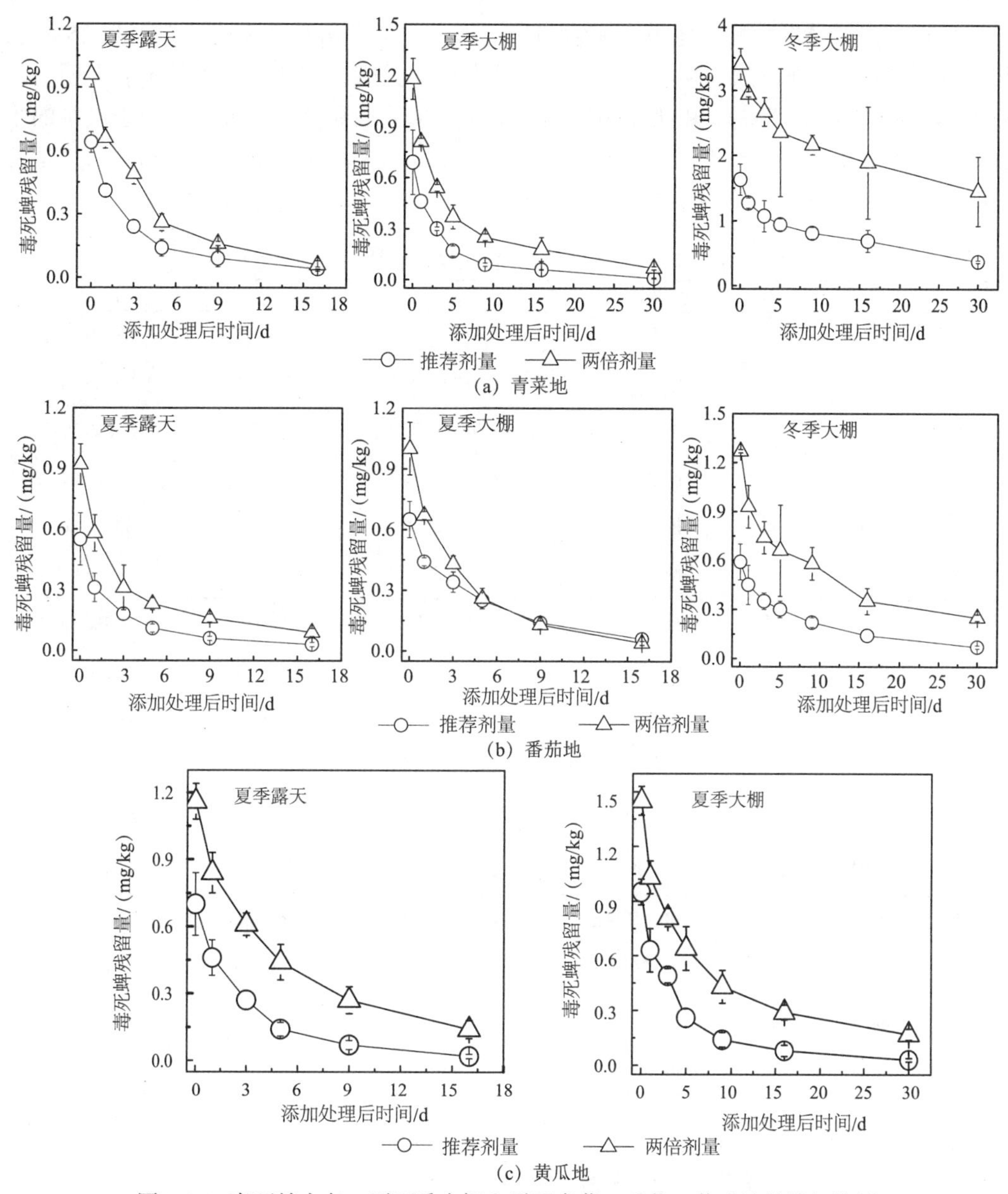

图 2-21　毒死蜱在冬、夏两季大棚和露天青菜、番茄、黄瓜地的消解特征

表 2-9 为毒死蜱在冬、夏两季大棚和夏季露天三种蔬菜土壤中降解的一级动力学数据。推荐剂量和两倍剂量毒死蜱在冬季大棚、夏季大棚和夏季露天青菜地土壤中的半衰期分别为 13.89d 和 23.5d、2.70d 和 3.38d、2.30d 和 3.07d，与夏季大棚相比，推荐剂量和两倍剂量毒死蜱在冬季大棚青菜地土壤中的半衰期明显延长了 4.14 倍和 5.95 倍，推荐剂量和两倍剂量毒死蜱在夏季大棚青菜地土壤中的半衰期稍微长于夏季露天，没有显著性差异；推荐剂量和两倍剂量毒死蜱在冬季大棚、夏季大棚和夏季露天番茄地土壤中的半衰期分别为 6.95d 和 9.34d、3.98d 和 2.65d、2.05d 和 2.35d，与夏季大棚相比，推

荐剂量和两倍剂量毒死蜱在冬季大棚番茄地土壤中的半衰期明显延长了 75%和 252%，与夏季露天相比，推荐剂量和两倍剂量毒死蜱在夏季大棚番茄地土壤中的半衰期明显延长了 94%和 13%；推荐剂量和两倍剂量毒死蜱在夏季大棚和夏季露天黄瓜地土壤中的半衰期分别为 3.03d 和 5.58d、2.23d 和 4.01d，与夏季露天相比，推荐剂量和两倍剂量毒死蜱在夏季大棚黄瓜地土壤中的半衰期明显延长了 36%和 39%（$p<0.05$）。

表 2-9　塑料大棚和露天土壤中毒死蜱降解的一级动力学数据

地点		季节	浓度	动力学方程	R^2	$T_{1/2}$/d
青菜地	露天	夏季	推荐剂量	$C=0.54e^{-0.2194t}$	0.9413	2.30±0.10
	露天	夏季	两倍剂量	$C=0.87e^{-0.1908t}$	0.9702	3.07±0.20
	大棚	夏季	推荐剂量	$C=0.43e^{-0.1291t}$	0.9583	2.70±0.79
	大棚	夏季	两倍剂量	$C=0.89e^{-0.1358t}$	0.9577	3.38±0.09
	大棚	冬季	推荐剂量	$C=1.28e^{-0.0417t}$	0.9736	13.89±4.67
	大棚	冬季	两倍剂量	$C=3.06e^{-0.0370t}$	0.9100	23.5±6.47
番茄地	露天	夏季	推荐剂量	$C=0.34e^{-0.1915t}$	0.8718	2.05±0.36
	露天	夏季	两倍剂量	$C=0.69e^{-0.1701t}$	0.7961	2.35±0.57
	大棚	夏季	推荐剂量	$C=0.51e^{-0.1373t}$	0.9903	3.98±1.12
	大棚	夏季	两倍剂量	$C=0.82e^{-0.2036t}$	0.9953	2.65±0.45
	大棚	冬季	推荐剂量	$C=0.43e^{-0.0626t}$	0.9566	6.95±1.94
	大棚	冬季	两倍剂量	$C=1.26e^{-0.0578t}$	0.9868	9.34±0.41
黄瓜地	露天	夏季	推荐剂量	$C=0.59e^{-0.2507t}$	0.9665	2.23±0.38
	露天	夏季	两倍剂量	$C=1.05e^{-0.1580t}$	0.9625	4.01±1.06
	大棚	夏季	推荐剂量	$C=0.89e^{-0.2039t}$	0.9510	3.03±0.36
	大棚	夏季	两倍剂量	$C=1.18e^{-0.0858t}$	0.9126	5.58±1.03

4. 典型农药在设施蔬菜土壤中的消解特点

这些实验结果说明，设施蔬菜生产过程中常用的杀菌剂多菌灵、百菌清和杀虫剂毒死蜱，在大棚土壤中的消解速率明显低于露天，冬季的消解速率明显低于夏季。它们在土壤中的消解差异如此显著，说明土壤湿度、有机质含量、黏粒含量、酸碱度、温度、降水量和日照等环境因素对其影响很大。许多研究表明百菌清在土壤中降解半衰期与土壤类型和环境条件也密切相关。

多菌灵、百菌清、毒死蜱三种农药在土壤中的消解均出现两个不同的阶段。开始阶段在土壤表面快速消解，是因为其挥发性、吸附性、光解和物理损失引起的；其后是一个平缓的阶段，是因为土壤中微生物和化学降解造成的（Laabs et al., 2000）。

相对于露天环境，大棚蔬菜生产环境具有封闭性和温度高的特点，对农药消解的影响包括：大棚覆盖物减少太阳辐射，降低农药的光化学降解作用；大棚覆盖物阻挡了自然雨水对农药的淋洗作用；更重要的是，虽然大棚内的相对高温利于农药的挥发，但由于大棚环境的封闭性、湿度大，挥发的农药持续回落于植物和土壤表面，从而导致设施蔬菜和土壤中农药消解明显慢于露天环境（Yu et al. ,2005; Fang et al., 2006）。

2.3.2　农药在土壤中的积累特征

1. 多菌灵多次重复施用后在冬季大棚土壤中的积累

图2-22显示了多菌灵每次施药后15d在大棚青菜地和大棚番茄地土壤中的残留量。第Ⅰ次施药后 15d，推荐剂量、两倍剂量多菌灵在青菜地土壤中的残留量分别为0.18mg/kg、0.39mg/kg；第Ⅱ次施药后的残留量为 0.23mg/kg、0.51mg/kg；第Ⅲ、Ⅳ、Ⅴ、Ⅵ次施药后的残留量分别为 0.25mg/kg 和 1.37mg/kg、0.78mg/kg 和 1.74mg/kg、1.08mg/kg 和 2.12mg/kg、0.90mg/kg 和 1.74mg/kg。相同施药次数，施药剂量越大，土壤中多菌灵的残留量越高。相同施药剂量下，推荐剂量多菌灵在第Ⅰ、Ⅱ、Ⅲ次施药后15d 的残留量没有显著性差异（$p<0.05$），随着施药次数的进一步增加，第Ⅳ、Ⅴ、Ⅵ次施药后15d多菌灵残留量较前三次显著增加，两倍剂量多菌灵残留量也呈类似趋势。

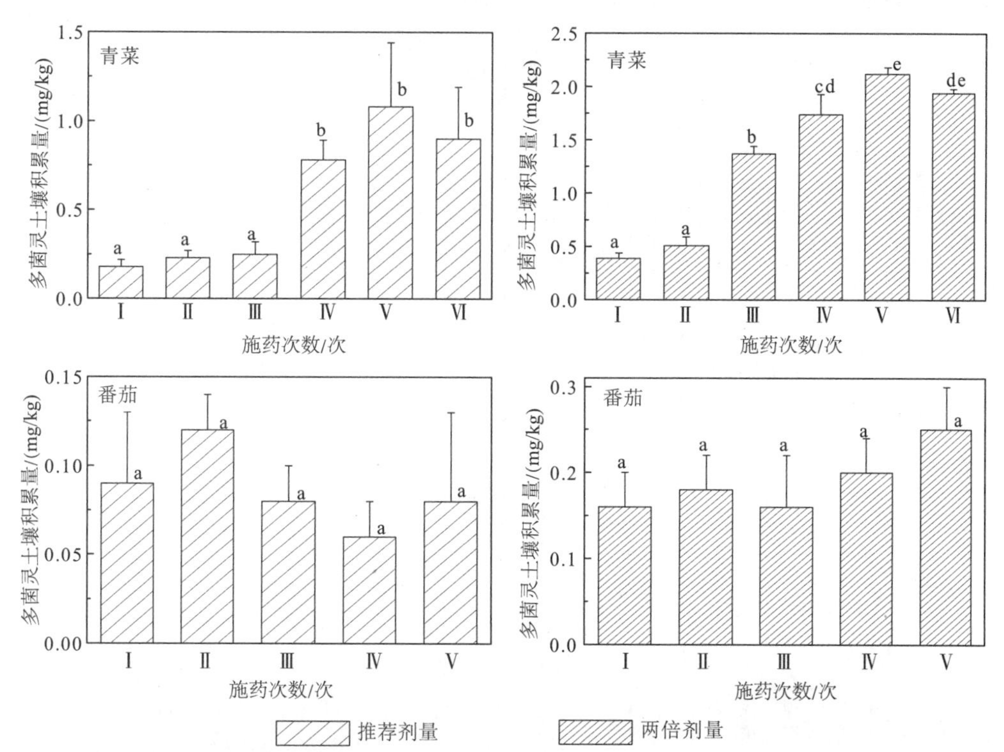

图2-22　推荐剂量和两倍剂量多菌灵连续施药后（每15d/次）在大棚土壤积累量

图中柱体上方不同字母表示不同处理间多菌灵积累量达到$p<0.05$水平显著差异

推荐剂量和两倍剂量多菌灵制剂连续五次喷施番茄后，土壤 15d 后残留量依次为

0.09mg/kg、0.12mg/kg、0.08mg/kg、0.06mg/kg、0.08mg/kg 和 0.16mg/kg、0.18mg/kg、0.16mg/kg、0.20mg/kg、0.25mg/kg，相同施药次数，施药剂量越大，土壤中多菌灵的残留量越大；但相同施药剂量下，随着施药次数的增加，五次施药后 15d 多菌灵的土壤残留量没有显著性差异，一直处于稳定水平。这一点与青菜地土壤中多菌灵残留的特点不同（$p>0.05$）。

2. 毒死蜱多次重复施用后在冬季大棚土壤中的积累

毒死蜱每次施药后 15d 在大棚青菜地和番茄地土壤中残留量的分析结果显示（图 2-23），第Ⅰ次施药后 15d，推荐剂量、两倍剂量毒死蜱在青菜地土壤中的残留量分别为 0.12mg/kg、0.52mg/kg；第Ⅱ次施药后的残留量为 0.15mg/kg、0.40mg/kg；第Ⅲ、Ⅳ、Ⅴ、Ⅵ次施药后的残留量分别为 0.52mg/kg 和 0.88mg/kg、0.82mg/kg 和 1.68mg/kg、0.63mg/kg 和 1.61mg/kg、0.69mg/kg 和 1.89mg/kg。相同施药次数，施药浓度越高，土壤中毒死蜱的残留量越高。相同施药剂量下，推荐剂量毒死蜱在第Ⅰ、Ⅱ次施药后 15d 的残留量没有显著性差异（$p<0.05$），随着施药次数的进一步增加，第Ⅲ、Ⅳ、Ⅴ、Ⅵ次施药后 15d 毒死蜱残留量较前两次显著增加（$p<0.05$），但第Ⅲ、Ⅴ、Ⅵ次施药后 15d 毒死蜱残留量没有显著性差异。两倍剂量毒死蜱残留量也呈类似趋势，前三次施药后 15d 残留量没有显著性差异，后三次施药后 15d 毒死蜱残留量较前三次显著增加。

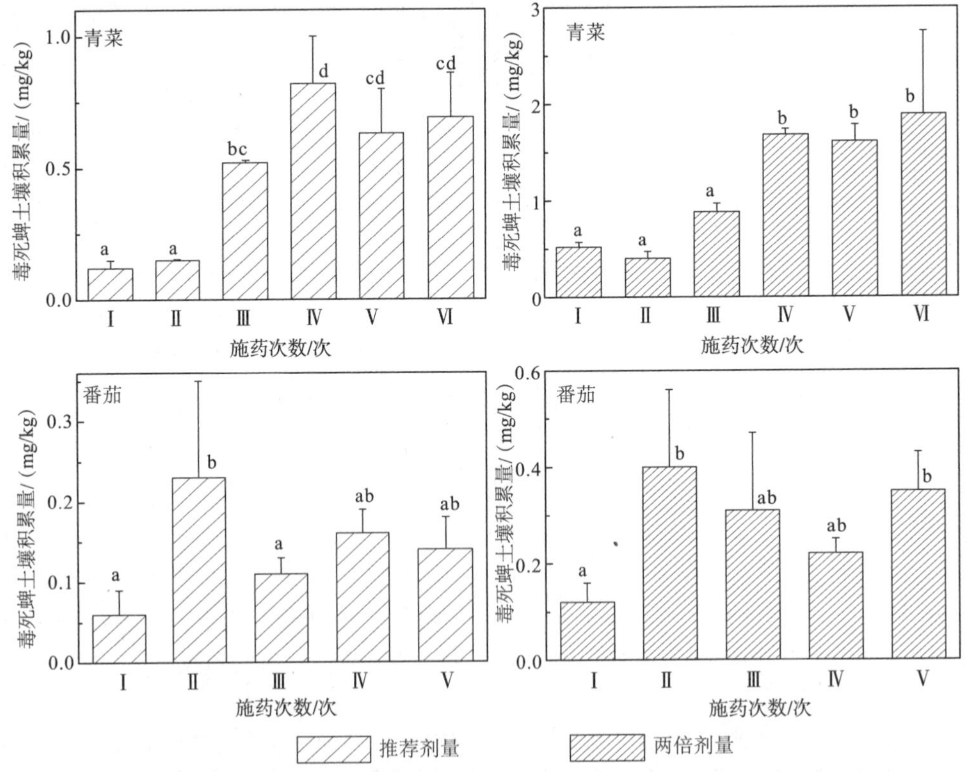

图 2-23　推荐剂量和两倍剂量毒死蜱连续施药后（每 15d/次）在大棚土壤积累量

图中柱体上方不同字母表示不同处理间毒死蜱积累量达到 $p<0.05$ 水平显著差异

推荐剂量和两倍剂量毒死蜱在番茄地喷施五次后 15d，残留量依次为 0.06mg/kg、0.23mg/kg、0.11mg/kg、0.16mg/kg、0.14mg/kg 和 0.12mg/kg、0.40mg/kg、0.31mg/kg、0.22mg/kg、0.35mg/kg（图 2-23）。与青菜地有所不同，第Ⅱ次喷施后残留量较第Ⅰ次略有显著上升，但第Ⅲ、Ⅳ、Ⅴ次施药后残留量与前两次没有显著差异。

3. 百菌清多次重复施用后在冬季大棚土壤中的积累

百菌清多次重复施药后 15d 在大棚青菜地和大棚番茄地中残留量的结果与前述两中农药的情况基本类似。推荐剂量、两倍剂量百菌清第Ⅰ次施药后 15d 在青菜地土壤中的残留量分别为 0.48mg/kg、0.82mg/kg，第Ⅱ、Ⅲ、Ⅳ、Ⅴ、Ⅵ次施药后土壤中百菌清残留量分别为 0.26mg/kg 和 0.96mg/kg、0.89mg/kg 和 1.47mg/kg、2.08mg/kg 和 4.24mg/kg、1.65mg/kg 和 3.43mg/kg、1.92mg/kg 和 5.10mg/kg。相同施药次数，施药浓度越高，土壤中百菌清的残留量越大（图 2-24）。

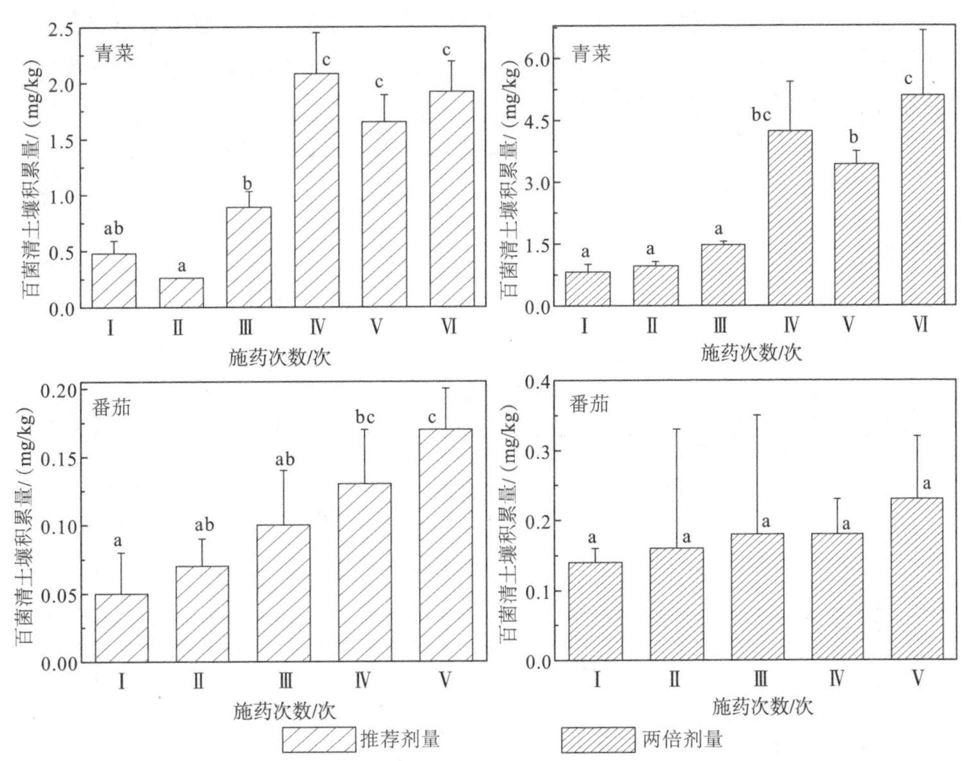

图 2-24　推荐剂量和两倍剂量百菌清连续施药后（每 15d/次）在大棚土壤积累量

图中柱体上方不同字母表示不同处理间百菌清积累量达到 $p<0.05$ 水平显著差异

推荐剂量和两倍剂量百菌清制剂连续五次喷施在番茄地后 15d 的残留量依次为 0.05mg/kg、0.07mg/kg、0.10mg/kg、0.13mg/kg、0.17mg/kg 和 0.14mg/kg、0.16mg/kg、0.18mg/kg、0.18mg/kg、0.23mg/kg，与青菜地百菌清残留量类似，相同施药次数，施药浓度越高，土壤中百菌清的残留量越大。但相同施药剂量下，随着施药次数的增加，推荐剂量百菌清五次施药后 15d 的残留量从第Ⅲ次开始有增加或显著增加，但两种施药浓度下百菌清残留量一直维持在一个较低的浓度范围。

百菌清在土壤中有多种降解产物，其主要代谢物为 4-羟基百菌清（Putnam et al., 2003），占所有代谢产物的 65%左右，而且在施用百菌清 6d 后就能检测到这种产物（Chaves et al., 2007）。4-羟基百菌清的毒性超过母体百菌清 30 倍（Potter et al., 2001），在土壤和水中的移动性远大于百菌清，在土壤中的存留时间也比百菌清长，且会抑制百菌清的降解。因此，进行了 4-羟基百菌清在土壤中的持久性和降解动态的研究（图 2-25），可以看出，连续六次每次间隔 15d 喷施百菌清在冬季大棚青菜地土壤后，推荐剂量和两倍剂量条件下，4-羟基百菌清第Ⅰ、Ⅱ、Ⅲ、Ⅳ、Ⅴ、Ⅵ次施药后在土壤中的残留量分别为 0.085mg/kg 和 0.086mg/kg、0.067mg/kg 和 0.078mg/kg、0.071mg/kg 和 0.152mg/kg、0.143mg/kg 和 0.253mg/kg、0.179mg/kg 和 0.272mg/kg、0.150mg/kg 和 0.303mg/kg，相同施药次数时百菌清施药剂量越大，与母体百菌清一样，代谢产物残留量越高；相同施药剂量时，随着施药次数的增多，代谢产物在菜地土壤中会有明显积累（$p<0.05$），其中前三次施药后 15d 代谢物残留量没有显著变化，后三次施药后残留量显著增加。此外，第Ⅵ次施药后 30d，代谢产物出现显著增加，达 0.222mg/kg 和 0.498mg/kg，而母体百菌清第Ⅵ次施药后残留量逐渐降低。

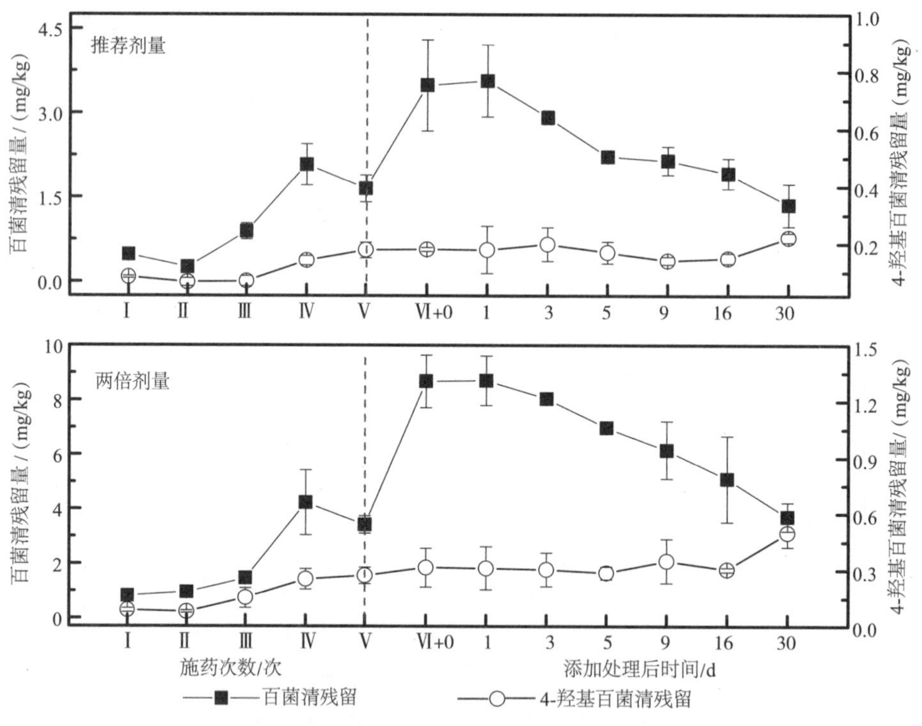

图 2-25　大棚青菜重复施药后土壤中百菌清及代谢产物 4-羟基百菌清残留动态

4. 代森锰锌多次重复施用后在夏季大棚土壤中的积累

实验在夏季黄瓜生长期内进行，重复喷施推荐剂量（3.75 kg/hm^2）、两倍剂量

（7.50 kg/hm^2）的 80%代森锰锌可湿性粉剂 4 次后，测定了代森锰锌在大棚黄瓜土壤中施药后 2 h 的残留量和施药后第 10 d 的残留量（图 2-26）。

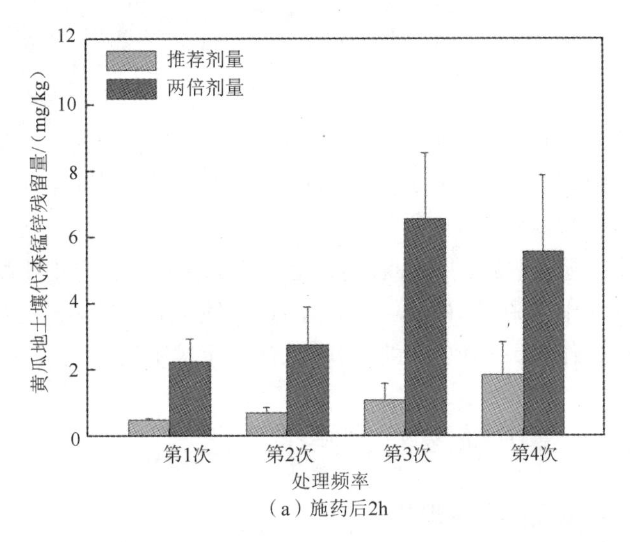

（a）施药后2h

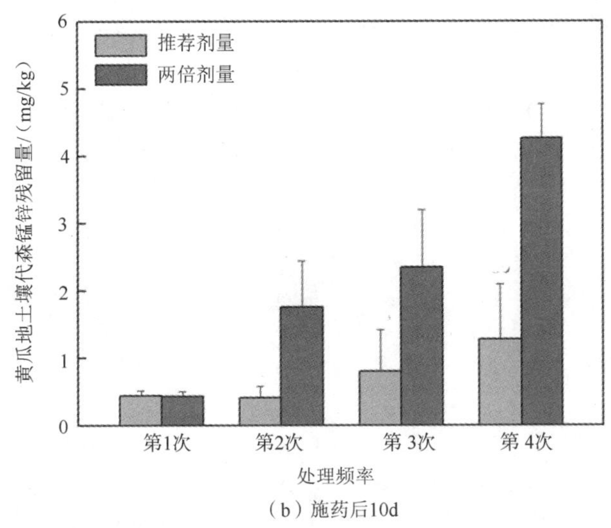

（b）施药后10d

图 2-26　连续重复施用代森锰锌 2h（a）和 10d（b）后黄瓜地土壤中残留量

连续四次重复施用推荐剂量的代森锰锌后 2 h，其在土壤中的残留量分别为 0.49mg/kg、0.71mg/kg、1.09mg/kg、1.84mg/kg。两倍剂量的代森锰锌在黄瓜地中连续四次重复施用 2 h 后，其在土壤中的残留量分别为 2.24mg/kg、2.75mg/kg、6.56mg/kg、5.57mg/kg。进一步对每次施药后第 10d 进行分析，结果表明连续四次重复施用推荐剂量的代森锰锌后，其在土壤中的残留量分别为 0.45mg/kg、0.41mg/kg、0.8mg/kg、1.28mg/kg，残留量显著增加，但无性差异。连续四次重复施用两倍剂量代森锰锌后，其在土壤中的残留量分别为 0.44mg/kg、1.76mg/kg、2.35mg/kg、4.27mg/kg，残留量差异显著。可见在大棚黄瓜中按照推荐剂量施用 80%的代森锰锌可湿性粉剂不会造成田间代森锰锌的累积，但是若超过推荐剂量，则会造成其在田间的累积，且土壤中的残留量随着施药次数的增加而增加。

5. 典型农药在设施蔬菜土壤中的积累特点

农药在土壤中的降解除受到土壤性质、农药剂量、温度和喷药次数等因素的影响以外，一旦农药过量重复使用也会使土壤中农药积累导致残留量过高，超出土壤微生物耐受限度从而对微生物产生直接毒性效应，导致土壤中残留农药半衰期不变甚至增加，降解速率减慢而产生积累效应。

实验结果表示，随着常用的几种农药重复多次施用后，青菜地土壤中残留量逐渐产生积累性，而番茄地土壤中残留量没有明显的积累性（$p<0.05$），这可能是由于番茄植株叶片繁密产生遮蔽作用，导致实际喷药时散落到土壤中的初始沉积量低于青菜地。

2.4　设施农业土壤中酞酸酯的积累特征

2.4.1　我国土壤中酞酸酯的积累现状

酞酸酯作为增塑剂广泛应用于塑料、汽车、服装、化妆品、润滑剂和农药等行业，少量用作去污剂的生产原料。其中邻苯二甲酸二甲酯(DMP)、邻苯二甲酸二乙酯(DEP)、邻苯二甲酸二正丁酯（DnBP）、邻苯二甲酸丁基苄基酯（BBP）、邻苯二甲酸二（2-乙基）己酯（DEHP）和邻苯二甲酸二正辛酯（DnOP）等六种已经被美国国家环境保护局（EPA）列为优先控制类污染物（图 2-27）。

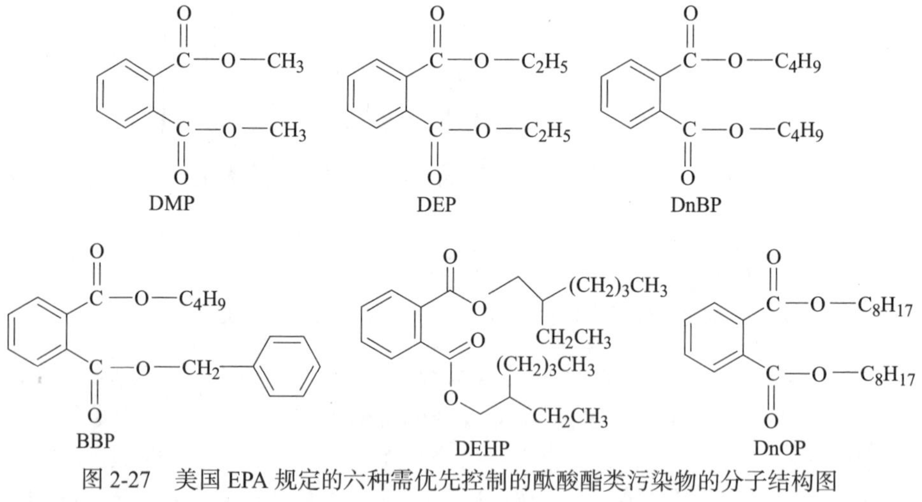

DMP　DEP　DnBP

BBP　DEHP　DnOP

图 2-27　美国 EPA 规定的六种需优先控制的酞酸酯类污染物的分子结构图

酞酸酯污染已成为全球最为普遍的一类有机污染，国外将酞酸酯类污染物称为“第二个全球性的多氯联苯（PCB）污染物”。20 世纪 80 年代，我国开始关注土壤酞酸酯污染问题，并开展了一系列研究（胡晓宇等, 2003）。从全国来看，北至哈尔滨，西至贵州，南到雷州半岛以及东部沿海城市均检测到酞酸酯污染，而且多数已经达到 mg/kg

数量级（表 2-10）（Hu et al., 2003; Zeng et al., 2008; 关卉等，2007; 李存雄等，2010）。酞酸酯在我国农田及设施土壤中的累积正在不断地加剧，有研究表明济南市郊区 0 ~ 20 cm 表层土壤中 DEHP、DnBP 和 DEP 总浓度最高可达 8.35 mg/kg（孟平蕊等, 1996）。2003 年太湖沉积物中包含酞酸酯在内的 17 种环境激素类物质浓度比 1985 年提高了两倍以上（Wang et al., 2003）；北京市郊温室土壤中酞酸酯以 DnBP 和 DEHP 为主，总浓度为 1.3 ~ 3.2 mg/kg（Ma et al., 2003a）；广州和深圳地区典型蔬菜基地土壤中的 DnBP 和 DEHP 的浓度最高，分别可达 18mg/kg 和 16mg/kg，各种酞酸酯组分的总浓度高达 3 ~ 46mg/kg（蔡全英等，2005）。对北京城郊农业土壤的研究表明 DnBP、DEHP 和邻苯二甲酸二异丁酯（DiBP）是主要污染物，六种优先控制类酞酸酯总浓度为 0.51~8.0 mg/kg（Li et al., 2006）；哈尔滨和邯郸两个地区，无论是耕种的露天土壤还是温室土壤，邻苯二甲酸二丁酯（DBP）和 DEHP 都是土壤中的典型酞酸酯类污染物，DBP 已经高达 2.75 ~ 29.37mg/kg; DEHP 也达到了 1.15 ~ 7.99mg/kg（Xu et al., 2008）。广州城区土壤普遍存在酞酸酯污染，DiBP、DnBP 和 DEHP 是其中的主要成分，占 16 种酞酸酯总浓度的四分之三以上（Zeng et al., 2009）；东莞土壤的酞酸酯含量最高，菜地土壤中的平均含量都比果园高，DEP 和 DnBP 都超过了美国土壤酞酸酯控制标准（赵胜利等，2009）；苏南地区 13 个农田表层土壤样品中总酞酸酯浓度在 0.575 ~ 762μg/kg，其中 DnBP 和 DEHP 含量最高（张利飞等，2011）。南京地区土壤酞酸酯含量在 0.15 ~ 9.68 mg/kg。

表 2-10　我国不同区域设施与农田土壤酞酸酯污染现状　（单位：mg/kg）

采样地点	DMP	DEP	DnBP	BBP	DEHP	DnOP	∑PAEs
南京城郊	ND~0.016	ND~0.018	ND~1.41	ND~0.041	0.034~9.03	ND~7.04	0.15~9.68
济南温室	NA	0.12~2.21	0.67~3.62	NA	0.58~3.45	NA	NA
北京温室	<0.01	<0.01	0.34~1.66	NA	0.22~0.74	<0.09	NA
珠三角菜地	ND~0.068	ND~1.77	ND~20.55	ND~1.48	2.82~25.11	ND~0.92	NA
雷州半岛农田	ND~0.071	ND~0.076	ND~1.77	ND~0.054	ND~1.39	ND~0.073	NA
广州农田	0.001~0.157	0.001~0.178	0.009~2.74	ND~1.58	0.107~29.4	ND~0.084	ND~5.45
南昌菜地	NA	ND	ND~0.112	NA	ND~0.274	ND~0.044	0.22~33.6
东莞菜地	ND	ND~0.830	ND~0.282	ND~0.190	0.007~1.47	ND~0.013	ND~0.39
广州菜地	ND	ND~1.2	1.1~4.3	ND	8.0~57.4	ND	0.39~26.0
杭州菜地	ND	0.06~1.49	0.14~0.35	0.03~0.16	0.81~2.20	0.10~0.25	9.7~58.9
新疆棉田	ND~3.01	ND~2.42	11.2~57.7	NA	104~149	NA	1.9~4.36
天津菜地	0.002~0.101	0.002~0.114	0.013~0.285	0.000~0.358	0.028~4.17	0.000~9.78	124~1232

注：NA 为未分析；ND 为未检出。

我国北方土壤酞酸酯的平均污染程度高于南方，农膜残留是农田土壤酞酸酯的主要来源（Wormuth et al., 2006; 汤国才等，1993），设施大棚内的酞酸酯污染容易被忽视。监测数据显示，一些设施大棚内土壤 DnBP 浓度达 3.6 mg/kg，DEHP 浓度达 3.4 mg/kg，棚内空气 DEHP 浓度也达 550±210 ng/m^3（Wang et al., 2002）；华南一些蔬菜基地土壤酞酸酯总量可达 35.62 mg/kg（蔡全英等，2005）。未耕种的土壤酞酸酯的含量一般较低，温室土壤则相对较高（Xu et al., 2008）；珠三角大部分地区菜地土壤的平均酞酸酯含量比果园高，可能是菜地土壤中农膜使用更普遍所致（赵胜利等，2009）。

2.4.2　典型设施农业区土壤酞酸酯的积累特征

为明确不同区域设施农业土壤酞酸酯的分布差异，分别采集华东地区的上海青浦（QP）、徐州铜山（TS）、山东寿光（SG）和南京（NJ），华北的河北（HB）和北京（BJ）以及西南地区的昆明（KM）和成都（CD）等地区设施蔬菜基地土壤样品，通过分析检测得出这些区域土壤中酞酸酯的含量，明确这些区域土壤酞酸酯污染残留状况和分布特征。

1. 华东地区土壤中酞酸酯的积累特征

华东地区大多处于我国东南沿海地区，人口众多，蔬菜需求量大，设施农业发展迅速。通过对华东地区几处设施蔬菜基地土壤样品的分析，发现几乎所有的土壤样品都含有两种以上的酞酸酯，部分地区土壤酞酸酯含量较高（图 2-28）。土壤酞酸酯以 DEHP、DnBP 和 DnOP 三种酞酸酯为主，其他三种酞酸酯的含量均低于 0.03mg/kg；青浦地区土壤中各种酞酸酯含量在四个地区中最低，山东寿光土壤中酞酸酯含量最高，铜山与南京土壤中酞酸酯含量差异较小。DEHP 含量最高的为寿光土壤，其次为南京、铜山和青浦土壤，其平均浓度分别为 3.80mg/kg、2.12mg/kg、1.43mg/kg 和 0.22mg/kg；DnBP 含量最高的为铜山土壤，其次为寿光、南京和青浦土壤，其平均浓度分别为 1.23mg/kg、0.67mg/kg、0.20mg/kg 和 0.01mg/kg；DnOP 含量最高的为南京土壤，其次为青浦、寿光和铜山土壤，其平均浓度分别为 0.25mg/kg、0.06mg/kg、0.01mg/kg 和 0.01mg/kg。不同地区土壤中酞

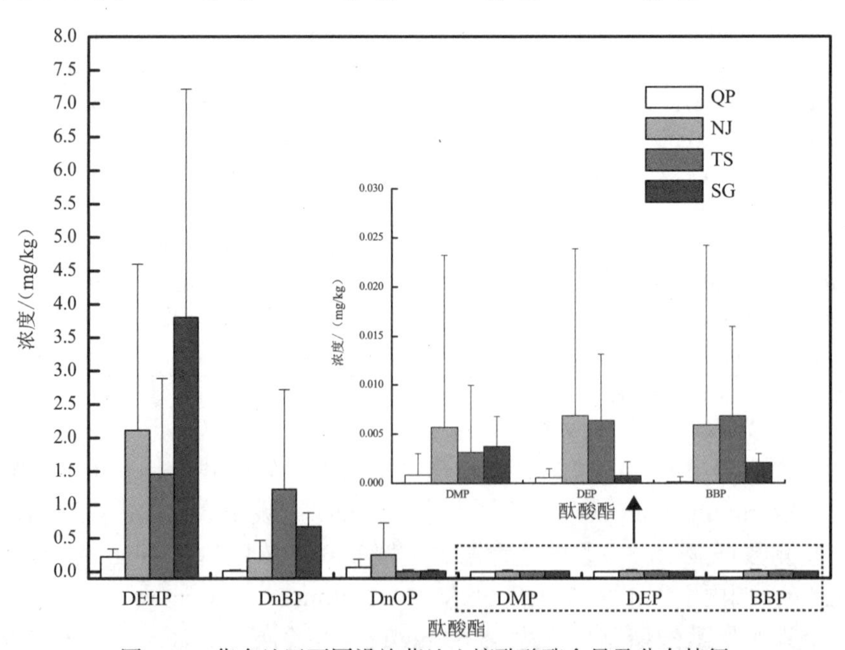

图 2-28　华东地区不同设施菜地土壤酞酸酯含量及分布特征

酸酯含量及分布特征的差异较大，这可能是由于不同区域农膜用量、覆膜时间以及种植年限等条件差异造成的。此外，施肥灌溉方式以及农耕方式也可能导致土壤酞酸酯含量的差异。

2. 华北地区土壤中酞酸酯积累特征

华北地区典型区域土壤酞酸酯的分析结果表明，在所有土壤样品中均有检出，其中 DEHP 和 DnOP 是主要污染物，DMP 在所有土壤样品中均未检出。河北地区设施土壤中 DEHP 和 DnOP 含量显著高于北京城郊设施土壤，但 DEP、DnBP 和 BBP 含量要低于北京设施菜地土壤（图 2-29）。河北、北京设施菜地土壤中 DEHP 的平均含量分别为 0.454mg/kg 和 0.354mg/kg，河北与北京设施土壤中 DnOP 的含量分别为 0.073mg/kg 和 0.007mg/kg，其余几种酞酸酯的含量均小于 0.01mg/kg。

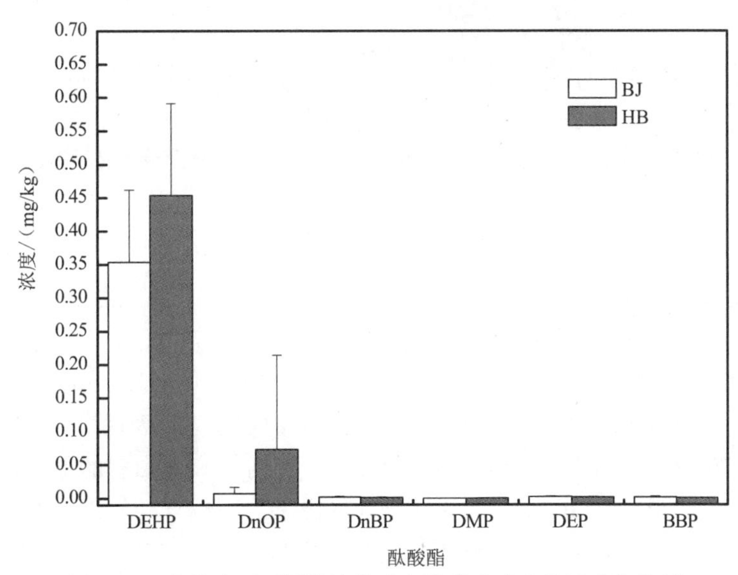

图 2-29　华北地区不同设施菜地土壤酞酸酯含量及分布特征

3. 西南地区土壤中酞酸酯积累特征

西南地区设施土壤样品中酞酸酯的检出率为 100%（图 2-30），含量均低于 0.35 mg/kg；昆明地区设施土壤中酞酸酯以 DEHP、DnOP 和 DnBP 为主，成都地区土壤酞酸酯主要以 DEHP 和 DEP 为主；两个地区土壤中均未检出 BBP，而 DMP 含量均低于 0.001mg/kg。昆明地区土壤中 DEHP、DnOP 和 DnBP 的平均含量分别为 0.18mg/kg、0.13mg/kg 和 0.02mg/kg；成都地区土壤中 DEHP、DEP 和 DnOP 的平均含量分别为 0.10mg/kg、0.02mg/kg 和 0.003mg/kg。两个地区土壤酞酸酯含量差异明显，主要是由于两个地区农膜使用时间以及频率、农膜质量的差异等造成的。

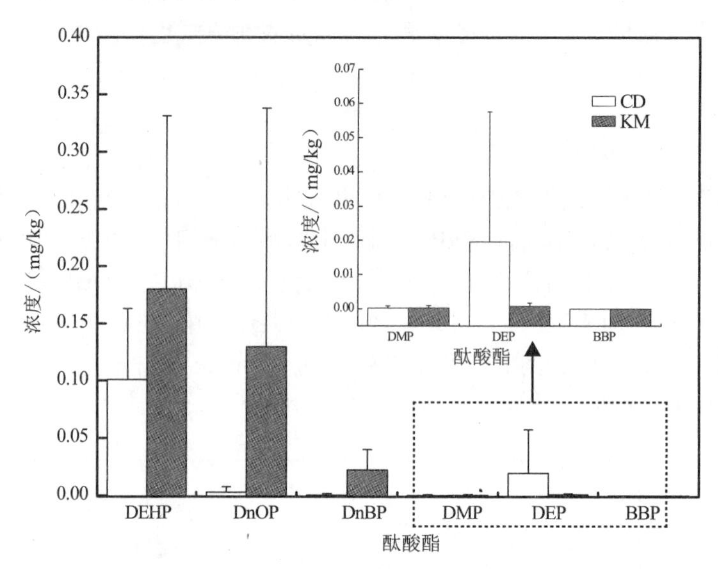

图 2-30　西南地区不同设施菜地土壤酞酸酯含量及分布特征

4. 不同区域土壤中酞酸酯积累特征的差异

不同采样地设施农业土壤总酞酸酯的平均浓度差异显著（图 2-31），总体来看寿光地区土壤酞酸酯含量最高，其次是铜山和南京，其酞酸酯总量分别为 4.49mg/kg、2.72mg/kg 和 2.59mg/kg；成都地区土壤酞酸酯总量最低，仅为 0.12mg/kg。这种差异可能与设施农业发展历史和农膜使用年限具有一定的内在联系。因为寿光、铜山以及南京地区城郊设施农业发展历史大多在十年以上，甚至在寿光和铜山有的地方设施农业种植和农膜使用历史已经接近 20 年，而在成都地区由于地理位置和气候的原因，设施农业发展较晚，设施农业种植年限大多在 5 年以内，而且农膜也并非连续使用。因此，不同地区土壤酞酸酯总量差异较大。华东地区土壤酞酸酯总量显著高于华北和西南地区，西南地区和华北地区酞酸酯含量均低于 0.50mg/kg。华东、华北和西南地区土壤酞酸酯总量分别为 2.52mg/kg、0.45mg/kg 和 0.23mg/kg。

对典型设施农业区土壤酞酸酯污染状况的调研与分析表明，华东地区设施农业土壤中酞酸酯含量高于华北地区，华北地区又高于西南地区；山东、徐州等设施农业发展历史悠久的地区，土壤酞酸酯含量高于设施农业历史发展较短的地区；地膜用量大的设施农业土壤酞酸酯含量高于用量少的；使用质量一般的地膜，设施农业土壤酞酸酯含量高于使用质量好的薄膜。设施农业土壤酞酸酯的污染负荷会随着农膜使用年限和用量的增加而上升。

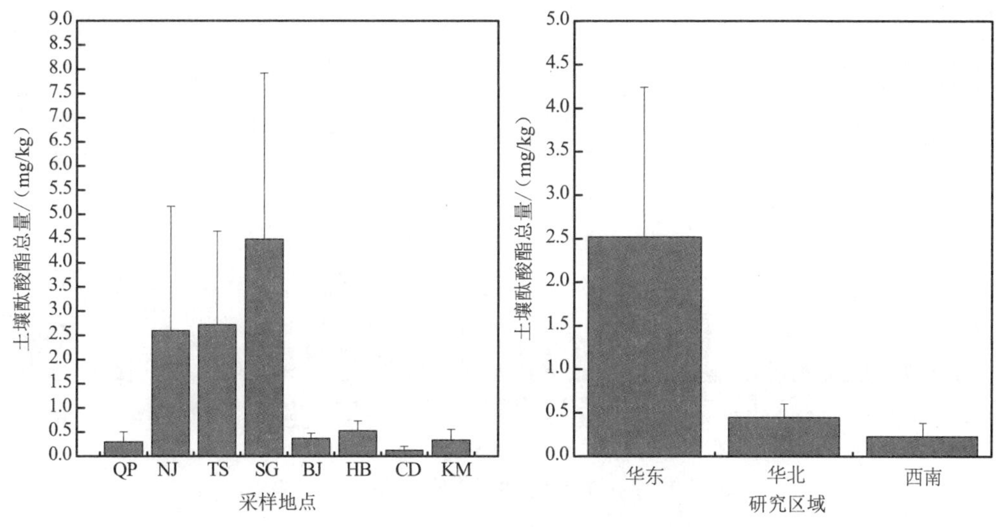

图 2-31　不同地区设施菜地土壤六种酞酸酯总量

2.4.3　农膜使用方式对土壤酞酸酯积累的影响

我国南北横跨多个纬度带，气候差异大，四季变化温度较大。设施农业发展中，农膜的使用方式多种多样，那么不同农膜使用方式是否会对土壤酞酸酯污染产生影响，本研究对这一问题进行了调查。通过调查四种不同的农膜使用模式，明确了农膜使用模式对土壤酞酸酯污染的影响。四种农膜使用模式分别为：①双层棚膜和单层地膜，外层棚膜常年覆盖，内层棚膜覆盖冬、春两个季节（GL）；②采用轮作模式，半年种植水稻半年种植温室蔬菜（HS）；③常年单层棚膜和地膜覆盖（SS）；④常年覆盖棚膜和单层地膜两年后只覆盖棚膜一年，并以此为一个循环（PK）。在采集不同农膜使用模式下的土壤样品时，同时采集露天土壤样品作为对照土壤。

1. 农膜使用模式对土壤酞酸酯积累的影响

农膜使用模式不同，土壤中酞酸酯的残留浓度各异，总体上随农膜用量的多少和使用时间的增加而增加。不同农膜使用模式下土壤中六种酞酸酯的总浓度变化较大，其浓度范围介于 0.15 ~ 9.68mg/kg，平均浓度为 1.70mg/kg。图 2-32 表明，采样点 GL4、GL12、GL23、GL34、GL35、GL39、PK3、PK15、PK17 和 PK18 的酞酸酯含量较高，其浓度分别为 6.50mg/kg、7.89mg/kg、9.68mg/kg、5.12mg/kg、7.29mg/kg、5.13mg/kg、6.31mg/kg、5.34mg/kg、7.49mg/kg 和 7.06mg/kg，这可能与长期使用农膜和大量施用有机肥有一定的关系。此外，SS18 土壤酞酸酯含量也高达 7.18 mg/kg，这可能是由于其使用的农膜是新膜，酞酸酯释放较多。

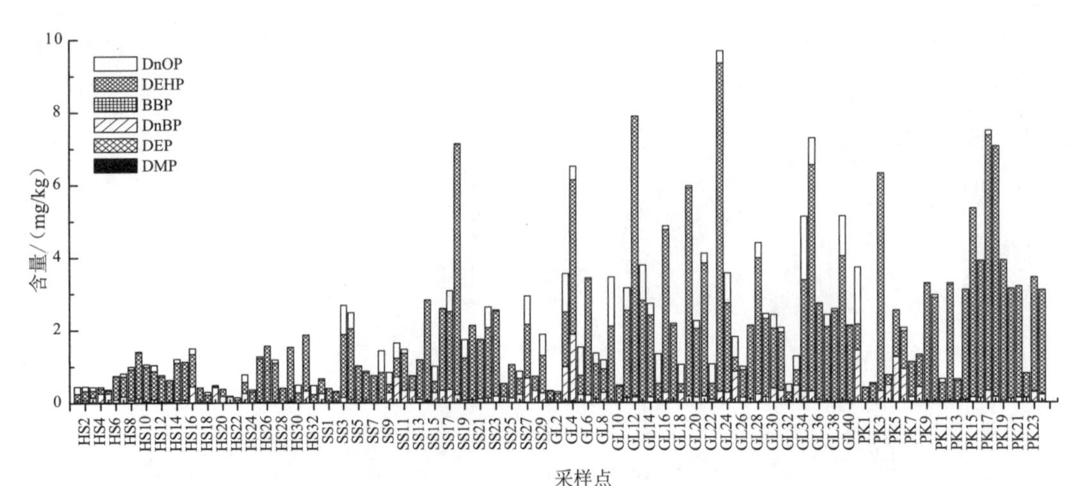

图 2-32　不同农膜使用模式下土壤酞酸酯含量

不同农膜使用模式下土壤 DMP、DEP、DnBP、BBP、DEHP 和 DnOP 的检出率分别为 57.4%、76.2%、87.7%、61.5%、100%和 80.3% ，其浓度从高到低依次为 DEHP、DnOP、DnBP、DEP、DMP 和 BBP（图 2-33），DEHP 和 DnBP 的平均浓度分别为 1.72±1.79mg/kg 和 0.19±0.27mg/kg。PK 和 GL 模式下土壤酞酸酯含量显著高于 HS 和 SS，这表明农膜使用时间长和使用量大的土壤酞酸酯含量高；HS 各种酞酸酯含量最低，表明水旱轮作能够有效降低土壤酞酸酯的含量；四种农膜使用模式下土壤酞酸酯均以 DEHP、DnOP 和 DnBP 为主。

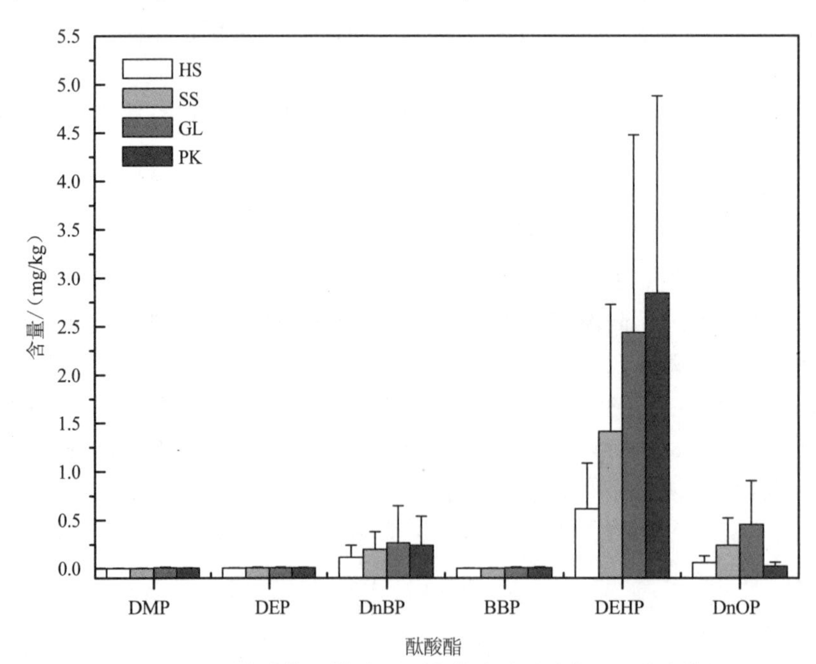

图 2-33　不同农膜使用模式下土壤单种酞酸酯含量及分布特征

2. 农膜使用模式下露地与大棚内土壤酞酸酯污染特征

露地土壤与不同农膜使用模式下的大棚内土壤酞酸酯含量如图 2-34 所示。HS 模式下，大棚内土壤中 DMP、DEP 和 DnOP 含量稍低于露地土壤，其他几种农膜使用模式下大棚土壤中酞酸酯含量均显著高于露地土壤。HS、SS、GL 和 PK 模式下大棚土壤中酞酸酯总量分别比对应的露地土壤酞酸酯含量高 79.3%、421%、610%和 568%；四种农膜使用模式下，土壤中 DEHP 平均含量均高于 0.5mg/kg，其他种类的酞酸酯含量均低于 0.5mg/kg，HS、SS、GL 和 PK 土壤中 DEHP 的平均含量分别为 0.62±0.47mg/kg、1.42±1.31mg/kg、2.44±2.04mg/kg 和 2.84±2.04mg/kg。由此可见，HS 模式下土壤酞酸酯污染残留最少，其余几种模式下土壤酞酸酯累积较为严重。

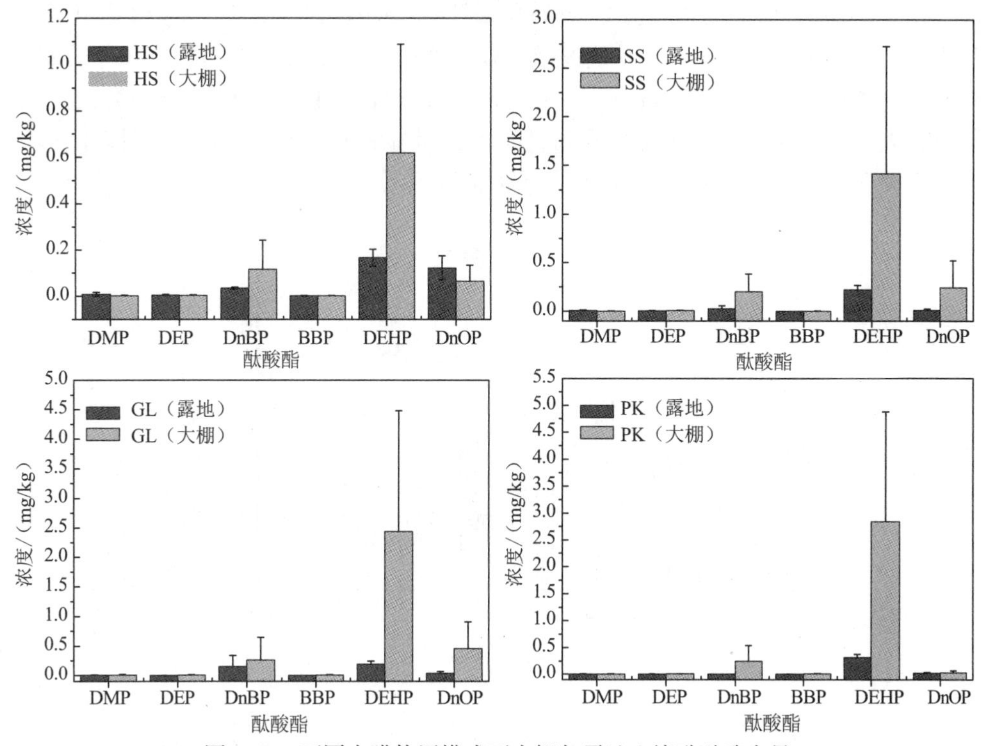

图 2-34　不同农膜使用模式下大棚与露地土壤酞酸酯含量

有研究表明，新鲜土壤或沉积物中有机质含量达到 10%时，其中 DnBP 和 DEHP 环境风险的限值分别为 0.7mg/kg 和 1.0mg/kg（Wang et al., 2002; Wang et al., 2003）。GL、SS 和 PK 模式下，土壤 DEHP 含量均高于 1.0mg/kg 的限制，但 DnBP 均没有超过环境风险限制。与美国土壤酞酸酯污染最大允许限值和治理浓度相比可知，四种农膜使用模式下，土壤 DMP、DEP 和 BBP 的浓度均低于最大允许限制。但是，土壤 DnBP 在 HS、SS、PK 和 GL 模式下的超标率分别达到了 45%、75%、68%和 69%；土壤 DEHP 在 SS、PK 和 GL 模式下的超标率分别为 14.7%、3.4%和 18.2%；土壤 DnOP 在 GL 模式下的超标率为 8%。由此可知，不同农膜使用模式下的环境风险由高到低分别为 PK、GL、SS

和 HS；长期覆膜和大量使用农膜都将增加土壤酞酸酯污染的环境风险。因此，在日常设施农业发展过程中，应该因地制宜，合理使用农膜尤其是地膜，同时应适时揭膜，降低土壤覆膜时间，从而降低土壤酞酸酯污染风险。

2.5 设施农业土壤中重金属的积累特征

2.5.1 全国设施农业土壤重金属累积的空间分布状况

从全国不同区域设施农业土壤重金属的累积特征来看（图 2-35），区域间土壤重金属含量差异明显，昆明和成都地区设施土壤 Cd、Pb 和 Zn 含量比其他区域普遍偏高，除了与设施农业生产中重金属的输入有关以外，土壤地质背景来源也是主要因素（Zhang et al., 2017; 李健平和李玉聪, 2013; 史静和张乃明, 2010; 段永蕙等, 2008）。山东寿光地区土壤 Cd 含量明显高于东部其他设施农业生产区，这主要是受到设施农业长期、高强度和大量施肥的影响（Tian et al., 2016; Yang et al., 2014; Liu et al., 2008, 2011）。西藏拉萨设施农业土壤中的各种重金属含量低于其他设施农业生产区，主要是因为该地区设施农业发展历史较短，土壤重金属地质背景较低。

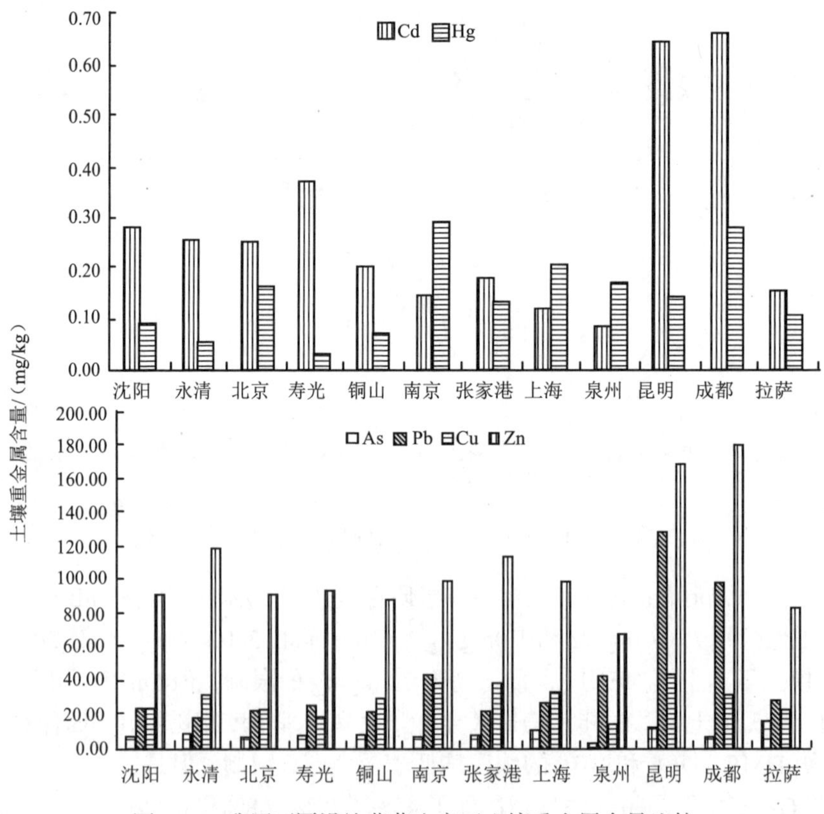

图 2-35 我国不同设施蔬菜生产区土壤重金属含量比较

除了了解设施蔬菜土壤重金属的区域变异特征外，作者还在江苏南京、张家港地区、山东寿光、徐州铜山分别采集了不同设施年限（0a，1 ~ 3a，4 ~ 6a、7 ~ 9a、10a 以上）和不同蔬菜类型（叶菜类、根茎类、茄果类）对应的土壤，分析其重金属含量，以便了解不同地区各种重金属的积累特征。以下按南方塑料大棚和北方日光温室设施蔬菜产地进行阐述。

2.5.2　南方典型塑料大棚设施土壤重金属积累特征

通过对南京四个典型设施蔬菜产地 309 个设施蔬菜地土壤样品的分析可以看出，设施蔬菜地土壤 pH 整体呈酸性，平均值在 6.0 以下，而土壤有机质含量较高。从设施蔬菜产地土壤重金属的累积和污染风险来看，土壤中重金属存在累积，部分样点已出现超标现象。设施菜地 Hg 的平均含量已超过《温室蔬菜产地环境质量评价标准》（HJ/T 333—2006），同时可以发现 Cu、Pb、Zn 含量相对于南京地区土壤背景水平也有一定程度的累积。各种重金属的变异系数均较大，表明四个研究基地重金属含量之间存在较大的差异（表 2-11）。

表 2-11　南京设施蔬菜生产系统土壤性质和重金属累积特征

项目	样品数	均值	标准差	最小值	最大值	变异系数	标准	背景值
pH	309	5.57	0.88	3.99	7.65	15.78	<6.5	
OM/（g/kg）	309	32.72	8.93	14.61	65.04	27.29		
As/（mg/kg）	309	8.02	1.83	3.79	22.80	22.86	30	10.6
Cd/（mg/kg）	309	0.19	0.07	0.02	0.43	34.85	0.3	0.19
Cu/（mg/kg）	309	40.10	12.74	19.40	89.10	31.76	50	32.2
Hg/（mg/kg）	309	0.34	0.31	0.04	2.18	91.86	0.25	0.12
Pb/（mg/kg）	309	40.28	19.90	21.30	243.00	49.41	50	24.8
Zn/（mg/kg）	309	101.45	21.21	60.50	213.00	20.91	200	76.68

注：OM 为有机质；南京土壤背景值（李建和郑春江，1989）；《温室蔬菜产地环境质量评价标准》（HJ/T 333—2006）。

对选取的四个典型基地进行比较分析发现，中长期有机蔬菜基地的 pH 和有机质含量极显著高于其他基地，然而中期无公害蔬菜基地的 pH 和有机质以及长期无公害蔬菜基地的有机质含量均显著低于其他基地（Chen et al., 2013a; Chen et al., 2013b; Chen et al., 2014b）。不同基地呈现出其主导的重金属累积特征，短期无公害蔬菜基地极显著累积土壤重金属 As；中期无公害蔬菜基地土壤 Hg、Pb、Cu 平均含量分别为 0.61 mg/kg、51.78 mg/kg、51.31 mg/kg，接近或超过了温室蔬菜产地环境质量评价标准（Hg：0.25 mg/kg；Pb：50 mg/kg；Cu：50 mg/kg），土壤中 Hg、As、Pb、Cu 的最大积累量分别比露天菜地高出 1 ~ 3 倍；中长期有机蔬菜基地则明显累积 Cd 和 Cu；对于长期无公害蔬菜基地，Cd 呈现出显著累积（图 2-36）。

从设施蔬菜产地不同剖面土壤 pH、有机质和重金属的纵向分布情况来看（图 2-37 和图 2-38），设施菜地表层土壤 pH 低于露天菜地，有机质含量高于露天菜地。设施菜地表层土壤重金属较露天菜地积累明显，重金属主要积累在土壤表层，随剖面深度的增加而显著降低（Hu et al., 2014; Hu et al., 2013; Chen et al., 2013a; 胡文友等, 2014）。

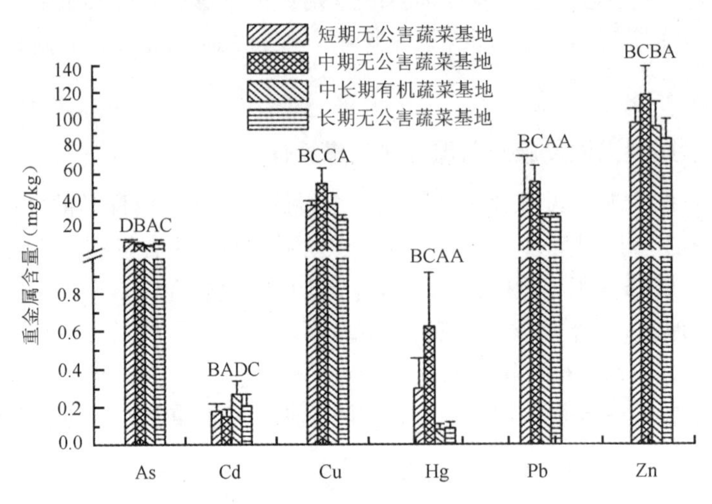

图 2-36　各基地间土壤重金属含量比较

同一重金属元素不同条棒上大写字母不同表示在 $p<0.01$ 水平上差异显著

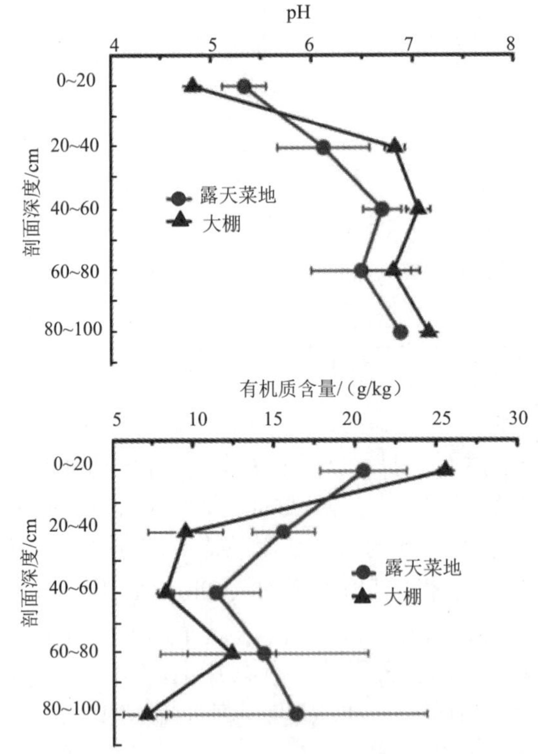

图 2-37　中期无公害设施菜地基地土壤 pH 和有机质含量的纵向分布特征

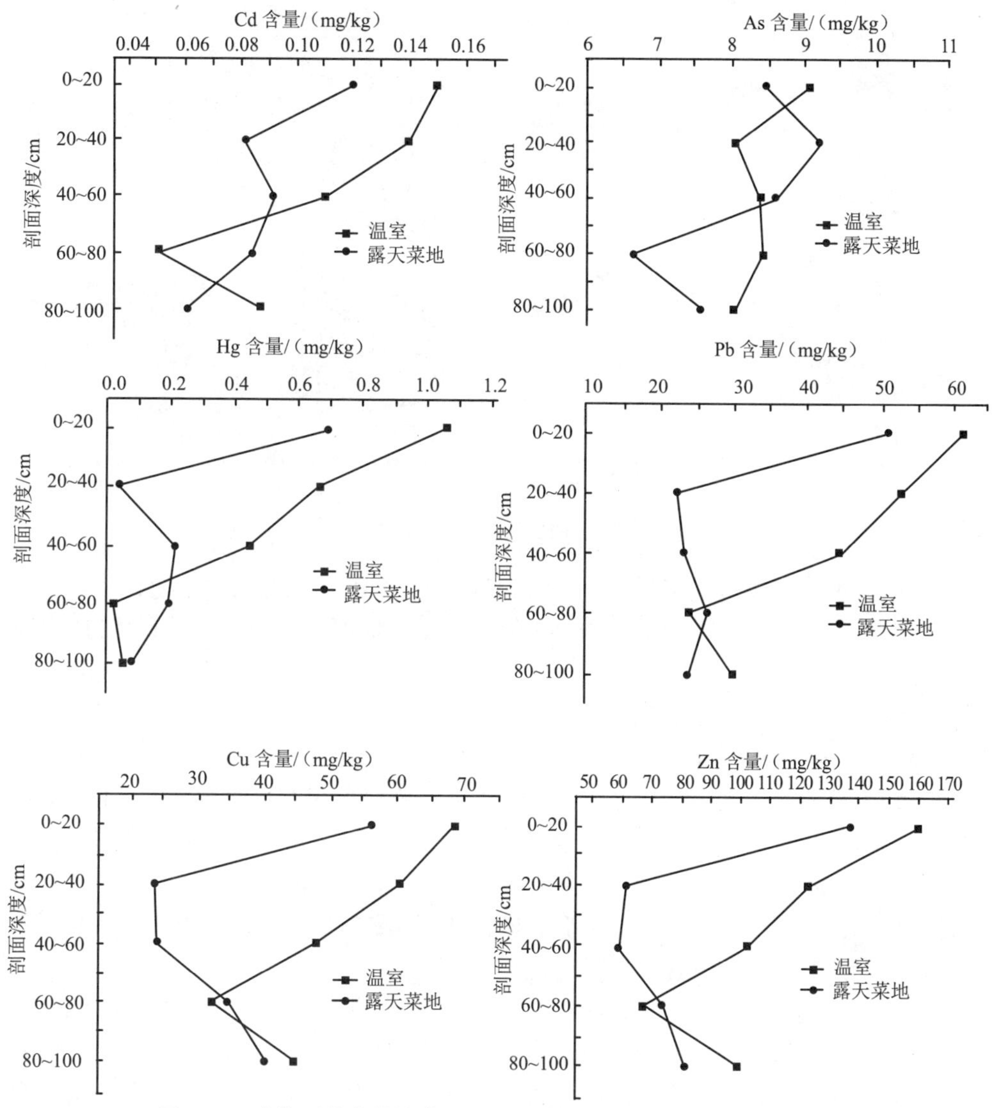

图 2-38　中期无公害设施菜地基地土壤重金属含量的纵向分布特征

以往在研究土壤重金属积累状况时，一般是通过调查设施蔬菜生产的时间，然后根据时间与土壤中重金属含量间的相关性确定土壤重金属的积累特征。然而，项目组在南京市周边地区进行调查时发现，正如上述调查结果所表明的，由于从事蔬菜生产的生产者大都来自外地，他们流动性较大，在当地经营时间较短，对自己经营的蔬菜地利用历史并无明确认识，因此，调查所获得的蔬菜地使用时间不确定性较大。所以，调查所获得的种植年限与土壤重金属含量间的相关性并不明显。为了探究研究区设施蔬菜土壤重金属积累规律，作者通过蔬菜基地大量面上的密集采样分析（图 2-39），获得了重金属在每个基地的空间分布图，从空间分布图上获得了较为理想的结果。

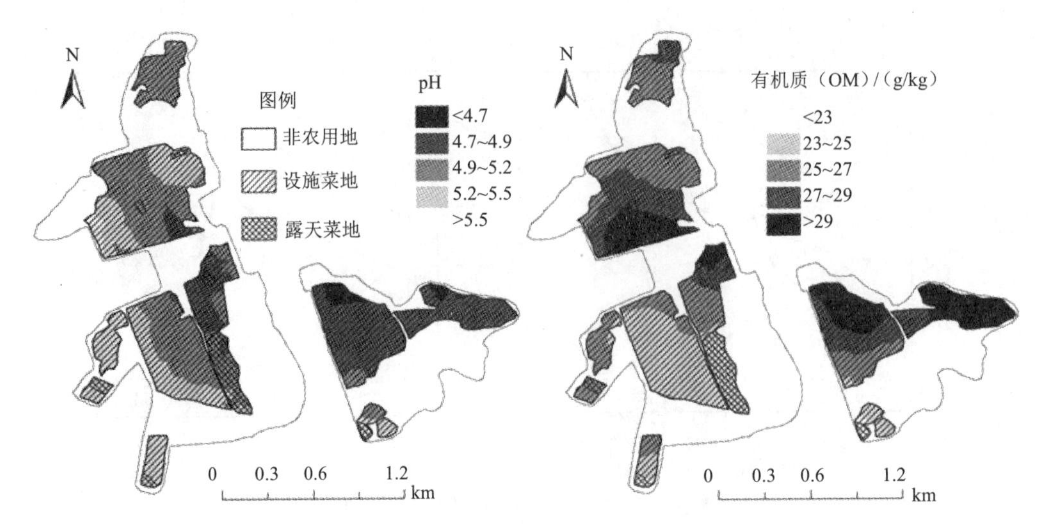

图 2-39　南京谷里中期设施蔬菜基地土壤性质空间分布

在南京谷里中期设施蔬菜基地，土壤 pH 在研究区的中东部相对较低，尤其在中部村庄周边的设施蔬菜地，pH 大部分在 5 以下。然后，向西及西南方向，土壤 pH 逐渐增加，大部分大于 5.2。与土壤 pH 相反，研究区土壤有机质含量在中部及东部相对较高，而向南方向，土壤有机质逐渐降低（图 2-39）。

对照土壤 pH 和有机质的空间分布特点，土壤中 Cu、Zn 元素显示了相似的空间分布规律，即土壤元素含量较高的区域主要集中在研究区的中部、东部和中部偏南部位，这些地区同时也是设施蔬菜生产发展较早的区域，其余地区则含量逐渐降低（图 2-40）。元素 Hg、Pb 整体上也显示了类似的空间分布趋势，只是 Hg、Pb 含量的最高区域出现在中部偏南的部位。由于元素 As、Cd 在整个地区土壤中含量变化较小，其空间变异特征与上述元素的空间分布规律不同。

在江宁区湖熟短期设施基地，首先，土壤 pH 和有机质的空间分布表明（图 2-41），在空间上这两个土壤性质均表现出分别自基地中心向周围逐渐增大和减少，以往的大量研究表明，土壤一旦被利用为设施蔬菜生产，其土壤 pH 会明显降低，而有机质会明显增加，所以，这两个基本性质的空间分布正好符合设施土壤种植年限的空间分布规律，即自设施基地中心开始向周围，土壤被逐年开发用于设施蔬菜生产（Chen et al., 2014b; Chen et al., 2013b; Yang et al., 2013）。

再仔细观察土壤重金属空间分布可发现，对土壤 Cd、Hg、Cu 和 Zn 而言，尽管这几种重金属在空间上的含量变异并不大，也有自中心向周围逐渐降低的空间分布规律（图 2-42）。显然，这些重金属的空间积累趋势与土壤的利用年限有着密切的关系。仔细分析土壤中这些重金属含量，土壤 Cd、Hg、Cu 和 Zn 自基地边缘至中心点，含量平均增加了 0.05mg/kg、0.15mg/kg、4mg/kg、15mg/kg，湖熟设施基地始建于 2008 年，至 2011 年仅 4 年时间，这样可以大致估算出每年积累这些重金属的量为 0.01mg/kg、0.03mg/kg、1mg/kg 和 3mg/kg。其他设施蔬菜基地也获得了类似的结果，这些重金属均有自设施基地中心向周围逐渐降低的空间趋势（Chen et al., 2014b; Chen et al., 2013b;

Yang et al., 2013）。

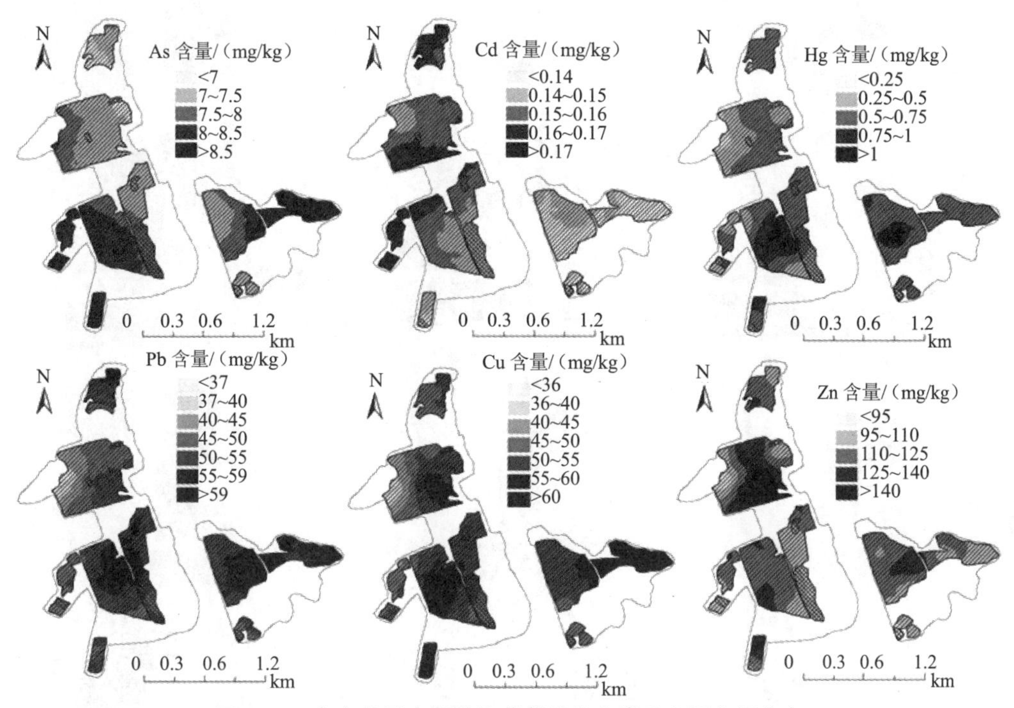

图 2-40　南京谷里中期设施蔬菜基地土壤重金属空间分布

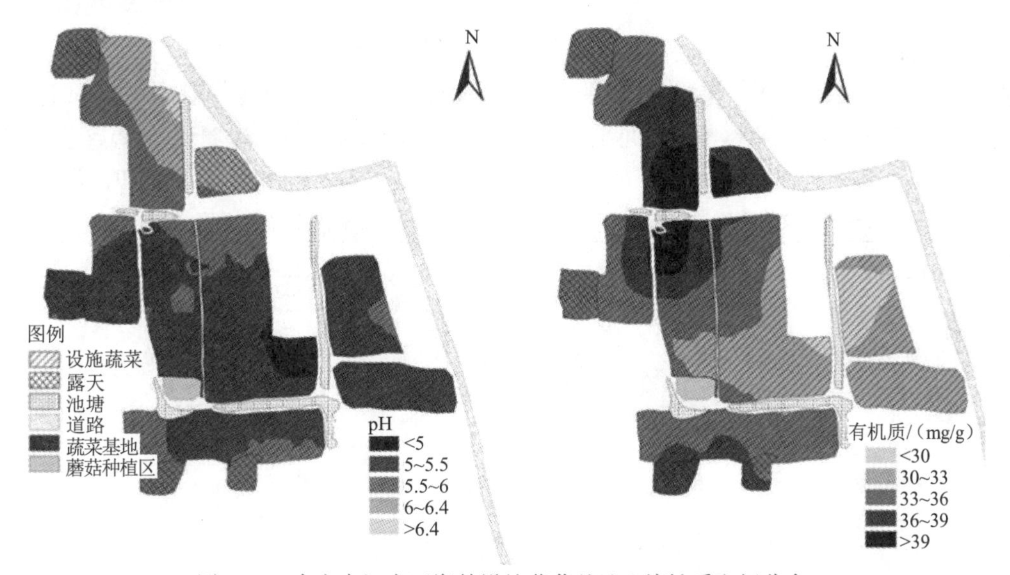

图 2-41　南京市江宁区湖熟设施蔬菜基地土壤性质空间分布

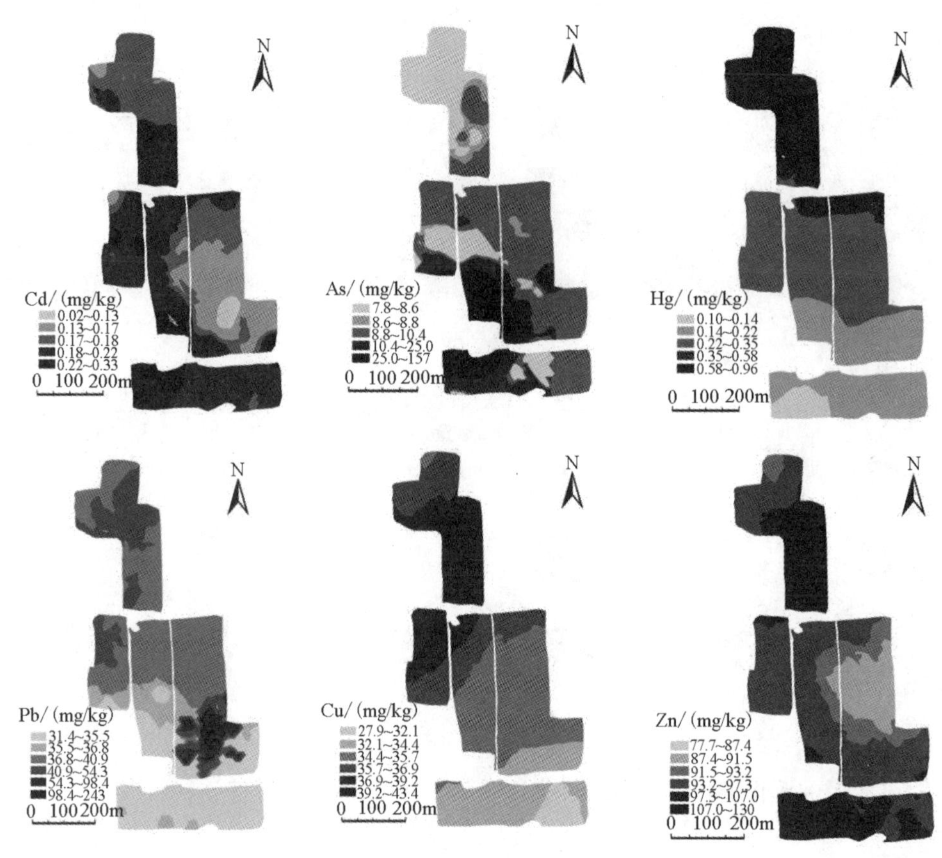

图 2-42 南京市江宁区湖熟设施蔬菜基地土壤重金属空间分布

表 2-12 列出了张家港地区不同土壤类型和种植年限蔬菜地土壤基本性质和重金属差异。尽管该地区不同土壤类型间重金属含量存在差异，即潮湿雏形土重金属含量较高，一般高于水耕人为土，但无论在那种土壤类型上，随着蔬菜种植年限的增加，Cd、Cr、

表 2-12 张家港地区不同种植年限蔬菜地土壤基本性质和重金属含量

种植年限/a	0（对照）	1 ~ 5	>5	影响因子		
				土壤类型（S）	种植年限（Y）	S×Y
样品数/个	87	64	35			
有机质/（g/kg）	22.4±4.7a	21.9±5.8a	22.5±5.4a	**	NS	NS
pH	7.14±1.03a	6.93±1.17a	6.32±1.20b	***	***	NS
CEC/（cmol/kg）	14.31±3.14a	12.19±2.60a	13.35±2.38a	***	NS	NS
速效磷/（mg/kg）	10.7±5.2c	86.6±79.2b	108.8±59.1a	*	***	*
速效钾/（mg/kg）	66±24b	167±139a	177±133a	***	***	***
全氮/（g/kg）	1.47±0.56a	1.50±0.43a	1.58±0.31a	***	NS	NS
全磷/（g/kg）	0.73±0.17c	1.15±0.45b	1.30±0.41a	*	***	NS
Cd/（mg/kg）	0.141±0.083b	0.185±0.065a	0.178±0.078a	***	*	NS
As/（mg/kg）	8.5±1.9a	8.7±2.7a	8.2±1.5a	*	NS	NS
Cr/（mg/kg）	56.5±9.1b	76.2±17.3a	76.5±12.2a	**	***	NS
Cu/（mg/kg）	29.7±8.2b	39.6±12.9a	40.1±15.0a	***	***	NS

注：CEC 为阳离子交换量；同一行内标准差后字母不同表示在 $p<0.05$ 水平上差异显著； *、**和***分别表示种植年限和土壤类型的交互作用在 $p<0.05$，0.01，0.001 水平上差异显著；NS 为在 $p<0.05$ 水平上差异不显著。

Cu 的平均含量均较对照高，并且达到了显著性水平，尤其在 1 ~ 5a 的设施蔬菜种植基地，Cd、Cr、Cu 变化最为剧烈；在 1 ~ 5a 菜地和>5a 菜地间三种重金属的含量虽未达到显著性水平，但存在增加的趋势（刘静等, 2011; 严连香等, 2007; 赵永存等, 2007）。

2.5.3　北方典型日光温室设施土壤重金属积累特征

对寿光地区典型北方日光温室蔬菜产地的研究发现，设施菜地表层土壤大多呈碱性，平均达 8.12。有机质含量相对较低，平均值仅为 18.7 g/kg（表 2-13）。按现行标准，寿光日光温室 As、Hg、Pb、Cu、Zn 等元素在表层土壤中的平均含量均未超出《温室蔬菜产地环境质量评价标准》（HJ/T 333—2006），As、Hg、Pb、Cu、Zn 的含量即使是表层中的最大含量，也低于现行标准。但在寿光日光温室土壤中，重金属元素 Cd 在表层土壤中的平均含量已接近评价标准，最大值是评价标准 5 倍多，底层土壤 Cd 含量的最大值也超出现行标准。除了 As 元素含量在表层与底层土壤间没有明显差异外（$p>0.05$），其余元素在表层中含量均明显高于底层（$p<0.01$）（Yang et al., 2014; Yang et al., 2013; 毛明翠等, 2013; 曾路生, 2013）。

表 2-13　山东省寿光市日光温室蔬菜种植土壤各土层土壤性质与重金属含量

元素	土层深度/cm	平均值	标准差	极小值	极大值	变异系数	参考标准
pH	0 ~ 30	8.12a	0.20	7.48	8.48	2	pH>7.5
	30 ~ 60	8.30b	0.04	8.15	8.46	0.5	pH>7.5
有机质/（g/kg）	0 ~ 30	18.7a	4.0	11.8	28.7	21	
	30 ~ 60	7.1b	1.1	4.6	8.5	16	
As/（mg/kg）	0 ~ 30	8.6a	1.4	5.8	12.0	16	20
	30 ~ 60	9.1a	1.4	5.4	11.6	15	20
Cd/（mg/kg）	0 ~ 30	0.32a	0.40	0.07	2.17	123	0.4
	30 ~ 60	0.10b	0.05	0.05	0.45	54	0.4
Cu/（mg/kg）	0 ~ 30	32a	11	20	79	34	100
	30 ~ 60	22b	3	16	33	15	100
Hg/（μg/kg）	0 ~ 30	37a	15	14	82	40	350
	30 ~ 60	24b	13	7	82	52	350
Pb/（mg/kg）	0 ~ 30	21a	3	16	28	12	50
	30 ~ 60	20b	2	14	29	12	50
Zn/（mg/kg）	0 ~ 30	94a	27	49	160	29	300
	30 ~ 60	58b	8	42	79	15	300

注：平均值后不同字母表示土壤性质和重金属含量在不同土层间达到 $p<0.05$ 水平上的显著差异。

将山东寿光日光温室土壤中各种重金属元素的含量与种植年限进行相关分析可以发现，不同种植年限日光温室蔬菜种植土壤重金属含量变化主要表现在表层土壤中（图 2-43）。表层土壤中 Cd、Cu、Hg 和 Zn 的含量随着种植年限的增长而增加，两者之间的相关性达到极显著相关（$p<0.01$）。表层土壤 As 和 Pb 未显示此规律。从土壤元素含量与种植年限之间拟合线性方程的斜率可获得每年土壤中重金属的积累量。从图 2-43

可看出，Cu、Hg 和 Zn 的平均年积累量分别为 1.43mg/（kg · a）、0.002mg/（kg · a）、2.58mg/（kg · a）。Cd 元素与种植年限之间呈显著指数正相关，表明随着种植年限的增加年积累量逐渐增加，取其线性相关方程的斜率可作为平均年积累量，为 0.02mg/（kg · a）。在底层土壤中，Pb 元素与种植年限之间达到极显著相关，即随着种植年限的增加明显增加（Yang et al., 2014; Yang et al., 2013; 毛明翠等, 2013）。

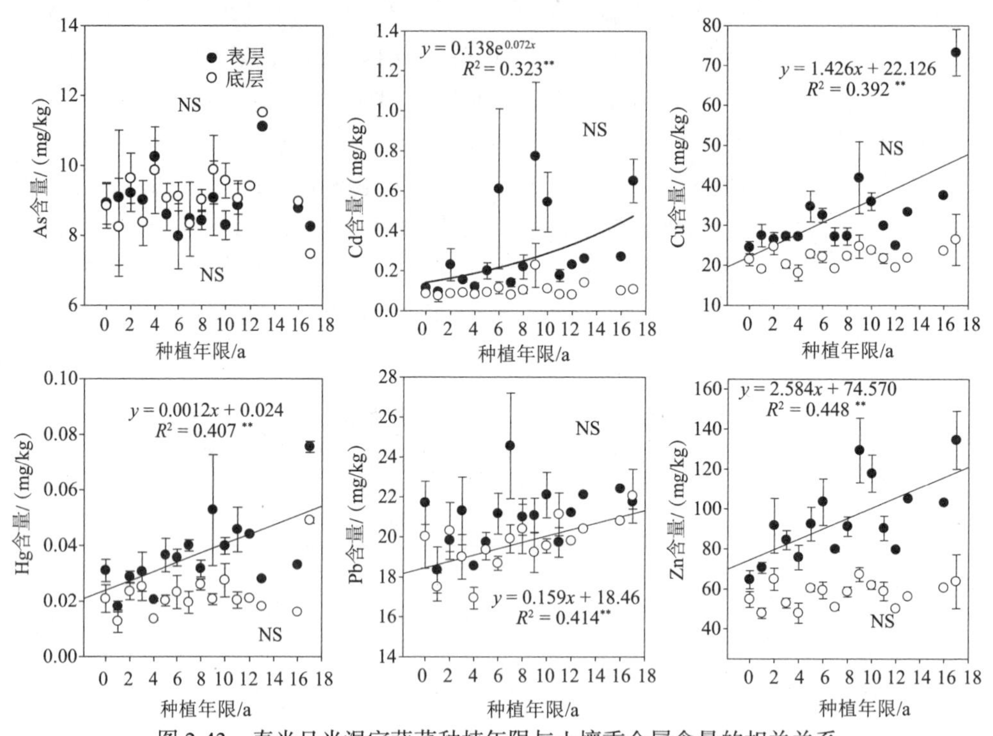

图 2-43　寿光日光温室蔬菜种植年限与土壤重金属含量的相关关系

** 表示种植年限与表层土壤重金属含量间达到 $p<0.01$ 水平显著相关；NS 表示无显著相关

铜山地区日光温室和塑料大棚土壤大多呈碱性，pH 平均分别达 7.60、7.80。有机质含量相对较高，平均值分别为 31.60mg/kg、23.0g/kg（表 2-14）。与日光温室土壤形成对比，这两个性质在塑料大棚土壤中变异较小。与寿光地区相似，按现行标准，所研究的 Cd、As、Hg、Pb、Cu、Zn 在表层土壤中的平均含量均未超出《温室蔬菜产地环境质量评价标准》（HJ/T 333—2006）限值，且日光温室蔬菜种植土壤中 As、Cd、Cu、Hg、Pb、Zn 元素含量与塑料大棚土壤间均没有明显差异（$p>0.05$）。

铜山地区不同种植年限设施蔬菜种植土壤重金属含量变化主要表现在日光温室土壤中（图 2-44）。其变化规律与寿光地区的变化规律相似。日光温室土壤中 Cd、Cu、Hg 和 Zn 的含量随着种植年限的增长而增加，且它们间的相关性达到极显著相关（$p<0.01$）；土壤 As 和 Pb 未显示此规律。从土壤元素含量与种植年限之间拟合线性方程的斜率可获得每年土壤中重金属的积累量。从图 2-44 可看出，Cd、Cu、Hg、Zn 的平均年积累量分别为 0.0038mg/（kg · a）、1.71mg/（kg · a）、0.0025mg/（kg · a）、2.16mg/（kg · a）。而在塑料大棚中，土壤中仅有 Cd 含量随着种植年限的增长而增加，且它们间的相关性达到显著

（$p<0.05$）或极显著相关（$p<0.01$），其平均年积累量分别为 0.0028mg/（kg · a）。与日光温室土壤 Cd 年平均积累量相比，塑料大棚较小，为 0.001mg/（kg ·a）（Yang et al., 2014; 毛明翠等, 2013）。

表 2-14　铜山日光温室和塑料大棚蔬菜种植土壤 pH、有机质和重金属含量

元素	棚型	平均值	标准差	极小值	极大值	变异系数	参考标准	参考标准
pH	日光温室	7.60a	0.3	6.6	8.12	3.95	pH<6.5	6.5<pH<7.5
	塑料大棚	7.80a	0.2	7.4	8.10	2.93	pH<6.5	6.5<pH<7.5
有机质/（g/kg）	日光温室	31.60a	16.2	19.3	108.8	51.2		
	塑料大棚	23.00a	6.1	17.8	38.6	26.6		
Cd/（mg/kg）	日光温室	0.20a	0.07	0.13	0.4	31.7	0.3	0.3
	塑料大棚	0.18a	0.04	0.14	0.3	20.4	0.3	0.3
As/（mg/kg）	日光温室	9.40a	2.2	7.0	16.5	23.4	30	25
	塑料大棚	9.10a	1.1	7.9	10.9	11.9	30	25
Hg/（μg/kg）	日光温室	0.07a	0.06	0.02	0.27	89.4	0.25	0.30
	塑料大棚	0.10a	0.2	0.02	0.7	172.5	0.25	0.30
Pb/（mg/kg）	日光温室	23.30a	5.8	19.0	47.5	24.8	50	50
	塑料大棚	21.90a	3.7	17.7	29.3	16.8	50	50
Cu/（mg/kg）	日光温室	30.40a	12.4	17.3	75.9	40.7	50	100
	塑料大棚	23.00a	3.4	19.0	30.0	14.6	50	100
Zn/（mg/kg）	日光温室	89.00a	23.5	59.2	140.0	26.4	200	250
	塑料大棚	79.00a	10.8	60.3	101.0	13.6	200	250

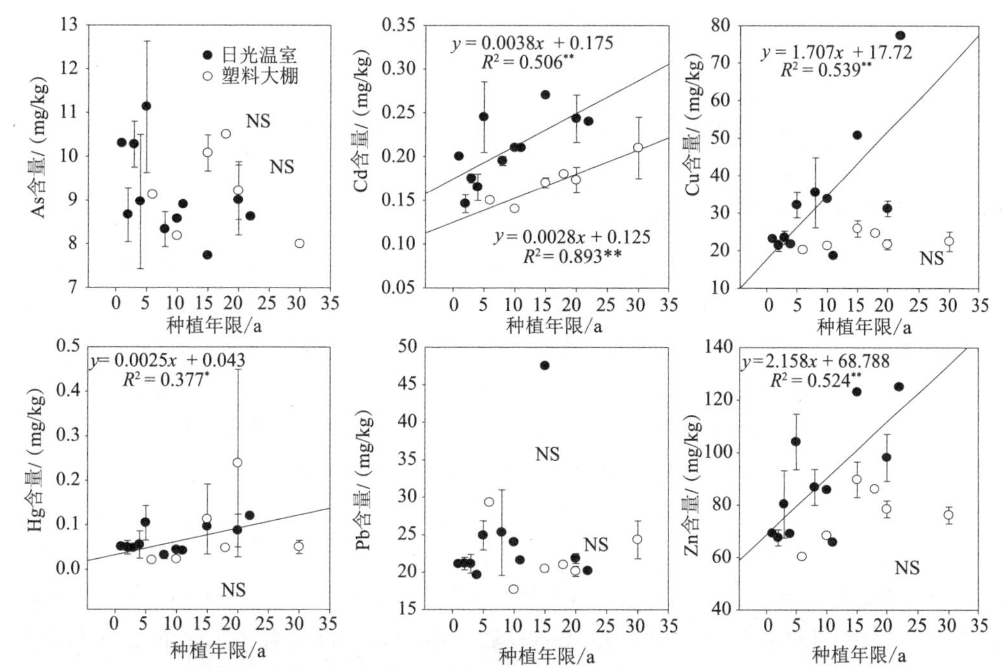

图 2-44　铜山日光温室和塑料大棚蔬菜种植年限与土壤重金属含量的相关关系

** 表示种植年限与表层土壤重金属含量间达到 $p<0.01$ 水平显著相关；NS 表示无显著相关

以上几个典型实例可以确认，在目前的设施蔬菜生产条件下，无论是所处地区不同，还是土壤类型不同，抑或是种植年限不同，设施农业土壤 Cd、Cu、Zn、Hg 等重金属均显示了积累趋势。

此外，在铜山地区采集了当地农民已经广泛采用的稻-菜轮作种植模式下的土壤样品，分析了露天菜地、菜-菜轮作、稻-菜轮作种植模式下土壤重金属含量的差异(图 2-45)。结果表明，稻-菜轮作模式土壤重金属累积普遍低于菜-菜轮作模式，可有效缓解设施农业高强度施肥带来的土壤重金属积累现象。

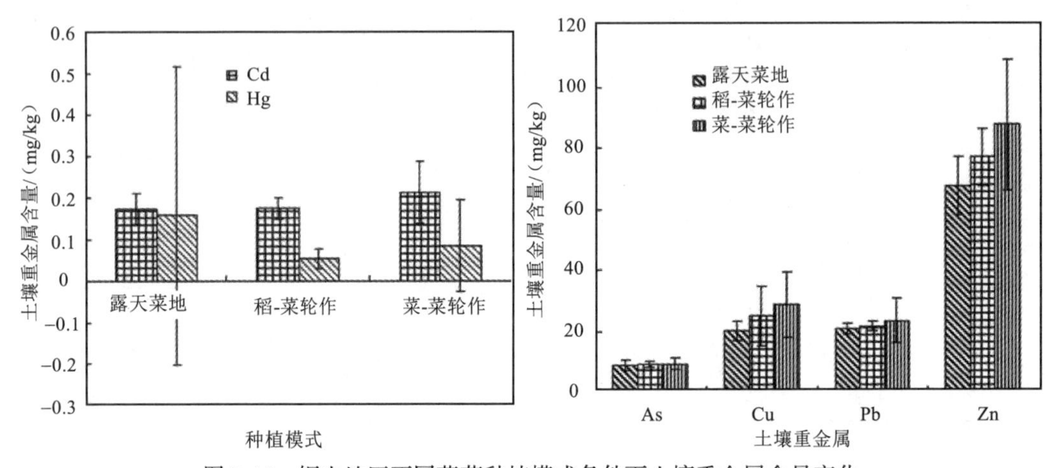

图 2-45　铜山地区不同蔬菜种植模式条件下土壤重金属含量变化

2.6　设施农业土壤中抗生素的积累特征

2.6.1　我国农田土壤抗生素污染状况

针对我国农田土壤特别是蔬菜种植土壤的抗生素残留水平已有一定的报道(Fang et al., 2014c; Li et al., 2017; Pan and Chu, 2018)。调查研究区主要集中在珠江三角洲地区、长江三角洲的浙江北部地区（杭州、绍兴、嘉兴和湖州）、安徽合肥和北方的天津地区（陈海燕等, 2011; 邵义萍, 2010; 张志强, 2013）。调查基本集中在蔬菜基地土壤，特别是一些较少使用化肥但有机肥施用量比较大的无公害蔬菜基地，调查的抗生素类型也比较集中，主要是四环素类和磺胺类抗生素，这两种抗生素是目前我国在家畜和家禽饲养中使用最多的两种兽药抗生素，使用途径包括饲料添加和常规防疫注射（Tang et al., 2015; Zhang et al., 2016; 成玉婷等, 2017)。从目前的调查结果来看(表 2-15 和表 2-16)，长期有机肥施用后土壤中这两种抗生素均有不同程度的残留，但区域间的差异也非常明显。珠江三角洲地区抗生素的残留量普遍较低，但磺胺类抗生素（如磺胺-5-甲氧嘧啶、磺胺甲噁唑等）的检出量普遍较高，与四环素类相当或者超过四环素类抗生素的含量（表2-15）；四环素类抗生素的残留以四环素和金霉素为主。浙江北部地区和天津地区施用了畜禽粪肥后土壤中的四环素残留非常高，如浙江北部农田土壤土霉素的残留量平均高达 350μg/kg，天津有机蔬菜基地的土壤土霉素高达 1404μg/kg（表 2-15）。

表 2-15　文献报道的我国土壤中四环素类抗生素残留水平

研究区	种植方式	施肥情况	样品	四环素类抗生素含量/（μg/kg）			
				土霉素	四环素	金霉素	强力霉素
珠江三角洲	养猪场附近	猪粪	5	43.1	44.1	52.7	—
	普通蔬菜基地		13	2.4	34.7	0	—
	无公害蔬菜基地	有机肥为主	10	5	57.9	69.9	—
	绿色蔬菜基地	很少或不使用化肥	3	0	22.6	0	—
广州	无公害蔬菜基地	有机肥为主	13	6.59	1.13	3.93	0.98
东莞	普通农户蔬菜地	复合施肥	37	8.95	1.32	5.13	5.45
佛山	无公害蔬菜基地	鸡粪、牛粪	13	2.74	0.63	0.87	3.11
中山	规模化蔬菜基地		51	10.9	1.6	0.9	1.5
浙江北部	农田土壤	畜禽粪肥	41	350	107	119	—
	农田土壤	未施有机肥	7	9	8	10	—
天津	有机蔬菜基地		8	1404	63	556	—

表 2-16　文献报道的我国土壤中磺胺类抗生素残留水平

研究区	种植方式	样品	磺胺类抗生素含量/（μg/kg）						
			SD	SDM	SM_1	SM_2	SMT	SMZ	ST
珠江三角洲	养猪场附近	5	22.7	17.2	29.4	52.1	59.3	26.2	12.7
	普通蔬菜基地	13	1.5	5.1	5.2	17.8	39.6	22.5	4.5
	无公害蔬菜基地	10	3.9	0	15.2	0.3	78.3	19.5	7.3
	绿色蔬菜基地	3	0	0	16.9	0	0	36.7	0
广州	无公害蔬菜基地	13	—	—	0	0.37	—	0.43	0
东莞	普通农户蔬菜地	37	0.05	0.04	0.03	0.69	0.08	0.18	0.02
佛山	无公害蔬菜基地	13	0	0	0	1.69	0.21	0	0
中山	规模化蔬菜基地	51	0.26	0	0	0.39	0	62.54	0
合肥	养鸡场附近菜地	4	17.5	—	—	8.02	—	15.59	—
	有机蔬菜基地	4	0	—	—	3.99	—	—	—
	普通农家菜地	3	0	—	—	4.59	—	—	—
	绿色蔬菜基地	7	0	—	—	0	—	—	—
天津	有机蔬菜基地	8	—	—	—	—	—	0.5	—

注：SD 为磺胺嘧啶；SDM 为磺胺间二甲氧嘧啶；SM_1 为磺胺甲基嘧啶；SM_2 为磺胺二甲基嘧啶；SMT 为磺胺-5-甲氧嘧啶；SMZ 为磺胺甲噁唑；ST 为磺胺噻唑。

2.6.2　设施农业土壤抗生素污染状况调查

为进一步明确规模化设施农业土壤生产过程中抗生素污染现状，作者也调研了山东寿光、徐州铜山、南京周边四个地区、上海青浦、四川成都、昆明晋宁和西藏拉萨等共 10 个地区的设施农业种植情况，共采集了土壤样品共 195 个（其中设施农业土壤样品 157 个）进行了 4 大类 17 种抗生素的分析（Xie et al., 2012; 赵慧男, 2014）。主要种植的蔬菜类型包括黄瓜、西红柿、丝瓜、辣椒、青菜、莴苣等常见蔬菜类型以及西瓜、草莓等常见大棚水果；种植年限为 1 ~ 30a。

通过调查发现，所调查的设施农业土壤中土霉素含量最高可达 8400ng/g，其次为氧氟沙星，最高可达643.3ng/g，成为设施农业土壤中常见的污染抗生素类型。表2-17列出了不同地区采集的设施农业土壤中抗生素的平均含量及检出率情况。从检出率来看，四环素类、喹诺酮类和大环内酯类的罗红霉素的检出率较高，基本在100%，表明这些

表2-17 不同区域典型设施农业土壤中抗生素含量

抗生素种类		山东寿光（N=20）		南京谷里（N=18）		南京湖熟（N=17）		南京普朗克（N=18）		南京锁石（N=15）	
		均值/(ng/g)	检出率/%	均值/(ng/g)	检出率/%	均值/(ng/g)	检出率/%	均值/(ng/g)	检出率/%	均值/(ng/g)	检出率/%
1.四环素类	四环素	29.3	100	3.2	100	5.4	100	1.3	100	2.6	100
	土霉素	107.2	100	48.8	100	20.4	94.1	10.7	100	7.3	100
	金霉素	71.2	100	9.3	94.4	3.6	100	2.3	94.4	2.1	100
	强力霉素	66.3	100	2.7	100	5	100	1	100	2.3	93.3
2.磺胺类	磺胺嘧啶	0.75	75	0.5	77.8	0.6	88.2	0.6	94.4	0.4	73.3
	磺胺甲噁唑	0.17	65	0.7	88.9	0.7	100	0.5	83.3	0.4	80
	磺胺（二）甲嘧啶	2.79	95	0.7	83.3	0.8	88.2	0.7	72.2	0.8	86.7
	磺胺间甲氧嘧啶	—	—	0.3	88.9	0.4	94.1	0.6	94.4	0.9	100
	磺胺二甲氧嘧啶	—	—	0.6	100	0.7	94.1	0.9	100	1	100
	磺胺对甲氧嘧啶	—	—	0.7	83.3	0.9	94.1	1.2	61.1	1.9	93.3
	磺胺喹噁啉	—	—	1.2	100	1.4	100	16.9	94.4	26.5	100
	磺胺氯吡嗪	—	—	5	100	3.2	94.1	1.6	100	3.9	100
3.喹诺酮类	诺氟沙星	28	55	6.1	100	4.4	100	3.8	100	4.9	100
	氧氟沙星	45.1	65	14.8	100	13.2	100	6.5	100	9.6	100
	环丙沙星	—	—	6.9	100	21.7	100	5.8	100	8.4	100
	恩诺沙星	—	—	10.7	100	61.1	100	11.7	100	10	100
4.大环内酯类	罗红霉素	0.29	100	0.3	100	0.5	100	0.4	100	0.3	100

抗生素种类		徐州铜山（N=33）		上海青浦（N=11）		四川成都（N=5）		昆明晋宁（N=13）		西藏拉萨（N=7）	
		均值/(ng/g)	检出率/%	均值/(ng/g)	检出率/%	均值/(ng/g)	检出率/%	均值/(ng/g)	检出率/%	均值/(ng/g)	检出率/%
1.四环素类	四环素	27.4	100	1.1	90.9	2.1	100	2.2	100	2.6	100
	土霉素	397.6	100	13.4	100	14.8	100	11.7	100	6.3	100
	金霉素	7.8	93.9	1.2	81.8	1.9	80	3.7	100	1.8	71.4
	强力霉素	27.5	100	1	100	2.7	100	2.8	92.3	2.3	71.4
2.磺胺类	磺胺嘧啶	0.6	90.9	0.7	100	0	0	0	0	0	0
	磺胺甲噁唑	0.5	81.8	0.5	90.9	0	0	0	0	1.1	28.6
	磺胺（二）甲嘧啶	0.8	84.8	0.5	63.6	1.2	80	0.1	76.9	0.1	71.4
	磺胺间甲氧嘧啶	0.3	72.7	0.2	63.6	0	0	0	0	0	0
	磺胺二甲氧嘧啶	1	97	0.6	100	0	0	0	0	0	0
	磺胺对甲氧嘧啶	0.7	57.6	0.7	81.8	0	0	0	0	0	0
	磺胺喹噁啉	0.6	93.9	0.9	100	0	0	0	0	0	0
	磺胺氯吡嗪	1	84.8	3	100	0.3	100	0.1	84.6	0.2	100
3.喹诺酮类	诺氟沙星	15.4	100	22.4	100	2.1	100	4.4	100	37.7	100
	氧氟沙星	9.5	100	13.7	100	6.1	100	5.4	100	10.7	100
	环丙沙星	15.3	100	16.2	90.9	5	100	3.6	100	3	85.7
	恩诺沙星	13.9	100	8.6	100	8.5	100	2	100	0.7	71.4
4.大环内酯类	罗红霉素	1.3	100	1.1	100	0.9	100	1.1	100	1	100

抗生素在土壤中的污染较为普遍（Zhang et al., 2015）。即使在西藏拉萨地区，这几类抗生素的检出率也都在 70%以上，这说明了抗生素在全国范围内的使用已经非常普遍。磺胺类抗生素的检出率相对较低，特别是在西南的成都、云南和西藏等地，大部分的磺胺类药物的检出率都为 0，但磺胺（二）甲嘧啶和磺胺氯吡嗪也都有 75%以上的检出率。

从土壤检出的平均含量来看，四环素类的抗生素较为集中，表现为土霉素的平均含量相对较高；喹诺酮类抗生素中，不同地区样品的差别较大，其中寿光、南京谷里以氧氟沙星较高；而南京湖熟、普朗克等以恩诺沙星含量较高；上海青浦、西藏拉萨则以诺氟沙星含量较高。土壤中磺胺类药物的含量普遍偏低，大多在 1ng/g 以下，其中山东寿光菜地中的磺胺（二）甲嘧啶；南京普朗克、锁石的磺胺喹 噁啉；南京湖熟、谷里的磺胺氯吡嗪含量相对较高，成为磺胺类药物中的主要污染抗生素种类。以罗红霉素为主的大环内酯类抗生素在土壤中的含量普遍较低，平均含量都在 1ng/g 左右。

图 2-46 比较了不同地区设施农业土壤中抗生素平均含量。可以看出，四环素类抗生素中以徐州铜山最高，其次为山东寿光，均在 100ng/g 以上；南京谷里的平均含量在 50 ~ 100ng/g。喹诺酮类抗生素的平均含量以南京湖熟最高，在 100ng/g 以上；其次为山东寿光、上海青浦、西藏拉萨和徐州铜山，在 50 ~ 100ng/g。磺胺类抗生素以南京锁石最高，平均含量在 35ng/g 左右；其次为南京普朗克，在 20ng/g 左右；其余地区平均含量均小于 10ng/g。

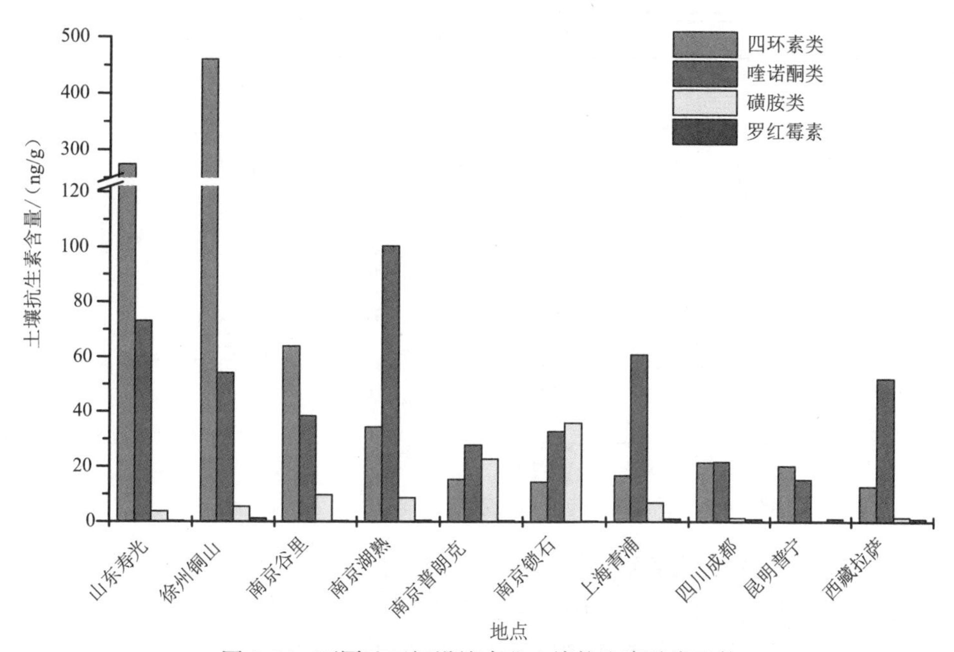

图 2-46　不同地区间设施农业土壤抗生素种类比较

总体上来看，徐州铜山、山东寿光和南京湖熟以及南京谷里是四个设施农业土壤中抗生素污染较为严重的地区，但南京湖熟污染的抗生素种类与其他三个地区略有区别，以喹诺酮类为主。值得注意的是，在被认为相对受到人类活动影响较小的西藏地区，其设施农业土壤中也检测到相对较高的喹诺酮类抗生素含量。

2.6.3　设施与非设施农业土壤抗生素污染比较

为了解设施农业土壤抗生素的污染程度，作者还在设施农田周边采集了大田土壤样品作为对照。大田土壤分为以种植蔬菜为主和以种植粮食作物为主。图 2-47 是对设施农业土壤和大田土壤中三大类典型抗生素的含量的比较。选择的三个典型抗生素分别是土霉素、磺胺氯吡嗪和诺氟沙星。从图 2-47 中可以看出，这三种抗生素的 95%分位值和平均值均是设施农业土壤高于大田土壤且种植粮食作物的大田土壤中抗生素的浓度略低于种植蔬菜的。这一方面与有机肥的施用量有关，另一方面也与设施土壤处于封闭环境，基本不受雨水淋溶，且光照低，土壤中的抗生素被淋溶和光降解的程度较小有关。

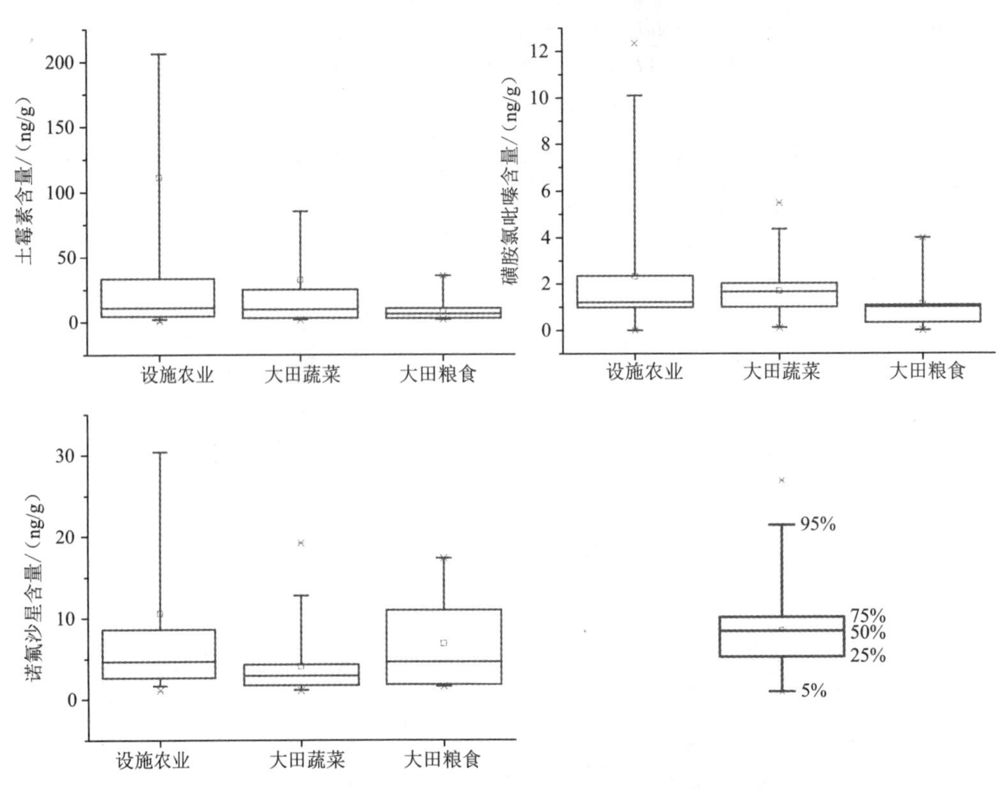

图 2-47　设施农业与非设施农业土壤中抗生素的含量比较

为进一步了解施用有机肥对土壤抗生素的动态变化的影响，在南京周边地区设置了施用有机肥的田间实验。同时在大棚和露天两块地上种植叶菜类作物，设置无机复合肥与有机肥两个处理组。蔬菜生长过程中动态取样监测土壤中土霉素和氧氟沙星的含量。取样时间为施用肥料后 5d、12d、19d、29d、38d、69d、101d、132d、165d。有机肥施用量为鸡粪 480kg/亩、商品有机肥 120kg/亩。实验结果如图 2-48 所示。可以看出，施用有机肥能够显著增加土壤抗生素的含量。但设施条件下有机肥中抗生素的释放要明显低于露天条件。露天条件下，土壤中的抗生素含量在 12d 以内达到峰值，随后至 19d 降至 10ng/g 以内，与非有机肥处理的土壤抗生素含量相当。在露天条件下，有机肥处理的土壤中抗生素的释放是快速大量释放，同时又快速削减的过程。但在大棚条件下，有机肥处理的土壤中的抗生素含量总体要低于露天条件，且释放规律要更为复杂。以土霉素为例，除了在 38d 附近土壤含量达到峰值外，从 101d 开始，含量又持续上升，表明有机肥中的抗生素仍然存在一个继续缓慢释放的过程（图 2-48）。因此，大棚条件下，有机肥中的抗生素释放是一个缓慢的过程，且可能存在多个释放过程。但其释放机理及土壤对抗生素的结合机制等还都需要进一步开展相关研究（Jia et al., 2008）。

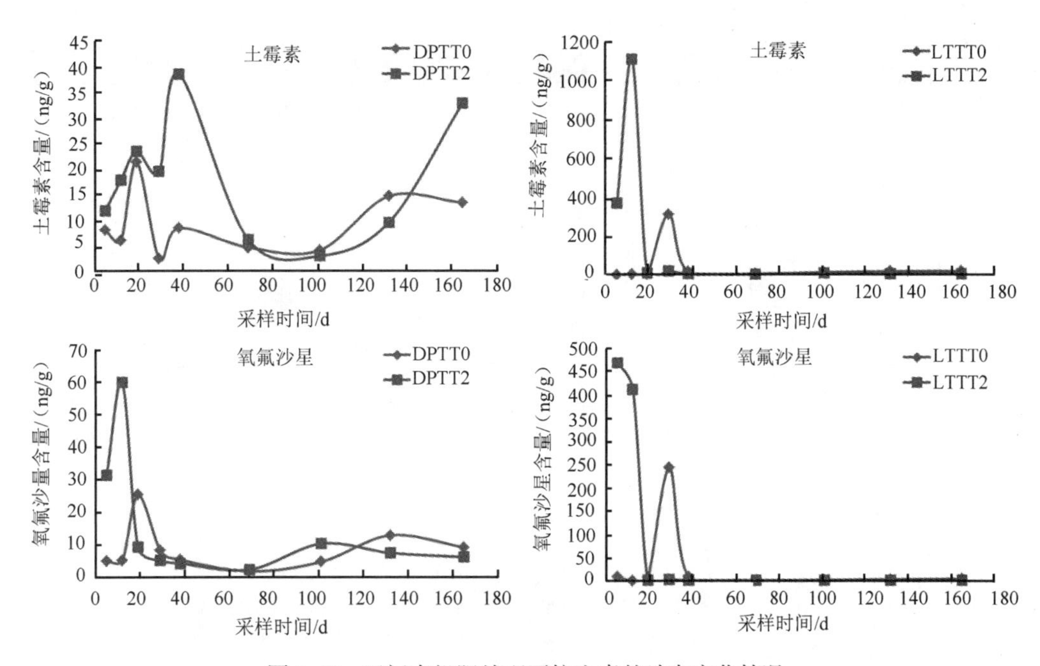

图 2-48　田间有机肥处理下抗生素的动态变化情况

1.DPTT0：大棚叶菜施用无机复合肥；2.DPTT2：大棚叶菜施用鸡粪和商品有机肥处理；3.LTTT0：露天叶菜施用无机复合肥；4.LTTT2：露天叶菜施用鸡粪和商品有机肥处理

2.6.4　不同种植年限下设施土壤抗生素的积累规律

本次调查的设施农田既有刚种植 1～2a 的，也有种植历史在 20a 以上的。从理论上讲，种植历史对土壤中抗生素的积累会有影响，因此，作者根据种植情况将种植历史划分为三个时段：≤5a、5～10a、≥10a，以徐州铜山和南京分别统计不同种植年限下土壤抗生素的积累规律。图 2-49 是两个地区的统计结果。四环素类和喹诺酮类两种抗生素，徐州铜山和南京设施农业土壤的情况较为类似，种植≤5a 的土壤普遍积累最高；其次是种植历史≥10a 的设施农田土壤。磺胺类抗生素除了南京的设施菜地土壤中检出的磺胺喹噁啉表现出 5～10a 和≥10a 种植历史的土壤中的含量较高外，其他与四环素类和喹诺酮类的积累规律较为一致。抗生素在土壤中的积累与施用有机肥中抗生素释放、降解和转化有关。如图 2-48 所示，抗生素在露天条件下的释放量大且非常快速，但其在土壤中的降解转化也很快，基本在19d左右就降低到检测限水平。而在大棚温室条件下，其释放量虽然小，但相对较为缓慢，且在观测的160d内，存在多个释放过程。

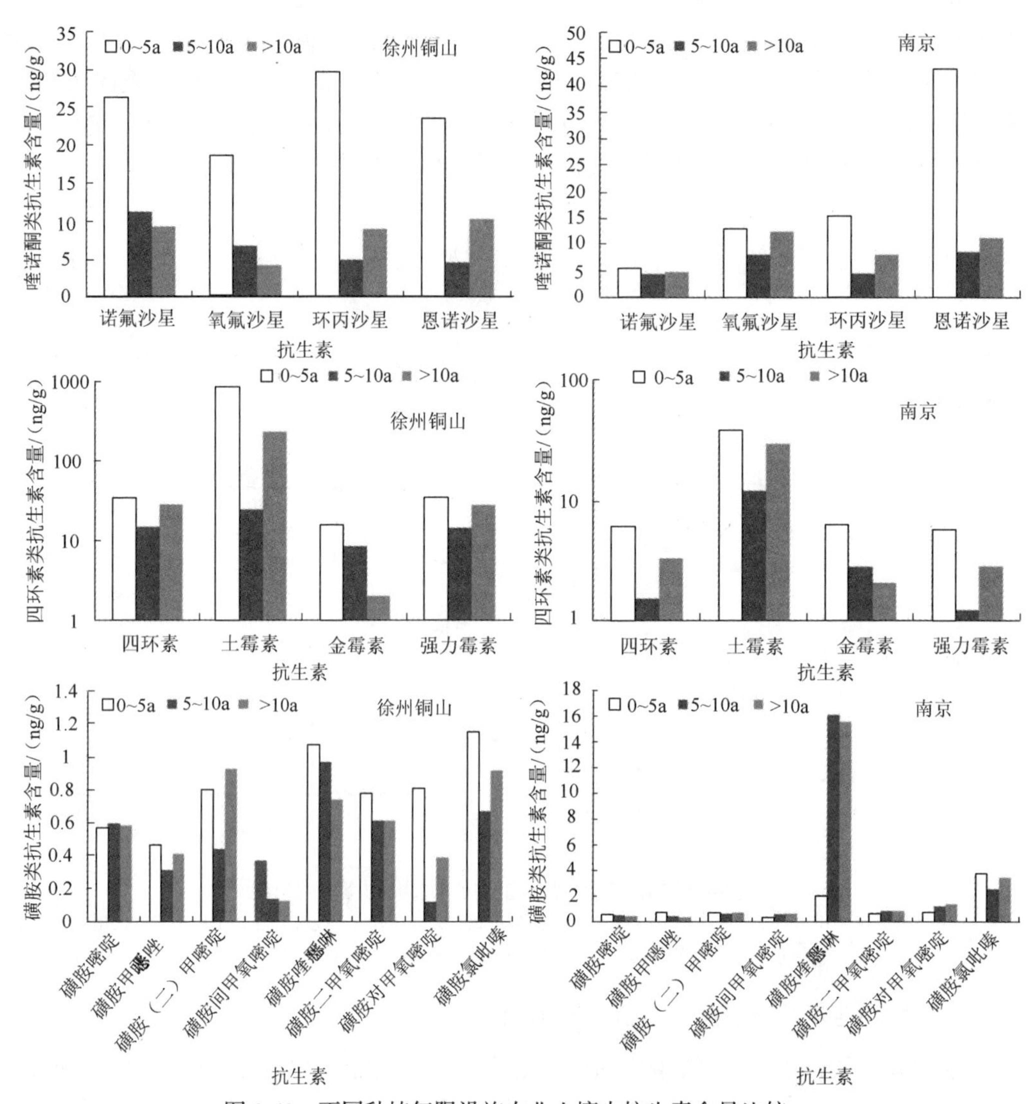

图2-49 不同种植年限设施农业土壤中抗生素含量比较

从设施蔬菜生产条件下抗生素金霉素和磺胺嘧啶在单一与复合重复处理土壤中的降解特征[图2-50（a）]可看出，呈现初期降解快（0～7 d）、后期缓慢（8～60 d）的特征。5次重复处理后7 d，土壤中磺胺嘧啶降解率分别达到99.2%、89.7%、80.0%、76.6%、96.7%（单一处理）和99.1%、82.8%、72.9%、85.5%、98.7%（复合处理）；土壤中金霉素相应的降解率分别达到91.6%、80.9%、91.1%、86.4%、86.9%（单一处理）和89.4%、81.1%、90.8%、88.2%、88.6%（复合处理）。前2次重复处理后60d，磺胺嘧啶在单一和复合处理土壤中均未检测到残留；后3次重复处理后60d，土壤中磺胺嘧啶残留量分别为 0.17mg/kg、0.23mg/kg、0.19mg/kg（单一处理）和 0.13mg/kg、0.14mg/kg、0.08mg/kg（复合处理）。5 次重复处理后 60 d，土壤中金霉素残留量分别为 0.05mg/kg、0.13mg/kg、0.14mg/kg、0.15mg/kg、0.16mg/kg（单一处理）和 0.05mg/kg、0.13mg/kg、0.15mg/kg、0.13mg/kg、0.12mg/kg（复合处理）。

由于金霉素和磺胺嘧啶处理土壤 7d 内的降解率高达 72.9%～99.1%，因此可用 7d 内的降解率来表征抗生素在各处理土壤中的降解特征。磺胺嘧啶在 5 次重复处理土壤中 7d 内的降解速率明显高于金霉素降解速率[图 2-50（b）]（Fang et al., 2014b）。

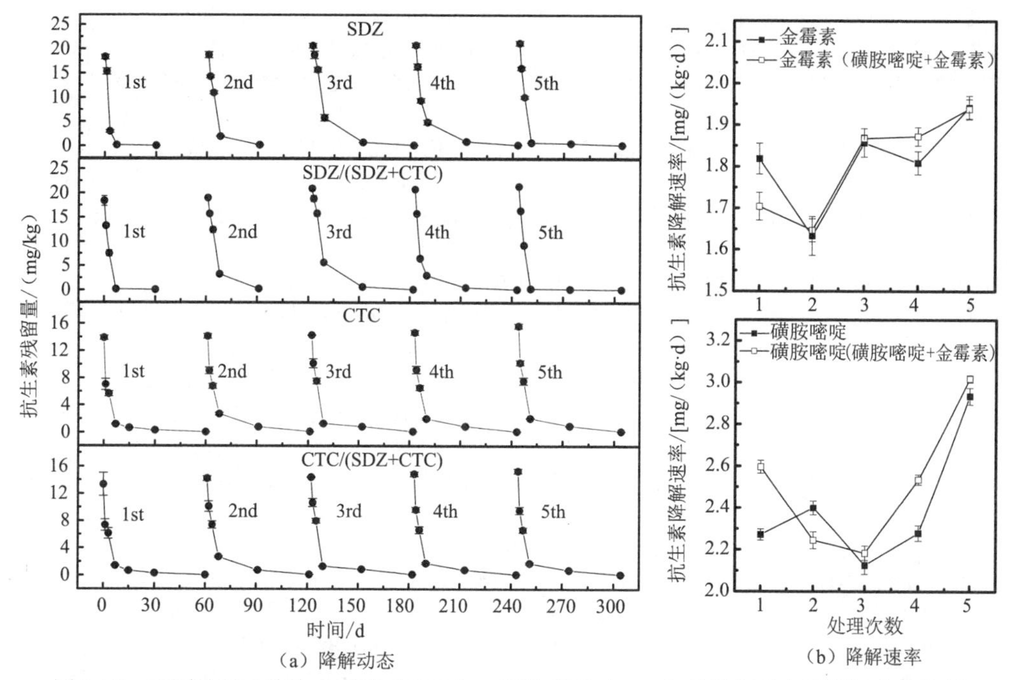

图 2-50　不同处理土壤中金霉素（CTC）、磺胺嘧啶（SDZ）的降解动态及降解速率分析

模拟实验结果说明，尽管抗生素在设施蔬菜生产条件下的土壤中前期降解速率较高，达 80%以上，但后期降解速率趋缓，在多次重复施用 60d 后土壤依然有积累。同时，抗生素之间的降解速率存在差异，四环素类降解速率明显低于磺胺类抗生素。这些结果均较好地验证了设施蔬菜土壤中抗生素的积累规律。

参 考 文 献

蔡全英，莫测辉，李云辉，等. 2005. 广州、深圳地区蔬菜生产基地土壤中邻苯二甲酸酯(PAEs)研究. 生态学报，25(2)：283-288.

曹文超，张运龙，严正娟，等. 2012.种植年限对设施菜田土壤 pH 及养分积累的影响. 中国蔬菜，(18)：134-141.

陈海燕，花日茂，李学德，等. 2011. 不同类型菜地土壤中 3 种磺胺类抗生素污染特征研究. 安徽农业科学，39(23)：14224-14226, 14229.

成玉婷，吴小莲，向垒,等. 2017. 广州市典型有机蔬菜基地土壤中磺胺类抗生素污染特征及风险评价. 中国环境科学, 37(3): 1154-1161.
董騄睿, 胡文友, 黄标, 等. 2014. 南京沿江典型蔬菜生产系统土壤重金属异常的源解析. 土壤学报, 51(6): 62-72.
董騄睿, 胡文友, 黄标, 等. 2015. 基于正定矩阵因子分析模型的城郊农田土壤重金属源解析.中国环境科学, 35(7): 2103-2111.
段永蕙, 史静, 张乃明, 等. 2008. 设施土壤重金属污染物累积的影响因素分析. 土壤, 40(3): 469-473.
高新昊, 刘苹, 刘兆辉, 等. 2013. 寿光设施菜地土壤养分累积与农产品硝酸盐污染研究. 江西农业学报, 25(6): 125-128.
关卉, 王金生, 万洪富, 等. 2007. 雷州半岛典型区域土壤邻苯二甲酸酯(PAEs)污染研究. 农业环境科学学报, 26(2):622-628.
郭春霞. 2011. 设施农业土壤次生盐渍化污染特征.上海交通大学学报(农业科学版), 29(4): 50-60.
胡文友, 黄标, 马宏卫, 等. 2014. 南方典型设施蔬菜生产系统镉和汞累积的健康风险. 土壤学报, 51(5): 132-142.
胡晓宇, 张克荣, 孙俊红, 等. 2003. 中国环境中邻苯二甲酸酯类化合物污染的研究. 中国卫生检验杂志, 13(1): 9-14.
黄标, Frossard E, 孙维侠, 等. 2011. 瑞士生态农业措施治理水体富营养化及其效果介绍. 土壤, 42(3): 329-335.
黄标, 胡文友, 虞云龙, 等. 2015. 我国设施蔬菜产地土壤环境质量问题及管理对策. 中国科学院院刊, 30: 194-202.
李存雄, 方志青, 张明时, 等. 2010. 贵州省部分地区土壤中酞酸酯类污染现状调查. 环境监测管理与技术, 22(1): 33-36.
李健, 郑春江. 1989. 环境背景值数据手册. 北京: 中国环境科学出版社.
李健平, 李玉聪. 2013. 呈贡县菜区大棚土壤中重金属污染调查研究. 环境科学导刊, 32(4): 102-105.
李树辉. 2011. 北方设施菜地重金属的累积特征及防控对策研究. 北京: 中国农业科学院.
李树辉, 曾希柏, 李莲芳, 等. 2010. 设施菜地重金属的剖面分布特征. 应用生态学报, 21(9): 2397-2402.
刘静, 黄标, 孙维侠, 等. 2011. 经济发达区不同土壤利用方式下重金属的时空分布及预测. 土壤, 43(2): 210-215.
刘兆辉, 江丽华, 张文君, 等. 2008. 山东省设施蔬菜施肥量演变及土壤养分变化规律. 土壤学报, 45(2): 296-303.
毛明翠, 黄标, 李元, 等. 2013. 我国北方典型日光温室蔬菜生产系统土壤重金属积累趋势. 土壤学报, 50(4): 835-841.
孟平蕊, 王西奎, 徐广通, 等. 1996. 济南市土壤中酞酸酯的分析与分布. 环境化学, 15(5):427-432.
钱晓雍, 沈根祥, 郭春霞, 等. 2014. 不同废弃物对设施菜地次生盐渍化土壤的修复效果. 农业环境科学学报, 33(4): 737-743.
邵义萍. 2010. 珠江三角洲地区蔬菜基地土壤中典型抗生素的污染特征研究. 广州: 暨南大学.
史静, 张乃明. 2010. 云南设施土壤重金属分布特征及污染评价. 云南农业大学学报自然科学, 25(6): 862-867.
汤国才, 蔡玉棋, 王珊龄. 1993. 农膜增塑剂在农田中的残留. 农村生态环境, 1(3):36-39.
薛延丰, 石志琦. 2011. 不同种植年限设施地土壤养分和重金属含量的变化特征. 水土保持学报, 25(4): 125-130.
严连香, 黄标, 邵学新, 等. 2007. 长江三角洲典型地区土壤有效铜和锌的时空变化及其影响因素研究. 土壤通报: 971-977.
曾路生. 2013. 寿光设施蔬菜土壤有效态 Hg、As、Cu 和 Zn 含量的变化. 环境化学, 32(9): 1743-1748.
曾希柏, 白玲玉, 苏世鸣, 等. 2010.山东寿光不同种植年限设施土壤的酸化与盐渍化. 生态学报, 30(7): 1853-1859.
张利飞, 杨文龙, 董亮, 等. 2011. 苏南地区农田表层土壤中多环芳烃和酞酸酯的污染特征及来源. 农业环境科学学报, 30(11): 2202-2209.
张耀良, 宋科, 金海洋, 等. 2009 . 浦东新区设施土壤次生盐渍化机理探讨. 上海农业学报, 25(3) : 123-126.
张志强. 2013. 设施菜田土壤四环素类抗生素污染与有机肥安全使用. 北京: 中国农业科学院.
赵慧男. 2014. 集约化蔬菜种植区土壤中扩诺酮类抗生素的残留动态及其健康风险. 济南: 山东大学.
赵其国. 2015. 赵其国谈我国土壤重金属污染问题与治理的对策. http://www.mlr.gov.cn/xwdt/jrxw/201510/t20151029_1385762.htm.
赵胜利, 杨国义, 张天彬, 等. 2009. 塑料增塑剂(邻苯二甲酸酯)对珠三角城市群典型中小城市土壤的污染研究. 农业环境科学学报, 28(6): 1147-1152.
赵文, 潘运舟, 兰天, 等. 2017. 海南商品有机肥中重金属和抗生素含量状况与分析. 环境化学, 36(2): 408-419.
赵永存, 黄标, 孙维侠, 等. 2007. 张家港土壤表层铜含量空间预测的不确定性评价研究. 土壤学报: 974-981.

周鑫鑫，沈根祥，钱晓雍，等. 2013.不同种植模式下设施菜地土壤盐分的累积特征. 江苏农业科学, 41(2) : 343-345.

Chaves A, Shea D, Cope W G. 2007. Environmental fate of chlorothalonil in a Costa Rican banana plantation. Chemosphere, 69: 1166-1174.

Chen Q, Zhang X, Zhang H, et al. 2004. Evaluation of current fertilizer practice and soil fertility in vegetable production in the Beijing region. Nutr. Cycl. Agroecosys. , 69: 51-58.

Chen Y, Hu W Y, Huang B, et al. 2013a. Accumulation and health risk of heavy metals in vegetables from harmless and organic vegetable production systems of China. Ecotox. Environ. Safe., 98: 324-330.

Chen Y, Huang B, Hu W Y, et al. 2013b. Heavy metals accumulation in greenhouse vegetable production systems and its ecological effects. Acta Pedolog. Sin., 50: 693-702.

Chen Y, Huang B, Hu W Y, et al. 2013c. Environmental assessment of closed greenhouse vegetable production system in Nanjing, China. Journal of Soils Sediments, 13(8): 1418-1429.

Chen Y, Huang B, Hu W Y, et al. 2014a. Assessing the risks of trace elements in environmental materials under selected greenhouse vegetable production systems of China. Science of the Total Environment, 470-471 (2) :1140-1150.

Chen Y, Huang B, Hu W Y, et al. 2014b. Accumulation and ecological effects of soil heavy metals in organic and conventional greenhouse vegetable production systems in Nanjing, China. Environmental Earth Sciences, 71(8): 3605-3616.

Chen Y, Luo Y, Zhang H, et al. 2011. Preliminary study on PAEs pollution of greenhouse soils. Acta Pedolog. Sin., 48: 518-523.

Fang H, Han L X, Cui Y L, et al. 2016. Changes in soil microbial community structure and function associated with degradation and resistance of carbendazim and chlortetracycline during repeated treatments. Sci. Total Environ., 572: 1203-1212.

Fang H, Han Y L, Yin Y M, et al. 2014a. Microbial response to repeated treatments of manure containing sulfadiazine and chlortetracycline in soil. J. Environ. Sci. Health Part B, 49: 609-615.

Fang H, Han Y L, Yin Y M, et al. 2014b. Variations in dissipation rate, microbial function and antibiotic resistance due to repeated introductions of manure containing sulfadiazine and chlortetracycline to soil. Chemosphere, 96: 51-56.

Fang H, Wang H F, Cai L, et al. 2014c. Prevalence of antibiotic resistance genes and bacterial pathogens inlong-term manured greenhouse soils as revealed by metagenomicsurvey. Environ. Sci. Technol., 49:1095-1104.

Fang H, Yu Y L, Wang X, et al. 2006. Dissipation of chlorpyrifos in pakchoi-vegetated soil in a greenhouse. Journal of Environmental Sciences, 18(4): 760-764.

Hu W Y, Chen Y, Huang B, et al. 2014. Health risk assessment of heavy metals in soils and vegetables from a typical greenhouse vegetable production system in China. Hum. Ecol. Risk Assess., 20(5): 1264-1280.

Hu W Y, Huang B, He Y, et al. 2016. Assessment of potential health risk of heavy metals in soils from a rapidly developing region of China. Human and Ecological Risk Assessment, 22: 211-225.

Hu W Y, Huang B, Shi X Z, et al. 2013. Accumulation and health risk of heavy metals in a plot-scale vegetable production system in a peri-urban vegetable farm near Nanjing, China. Ecotoxicology and Environmental Safety, 98: 303-309.

Hu W Y, Huang B, Tian K, et al. 2017a. Heavy metals in intensive greenhouse vegetable production systems along Yellow Sea of China: Levels, transfer and health risk. Chemosphere, 167: 82-90.

Hu W Y, Zhang Y X, Huang B, et al. 2017b. Soil environmental quality in greenhouse vegetable production systems in eastern China: Current status and management strategies. Chemosphere, 170: 183-195.

Hu X Y, Wen B, Shan X Q. 2003. Survey of phthalate pollution in arable soils in China. J. Environ. Monitor., 5(4):649-653.

Jia D A, Zhou D M, Wang Y J, et al. 2008. Adsorption and cosorption of Cu(Ⅱ) and tetracycline on two soils with different characteristics. Geoderma., 146: 224-230.

Kalkhajeh Y K, Huang B, Hu W Y, et al. 2017. Phosphorus saturation and mobilization in two typical Chinese greenhouse vegetable soils. Chemosphere, 172: 316-324.

Laabs V, Amelung W, Pinto A, et al. 2000. Leaching and degradation of corn and soybean pesticides in an Oxisol of the Brazilian Cerrados. Chemosphere, 41: 1441-1449.

Li J J, Xin Z H, Zhang Y Z, et al, 2017. Long-term manure application increased the levels of antibiotics andantibiotic resistance genes in a greenhouse soil. Appl. Soil Ecol., 121: 193-200.

Li X H, Ma L L, Liu X F, et al. 2006. Phthalate ester pollution in urban soil of Beijing, People's Republic of China. B. Environ. Contam. Tox., 77 (2) :252-259. doi:DOI 10.1007/s00128-006-1057-0.

Liu P, Yang L, Yu S, et al. 2008. Evaluation on environmental quality of heavy metal contents in soils of vegetable greenhouses in Shouguang City. Res. Environ. Sci., 21: 66-71.

Liu P, Zhao H, Wang L, et al. 2011. Analysis of heavy metal sources for vegetable soils from Shandong Province, China. Agr. Sci. China., 10: 109-119.

Ma L L, Chu S G, Xu X B. 2003a. Organic contamination in the greenhouse soils from Beijing suburbs, China. J. Environ. Monitor, 5(5):786-790. doi:Doi 10.1039/B305901d.

Ma L L, Chu S G, Xu X B. 2003b. Phthalate residues in greenhouse soil from Beijing suburbs, People's Republic of China. B. Environ. Contam. Tox., 71(2): 394-399.

Pan M, Chu L M. 2018. Occurrence of antibiotics and antibiotic resistance genes in soils from wastewater irrigation areas in the Pearl River Delta region,southern China. Sci. Total Environ., 624: 145-152.

Potter T L, Wauchope R D, Culbreath A K. 2001. Accumulation and decay of chlorothalonil and selected metabolites in surface soil following foliar application to peanuts. Environmental Science and Technology, 35: 2634-2639.

Putnam R A, Nelson J O, Clark J M. 2003. The persistence and degradation of chlorothalonil and chlorpyrifos in a cranberry bog. Journal of Agricultural and Food Chemistry, 51: 170-176.

Song X Z, Zhao C X, Wang X L, et al. 2009. Study of nitrate leaching and nitrogen fate under intensive vegetable production pattern in northern China. Comptes Rendus Biologies, 332(4): 385-392.

Tang X J, Lou C L, Wang S X, et al. 2015. Effects of long-term manureapplications on the occurrence ofantibiotics and antibiotic resistance genes (ARGs) in paddy soils: evidence from four field experiments in south of China. Soil Biol. Biochem., 90: 179-187.

Tian K, Hu W Y, Xing Z, et al. 2016. Determination and evaluation of heavy metals in soils under two different greenhouse vegetable production systems in eastern China. Chemosphere, 165: 555-563.

Tian K, Huang B, Xing Z, et al. 2017. Geochemical baseline establishment and ecological risk evaluation of heavy metals in greenhouse soils from Dongtai, China. Ecol. Indic., 72: 510-520.

Wang H, Wang C X, Wu W Z, et al. 2003. Persistent organic pollutants in water and surface sediments of Taihu Lake, China and risk assessment. Chemosphere, 50(4):557-562.

Wang X K, Guo W L, Meng P R, et al. 2002. Analysis of phthalate esters in air, soil and plants in plastic film greenhouse. Chinese Chem. Lett., 13(6): 557-560.

Wormuth M, Scheringer M, Vollenweider M, et al. 2006. What are the sources of exposure to eight frequently used phthalic acid esters in Europeans? Risk Anal., 26(3): 803-824. doi:DOI 10.1111/j.1539-6924.2006.00770. x.

Xie Y F, Li X W, Wang J F, et al. 2012. Spatial estimation of antibiotic residues in surface soils in a typical intensivevegetable cultivation area in China. Sci.Total Environ., 430: 126-131.

Xu G, Li F, Wang Q. 2008. Occurrence and degradation characteristics of dibutyl phthalate (DBP) and di-(2-ethylhexyl) phthalate (DEHP) in typical agricultural soils of China. Sci. Total Environ., 393: 333-340.

Yang L Q, Huang B, Hu W, et al. 2013. Assessment and source identification of trace metals in the soils of greenhouse vegetable production in eastern China. Ecotox. Environ. Safe., 97: 204-209.

Yang L Q, Huang B, Hu W, et al. 2014. The impact of greenhouse vegetable farming duration and soil types on phytoavailability of heavy metals and their health risk in eastern China. Chemosphere., 103: 121-130.

Yang L Q, Huang B, Mao M C, et al. 2015. Trace metal accumulation in soil and their phytoavailability as affected by greenhouse types in north China. Environ. Sci. Pollut. R., 22: 6679-6686.

Yang L Q, Huang B, Mao M, et al. 2016. Sustainability assessment of greenhouse vegetable farming practices from environmental, economic, and socio-institutional perspectives in China. Environ. Sci. Pollut. R.: 1-11.

Yu H, Li T, Zhou J. 2005. Secondary salinization of greenhouse soil and its effects on soil properties. Soils, 37: 581-586.

Zhang H D, Huang B, Dong L L, et al. 2017. Accumulation, sources and health risks of trace metals in elevated geochemical background soils used for greenhouse vegetable production in southwestern China. Ecotox. Environ.

Safe, 137: 233-239.

Zhang H B, Luo Y M, Wu L H, et al. 2015. Residues and potential ecological risks of veterinary antibioticsin manures and composts associated with protectedvegetable farming. Environ. Sci. Pollut. Res., 22: 5908-5918.

Zhang H B, Zhou Y, Huang Y J, et al. 2016. Residues and risks of veterinary antibiotics in protected vegetable soilsfollowing application of different manures. Chemosphere, 152: 229-237.

Zeng F, Cui K Y, Xie Z Y, et al. 2008. Phthalate esters (PAEs): Emerging organic contaminants in agricultural soils in peri-urban areas around Guangzhou, China. Environ. Pollut., 156(2):425-434. doi:DOI 10.1016/j. envpol. 2008.01.045.

Zeng F, Cui K Y, Xie Z Y, et al. 2009. Distribution of phthalate esters in urban soils of subtropical city, Guangzhou, China. J. Hazard Mater, 164(2-3): 1171-1178. doi: DOI 10.1016/j.jhazmat.2008.09.029.

第 3 章　设施农业土壤中污染物的来源与污染清单

3.1　设施农业重点投入农药清单

3.1.1　常用农药环境优先控制品种风险评价原则

我国农药风险评估制度的建立以保护人体健康和生态环境为出发点，重点考虑农药对人体健康和生态环境的影响与危害（华小梅, 2001），确定农药风险评价项目与评价参数（表 3-1），并以相应的国家标准与法规为主要依据。选定江苏、山东和浙江等地大棚蔬菜经常使用的 92 种农药，采用农药风险评价体系对 92 种农药进行细致的风险比较排序，经过有关资料的全面核查研究、纠错等复审过程，从中筛选出在大棚蔬菜生产中应重点管理的品种名单。

表 3-1　农药风险评价项目与评价参数

评价项目	评价参数
环境负荷评价	农药使用剂量
	农药使用频率
	农药使用方式
毒性评价	农药对鼠急性毒性
	农药对蜂、鸟、鱼、蚕的毒性
	农药的三致性
	农药内分泌干扰性
	农药的 ADI 值与慢性无影响水平
环境行为评价	农药在蔬菜中的残留量
	农药在土壤中的残留性

3.1.2　常用农药环境优先控制品种风险评价标准

以调查农药在大棚蔬菜使用状况及环境危害特点为依据，主要参考《化学农药环境安全评价试验准则》及国内外有关农药环境评价研究的分级标准来制定评价标准。具体标准包括农药使用环境负荷评价标准（表 3-2）、农药毒性评价标准（表 3-3）、农药环境行为评价标准（表 3-4）。

表 3-2　农药使用环境负荷评价标准

分值	级别	使用方式
1	低	叶面喷雾
2	中等	土壤处理
3	高	叶面喷雾/土壤处理
分值	级别	使用剂量[g a.i./（1/15hm^2）或 mL a.i./（1/15 hm^2）]
1	小	<1
2	较小	1～49
3	一般	50～99
4	较大	100～400
5	大	>400
分值	级别	使用频率（次数/生长季）
1	低	1
2	较低	2
3	一般	3～4
4	较高	5～7
5	高	>7

表 3-3　农药毒性评价标准

分值	级别	鼠急性毒性		
		大鼠 1 次经口 LD_{50}/（mg/kg）	大鼠 4 h 经皮 LD_{50}/（mg/kg）	大鼠 4 h 吸入 LC_{50}/（mg/m^3）
1	微毒	>5000	>20000	>10000
2	低毒	500～5000	2000～20000	1000～10000
3	中毒	50～449	200～1999	100～999
4	高毒	15～49	60～199	10～99
5	剧毒	<15	<60	<10

分值	级别	蜂、鸟、鱼、蚕急性毒性			
		蜜蜂 LD_{50}/（μg/蜂）	鹌鹑 LD_{50}/（mg/L）	鱼类 LD_{50}/（mg/L）	家蚕 LD_{50}/（μg/kg 蚕重）
1	安全	>100	>2000	>1000	—
2	低毒	10～100	150～1999	100～1000	>0.5
3	中毒	2～10	15～149	10～99	0.05～0.5
4	高毒	0.2～2	5～14	1～9.9	<0.05
5	剧毒	<0.2	<5	<1	—

分值	级别	内分泌干扰性
0	安全	没有科学证据或证据不充分
1	较危险	有潜在内分泌干扰作用证据
2	危险	有较明显的内分泌干扰作用的证据

续表

分值	级别	农药三致性		
		致突变性	致畸性	致癌性
0	安全	无阳性结果	无阳性结果	无阳性结果
1	较危险	1 种受试动物短期突变为阳性	1 种动物致畸	化学物质毒性作用登记（RTECS）标准疑致肿瘤
2	危险	2 种动物短期突变为阳性或 1 种哺乳动物为阳性	2 种动物或 1 种大型哺乳动物致畸	按 RTECS 标准致肿瘤
3	极危险	3 种或 3 种以上动物短期突变为阳性或对人为阳性	3 种以上受试动物致畸或人类致畸	按 RTECS 标准致癌或人疑致癌

分值	级别	ADI 值与慢性无影响水平（NOEL）	
		ADI/（mg/kg）	NOEL（>1 个月）（经口）/（mg/kg）
1	微毒	>0.1	>50
2	毒性小	0.01 ~ 0.09	5 ~ 49
3	毒性中等	0.001 ~ 0.009	0.5 ~ 4.9
4	毒性大	0.0003 ~ 0.0009	<0.5
5	毒性较大	<0.0003	—

表 3-4　农药环境行为评价标准

分值	级别	土壤中残留 $T_{1/2}$/周
1	易降解	<1
2	低残留	1 ~ 2
3	中等残留	2 ~ 4
4	高残留	>4
分值	级别	蔬菜中残留 MRL 值
0	安全	<MRL
1	超标	>MRL

3.1.3　常用农药环境优先控制品种风险评价计算公式

风险评价计算以叠加积和方式进行，以求出综合效应的评价结果。评价体系中 10 项评价参数因重要性有所不同需进行加权，详见表 3-5。评价计算公式为 $R=(F1\times W1+F2\times W2+F3\times W3+F4\times W4+F5\times W5+F6\times W6+F7\times W7+F8\times W8+F9\times W9+F10\times W10)/S$，式中，$F$ 为各评价参数分值；W 为各评价指标权重；S 为各评价参数评分标准中最高分值总和。

表 3-5　评价参数及权重分配

序号	评价参数	代码	权重
1	农药使用剂量	$F1$	0.5
2	农药使用频率	$F2$	0.5
3	农药使用方式	$F3$	0.5
4	农药急性毒性	$F4$	1.5
5	农药对蜂、鸟、鱼、蚕的毒性	$F5$	1.5
6	农药的 ADI 值与慢性无影响水平	$F6$	0.5
7	农药的三致性	$F7$	1.5
8	内分泌干扰性	$F8$	1.5
9	农药在土壤中的残留性	$F9$	0.5
10	农药在蔬菜中的残留量	$F10$	1.5

3.1.4　常用农药环境优先控制品种风险评估清单

应用上述评价体系对 92 种大棚蔬菜常用农药品种进行风险评估，将评价得到的风险因子经资料核对、校正及实际危害性分析等复审程序，最终确定 92 种农药风险评估的结果并进行风险高低排序（表 3-6）。

表 3-6　大棚蔬菜常用农药风险评估排序表

序号	农药名称	R 风险系数	序号	农药名称	R 风险系数
1	呋喃丹	0.7237	18	氰虫双酰胺	0.5263
2	毒死蜱	0.7105	19	辛硫磷	0.5132
3	多菌灵	0.6974	20	咪鲜胺	0.5000
4	甲拌磷	0.6842	21	福美双	0.5000
5	敌敌畏	0.6316	22	吡虫啉	0.5000
6	代森锰锌（乙撑硫脲）*	0.6053	23	丙森锌	0.4868
7	乙酰甲胺磷（甲胺磷）*	0.6053	24	三唑磷	0.4868
8	百菌清	0.5789	25	丁草胺	0.4868
9	代森锌（乙撑硫脲）*	0.5658	26	乙草胺	0.4868
10	氰戊菊酯	0.5658	27	噻嗪酮	0.4737
11	溴氰菊酯	0.5658	28	哒螨灵	0.4737
12	乐果	0.5395	29	高效氯氰菊酯	0.4737
13	三氟氯氰菊酯	0.5395	30	2,4-D	0.4737
14	联苯菊酯	0.5395	31	茚虫威	0.4737
15	腐霉利	0.5263	32	阿维菌素	0.4605
16	甲胺磷	0.5263	33	甲维盐	0.4605
17	氟乐灵	0.5263	34	百草枯	0.4605

续表

序号	农药名称	R 风险系数	序号	农药名称	R 风险系数
35	鱼藤酮	0.4605	64	精甲霜灵	0.3421
36	丁硫克百威	0.4474	65	敌草胺	0.3421
37	四聚乙醛	0.4474	66	甲霜灵	0.3158
38	高效盖草能	0.4474	67	咪鲜胺锰盐	0.3026
39	二甲戊乐灵	0.4474	68	霜霉威	0.3026
40	甲基硫菌灵	0.4342	69	乙霉威	0.3026
41	氟吡菌胺	0.4342	70	苦参碱	0.3026
42	吡唑醚菌酯	0.4211	71	吡蚜酮	0.3026
43	恶唑菌酮	0.4079	72	敌克松	0.2895
44	丙环唑	0.4079	73	杀虫单	0.2895
45	精异丙甲草胺	0.4079	74	速杀硫磷	0.2895
46	氟铃脲	0.4079	75	恶霜灵	0.2763
47	烯酰吗啉	0.3947	76	氟啶脲	0.2763
48	咯菌腈	0.3947	77	氯虫苯甲酰胺	0.2763
49	菌核净	0.3816	78	霜脲氰	0.2500
50	五氯硝基苯	0.3816	79	福美胂	0.2500
51	己唑醇	0.3816	80	乙酸铜	0.2500
52	异丙威	0.3816	81	二甲 · 四氯	0.2500
53	嘧霉胺	0.3684	82	农用链霉素	0.2368
54	醚菌酯	0.3684	83	噻霉酮	0.2368
55	福美锌	0.3684	84	春雷霉素	0.2237
56	苯醚甲环唑	0.3684	85	大黄素甲醚	0.2105
57	灭蝇胺	0.3684	86	辛菌胺	0.1974
58	啶虫脒	0.3684	87	盐酸 · 吗啉胍	0.1842
59	啶酰菌胺	0.3553	88	宁南霉素	0.1842
60	氰霜唑	0.3553	89	井冈霉素	0.1842
61	丙酰胺	0.3421	90	菌毒清	0.1711
62	杀虫双	0.3421	91	三十烷醇	0.1711
63	草甘膦	0.3421	92	噻菌酮	0.1711

*表示农药母体主要代谢产物。

通过选定江苏、山东和浙江等地大棚蔬菜经常使用的 92 种农药，采用农药风险评价体系对 92 种农药进行细致的风险比较排序，总体上看，筛选方法、评价参数及其权重设置基本符合我国当前农药使用状况与农药环境危害的特点。表 3-6 中前 20 位高风险农药大部分为我国目前大棚蔬菜生产使用的主要品种，这些品种绝大部分对人体、哺乳动物毒性大，具有“三致性”和内分泌干扰性，对鸟类、水生生物等环境非靶标生物也具有较高毒性。呋喃丹、甲拌磷、甲胺磷等高毒禁用限用药为高风险农药，多菌灵、百菌清、代森锰锌、菊酯类等农药由于用量大及设施环境条件的特殊性成为高风险物。

3.2　设施农业土壤中养分的来源与污染清单

从日光温室和塑料大棚两种设施类型肥料投入量的调查可看出，肥料种类繁多，来源也非常复杂，且各地区差异性较大。但总体来说，有机肥有两个主要的来源，一个是设施生产基地周边的畜禽养殖场的动物粪便，另一个是肥料企业生产的商品有机肥，前者的用量普遍要大于后者（表 3-7）。无机肥的来源也有两类，一类是进口的各种肥料，包括各种高含量（$N+P_2O_5+K_2O>45\%$）的复合肥和冲释肥、钾肥，来源国主要为欧洲一些国家；另一类是国产的各种复合肥、尿素等。后者用量明显要大于前者用量。

从投入肥料养分的比例来看，以寿光市日光温室蔬菜生产为例，将各种肥料折纯养分后，施肥年投入肥料养分量分别为 N1047～6357kg/hm^2，$P_2O_5$762～3191kg/hm^2，K_2O1118～6930kg/hm^2；平均为 N 3338kg/hm^2，$P_2O_5$1710kg/hm^2，K_2O3446kg/hm^2；其中，化肥投入的氮、磷、钾量分别约占总量的 35%、49%和 42%左右，低于有机肥养分投入量。当地小麦-玉米生产周年投入肥料养分折纯 N225～958kg/hm^2，$P_2O_5$150～337kg/hm^2，K_2O138～337kg/hm^2，从周年投入养分量平均值看，日光温室栽培模式是小麦-玉米轮作种植模式的 6～14 倍。这一养分的来源比例具有普遍性，即使在上海市周边出现以化肥施用为主的设施基地，但 80%以上的规模化基地仍是以有机肥施用为主。

表 3-7　寿光市日光温室蔬菜施肥量

项目	N			P_2O_5			K_2O		
	化肥	有机肥	合计	化肥	有机肥	合计	化肥	有机肥	合计
平均值/（kg/hm^2）	1167	2171	3338	845	865	1710	1457	1989	3446
标准差/（kg/hm^2）	545	1129	1167	492	407	646	814	1151	1326
最低/（kg/hm^2）	40	370	1047	20	179	762	0	185	1118
最高/（kg/hm^2）	2364	5340	6357	2275	1905	3191	3917	5817	6930
变异系数/%	47	52	35	58	47	38	56	58	38
比例/%	35	65	100	49	51	100	42	58	100

一个值得注意的趋势是，随日光温室棚龄的增加，氮和钾的养分总投入量呈现出显著的下降趋势，有机肥氮和钾的投入量随日光温室棚龄的增加显著降低（图 3-1）。化肥氮、磷、钾的投入量随日光温室棚龄的增加没有显著的变化。因此，总氮和总钾投入量的减少，主要是由于有机肥投入量减少造成的。这反映出农民习惯于在日光温室多年耕种后减少有机肥的投入量，但并没有减少化肥的投入（Min et al., 2011; Miao et al.,

2010）。

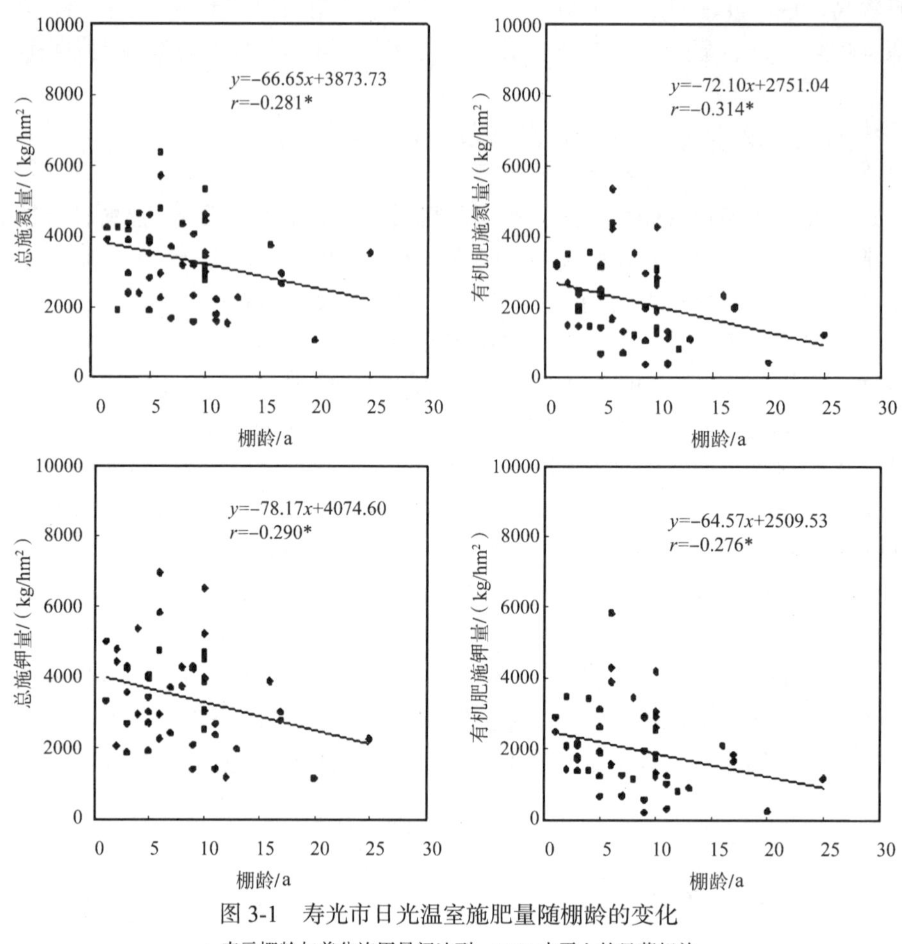

图 3-1　寿光市日光温室施肥量随棚龄的变化

* 表示棚龄与养分施用量间达到 p<0.05 水平上的显著相关

3.3　设施农业农膜及酞酸酯的来源与污染清单

随着社会的进步以及众多化学品的使用，酞酸酯广泛分布于各环境介质中。设施农业生产中大量农膜、农药、有机肥、化肥的使用和污泥农用以及污水灌溉，使大量的酞酸酯被带进设施土壤中。对不同来源酞酸酯含量的分析表明，不同农用化学品中酞酸酯含量差异较大。由图 3-2 可知，不同来源的酞酸酯含量差异显著，地膜中酞酸酯含量最高，其次是鸡粪、食用菌渣、棚膜等，鸭粪中酞酸酯含量最低，不同污染源酞酸酯含量分布在 1.43～119.4mg/kg，不同颜色农膜中酞酸酯含量差异显著，白色地膜中酞酸酯含量为 119.4mg/kg，黑色地膜为 50.8mg/kg。鸡粪、菇渣、棚膜、猪粪、牛粪、商品有机肥以及鸭粪的总酞酸酯含量分别为 6.84mg/kg、6.40mg/kg、4.89mg/kg、4.57mg/kg、3.65mg/kg、2.95mg/kg 和 2.24mg/kg。农膜以及有机肥是土壤中酞酸酯的主要来源。此外，有研究表明空气中酞酸酯的沉降、污染灌溉、污泥农用以及农药施用等也是土壤中酞酸酯的重要来源。

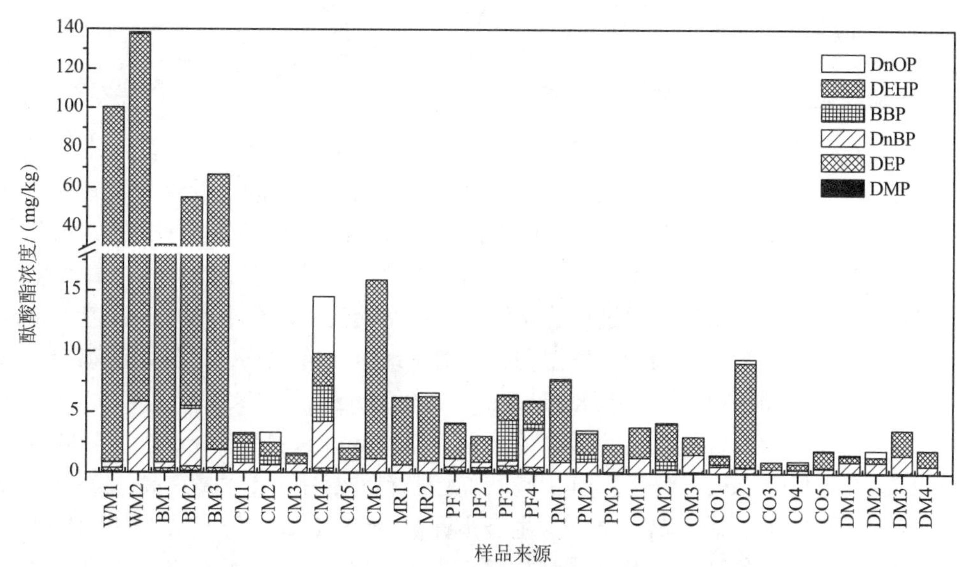

图 3-2　不同农业化学品中酞酸酯的含量

1.WM：白色农膜；2.BM：黑色农膜；3.CM：鸡粪；4.MR：菇渣；5.PF：棚膜；6.PM：猪粪；7.OM：牛粪；8.CO：商品有机肥；9.DM：鸭粪

不同酞酸酯来源中 6 种酞酸酯单体的含量如表 3-8 所示。从设施农业土壤酞酸酯污染的来源可以看出，设施农业土壤酞酸酯污染源清单主要包括地膜、棚膜、鸡粪、菇渣、猪粪、牛粪、鸭粪和商品有机肥。

表 3-8　设施农业土壤不同来源酞酸酯 6 种单体的平均浓度

污染源	DMP/（mg/kg）	DEP/（mg/kg）	DnBP/（mg/kg）	BBP/（mg/kg）	DEHP/（mg/kg）	DnOP/（mg/kg）	∑PAEs/（mg/kg）
白地膜	0.08	0.14	3.13	0.00	115.59	0.44	119.39
黑地膜	0.12	0.30	2.25	0.09	48.04	0.04	50.84
鸡粪	0.05	0.08	1.32	0.87	3.49	1.04	6.84
菇渣	0.02	0.04	0.76	0.00	5.42	0.16	6.40
棚膜	0.21	0.33	1.15	0.96	2.19	0.06	4.89
猪粪	0.03	0.05	0.86	0.20	3.30	0.13	4.57
牛粪	0.03	0.02	1.00	0.24	2.32	0.05	3.65
商品有机肥	0.02	0.02	0.40	0.06	2.31	0.14	2.95
鸭粪	0.03	0.03	0.94	0.00	1.08	0.16	2.24

3.4　设施农业土壤中重金属的来源与污染清单

3.4.1　设施农业土壤重金属的来源分析

由于设施蔬菜产地常年覆膜，受大气沉降、交通扬尘等影响较小，设施蔬菜基地附近往往无大型污染企业存在，因此，可以排除重金属的工业来源。近年来，随着设施农业的发展，大量的商品有机肥和化肥被用于设施蔬菜产地，这些商品有机肥的原料往往来自规模化畜禽养殖场，在畜禽饲料中往往添加洛克沙胂及含铜、锌等重金属的化学物质，这些被携带的重金属最终通过动物排泄物（畜禽粪便）以有机肥的形式进入设施农田，导致设施农田重金属的累积。根据调查，南京地区设施蔬菜生产施用的鸡粪中 As、Cu、Zn 含量较高（最高值分别为 18.30mg/kg、160.00mg/kg、678.00mg/kg）；商品有机肥中 Cd、Cr、Hg、Pb 含量较高（最高值分别为 2.32mg/kg、108.00mg/kg、1.04mg/kg、34.60mg/kg）;化肥中 Cd 含量较高,其中磷酸二铵肥料样品中 Cd 含量最高达 28.2mg/kg，远远高于《肥料中砷、镉、铅、铬、汞生态指标》（GB/T 23349—2009）中 1mg/kg 的限量标准。菜籽饼中各种重金属含量都相对较少（表 3-9）。研究结果表明鸡粪是南京设施蔬菜产地 As、Cu、Zn 累积的主要原因，商品有机肥和化肥是设施蔬菜产地 Cd 等重金属累积的主要原因（Yang et al., 2013, 2016; Chen et al., 2014; 胡文友等, 2014）。

表 3-9　南京典型设施基地不同类型肥料中重金属含量特征

肥料类型	鸡粪/（mg/kg）	商品有机肥/（mg/kg）	菜籽饼/（mg/kg）	化肥/（mg/kg）	参考标准/（mg/kg）
样本数	11	5	2	24	
As	5.38±5.02a	4.33±0.051a	0.43±0.23b	6.92±5.37 a	5
Cd	0.45±0.13b	1.14±0.76a	0.16±0.00b	1.81±3.96a	1
Cr	25.32±16.33b	59.30±27.67a	11.40±2.26c	29.83±35.14b	50
Hg	0.05±0.028b	0.32±0.408a	0.02±0.03b	0.09±0.14b	0.5
Pb	9.34±5.65b	21.20±8.12a	2.20±2.83b	3.22±3.64b	20
Cu	66.94±38.00a	48.70±27.17a	9.32±2.66b	4.14±3.42c	—
Zn	438.73±166.26a	176.70±101.74b	93.75±1.77c	37.44±43.66c	—

注：《肥料中砷、镉、铅、铬、汞生态指标》（GB/T 23349—2009）；平均值后不同字母表示不同肥料重金属含量达到 $p<0.05$ 水平上的显著差异。

北方日光温室蔬菜产地鸡粪中的 Zn、Cu 含量最高，分别为 35.0mg/kg 和 317mg/kg；复合肥 As 含量最高，达 28.0mg/kg；钾肥 Cd 含量最高，为 6.3mg/kg；而商品有机肥含 Hg、Pb 最高，分别为 140μg/kg、11.8mg/kg（表 3-10）。表明复合肥和鸡粪是北方日光温室 As、Cu、Zn 累积的主要原因，化肥和商品有机肥是 Cd、Hg、Pb 等重金属累积的主要原因。虽然设施蔬菜生产中施用的部分肥料中重金属没有超过相应标准，可能不会对当季作物的质量安全产生明显的影响，但由于重金属在土壤中具有长期累积的特点，长期高强度地施用这些重金属含量较高的肥料将导致重金属在土壤中积累，且具有逐渐超过土壤环境质量标准或环境容量的风险（Yang et al., 2013, 2016）。

表 3-10　寿光市和铜山区设施蔬菜地蔬菜种植施用肥料中重金属元素含量

地点	肥料类型	样品数/个	As/（mg/kg）	Cd/（mg/kg）	Cu/（mg/kg）	Hg/（μg/kg）	Pb/（mg/kg）	Zn/（mg/kg）
山东寿光	鸡粪	5	1.6±0.4	0.5±0.3	35.0±3.6	50±50	7.9±2.7	317±156
	商品有机肥	2	3.7±0.7	0.2±0.1	24.8±2.3	140±160	11.8±3.9	67±50
	复合肥	6	28.0±23.0	0.8±1.2	3.0±2.1	20±20	3.5±3.2	316±635
	可溶性肥	2	12.0±14.0	1.2±1.6	0.6±0.1	3±0.0	0.4±0.2	438±575
	钾肥	2	4.0±3.5	6.3±7.7	2.2±1.6	3±3	3.1±4.0	57±59
徐州铜山	牛粪	4	3.2±3.9	0.6±0.4	44.7±14.0	40±10	14.1±13.1	202±31
	猪粪	3	3.5±3.7	0.6±0.5	43.9±20.4	40±20	13.4±5.2	215±104
	商品有机肥	2	8.4	2.1	23.8	200	14.3	189
	复合肥	5	8.0±5.9	1.0±1.2	4.3±2.7	10±10	2.8±1.4	29±24
参考标准			15	3		2000	50	

注：《有机肥料》（NY 525—2012）。

灌溉是农业耕作中的重要环节，而灌溉的水源质量以及灌溉方式对蔬菜的种植生产和周边的环境质量有很大的影响。为了查明南京几个典型设施蔬菜产地灌溉对土壤重金属累积的影响，对各蔬菜产地的灌溉水进行采样分析，结果表明，灌溉水中重金属含量均在地表水环境质量标准的Ⅰ类水质安全标准以内，对设施菜地重金属累积不会造成太大的影响；但总氮和总磷的污染负荷较大，均超过了Ⅴ类和Ⅰ类水质安全标准（表3-11）（Chen et al., 2014; Hu et al., 2013）。

表 3-11　南京典型设施蔬菜基地灌溉水基本性质及重金属等含量

采样区	湖熟短期设施蔬菜基地	谷里中期设施蔬菜基地	普朗克有机设施蔬菜基地	锁石长期设施蔬菜基地	Ⅰ类水安全标准	Ⅴ类水安全标准
样本数	13	17	6	16		
pH	7.45±0.27a	7.58±0.29a	7.89±0.46b	7.70±0.35ab	6～9	
EC/（dS/cm）	48.46±13.46b	44.60±12.75b	17.63±5.38a	41.96±11.09b		
TN/（mg/L）	4.61±3.14b	3.51±3.78ab	0.81±0.83a	4.24±5.30ab	0.2	2.0
TP/（mg/L）	0.15±0.14ab	0.10±0.15ab	0.03±0.02a	0.17±0.19b	0.02	0.4
As/（μg/L）	2.63	1.66	1.80	0.58	50	
Cr/（μg/L）	2.58	1.40	0.09	1.9	10	
Cd/（μg/L）	—	—	—	—	1	
Cu/（μg/L）	—	—	—	0.10	10	
Zn/（μg/L）	—	0.14	—	0.83	50	

注：1.EC：电导率；2.TN：总氮；3.TP：总磷；4.同一行内标准差后字母不同表示在 $p<0.05$ 水平上差异显著。

相对于肥料重金属投入量而言，农药重金属投入量十分有限，在嘉兴设施基地进行的代森锰锌在大棚黄瓜中连续施药的实验结果表明，连续施用四次后，土壤中全 Zn 含量的差异性不显著（图 3-3）。

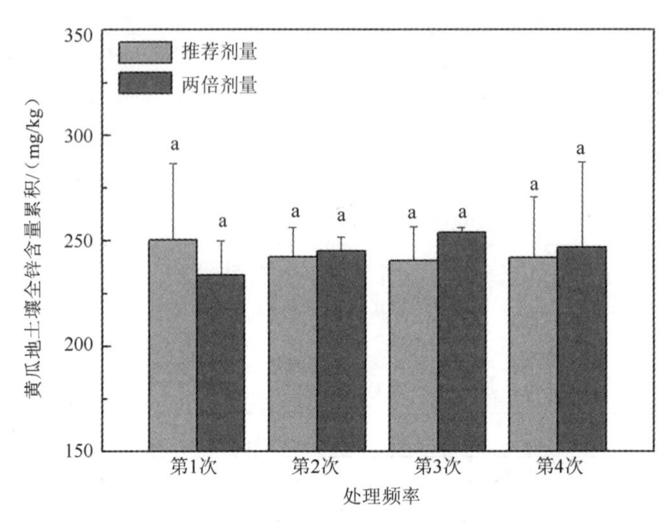

图 3-3　连续四次重复施用代森锰锌后土壤中全锌含量变化
柱体上方相同字母表示处理间差异不显著

实际测得结果也显示，不论是推荐剂量还是两倍剂量的代森锰锌，在四次重复施药后土壤中锌的含量变化趋势均不显著，即土壤中全锌含量的变化无显著性差异。一方面是因为锌在代森锰锌中仅占 2.5%，含量少，且代森锰锌仅仅重复施用了四次，还不能引起田间土壤中全锌含量的显著性变化；另一方面有可能是因为 Zn 作为植物生长的必需元素被植物吸收，导致四次重复施药后田间的土壤的全锌含量累积差异不显著。

3.4.2　设施农业土壤和肥料中重金属的污染清单分析

依据现有《温室蔬菜产地环境质量评价标准》（HJ/T 333—2006），超过该标准的土壤重金属将被确定为优先控制的污染物；由于设施蔬菜生产系统土壤高强度利用和农用投入品高投入导致土壤理化性质的剧烈变化，部分设施土壤重金属含量可能没有超标或远低于土壤环境质量标准，但设施蔬菜中的重金属含量却超过了《食品安全国家标准 食品中污染物限量》（GB 2762—2017），对于这些重金属元素，同样被确定为需要优先控制的污染物；另外，参照当地土壤重金属背景水平，设施土壤重金属累积速率较高，连续种植 5～10a 左右土壤重金属将普遍超标，或者具有潜在污染风险的重金属元素也被确定为优先控制的污染物。通过以上筛选的依据、原则和方法，确定了我国两种主要设施蔬菜生产系统的重金属污染清单：北方典型日光温室蔬菜产地土壤中的 Cd、Cu、Zn、Hg；南方典型塑料大棚蔬菜产地土壤中的 Cd、Hg、Pb、Cu、Zn（Yang et al., 2013, 2016; Chen et al., 2014; Hu et al., 2013; 胡文友等, 2014; 陈永等, 2013; 毛明翠等, 2013）。

作者在对各个设施蔬菜基地进行调研的同时，采集了不同类型的肥料样品，对肥料中的重金属含量进行了分析，获得了我国设施蔬菜生产中肥料中重金属的污染清单（图 3-4）。从肥料中重金属的污染清单的结果可以看出，磷肥、化肥和商品有机肥中 Cd 的含量较高，鸡粪等畜禽粪便中 Cd 的含量相对较低；商品有机肥中的 Hg 和 Pb 含量也比较高；As、Cu 和 Zn 主要来源与畜禽粪便有机肥，其中猪粪中三种元素的含量最高，与饲养畜禽大量使用高含量 As、Cu 和 Zn 的饲料和添加剂有关。

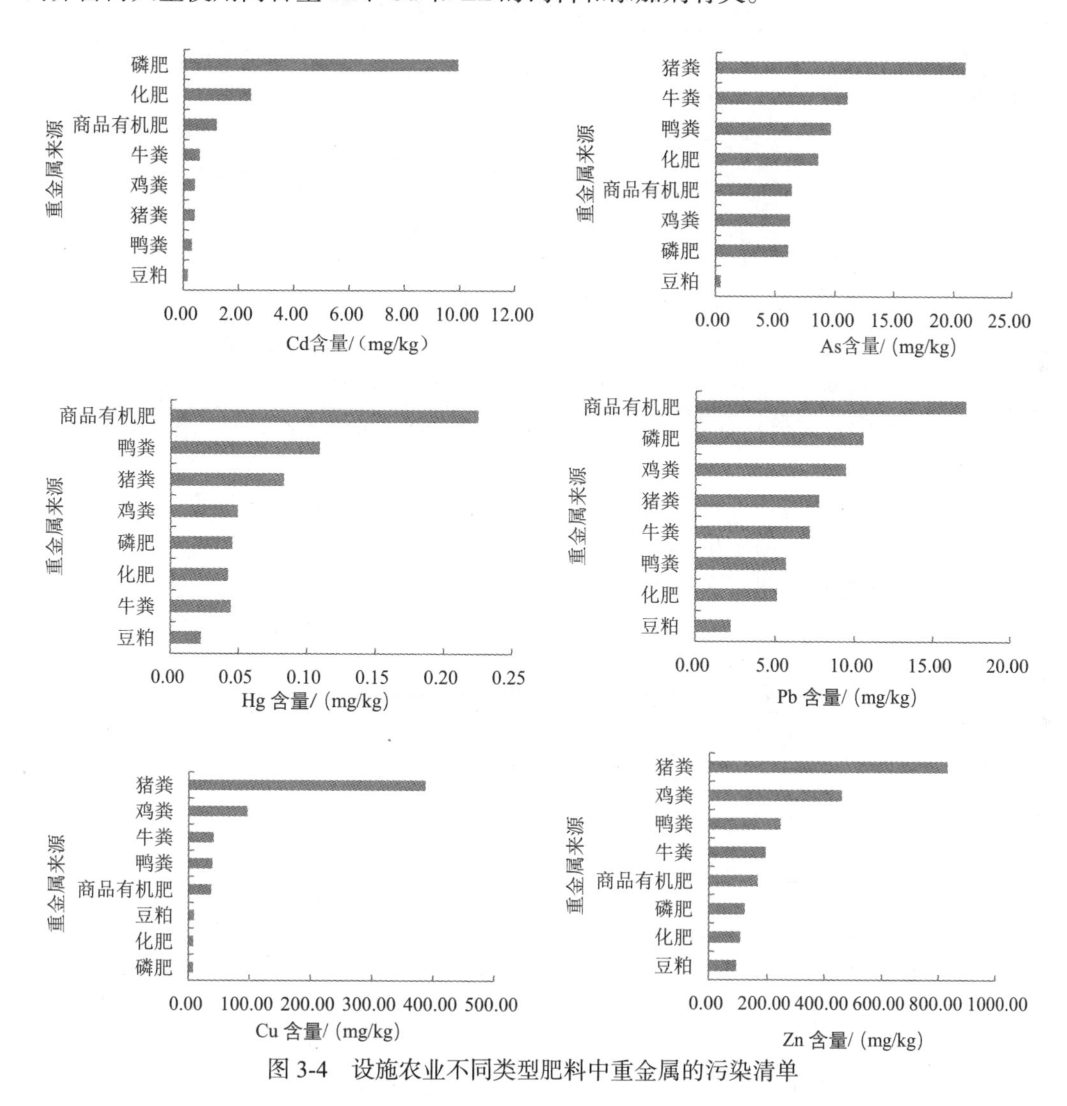

图 3-4　设施农业不同类型肥料中重金属的污染清单

以上研究表明，设施农业农用投入品，特别是重金属含量较高的有机肥和化肥的施用是导致设施蔬菜产地土壤重金属累积的重要原因，肥料中重金属含量高与长期缺乏相关使用标准与生产技术规范相关。从南京设施蔬产地不同类型肥料中重金属年投入量清单来看（表 3-12），设施蔬菜生产系统中每年通过有机肥投入土壤的各种重金属的量远远高于通过施用无机肥投入的量。其中鸡粪中 Cr、Cu 和 Zn 投入量较高，且 Cu、Zn 投入量显著高于其他肥料。商品有机肥中 Cd、Cr、Hg、Pb、Cu、Zn 投入量较高，其中

Cr、Hg、Pb 含量显著高于其他肥料。菜籽饼中各种重金属投入量都相对较少。设施蔬菜产地土壤中重金属的主要来源分别是商品有机肥和鸡粪、磷肥、复合肥，重金属年投入量 Zn> Cu> Pb>As>Cd> Hg(Yang et al., 2013; Chen et al., 2014; Hu et al., 2013; 胡文友等, 2014; 董騄睿等, 2014; 陈永等, 2013）。

表 3-12 南京设施蔬产地不同类型肥料中重金属年投入量清单 [单位：g/（$hm^2 \cdot a$）]

肥料名称	Cd	As	Hg	Pb	Cu	Zn	Cr
商品有机肥 [b]	126±68	303±28	45±46	2044±780	4864±2233	19425±6682	5542±3617
商品鸡粪	7±2	80±75	0.7±0.4	139±84	997±566	6537±2477	377±243
商品有机肥 [a]	3±2	17±2	0.5±0.2	64±15	140±91	451±273	183±14
磷肥	2	22	0.2	34	30	216	51
复合肥	1.1±0.9	28±22	0.3±0.6	17±26	20±19	139±159	70±28
菜籽饼	0.3	1.1	0.07	7.6	20.2	171	23.4
豆粕	0.4	0.6	0.01	0.5	17	208	22
尿素	0.02±0.00	0.11±0.05	0.001±0.000	0.09±0.16	0.7±0.8	3.2±0.9	11.0±0.8

a 为除有机设施蔬菜基地之外的肥料施用水平；b 为有机设施蔬菜基地的肥料施用水平。

通过对南京设施蔬菜基地的重金属元素平衡（表 3-13）分析发现，重金属年投入量远远大于其作物重金属输出量，产生了正平衡，每年每公顷土壤盈余的 Zn 量相对较高，相对于其他来源的重金属投入，肥料源的贡献率很高（Hu et al., 2013; 徐勇贤等, 2008; 常青等, 2008）。同时，含 Cu、Zn 农药的大量使用增加了设施菜地土壤 Cu、Zn 污染负荷。

表 3-13 南京设施蔬菜产地土壤重金属元素平衡

重金属元素	每年输入		每年输出	每年盈余/（g/hm^2）	相对输入贡献/%	
	肥料/（g/hm^2）	农药/（g/hm^2）	作物吸收/（g/hm^2）		肥料	农药
Cd	11.6	0	3.84	9.76	100	0
As	106.12	0	0.74	105.38	100	0
Hg	0.77	0	0.13	0.64	100	0
Pb	181.53	0	15.42	166.11	100	0
Cu	744.32	149.85	111.42	782.75	83.24	16.76
Zn	4545.61	39.30	378.67	4206.24	99 .14	0.86

在山东寿光日光温室蔬菜生产系统，土壤重金属的主要来源是各种肥料的输入，农药施用可带来部分 Cu 和 Zn，但输入量很小，灌溉带入的量也很少。山东寿光日光温室蔬菜生产系统主要种植茄果类蔬菜，因此，表 3-14 仅列出了这些蔬菜生产过程中肥料输入的各种重金属的量。从表中可以看出，重金属输入量超过了瑞士有机农业检测体系（KRAV）的规定值。与 2001 年荷兰农业区重金属输入量（Cu 为 350 g/hm^2, Zn 为 1000 g/hm^2，Cd 为 1.5 g/hm^2）比较，重金属输入量也较高。而且，无论哪种作物，在生产过程中重金属输入的量均大大超过其输出量（Yang et al., 2016; 毛明翠等, 2013）。

表 3-14　寿光日光温室单季作物重金属主要输入输出的估算量　（单位：g/hm²）

蔬菜种类	途径	Cd	As	Hg	Pb	Cu	Zn
西红柿	有机肥投入量	3.9	11.91	0.34	59.42	262.2	2379
	无机肥投入量	27.2±28.7	17.31±18.32	0.02±0.02	13.36±14.14	9.52±10.08	244.53±25876
	肥料总投入量	31.1±24.4	29.2±13.3	0.36± 0.19	72. 8±28.4	271±146	2623±1245
	果实输出量	0.2±0.1	0.07±0.01	0.03±0.00	0.5±0.1	41±13	118±43
	植株输出量	0.7	1.23	0.08	2.64	62.38	349.65
	盈余量	30.20	27.90	–0.02	69.66	167.62	2155.35
辣椒	有机肥投入量	19.2±12.9	152±230	5.28±8.64	557±703	1636±1401	10109±7012
	无机肥投入量	10.6±18.1	39.47±19.10	0.03±0.01	7.89±7.71	6.28±5.22	679.31±464.62
	肥料总投入量	29.9±15.9	192±158	5.31±6.11	565±529	1643±1229	10788±6635
	果实输出量	0.41±0.16	0.3±0.1	0.04±0.01	0.8±0.3	96±43	214±47
	植株输出量	0.3	0.66	0.03	1.78	64.88	268.28
	盈余量	29.19	191.04	5.24	562.42	1482.12	10305.72
黄瓜	有机肥投入量	8.49±5.42	56±35	1.9±1.4	216±97	683±299	4635±3791
	无机肥投入量	58.6±103.2	46±30	0.03±0.03	8.9±9.1	7.1±6.3	771±381
	肥料总投入量	67.1±73.8	103±31	1.96±1.37	225±127	690±408	5406±3255
	果实输出量	0.2±0.1	1.0±0.8	0.1±0.0	1.8±1.1	185±177	639±5834
	植株输出量	0.06	0.86	0.06	2.44	58.92	401.47
	盈余量	66.84	101.14	1.80	220.76	446.08	4365.53

3.5　设施农业土壤中抗生素的来源与污染清单

3.5.1　设施农业土壤抗生素的来源分析

设施农业土壤中抗生素的来源主要与畜禽有机肥、养殖废水灌溉等有关（Pan et al., 2011a;Wei et al., 2011; Zhang et al., 2015）。据统计，我国每年抗生素原料生产量约为 21 万 t（化学工业学会和制药工业学会 2005 年统计数据），其中有 9.7 万 t（占年总产量的 46.1%）的抗生素用于畜牧养殖业。而养殖过程添加使用的抗生素有 30%~90%的母体化合物会进入排泄物排出体外（Cui et al., 2016; Kakimoto et al., 2007）。据报道，目前畜禽养殖排泄物中的抗生素污染已经达到相当严重的程度，而且检出量多数在 mg/kg 或 μg/L 等数量级水平（Ho et al., 2014;Watanabe et al., 2010; Zhao et al., 2010）。这些受抗生素污染的排泄物，或经污水处理厂后流向周围地表水环境，或以肥料形式回到农田土壤，给养殖场周边生态环境带来相当大的兽用抗生素污染负荷（Awad et al., 2014;He et al., 2016;Ji et al., 2012; Li et al., 2015）。

为进一步了解设施农业生产中常用有机肥的抗生素含量情况，作者采集了山东、江苏、上海、安徽、成都、昆明、西藏等地的 49 个有机肥样品，代表了 9 种有机肥品种。对这些有机肥样品，分析了 17 种抗生素的含量（表 3-15），常用有机肥中四大类抗生素的含量有明显不同。鸡粪中抗生素的含量最高，其中四环素类总量达到 32229.2ng/g；其次为豆粕、菜籽饼类有机肥，以磺胺类和四环素类抗生素为主；羊粪中抗生素含量最低，但由于羊粪的样品量有限，且取自西藏拉萨地区，因此可能是由于地区的原因导致羊粪中抗生素含量较低。相比较而言，猪粪和商品有机肥中的抗生素含量也较低。比较有意思的是，添加了有机物料（如稻壳等）的鸡粪和牛粪要比新鲜的鸡粪和牛粪中的抗生素含量低许多，特别是四环素类抗生素，但喹诺酮类抗生素反而更高。这表明腐殖熟化过程中四环素类抗生素能够被降解转化（Selvam et al., 2012）。

表 3-15　常用有机肥中抗生素含量　（单位：ng/g）

有机肥种类	四环素类	喹诺酮类	磺胺类	大环内酯类
鸡粪	32229.2	2872.6	765.9	9.1
鸭粪	4256.7	1825.8	83.0	2.7
牛粪	1793.4	455.9	64.7	6.3
猪粪	815.2	184.2	69.5	1.7
羊粪*	144.2	78.6	11.7	8.6
鸡粪+有机物料	120.6	5966.8	82.8	2.5
牛粪+有机物料	842.3	2880.2	167.7	46.7
商品有机肥	1142.9	1297.4	117.2	6.7
其他（豆粕、菜籽饼）	5943.3	509.4	8078.5	1.8

*为仅西藏拉萨的一个样品。

为了解不同地区有机肥中抗生素含量的差异情况，以鸡粪为例，比较了山东、江苏、安徽、四川 4 个省份 10 个地区鸡粪中的 7 种检出率和检出含量均较高的抗生素，结果如图 3-5 所示。可以看出，同一类有机肥，不同地区采集的样品中抗生素的含量可以相差 3 ~ 4 个数量级，比如山东寿光鸡粪中土霉素含量最高，达到 178423ng/g，而徐州铜山鸡粪中土霉素含量只有 47.9ng/g，相差 3700 多倍。这说明我国不同地区在畜禽养殖过程中抗生素的使用随意性较大，没有统一的规范来指导养殖户使用（Xiao et al., 2013）。而与土壤中的抗生素含量的区域差异比较可以看出，鸡粪中抗生素的含量与土壤中的抗生素含量的区域差异并不一致。如徐州铜山设施农田土壤中土霉素的含量在调查区域中是最高的，但其鸡粪中抗生素的含量却是这些地区最低的。因此，土壤中抗生素的积累不仅与有机肥中抗生素的含量有关，也与施用量、有机肥品种及其土壤性质相关（Pan et al., 2011a;Xu et al., 2015;Zhang et al., 2015）。从鸡粪中抗生素的类别来看，不同地区也有明显差异。如山东寿光的鸡粪中抗生素明显以土霉素、四环素为主，其次为喹诺酮类，磺胺类含量很低；而南京鸡粪中则以喹诺酮类为主，其次为磺胺类和四环素类；而安徽全椒鸡粪中则以磺胺类为主，四环素和喹诺酮类的含量相对较低。土壤中抗生素种类的地区性差异变化不大，相对而言，有机肥中的抗生素种类和含量具有更明显的地区性差异（Alavi et al., 2015;Qian et al., 2016;Zhao et al., 2010）。因此，要降低设施农田土壤中抗生素的积累和污染，有机肥品种的选择是关键，同时对不同地区的有机肥还要在分析和比较的基础再进行筛选。

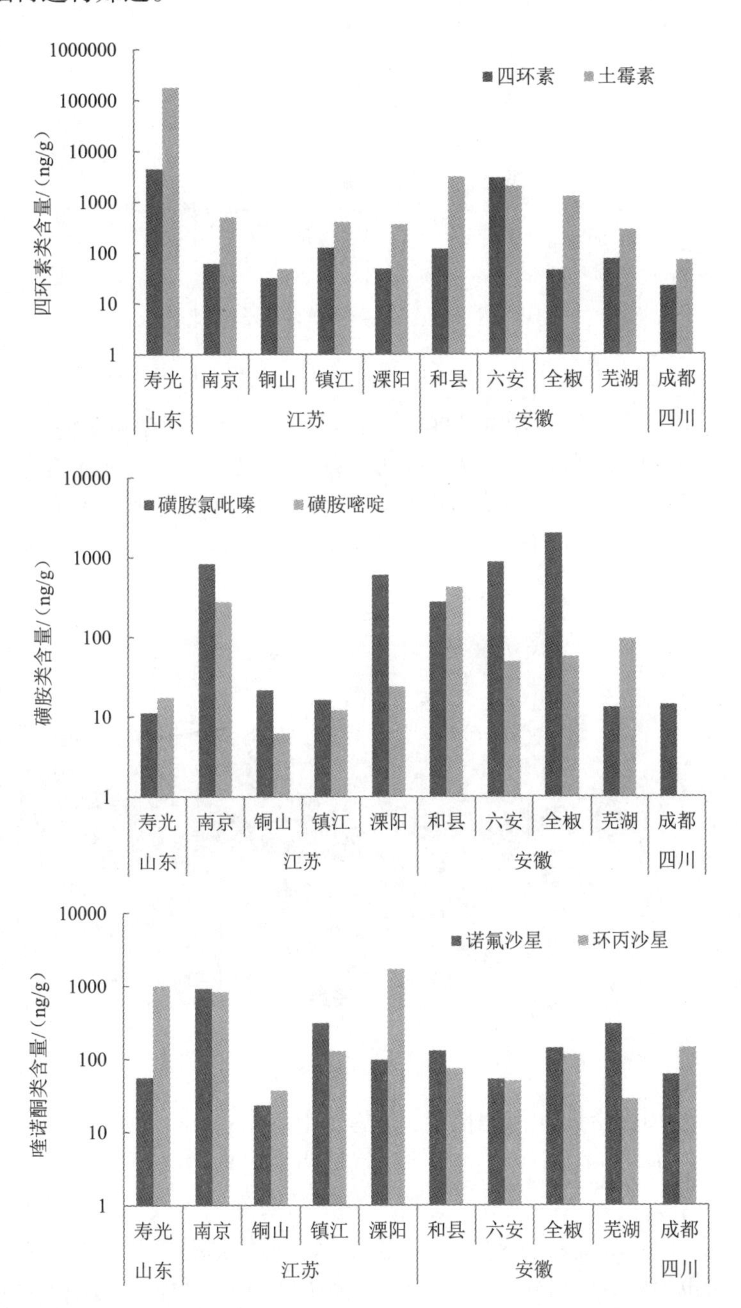

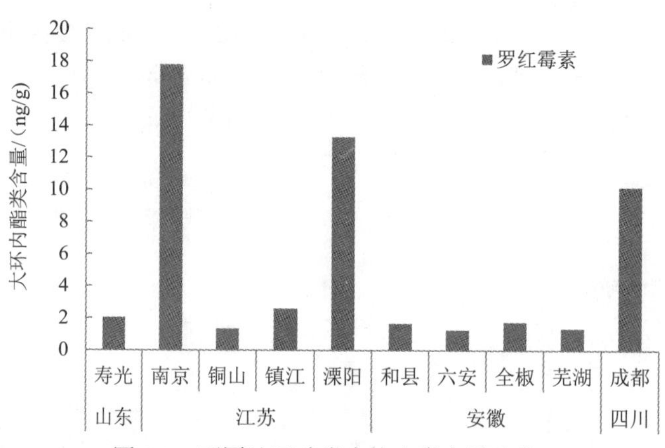

图 3-5　不同地区鸡粪中抗生素含量比较

有机肥是设施农田土壤中抗生素的主要来源，但并不是唯一的来源。通过灌溉水也可能带入一部分抗生素（Calderon-Preciado et al., 2011; Chen et al., 2014; Grossberger et al., 2014）。灌溉水中的抗生素一方面可能来源于生活、医疗或者养殖废水的排放混入（Chang et al., 2010），另一方面也可能是设施农田附近有机肥堆场或者化粪池经过常年雨水淋溶或溢出流入附近河流带来的（图 3-6）（Dolliver and Gupta., 2008; Watanabe et al., 2010）。

（a）　　　　（b）

图 3-6　大棚边堆置的稻壳鸡粪等有机肥（a）和田间路边的化粪池（b）

为了解灌溉水中抗生素的污染情况，采集了南京周边四个地区设施农田周边水塘或灌溉渠中的水样，同时也在浙江余杭某养殖场周边的河塘中采集了一个地表水样进行对比分析。以四环素类抗生素为例进行分析，分析结果见表 3-16。由分析结果可以看出，所有地表水样品中均可以检测到四环素类抗生素。尽管这些抗生素的绝对含量并不高，但与大江大河水体中 ng/L 量级含量相比，要高出 100 倍左右，表明存在明显的抗生素污染（Li et al., 2014; Xu et al., 2016）。在养殖场周边的水体中，抗生素的含量更要高出一个数量级，表明水体明显受到养殖废水中抗生素的污染（Awad et al., 2014; Ok et al., 2011）。因此，在南方一些地区的大棚菜地中，如果主要以附近地表水进行灌溉，则肯定存在通过灌溉进入土壤的抗生素污染；而在北方地区，设施农业种植主要依靠抽取地下水灌溉，因此受到地表水抗生素污染的可能性较小（Hu et al., 2010;Wei et al., 2011）。下一步需要进一步明确通过灌溉水进入农田土壤中的抗生素的积累规律，以及对土壤抗生素的贡献比例（Dalkmann et al., 2012; Fatta-Kassinos et al., 2011; Tamtam et al., 2011）。

表 3-16　设施农业及养殖场周边地表灌溉水中抗生素含量　（单位：μg/L）

地区	样品编号	四环素	土霉素	金霉素	强力霉素
南京锁石	SSW-1	3.01	6.86	1.80	2.36
	SSW-4	4.20	2.52	1.51	3.26
	SSW-11	1.91	10.2	1.87	72.5
南京谷里	GLW-2	4.73	4.46	1.94	4.86
	GLW-3	4.08	3.03	3.38	1.19
	GLW-4	7.04	9.44	1.89	2.33
	GLW-5	7.86	5.68	3.55	7.66
南京湖熟	HSW-1	3.89	4.46	1.76	3.48
	HSW-2	4.10	4.66	2.44	4.90
	HSW-3	4.95	6.25	2.55	3.61
	HSW-4	7.84	3.96	1.71	5.99
	HSW-5	4.00	2.36	2.22	2.02
	HSW-6	2.32	1.99	1.43	1.72
南京普朗克	PLKW-1	4.65	2.66	1.00	2.02
	PLKW-2	5.18	1.93	1.97	1.39
杭州余杭	DTX-W3	0.62	19.8	0.02	27.2

3.5.2　设施农业土壤抗生素的污染清单

有机肥施用是设施农业土壤抗生素污染的主要来源。因此，要了解土壤抗生素的污染清单，需要结合污染源的抗生素清单进行分析。自 1943 年青霉素应用于临床以来，现在使用的抗生素的种类已达几千种，临床上常用的也有几百种（Lin and Shen, 2006）。但从抗生素的使用情况来看，四环素类（尤其是土霉素）、磺胺类和喹诺酮类药物是需要重点关注的抗生素药物类型，也是可能给环境带来污染的抗生素类污染物（van Boeckel et al., 2014）。

结合抗生素在畜禽养殖中的使用情况，进一步分析有机肥中抗生素的种类及其污染情况。基于采集的不同区域的 49 个有机肥样品，对 17 种抗生素进行分析，将这些有机肥划分为新鲜有机肥（鸡粪、鸭粪、猪粪、牛粪等）、熟化有机肥、商品有机肥和其他有机肥四大类进行有机肥样品中抗生素的指纹图谱分析，从中探讨不同有机肥种类中的抗生素污染清单，为进一步明确设施农业土壤抗生素污染清单提供基础依据。图 3-7 和图 3-8 是这四大类八个不同品种有机肥中的抗生素的指纹图谱。从图谱中可以看出，几种新鲜有机肥中的抗生素类型较为一致，与熟化有机肥和其他有机肥（如豆粕、菜籽饼等）相比都有明显区别，与商品有机肥的抗生素指纹图谱相近。而不同的新鲜有机肥之间差异非常小，都以四环素类和喹诺酮类为主，除了鸡粪中磺胺氯吡嗪的比例稍高外，其他几种新鲜有机肥的抗生素指纹图谱比较接近。同时，比较有意思的是，新鲜有机肥与熟化有机肥之间的抗生素指纹图谱完全不同。熟化有机肥是在新鲜有机肥基础上添加了稻壳等有机物料进行腐熟后形成的。从图 3-7 和图 3-8 的指纹图谱来看，熟化有机肥中的喹诺酮类抗生素比例超过新鲜有机肥，成为主导的抗生素类型。而商品有机肥中四环素类与喹诺酮类占的比例相近，这可能是由于商品有机肥往往是多种有机肥混合熟化后形成的，因此抗生素的成分较为复杂（赵文等，2017）。豆粕、菜籽饼等其他有机肥中的抗生素组分与前面这些有机肥则完全不同，磺胺类药物成为其主要的抗生素组分。

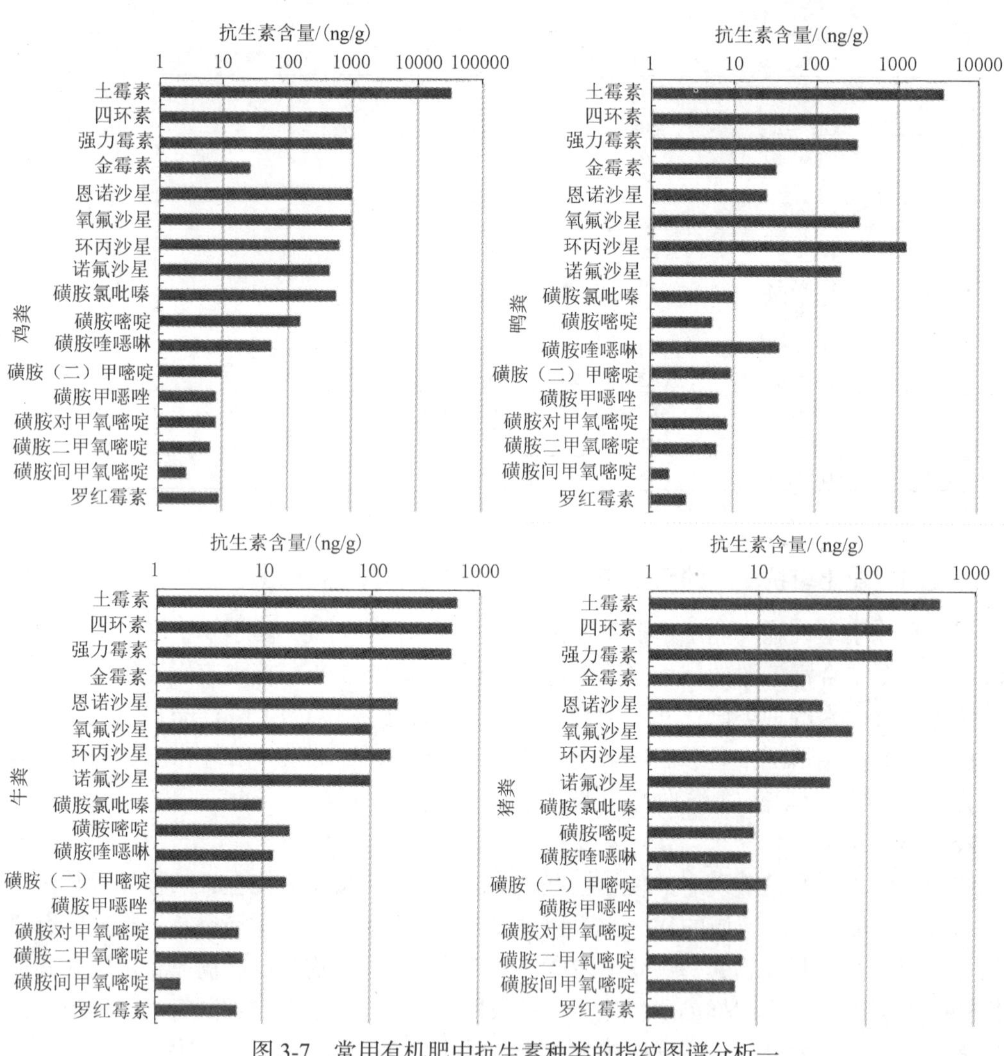

图 3-7　常用有机肥中抗生素种类的指纹图谱分析一

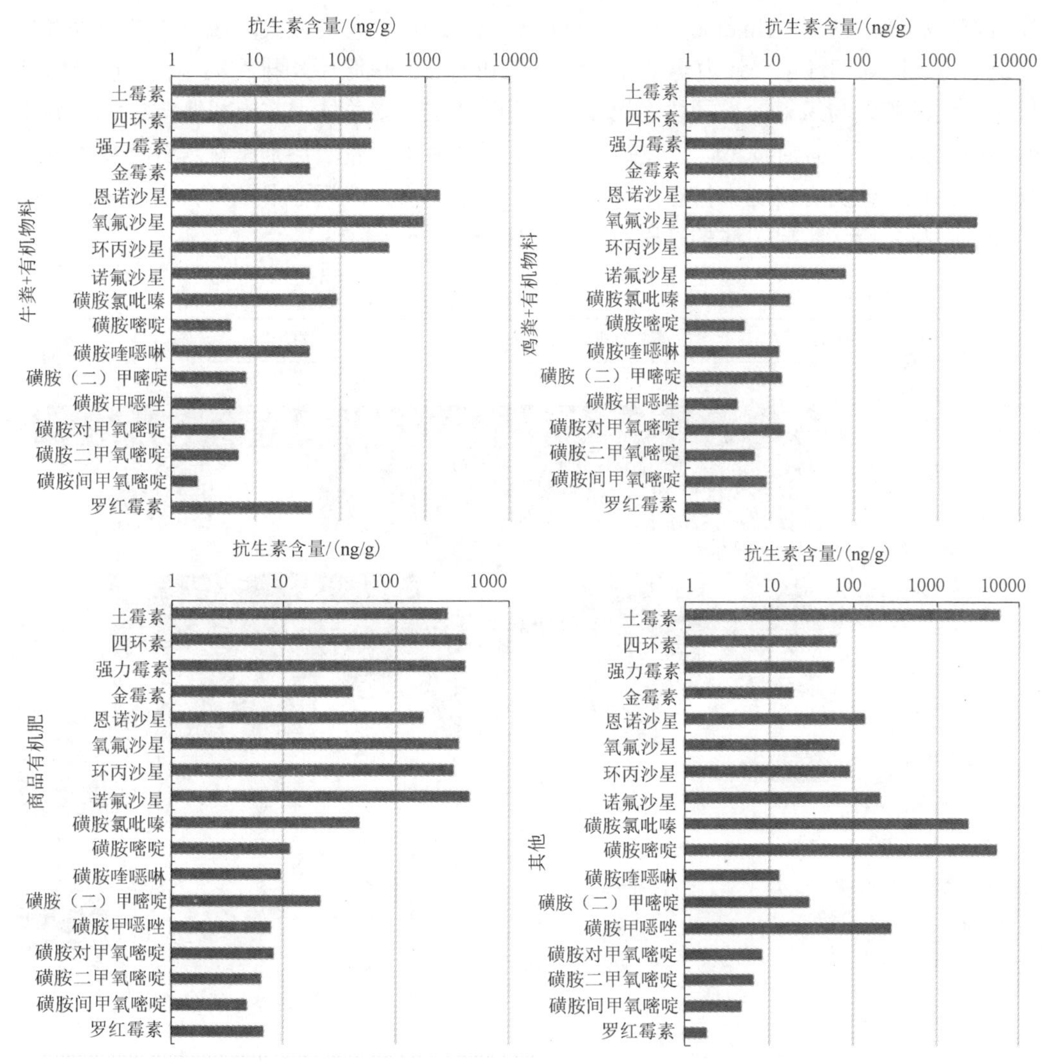

图 3-8　常用有机肥中抗生素种类的指纹图谱分析

其他指豆粕、菜籽饼等；有机物料主要为稻壳

表 3-17 是将这些有机肥中抗生素按照平均含量进行排序得到的结果，其中平均含量大致相当的编为同一序号，以序号前后反应有机肥中的主导抗生素组分，并将排序在前三位的抗生素标记作为有机肥中的主要抗生素类型，以此作为污染清单的基础。从排序结果来看，所有有机肥中土霉素均排在前三位。尤其在新鲜有机肥中，土霉素均排在第 1 位，这表明四环素类中的土霉素是目前有机肥中最主要的抗生素类污染物，这也与过去畜禽养殖中抗生素的使用调查结果是相吻合的(An et al., 2015; Sarmah et al., 2006)。其次为氧氟沙星，除了在其他类有机肥中排在第 5 位以外，在新鲜有机肥中排在 2 ~ 3 位，而在熟化有机肥和商品有机肥中排在 1 ~ 2 位。这表明氧氟沙星是有机肥中应该主要关注的喹诺酮类抗生素（ Hu et al., 2010 ）。第三类需要重点关注的抗生素是四环素、

强力霉素和环丙沙星（Hu et al., 2010; Zhao et al., 2010）。它们在大多数有机肥中也都排在前三位。比如四环素、强力霉素在新鲜牛粪和商品有机肥中均排在第 1 位，而环丙沙星在熟化鸡粪中与氧氟沙星同排在第 1 位。磺胺类抗生素总体上在有机肥抗生素组分中的排序较为靠后，但磺胺氯吡嗪在磺胺类里面排序相对靠前，特别是在新鲜鸡粪中排在第 3 位，在其他类有机肥中排在第 2 位，成为主要抗生素类型。因此在常用有机肥中，磺胺氯吡嗪是应该主要关注的磺胺抗生素（Huang et al., 2013）。

表 3-17　不同有机肥中抗生素种类排序表

抗生素	新鲜有机肥					熟化有机肥*		商品有机肥	其他*
	鸡粪	鸭粪	牛粪	猪粪	羊粪	牛粪	鸡粪		
土霉素	1	1	1	1	1	3	3	2	1
四环素	2	3	1	2	3	3	5	1	5
强力霉素	2	3	1	2	3	3	5	1	5
金霉素	6	5	4	5	3	5	4	4	7
恩诺沙星	2	5	2	4	4	1	2	3	4
氧氟沙星	2	3	3	3	3	2	1	2	5
环丙沙星	3	2	2	5	3	3	1	2	5
诺氟沙星	4	4	3	4	2	5	3	1	3
磺胺氯吡嗪	3	7	7	6	5	4	5	4	2
磺胺嘧啶	5	8	5	7	6	6	8	6	1
磺胺喹噁啉	6	5	6	7	5	5	5	6	7
磺胺（二）甲嘧啶	7	7	5	6	6	6	5	5	6
磺胺甲噁唑	8	8	8	7	7	6	8	7	3
磺胺对甲氧嘧啶	8	7	8	7	7	6	5	7	8
磺胺二甲氧嘧啶	8	8	8	7	7	6	7	8	8
磺胺间甲氧嘧啶	9	10	9	7	7	7	6	9	8
罗红霉素	7	9	8	8	4	5	9	8	9

*熟化有机肥指加入稻壳等有机物料进行发酵堆置等处理；其他类中包括豆粕、菜籽饼等农家有机肥；有机物料主要为稻壳。灰色底表示排序前三位的抗生素类型。

因此，从关注有机肥施用带来的环境抗生素污染角度出发，按照应该关注的抗生素组分优先次序排列如下：土霉素>氧氟沙星>四环素、强力霉素、环丙沙星>恩诺沙星、诺氟沙星>磺胺氯吡嗪>金霉素、磺胺嘧啶、磺胺甲噁唑>其他类抗生素。

3.5.3　设施农业土壤中抗生素的污染负荷

有机肥施用会增加设施农业土壤中抗生素的积累，这一方面与施用有机肥的品种及其抗生素的含量有关；另一方面也与有机肥的施用量密切相关（Heuer et al., 2011; Xu et al., 2015）。对于一个地区的设施农业土壤而言，每年通过有机肥带入的抗生素的量称为这个地区设施农业土壤中有机肥施用的抗生素污染负荷，其中单一抗生素的污染负荷计算方法如下：

$$B_{\text{anti}} = \sum_{i=1}^{n} C_i \times m_i \quad (3\text{-}1)$$

式中，C_i 为有机肥 i 中的抗生素的含量（ng/g）；m_i 为有机肥 i 的年施用量[t/（hm^2 ·a）]；B_{anti} 为的抗生素的年污染负荷。

表 3-18 是根据有机肥中抗生素含量和对应的有机肥施用量计算得到的不同地区设施农业有机肥的抗生素负荷。从计算结果可以看出，目前 17 种抗生素总量的负荷是山东寿光最高，其后依次为徐州铜山、南京湖熟、南京谷里、南京锁石、南京普朗克。山东寿光的抗生素负荷主要为土霉素和环丙沙星，其中土霉素高达 5000g/（hm^2 ·a）以上，环丙沙星将近 1130g/（hm^2 · a）；徐州铜山的抗生素负荷主要为四环素类，土霉素、四环素和强力霉素的负荷均在 300g/（hm^2 · a）以上；南京湖熟的抗生素主要为土霉素和磺胺氯吡嗪，前者在 400g/（hm^2 · a）以上，后者接近 180g/（hm^2 · a）。南京普朗克为公司化经营的设施农业典型案例，其主要采用商品有机肥，且施肥量也相对较低，因此总的抗生素负荷与其他地区比较为最低。

表 3-18　不同地区设施农业施用有机肥中抗生素负荷　[单位：g/（hm^2 · a)]

抗生素	南京普朗克	南京锁石	南京谷里	南京湖熟	徐州铜山	山东寿光
四环素	0.59	1.17	19.55	3.97	316.73	157.41
土霉素	4.39	13.15	19.30	402.49	350.45	5375.61
金霉素	0.27	0.36	0.74	0.71	15.09	10.94
强力霉素	0.62	1.11	19.35	3.51	314.53	156.86
磺胺嘧啶	0.14	92.18	27.23	26.03	3.63	1.26
磺胺甲噁唑	0.12	0.23	0.13	20.21	3.14	0.66
磺胺（二）甲嘧啶	0.18	0.29	0.44	0.32	6.86	5.57
磺胺间甲氧嘧啶	0.04	0.12	0.06	0.08	1.67	1.32
磺胺喹噁啉	0.14	0.98	1.37	0.47	6.48	5.57
磺胺二甲氧嘧啶	0.10	0.11	0.16	0.24	3.62	3.48
磺胺对甲氧嘧啶	0.12	0.15	0.19	0.26	3.27	4.11
磺胺氯吡嗪	0.23	1.02	8.21	179.05	6.06	7.73
诺氟沙星	2.09	9.01	25.73	2.89	24.47	34.31
氧氟沙星	1.91	4.97	20.98	2.57	39.80	170.33
环丙沙星	0.82	2.67	22.30	11.02	30.94	1129.01
恩诺沙星	0.15	22.64	2.24	50.44	17.10	46.31
罗红霉素	0.04	0.05	0.25	0.63	0.99	2.62
总量（17 种）	11.95	150.21	168.24	704.91	1144.8	7113.1

设施农业土壤的抗生素污染负荷是表明这个地区在设施农业生产过程中可能遭受的抗生素污染程度，以最大量来估算，即以所有有机肥中的这些抗生素全部带入土壤中来估计。由于是直接根据调查得到的有机肥施用量以及对应的有机肥品种中抗生素的含量来估算得到的结果，因此与实际情况更为符合。这样的估算结果也可以为设施农业生产中有机肥的管理提供科学的参考依据。从这几个地区的抗生素污染复合估算结果与土壤中实际检测到的土壤抗生素含量的对应关系来看，这两者有较好的对应关系，即污染负荷高的地方，实际土壤中抗生素的含量往往也呈现相对高的趋势（图 3-9）。这一方面表明有机肥是设施农业土壤抗生素的主要来源，另一方面也说明通过降低有机肥中的抗生素污染负荷能够起到降低土壤中抗生素含量的作用，也是在今后设施农业土壤抗生素污染的风险管理中首先可以采取的有效管理手段（Kim et al., 2011；贺德春, 2011）。

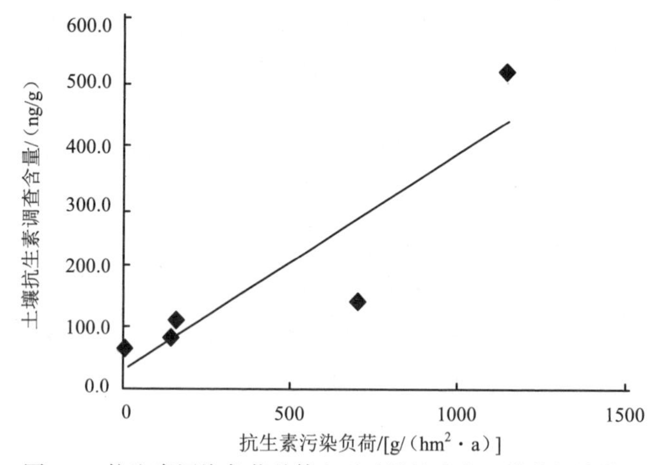

图 3-9　抗生素污染负荷总体上反映设施农业土壤的污染状况

根据设施农业土壤中抗生素的区域污染复合，可进一步计算通过施用有机肥对当地土壤中抗生素含量的增加情况，计算方法如下：

$$PEC_{soil\ initial} = \frac{B_{anti}}{\rho \times 10000 \times 0.05} \tag{3-2}$$

$$PEC_{soil\ 1\ year} = PEC_{soil\ initial} \times e^{\left[\frac{(-\ln 2 \times 365)}{DT_{50}}\right]} \tag{3-3}$$

式（3-2）中，$PEC_{soil\ initial}$为土壤中添加有机肥后的初始抗生素含量（ng/g）；ρ 为土壤容重（kg/m^3）；10000 为公顷和平方米的换算系数；0.05 为抗生素进入土壤的深度（m）。由于抗生素在土壤中存在降解。因此，通过 $PEC_{soil\ initial}$ 并结合抗生素的降解半衰期（DT_{50}）可进一步计算一年后土壤中抗生素残留的浓度（$PEC_{soil\ 1\ year}$）。式（3-3）中，$PEC_{soil\ 1\ year}$ 表示施用有机肥一年后土壤中的抗生素含量（ng/g）；DT_{50} 表示抗生素在土壤中的半衰期（d）；365 为一年的天数转换数据（d/a）。

表 3-19 是施用有机肥一年后区域设施农业土壤中的抗生素残留浓度。可以看出，

由于土壤中的抗生素降解非常快，降解半衰期（DT_{50}）基本在半年以内，特别是磺胺类药物，其 DT_{50} 一般都在 10d 以内。因此，按照目前的有机肥施用水平，土壤中积累的抗生素含量非常低。这与实际检测到的土壤中抗生素的含量差异较大。这可能有几个原因：①实际调查的土壤抗生素含量是基于多年累积的结果，并且每年土壤中均会持续不断地施用有机肥；②实际土壤环境下的 DT_{50} 与文献报道的有较大区别，文献报道的 DT_{50} 一般都是实验室模拟的结果，同时，有机肥的施用量要比实际调查的结果大得多；③除了有机肥来源外，土壤中的抗生素可能还存在其他来源。

表 3-19　施用有机肥一年后土壤中残留抗生素的浓度　（单位：ng/g）

抗生素	普朗克	锁石	谷里	湖熟	铜山	寿光
四环素	3.5×10^{-13}	6.9×10^{-13}	1.2×10^{-11}	2.3×10^{-12}	1.9×10^{-10}	9.3×10^{-11}
土霉素	6.0×10^{-11}	1.8×10^{-10}	2.6×10^{-10}	5.5×10^{-9}	4.8×10^{-9}	7.3×10^{-8}
磺胺嘧啶	4.8×10^{-76}	3.1×10^{-73}	9.1×10^{-74}	8.7×10^{-74}	1.2×10^{-74}	4.2×10^{-75}
磺胺甲噁唑	3.0×10^{-53}	6.0×10^{-53}	3.4×10^{-53}	5.3×10^{-51}	8.2×10^{-52}	1.7×10^{-52}
磺胺对甲氧嘧啶	3.9×10^{-282}	4.7×10^{-282}	6.2×10^{-282}	8.5×10^{-282}	1.1×10^{-280}	1.3×10^{-280}
氧氟沙星	3.6×10^{-10}	9.3×10^{-10}	3.9×10^{-9}	4.8×10^{-10}	7.5×10^{-9}	3.2×10^{-8}
环丙沙星	1.3×10^{-10}	4.3×10^{-10}	3.5×10^{-9}	1.8×10^{-9}	4.9×10^{-9}	1.8×10^{-7}
罗红霉素	7.7×10^{-9}	9.1×10^{-9}	4.7×10^{-8}	1.2×10^{-7}	1.9×10^{-7}	5.0×10^{-7}

参考文献

常青, 黄标, 王洪杰, 等. 2008. 城乡交错区小型蔬菜生产系统氮磷钾元素平衡状况——以南京和无锡为例. 土壤学报, 45(4): 649-656.
陈永, 黄标, 胡文友, 等. 2013. 设施蔬菜生产系统重金属积累特征及生态效应. 土壤学报, 50(4): 693-702.
董騄睿, 胡文友, 黄标, 等. 2014. 南京沿江典型蔬菜生产系统土壤重金属异常的源解析. 土壤学报, 51(6) : 62-72.
董騄睿, 胡文友, 黄标, 等. 2015. 基于正定矩阵因子分析模型的城郊农田土壤重金属源解析.中国环境科学, 35(7): 2103-2111.
贺德春. 2011. 兽用四环素类抗生素在循环农业中的迁移累积及阻断技术研究. 长沙: 湖南农业大学,
胡文友, 黄标, 马宏卫, 等. 2014. 南方典型设施蔬菜生产系统镉和汞累积的健康风险. 土壤学报, 51(5) :132-142.
华小梅. 2001. 我国农药环境优先控制品种的筛选. 调查与研究, (6): 35-39.
毛明翠, 黄标, 李元, 等. 2013. 我国北方典型日光温室蔬菜生产系统土壤重金属积累趋势. 土壤学报, 50(4): 835-841.
徐勇贤, 黄标, 史学正, 等. 2008. 典型农业型城乡交错区小型蔬菜生产系统重金属平衡的研究. 土壤, 40(2): 249-256.
赵慧男. 2014. 集约化蔬菜种植区土壤中扩诺酮类抗生素的残留动态及其健康风险. 济南: 山东大学.
赵文, 潘运舟, 兰天, 等. 2017. 海南商品有机肥中重金属和抗生素含量状况与分析. 环境化学, 36(2): 408-419.
Alavi N, Babaei A A, Shirmardi M, et al. 2015. Assessment of oxytetracycline and tetracycline antibiotics in manure samples in different cities of Khuzestan province, Iran. Environ. Sci. Pollut. Res., 22: 17948-17954.
An J, Chen H W, Wei S H, et al. 2015. Antibiotic contamination in animal manure, soil, and sewage sludge in Shenyang, northeast China. Environ. Ear. Sci., 74(6): 5077-5086.
Awad Y M, Kim S C, Abd El-Azeem S A M, et al. 2014. Veterinary antibiotics contamination in water, sediment, and soil near a swine manure composting facility. Environ. Earth. Sci., 71(3): 1433-1440.

Calderon-Preciado D, Jimenez-Cartagena C, Matamoros V, et al. 2011. Screening of 47 organic microcontaminants in agricultural irrigation waters and their soil loading. Water Res., 45 (1): 221-231.

Chang X S, Meyer M, Liu X Y, et al. 2010. Determination of antibiotics in sewage from hospitals, nursery and slaughter house, wastewater treatment plant and source water in Chongqing region of three gorge reservoir in China. Environ. Pollut., 158(5): 1444-1450.

Chen Y, Huang B, Hu W Y. 2014. Assessing the risks of trace elements in environmental materials under selected greenhouse vegetable production systems of China. Science of the Total Environment, 470-471:1140-1150.

Cui E, Wu Y, Zuo Y, et al. 2016. Effect of different biochars on antibiotic resistance genes and bacterial community during chicken manure composting. Bioresour. Technol., 203: 11-17.

Dalkmann P, Broszat M, Siebe C, et al. 2012. Accumulation of pharmaceuticals, enterococcus, and resistance genes in soils irrigated with wastewater for zero to 100 years in central mexico. PloS one, 7(12): e45397.

Dolliver H, Gupta S. 2008. Antibiotic losses in leaching and surface runoff from manure-amended agricultural land. J. Environ. Qual., 37(3): 1227-1237.

Fatta-Kassinos D, Kalavrouziotis I K, Koukoulakis P N, 2011. The risks associated with wastewater reuse and xenobiotics in the agroecological environment. Chemosphere, 409(19): 3555-3563.

Grossberger A, Hadar Y, Borch T, et al. 2014. Biodegradability of pharmaceutical compounds in agricultural soils irrigated with treated wastewater. Environ. Pollut., 185: 168-177.

He L Y, Ying G G, Liu Y S, et al. 2016. Discharge of swine wastes risks water quality and food safety: antibiotics and antibiotic resistance genes from swine sources to the receiving environments. Environ. Int., 92-93: 210-219.

Heuer H, Schmitt H, Samlla K. 2011. Antibiotic resistance gene spread due to manure application on agricultural fields. Curr. Opin. Microbiol., 14: 236-243.

Ho Y B, Zakaria M P, Latif P A, et al. 2014. Occurrence of veterinary antibiotics and progesterone in broiler manure and agricultural soil in Malaysia. Sci. Total Environ., 488-489: 261-267.

Hu W Y, Huang B, Shi X Z, et al. 2013. Accumulation and health risk of heavy metals in a plot-scale vegetable production system in a peri-urban vegetable farm near Nanjing, China. Ecotoxicology and Environmental Safety, 98: 303-309.

Hu X G, Zhou Q X, Luo Y. 2010. Occurrence and source analysis of typical veterinary antibiotics in manure, soil, vegetables and groundwater from organic vegetable bases, northern China. Environmental Pollution, 158(9): 2992-2998.

Huang Y J, Cheng M M, Li W H, et al. 2013. Simultaneous extraction of four classes of antibiotics in soil, manure and sewage sludge and analysis by liquid chromatography-tandem mass spectrometry with the isotope-labelled internal standard method. Analytical Methods, 5: 3721-3731.

Ji X L, Shen Q H, Liu F, et al. 2012. Antibiotic resistance gene abundances associated with antibiotics and heavy metals in animal manures and agricultural soils adjacent to feedlots in Shanghai, China. J. Hazard. Mater., 235-236(20): 178-185.

Kakimoto T, Osawa T, Funamizu N. 2007. Antibiotic effect of amoxicillin on the feces composting process and reactivation of bacteria by intermittent feeding of feces. Bioresour. Technol., 98(18): 3555-3560.

Kim K R, Owens G, Ok Y S, et al. 2011. Decline in extractable antibiotics in manure-based composts during composting. Waste Manag., 32(1): 110-116.

Li C, Chen J Y, Ma Z H, et al. 2015. Occurrence of antibiotics in soils and manures from greenhouse vegetable production bases of Beijing, China and an associated risk assessment. Sic.Total Environ., 521-522(1): 101-107.

Li N, Zhang X B, Wu W, et al. 2014. Occurrence, seasonal variation and risk assessment of antibiotics in the reservoirs in North China. Chemosphere, 111: 327-335.

Lin H Y, Shen H L. 2006. Antibiotics clinical usage in general hospital. Chin. J. Nosocomiol., 16(6): 681-683.

Miao Y, Stewart B A, Zhang F. 2010. Long-term experiments for sustainable nutrient management in China. A review. Agronomy for Sustainable Development., 31(2): 397-414.

Min J, Zhao X, Shi W M, et al. 2011. Nitrogen balance and loss in a greenhouse vegetable system in Southeastern China. Pedosphere., 21: 464-472.

Ok Y S, Kim S C, Kim K R, et al. 2011. Monitoring of selected veterinary antibiotics in environmental compartments near a composting facility in Gangwon Province, Korea. Environ. Monit. Assess., 174: 693-701.

Pan X, Qiang Z M, Ben W W, et al. 2011a. Residual veterinary antibiotics in swine manure from concentrated animal feeding operations in Shandong Province, China. Chemosphere, 84: 695-700.

Pan X, Qiang Z M, Ben W W, et al. 2011b. Simultaneous determination of three classes of antibiotics in the suspended solids of swine wastewater by ultrasonic extraction, solid-phase extraction and liquid chromatography-mass spectrometry. Journal of Environmental Sciences-China, 23 (10): 1729-1737.

Qian M R, Wu H Z, Wang J M, et al. 2016. Occurrence of trace elements and antibiotics in manure-based fertilizers from the Zhejiang Province of China. Sci.Total Environ., 559: 174-181.

Sarmah A K, Meyer M T, Boxall A B. 2006. A global perspective on the use sales, exposure pathways ,occurence, fate and effects of veterinary antibiotics（VAs）in the environment. Chemosphere, 65: 725-759.

Selvam A, Zhao Z Y, Wang J W C. 2012. Fate of tetracycline, sulfonamide and fluoroquinolone resistance genes and the changes in bacterial diversity during composting of swine manure. Bioresour. Technol., 126 (4): 383-390.

Tamtam F, Oort F V, Bot B L, et al. 2011. Assessing the fate of antibiotic contaminants in metal contaminated soils four years after cessation of long-term waste water irrigation. Sci.Total Environ., 409 (3): 540-547.

van Boeckel T P, Gandra S, Ashok A, et al. 2014. Global antibiotic consumption 2000 to 2010: an analysis of national pharmaceutical sales data. Lancet Infect Dis., 14 (8): 742-750.

Watanabe N, Bergamaschi B A, Loftin K A, et al. 2010. Use and environmental occurrence of antibiotics in freestall dairy farms with manured forage fields. Environ. Sci. Technol., 44 (17): 6591-6600.

Wei R C, Ge F, Huang S Y, et al. 2011. Occurrence of veterinary antibiotics in animal wastewater and surface water around farms in Jiangsu Province, China. Chemosphere, 82 (10): 1408-1414.

Xiao Y H, Zhang J, Zheng B W, et al. 2013. Changes in Chinese policies to promote the rational use of antibiotics. PloS Med., 10 (11): e1001556.

Xu Y, Guo C S, Luo Y, et al. 2016. Occurrence and distribution of antibiotics, antibiotic resistance genes in the urban rivers in Beijing, China. Environ. Pollut., 213: 833-840.

Xu Y G, Yu W T, Ma Q, et al. 2015. Occurrence of（fluoro）quinolones and（fluoro）quinolone resistance in soil receiving swine manure for 11 years. Sci. Total Environ., 530-531 (6): 191-197.

Yang L Q, Huang B, Hu W, et al. 2013. Assessment and source identification of trace metals in the soils of greenhouse vegetable production in eastern China. Ecotox. Environ. Safe., 97 (11): 204-209.

Yang L Q, Huang B, Hu W, et al. 2014. The impact of greenhouse vegetable farming duration and soil types on phytoavailability of heavy metals and their health risk in eastern China. Chemosphere., 103 (5): 121-130.

Yang L Q, Huang B, Mao M, et al. 2016. Sustainability assessment of greenhouse vegetable farming practices from environmental, economic, and socio-institutional perspectives in China. Environ. Sci. Pollut. R., 1-11.23 (17): 17287-17297.

Zhang H B, Luo Y M, Wu L H, et al. 2015. Residues and potential ecological risks of veterinary antibiotics in manures and composts associated with protected vegetable farming. Environ. Sci. Pollut. Res., 22 (8): 5908-5918.

Zhao L, Dong Y H, Wang H. 2010. Residues of veterinary antibiotics in manures from feedlot livestock in eight provinces of China. Sci. Total Environ., 408 (5): 1069-1075.

第4章　设施农业土壤环境质量演变的生态效应与风险评估

设施农业生产过程中土壤环境的演变对环境因子生态效应及风险影响的对象包括四个方面，即对土壤、作物、水体及人体健康影响的效应和风险。作者分别在这四个方面进行了深入研究。

4.1　设施农业土壤环境质量演变对土壤生态功能的影响

前述设施农业土壤的演变特征已表明，设施农业强烈利用后，土壤酸碱度、土壤养分平衡都发生了剧烈的变化。大部分土壤 pH 都明显降低，土壤中硝态氮和磷素强烈积累，已经引起了土壤生态功能的明显变化，如设施蔬菜土壤动物数量、呼吸作用都明显减少。除此之外，作者主要在土壤污染物积累后对土壤生态功能影响及污染物积累趋势方面进行了深入的研究，并进行了环境风险的评估。

4.1.1　设施农业农药重复施用对土壤微生物功能和结构的影响

为了评价设施菜地农药重复施用对土壤微生物功能和结构的影响，模拟设施生产环境进行了野外试验。试验在浙江大学华家池校区塑料大棚蔬菜试验田进行。选择的农药为多菌灵和百菌清。50%多菌灵可湿性粉剂分别以推荐剂量（0.94 kg a.i./ hm^2）、两倍剂量（1.88 kg a.i./hm^2）和五倍剂量（4.70 kg a.i./ hm^2）兑水 2 L 进行喷雾。百菌清起始浓度（有效成分）分别为 5 mg/kg（推荐剂量）、10 mg/kg（两倍剂量）、25mg/kg（五倍剂量）。试验设 3 个处理，每个处理设 3 个重复，另设不加药的土壤作为对照，共划分 12 个小区。每隔 15d 喷一次药，连续喷药 4 次。每次喷药前采集 0 ~ 10 cm 的新鲜土样。第四次喷药后 15d，同样采集新鲜土样。除去植物残根和石砾等杂物，过 2 mm 筛，混合均匀，测定土壤微生物碳源利用多样性、土壤微生物结构多样性、土壤呼吸作用等参数。

1. 多菌灵对土壤微生物群落多样性及代谢功能的影响

1）多菌灵对土壤微生物群落碳源利用的影响

多菌灵处理前，各个小区土壤微生物群落碳源利用的平均每孔颜色变化率（AWCD）值在整个温育期间差距不明显，说明各个小区土壤微生物群落活性基本上保持一致（图 4-1）。第 1 次施药后，处理土壤的微生物群落 AWCD 值均明显低于对照土壤，并且在整个温育期间差异显著。温育 72h 后，相对于对照，喷药浓度为 0.94kg a.i./hm^2、1.88kg a.i./hm^2 和 4.70kg a.i./hm^2 土壤的微生物群落 AWCD 值分别降低 16.13%、19.35% 和 19.40%；温育 168h 后，三种浓度处理土壤的微生物群落 AWCD 值仍然分别低于对照 14.84%、15.63%和 15.70%。第 2 次施药后，处理土壤的微生物群落的 AWCD 值仍然明显低于对照土壤。但喷药浓度为 0.94kg a.i./hm^2 和 1.88kg a.i./hm^2 的多菌灵对微生物群落活性的抑制程度相对于第 1 次喷药有所缓和。第 3 次喷药后 15d，虽然处理土壤微生物群落的 AWCD 值仍然低于对照土壤，但相对于前两次喷药，抑制程度又进一步得到缓解。第 4 次喷药后 15d，0.94kg a.i./hm^2 多菌灵处理土壤中的微生物 AWCD 值高于对照，土壤微生物整体活性已经超过对照。在浓度为 1.88kg a.i./hm^2 和 4.70kg a.i./hm^2 土壤中的微生物 AWCD 值虽然低于对照，但差异不明显。

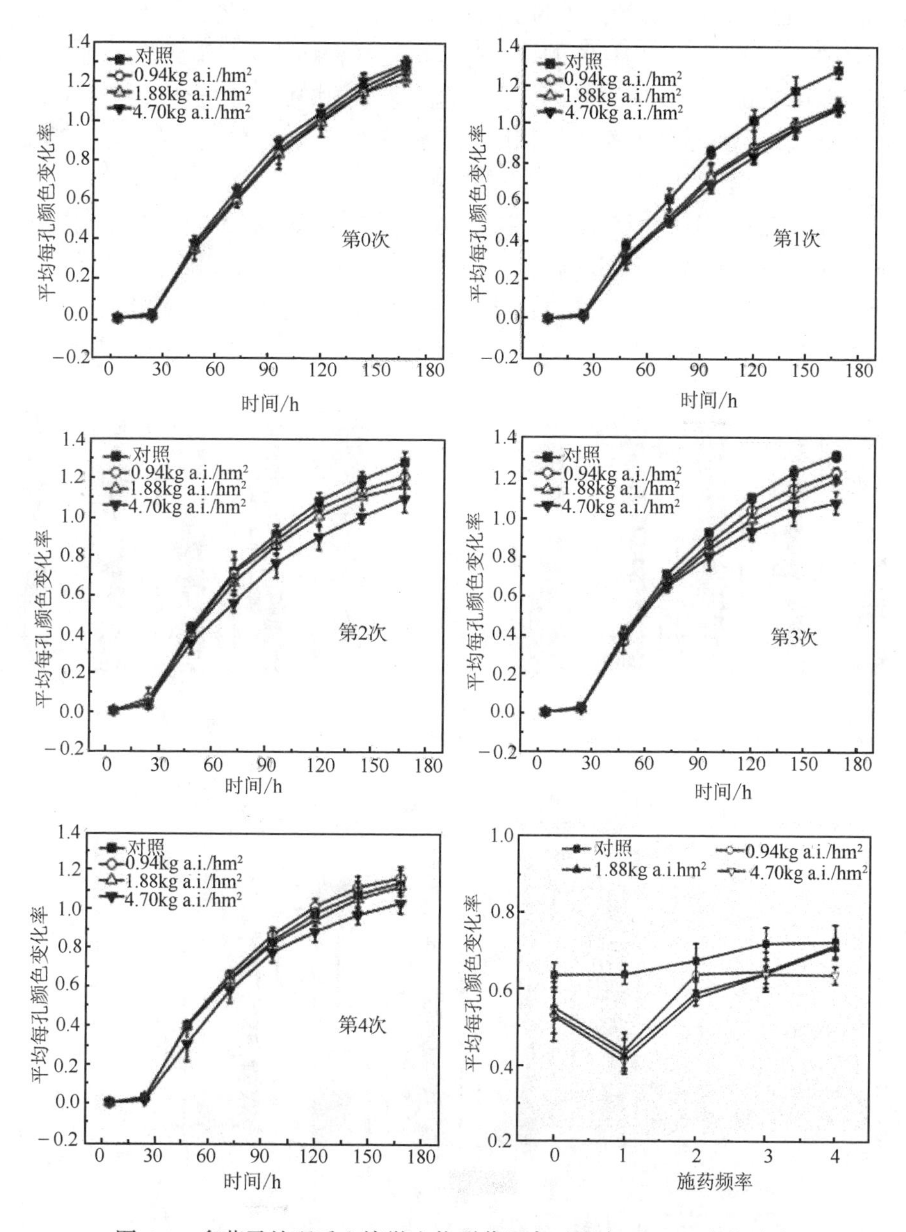

图 4-1　多菌灵处理后土壤微生物群落温育过程中 AWCD 变化动态

上述结果表明，初次使用多菌灵对土壤微生物群落碳源利用会产生一定的抑制作用，这种作用初期表现的比较明显，但随着施药次数的增加，土壤微生物逐渐适应了多菌灵，活性得到恢复。

田间试验每次喷药前分别采集新鲜土样，在室内模拟条件下，分别以 4.0mg/kg、8.0mg/kg 和 20.0mg/kg 多菌灵处理田间喷药剂量为 0.94kg a.i./hm^2、1.88kg a.i./hm^2 和 4.70kg a.i./hm^2 土壤，以考察多菌灵胁迫下微生物功能的抗性。结果显示，随着喷药次数的增加，AWCD 由初期的降低，逐渐增加，与对照土壤基本持平（图 4-1），表明土壤微生物功能对多菌灵的抗性已经形成，后续投入的多菌灵对土壤微生物功能基本不产生负面影响。

多菌灵胁迫下土壤微生物功能的抗性与施用浓度密切相关。施药浓度越大，土壤微生物功能对多菌灵胁迫的反应越敏感。随着施药频率的增加，土壤微生物功能对多菌灵的抗性逐渐形成，但形成的速率不尽相同。施药浓度越大，抗性形成的速率越大。

2）多菌灵对土壤微生物群落多样性的影响

第 1 次施药前，各个小区土壤微生物的优势种群（Simpson 指数）、物种丰富度（Shannon 指数）和均一性（McIntosh 指数）三种多样性指数没有显著性差异（图 4-2）。

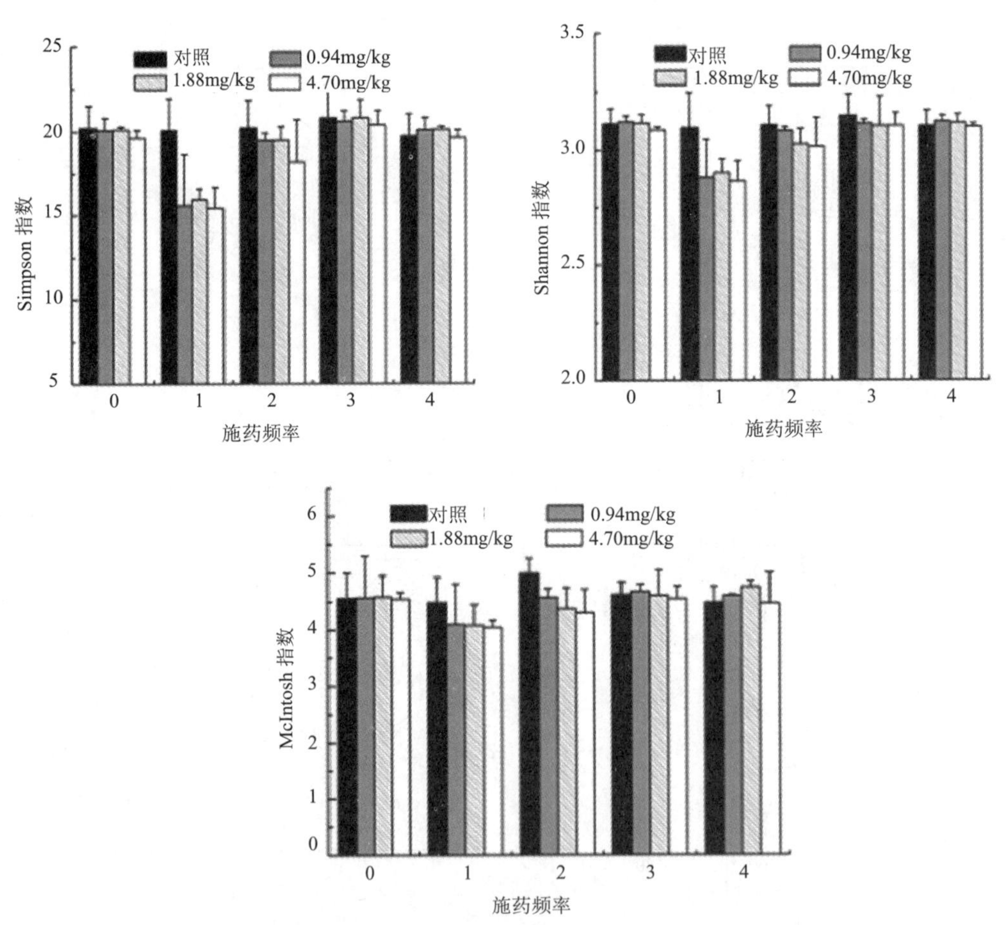

图 4-2　重复施药对土壤微生物群落功能多样性的影响

第 1 次施药后，土壤微生物的三种多样性指数均低于对照水平，土壤微生物功能多样性受到一定程度影响。三个浓度多菌灵处理土壤的 Simpson 指数与对照相比差异显著，分别降低 22.18%、20.49%、22.93%，而 Shannon 指数和 McIntosh 指数低于对照水平，但无显著性差异，物种丰富度和均一性影响较小。第 2 次施药后，三种多样性指数虽然仍低于对照水平，但与对照相比，无显著性差异。随着施药次数的增加，处理土壤三种多样性指数与对照土壤差异逐渐缩小，多样性得到了恢复（王秀国等，2010）。

同样，在室内模拟条件下，分别以 4.0mg/kg、8.0mg/kg 和 20.0mg/kg 多菌灵处理田间喷药剂量为 0.94kg a.i./hm^2、1.88kg a.i./hm^2 和 4.70kg a.i./hm^2 的土壤，各个微生物功能指数均显示了与 AWCD 相同的规律，即随着喷药次数的增加，Simpson 指数、Shannon 指数、McIntosh 指数均由初期的降低，逐渐增加，最终与对照土壤基本持平（图 4-3）。土壤微生物功能对多菌灵胁迫的抗性在田间第 3 次喷药后已经形成。

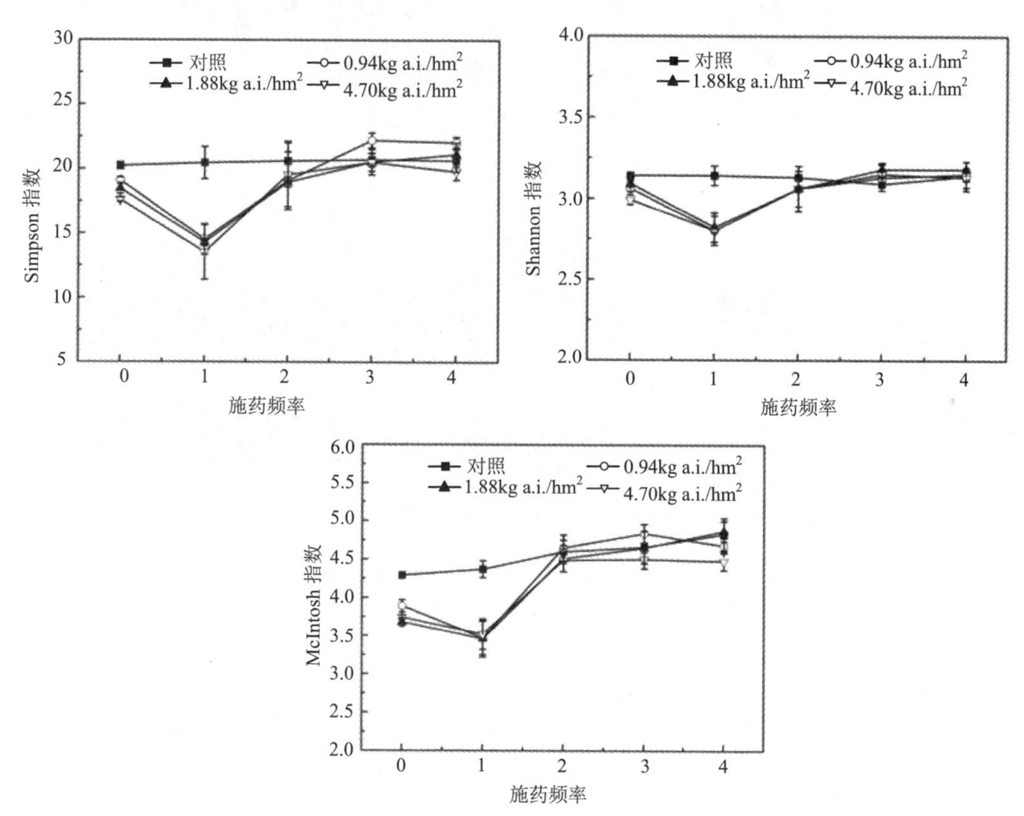

图 4-3　多菌灵重复处理土壤中三种多样性指数的变化动态

3）多菌灵重复施药后田间土壤微生物结构的影响

通过对多菌灵使用后的土壤样品 16S rDNA V_3 区进行温度梯度凝胶电泳（TGGE）分析，从而揭示多菌灵对土壤中细菌种群结构的影响（图 4-4）。处理前土壤样品经聚合酶链式反应-温度梯度凝胶电泳（PCR-TGGE）分析后，显示具有基本相似的谱带类型，说明各个处理和对照土壤中的微生物群落在施药前没有明显差异，不存在空间变化。

在多菌灵使用后，多菌灵处理土壤微生物区系的基因条带与对照相比出现较明显的差别。条带ⅰ、ⅱ、ⅲ、ⅳ、ⅴ、ⅵ、ⅶ、ⅷ、ⅸ为所有样品共有[图 4-4（a）]，只是亮度存在差异，说明土壤中绝大多数微生物对多菌灵有一定的耐受性，基本不受影响。条带x为新增条带[图 4-4（b）]，为所有处理土壤所具有，而所有对照土壤都不具有此条带，说明多菌灵对某些微生物类群具有一定的刺激作用，使其种群数量大大升高。

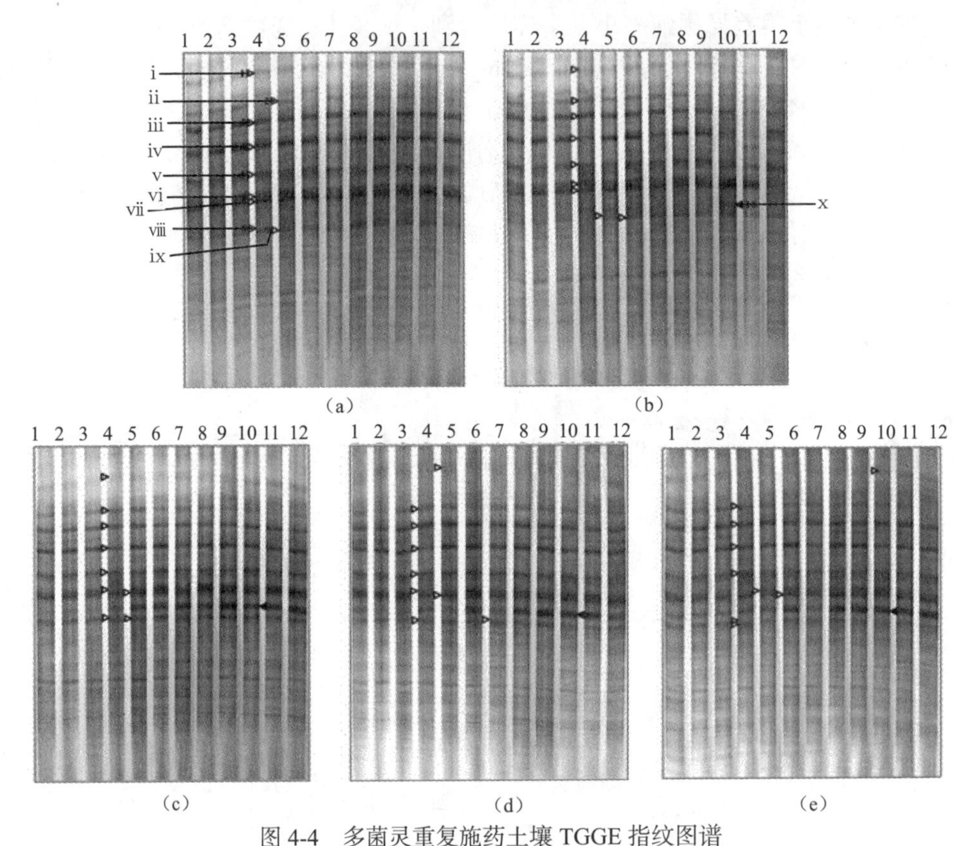

图 4-4　多菌灵重复施药土壤 TGGE 指纹图谱

（a）～（e）为第 0、1、2、3、4 次施药指纹图谱；1～3 条带为对照；4～6 条带为 0.94kg a.i./hm^2；7～9 条带为 1.88kg a.i./hm^2；10～12 条带为 4.70kg a.i./hm^2

4）多菌灵处理土壤微生物群落的恢复力

土壤在受到外界干扰后，往往表现出一定的恢复能力，在防止土壤退化和维持土壤可持续性中发挥着重要的作用。土壤恢复能力的大小跟土壤微生物群落密切相关。土壤微生物群落的变化一定程度上体现了土壤的恢复情况。通过对多菌灵使用前以及使用后的土壤样品 16S rDNA V_3 区进行 TGGE 分析，考察经过 1 年后土壤微生物是否得以恢复（图 4-5）。

多菌灵处理后，TGGE 图谱发生了变化。与对照相比，不同浓度多菌灵胁迫下的土壤微生物区系的基因条带出现较明显的差别（图 4-5），0.94kg a.i./hm^2 和 1.88kg a.i./hm^2 浓度处理土壤时，各条带变化不大，数量稍有减少，表明土壤中绝大多数微生物对低浓度多菌灵有一定的耐受性，基本不受影响。而 4.70kg a.i./hm^2 浓度处理对微生物影响较大，有一定数量的条带消失，表明高浓度多菌灵对土壤微生物种群有明显的毒害作用。值得注意的是，1.88kg a.i./hm^2 和 4.70kg a.i./hm^2 浓度处理土壤微生物群落中新增 1 条条带（Band 4），为对照土壤所没有，提示可能此微生物种群能够以多菌灵为碳源和能量，在此浓度处理下进行生长繁殖。

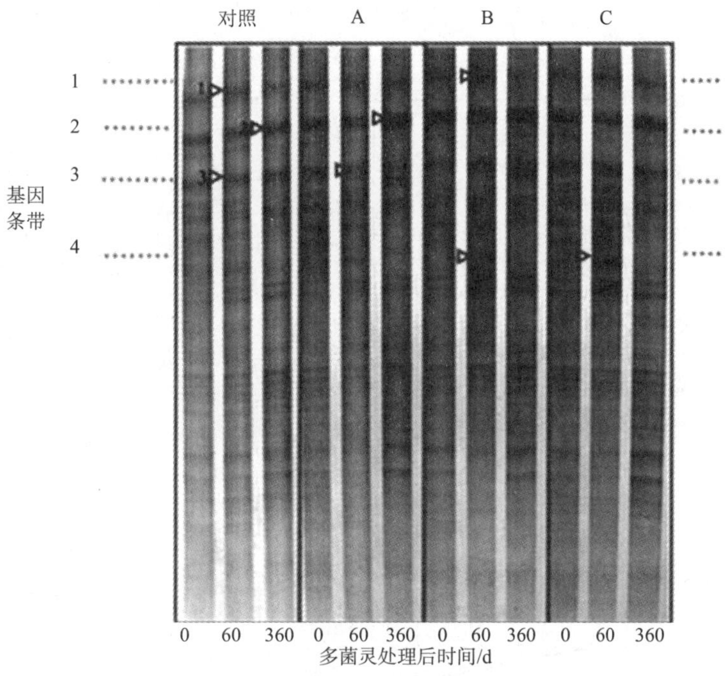

图 4-5　多菌灵处理和未处理土壤 TGGE 指纹图谱

A～C 为 0.94kg a.i./hm^2、1.88kg a.i./hm^2 和 4.70kg a.i./hm^2

经过 1 年后采集同样土样，对其进行 TGGE 分析，结果发现（表 4-1），处理土壤 TGGE 谱图与对照相似，条带数目相近，并且处理土壤中新增的条带已经消失，说明土壤微生物群落已经恢复到对照水平（Wang et al., 2009）。

表 4-1　对照土壤和多菌灵处理土壤 TGGE 条带数目

处理/（kg a.i./hm^2）	TGGE 条带数目		
	0d	60d	360d
对照	23 ± 1.7 a	26 ± 1.0 a	22 ± 1.7 a
0.94	23 ± 2.6 a	23 ± 2.0 ab	22 ± 1.0 a
1.88	21 ± 2.6 a	21 ± 2.6 ab	21 ± 3.6 a
4.70	22 ± 2.0 a	20 ± 1.7 b	21 ± 2.0 a

注：1. 以上数据均为 3 个重复的平均值±标准偏差，分别对每个时间点各农药处理 TGGE 条带进行分析，同列数据后字母不同表示处理间差异显著（p<0.05）；2. 0d, 60d, 360d 表示处理后经过 0d、60d 和 360d 后采集的土样。

2. 百菌清对土壤微生物群落多样性及代谢功能的影响

1）百菌清重复施药对土壤呼吸功能的影响

百菌清重复施用对土壤微生物 7 h 呼吸活性（SR7）的影响结果表明，第 1 次施用

5mg/kg 百菌清，SR7 未受影响；第 2 次施用前 3d，显著地抑制 SR7（$p<0.05$），至 15d 恢复到对照水平；第 3～4 次施用后，SR7 较对照无明显差异。重复施用 10mg/kg 百菌清，第 1 次施用后 7d，百菌清抑制 27.5%的初始 SR7，至 15d SR7 仍未恢复；第 3～4 次施用后，百菌清对 SR7 只有轻微抑制作用。而施用 25mg/kg 百菌清则在整个试验过程均显著地抑制了 SR7（图 4-6）。百菌清重复施用的剂量越高，对土壤微生物呼吸的抑制作用越明显。

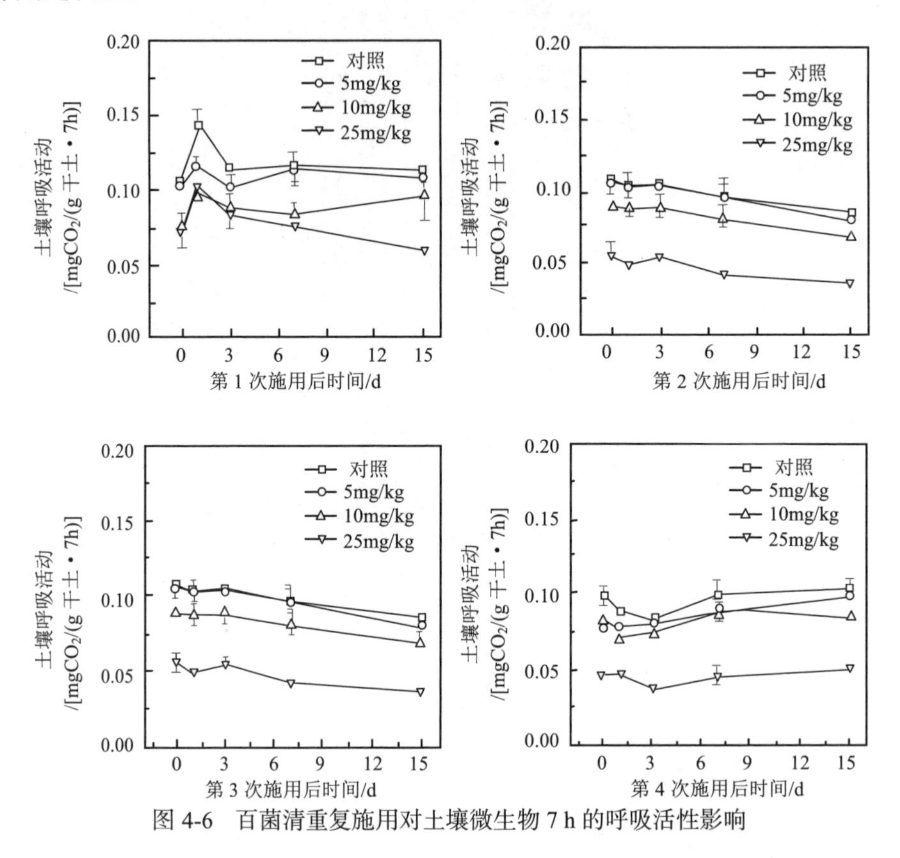

图 4-6 百菌清重复施用对土壤微生物 7 h 的呼吸活性影响

重复施用百菌清对土壤微生物 24 h 的呼吸活性（SR24）的影响（图 4-7）与 SR7 有类似之处。总体上，SR24 在第 2～3 次施药的 15d 内土壤呼吸仍受到抑制作用，但至第 4 次施药 15d 后，虽然 SR24 仍低于对照，但已逐渐恢复（Wu et al., 2012）。

2）百菌清重复施药对土壤微生物结构影响

百菌清重复施用前土壤微生物的 16S rDNA V_3 区段 TGGE 指纹图谱分析表明，5mg/kg、10mg/kg 和 25mg/kg 各处理与对照具有基本相似的谱带，条带亮度无明显差异，处理的 TGGE 条带数目无显著差异（$p<0.05$）（图 4-8），说明施药前各处理之间的土壤微生物群落结构组成均一性良好。

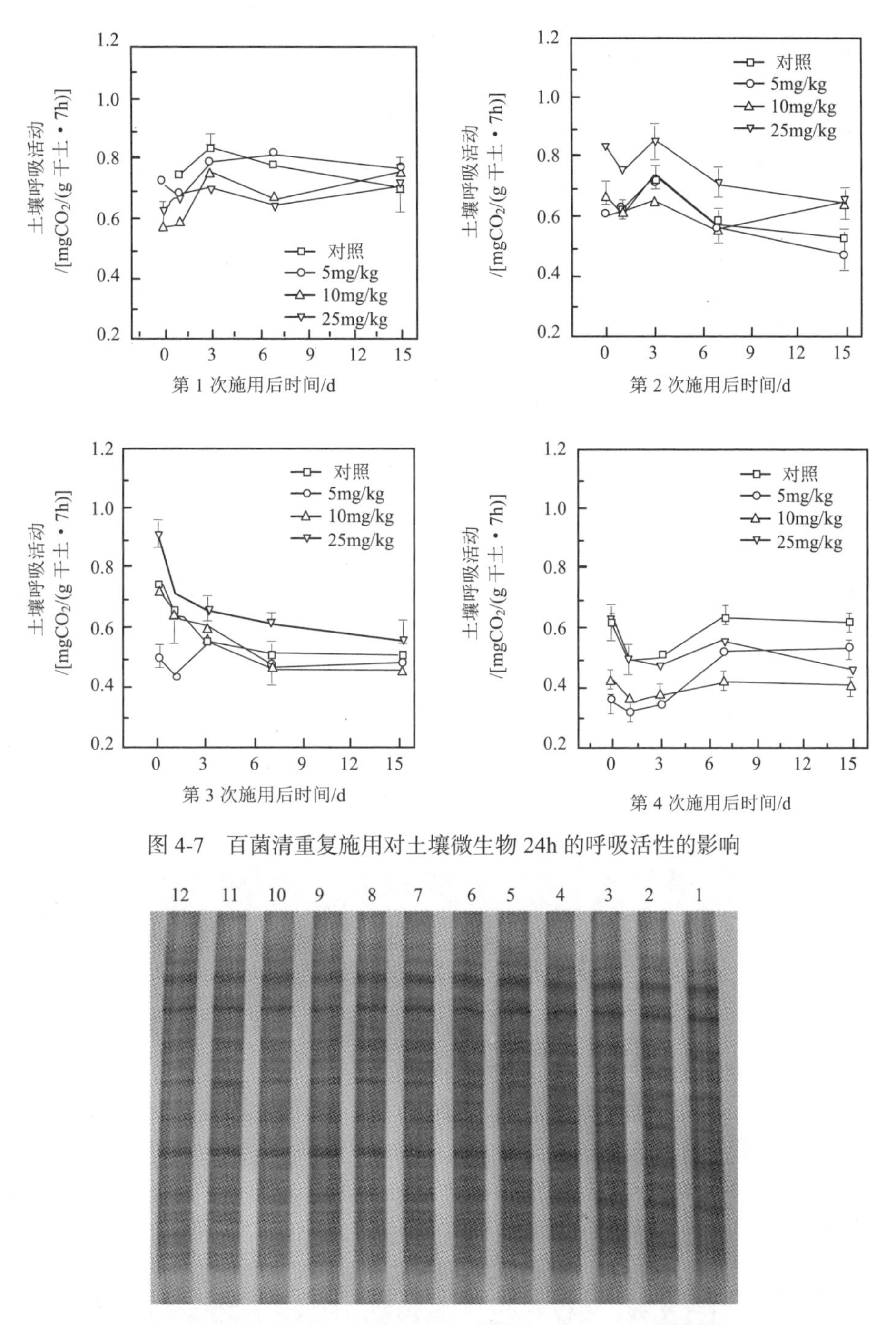

图 4-7　百菌清重复施用对土壤微生物 24h 的呼吸活性的影响

图 4-8　百菌清第 1 次施药后 0d 土壤微生物 TGGE 指纹图谱

1～3 泳道为对照；4～6 泳道为 5mg/kg；7～9 泳道为 10mg/kg；10～12 泳道为 25 mg/kg

为进一步分析不同处理间土壤微生物的群落结构多样性是否存在差异，利用 Bio-Rad 凝胶成像系统的配套软件 Quantity One 对不同处理 TGGE 胶片数据进行处理，并进行主成分统计分析（PCA）（图 4-9）。可以看出，施药前所有处理与对照很好地聚合在一起，表明微生物群落结构组成在施药前无明显差异。

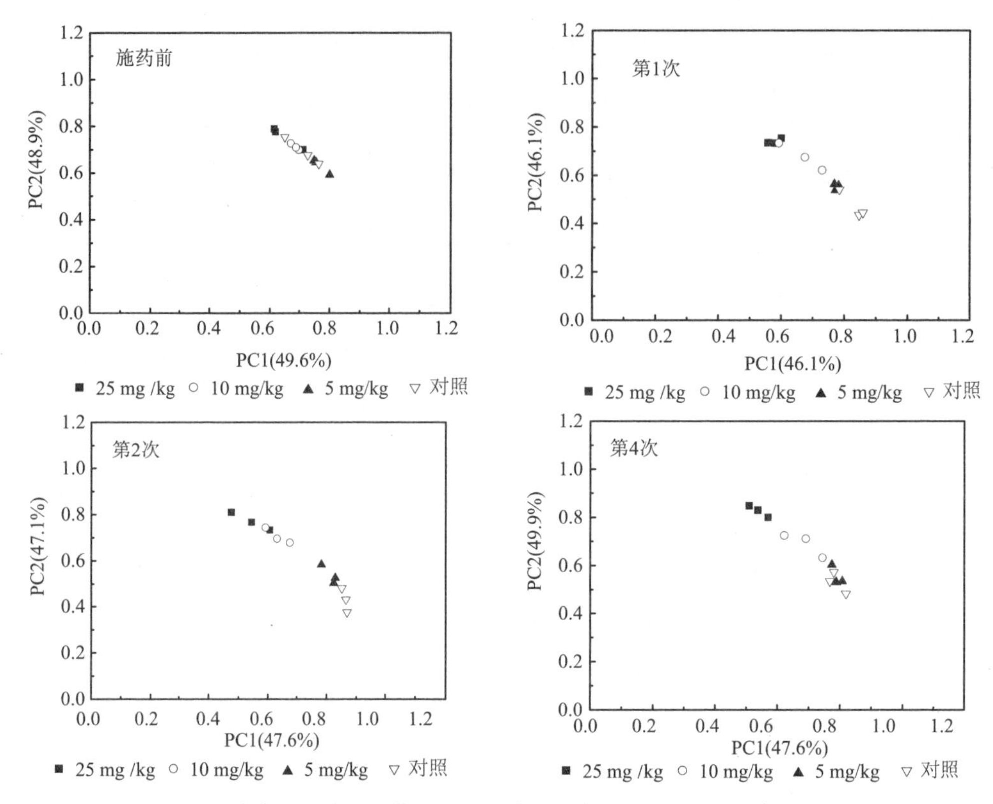

图 4-9　百菌清施用前和施药后 15d 土壤微生物 TGGE 指纹图谱主成分分析

第 1 次施药后 15 d，百菌清应用后的土壤处理在 PC1 轴上值较对照低，但 5mg/kg 处理的土壤仍与对照聚为一簇，10mg/kg 处理则较为分散，而 25mg/kg 处理与对照在主成分坐标体系中空间分布差异明显，在 PC1 上的值远低于对照，自为一簇（图 4-9），表明高浓度百菌清施用造成土壤微生物群落结构稳定性下降。第 2 次施药后发现处理 10mg/kg 和 25mg/kg 的微生物群落结构与对照不同，表明 10mg/kg 和 25mg/kg 处理的土壤微生物群落结构较对照发生了变化。第 3 ~ 4 次施用百菌清 15d 后 TGGE 指纹图谱的主成分分析与上述结果一致，均是 10mg/kg 和 25mg/kg 处理土壤在 PC1 轴上的值较对照低，且在主成分坐标体系中呈明显空间分散，而 10mg/kg 和 25mg/kg 之间聚为一簇，表明第 3 次施药后，10mg/kg 和 25mg/kg 处理在 PC1 轴上的值较对照低，其土壤微生物群落结构较对照发生了变化。可以看出，高施用量的百菌清在相当长的时间内对土壤微生物群落结构有明显的影响。

4.1.2　设施农业农药重复施用对土壤遗传毒性的影响

田间试验在浙江省嘉兴市农业科学研究院试验田大棚进行。大棚（6.3m×30.0m）由三层聚乙烯薄膜覆盖，棚内土壤理化性质为：砂粒含量7.5%，粉粒含量69.3%，黏粒含量23.1%，有机碳5.02%，阳离子交换量21.3cmol/kg和pH为6.52。本试验所用设施作物品种为苏州青。试验采用随机区组设计，每个药物处理设置三个独立的小区，每个小区面积为1.2m×3.0m。百菌清为75%可湿性粉剂[先正达（苏州）作物保护有限公司]，试验剂量为推荐剂量（3000g/hm^2）和双倍剂量（6000g/hm^2），自2011年11月27日开始每12d喷施一次。每次施药后12d采集一次土壤样品（约1 kg），土样经自然风干并过2 mm筛后待用，以测定百菌清和4-羟基百菌清并进行蚕豆根尖试验。

试验结果显示，百菌清高频施用后，土壤中百菌清及代谢产物羟基百菌清都产生明显的残留积累。图4-10为多次百菌清施药后土壤浸出液对蚕豆根尖的影响。推荐剂量百菌清施药后，蚕豆根尖微核率从第1次的4.04‰逐渐增加至5.92‰。两倍剂量施药后，增加效果更加明显。前四次施药后，其微核率分别为对照的1.54倍、2.08倍、2.56倍和2.85倍。最后两次施药后，微核率维持在一个相对高的水平，分别为7.81‰和8.66‰。

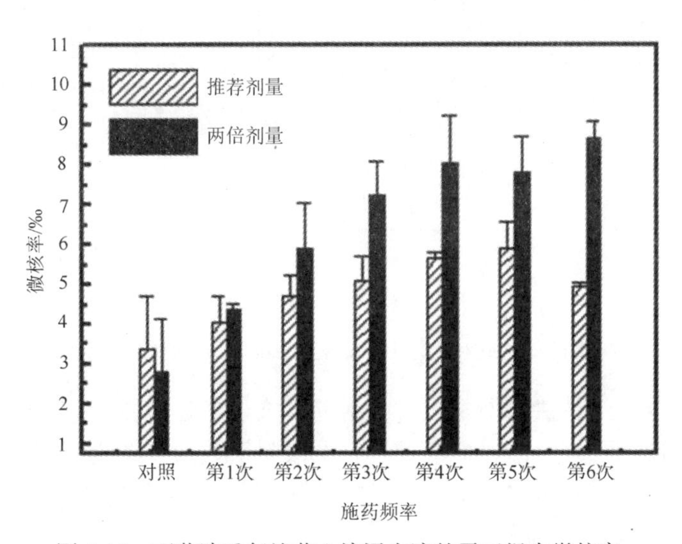

图4-10 百菌清重复施药土壤浸出液的蚕豆根尖微核率

为了揭示土壤遗传毒性和百菌清、羟基百菌清以及两者之间的关系，采用了Logistic函数对其进行分析。结果表明，推荐剂量下，其相关系数（R^2）为0.508、−0.470和0.508；两倍剂量下它们的相关性更加显著，相关系数分别为0.978、0.942和0.976。从结果可看出，百菌清重复施药后土壤的遗传毒性主要来自百菌清母体而非代谢产物羟基百菌清（Jin et al., 2014）。

4.1.3 设施农业农药在土壤中的环境行为及风险

1. 土壤中多种农药共存条件下的竞争吸附

前已述及，设施蔬菜生产过程中农药施用除具有高频、高剂量的特点外，多种农药同时混合使用也是一个常见现象，成为设施蔬菜生产农药施用的另一个特点。研究多种农药在土壤中共存条件下，农药竞争吸附对阐明农药在土壤中的环境行为尤为重要。因此，选择常用的农药吡虫啉、莠去津，研究其对多菌灵土壤吸附的影响。从吡虫啉和莠去津不同使用浓度条件下多菌灵在土壤中的吸附等温线（图 4-11）可看出，随着吡虫啉和莠去津浓度的增加，多菌灵在土壤中的吸附系数 K_{fads} 逐渐降低，表现出竞争吸附，随着添加浓度增大，竞争吸附越明显。不同浓度吡虫啉和莠去津的影响下，多菌灵在土壤中的吸附系数 K_{fads} 与未添加其他农药时的相比均有显著性差异。随着吡虫啉浓度的增大（0～312.87 μmol/L），多菌灵吸附系数 K_{fads} 从 23.85 降低到 19.53，下降了 18.11%；随着莠去津浓度的增大（0～268.19 μmol/L），多菌灵的吸附系数 K_{fads} 从 23.47 降低到 16.01，下降了 31.79%。

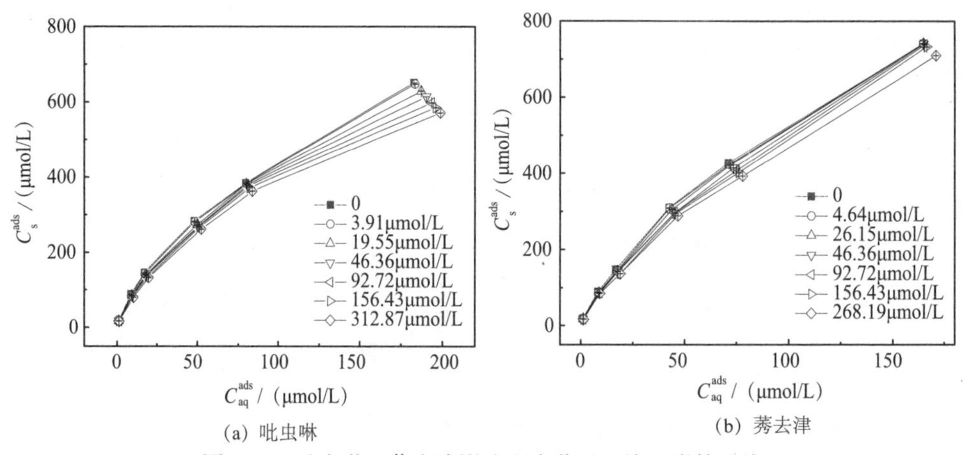

图 4-11　吡虫啉、莠去津影响下多菌灵土壤吸附等温线

同样地，多菌灵、莠去津对吡虫啉吸附的影响和多菌灵、吡虫啉对莠去津吸附的影响的研究结果均显示，多种农药共存使各自的吸附系数明显降低，下降幅度均是单独存在条件下的 30%以上，表明它们相互间存在竞争吸附，导致土壤对农药的吸附性能降低，从而提高了农药的环境行为及风险。

2. 土壤中多种农药共存条件下的竞争迁移

多菌灵、莠去津、吡虫啉两两复合后，移动速率 R_f 值与单独迁移时均有所增加，但并未能改变目标农药的移动性等级（表 4-2）。对于多菌灵的移动速率 R_f 值，在莠去津加样量为 2 μg 和 16 μg 时，增加了 1.72%和 31.03%；在吡虫啉加样量为 2 μg 和 16 μg 时，增加了 1.72%和 29.31%。对于莠去津的移动速率 R_f 值，在多菌灵加样量为 2 μg 时 R_f 值无显著性差异，16 μg 时增加了 17.24%；在吡虫啉加样量为 2 μg 时 R_f 值无显著性差异，16 μg 时增加了 10.34%。对于吡虫啉的移动速率 R_f 值，在多菌灵加样量为 2 μg 和 16 μg 时，增加了 2.70%和 8.11%；在莠去津加样量为 2 μg 时无显著性差异，16 μg 时增加了 5.41%。

R_f 值变大的原因可能是两种农药对吸附位点的竞争，导致吸附位点上的农药被解吸出来，随着水向上移动，使 R_f 值增加。吸附能力不同的农药，对吸附位点的竞争能力不同，使目标农药脱离吸附位点而解吸出来的量也不同，表现为 R_f 值增加比率的不同（Jin et al., 2013）。

表 4-2　多菌灵、莠去津、吡虫啉相互影响下在土壤中的移动性

目标农药	添加农药	加样量	R_f	移动性等级
多菌灵	0	多菌灵 2 μg	0.058 a	不移动
	莠去津 2 μg	多菌灵 2 μg	0.059 b	不移动
	吡虫啉 2 μg	多菌灵 2 μg	0.059 b	不移动
	莠去津 16 μg	多菌灵 2 μg	0.076 c	不移动
	吡虫啉 16 μg	多菌灵 2 μg	0.075 c	不移动
莠去津	0	莠去津 2 μg	0.29 a	不易移动
	多菌灵 2 μg	莠去津 2 μg	0.29 a	不易移动
	吡虫啉 2 μg	莠去津 2 μg	0.29 a	不易移动
	多菌灵 16 μg	莠去津 2 μg	0.34 b	不易移动
	吡虫啉 16 μg	莠去津 2 μg	0.32 c	不易移动
吡虫啉	0	吡虫啉 2 μg	0.37 a	中等移动
	莠去津 2 μg	吡虫啉 2 μg	0.37 a	中等移动
	多菌灵 2 μg	吡虫啉 2 μg	0.38 b	中等移动
	莠去津 16 μg	吡虫啉 2 μg	0.39 c	中等移动
	多菌灵 16 μg	吡虫啉 2 μg	0.40 d	中等移动

4.1.4　设施农业抗生素污染对土壤功能和结构的影响

为了研究设施蔬菜生产条件下抗生素污染对土壤功能和结构的影响，设计了一个模拟实验。对采集的浙江嘉兴设施蔬菜地土壤进行了如下处理：对照土壤、添加有机肥（猪粪）、磺胺嘧啶（SDZ）、金霉素（CTC）、SDZ+CTC，添加的有机肥量为土壤质量的 4%，抗生素添加量为 20mg/kg，所有处理进行 60d 温室培育（温育），共进行了 5 次同样的处理，温育 60d 后测定土壤的各种功能和结构多样性（Fang et al., 2014b）。此外，对采集的南京地区几个设施蔬菜基地的土壤微生物功能多样性的测定，研究设施利用年限，即利用强度，对土壤微生物功能多样性的影响（Fang et al., 2014c）。从南京的几个设施农业蔬菜生产基地内分别采集了不同种植年限的土壤。普朗克基地：PLK1（露地 12a）、PLK2（大棚 6a）、PLK3（前期大棚种植 6a，现已改为露地）、PLK4（大棚 10a）、PLK5（大棚 10a）、PLK6（大棚 12a）、PLK7（普朗克有机肥）；谷里基地：GL1（露地 4a）、GL2（大棚 4a）、GL3（谷里有机肥）；湖熟基地：HS1（露地 4a）、HS2（大棚 2a）、HS3（大棚 4a）、HS4（湖熟有机肥）。

1. 抗生素对土壤呼吸活性和酶活性的影响

图 4-12（a）显示了各处理在 5 次温育过程中，土壤呼吸的变化情况。可看出，在整个实验期间，有机肥处理土壤呼吸活性明显高于未添加抗生素和有机肥的对照土壤。培养 7 h 后，第 1、2 次培育期间，磺胺嘧啶和金霉素处理单一与复合处理土壤 CO_2 释放量略低于有机肥处理土壤。随后第 3 次培育期间，逐渐恢复至有机肥处理土壤水平。第 4、5 次温育后，金霉素单一及其与磺胺嘧啶复合处理土壤 CO_2 释放量明显高于有机肥处理土壤，但磺胺嘧啶处理土壤 CO_2 释放量与有机肥处理土壤在第 4 次温育过程中没有明显差异，第 5 次温育期间前者明显高于后者。培养 24 h 后，磺胺嘧啶和金霉素单一与复合处理土壤呼吸活性呈现类似且更显著的变化趋势，第 5 次温育期间，磺胺嘧啶、金霉素以及复合处理土壤中 CO_2 释放量分别是有机肥处理土壤的 1.11 ~ 1.38 倍、1.25 ~ 1.78 倍和 1.24 ~ 1.67 倍，这些均表明抗生素处理增强了土壤呼吸活性。

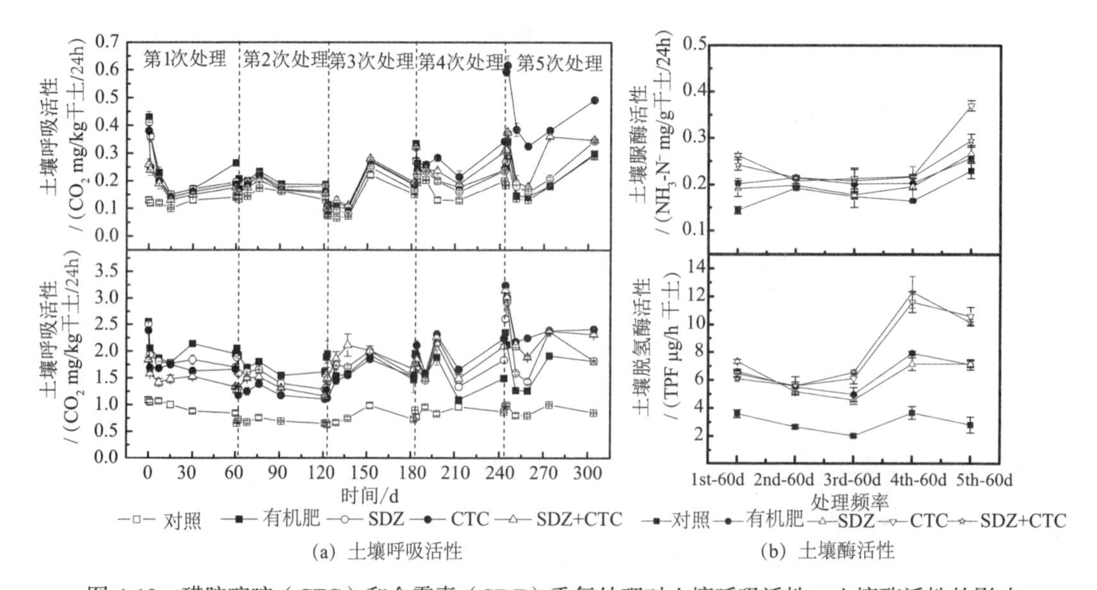

图 4-12　磺胺嘧啶（CTC）和金霉素（SDZ）重复处理对土壤呼吸活性、土壤酶活性的影响

从各处理在 5 次温育过程中土壤酶活性的变化情况看[图 4-12（b）]，有机肥、抗生素处理土壤脲酶活性均高于未添加抗生素和有机肥的对照土壤。前 4 次温育期间，金霉素和磺胺嘧啶单一与复合处理土壤脲酶活性与有机肥处理土壤没有明显差异。第 5 次温育后，磺胺嘧啶单一处理土壤脲酶活性仍与有机肥处理土壤相当，但金霉素单一及其与磺胺嘧啶复合处理土壤脲酶活性明显高于有机肥处理土壤。同样，金霉素和磺胺嘧啶单一与复合处理土壤脱氢酶活性变化趋势与土壤脲酶活性类似，只是从第 4 次温育开始，金霉素单一及其与磺胺嘧啶复合处理土壤脱氢酶活性明显高于有机肥处理土壤。结果表明随着使用频率增加，金霉素对土壤脲酶和脱氢酶活性有一定刺激作用。

2. 抗生素对土壤微生物功能多样性的影响

平均每孔颜色变化率（AWCD）用于表征土壤微生物整体活性。第 1 次温育后 60d，磺胺嘧啶和金霉素处理土壤微生物 AWCD 低于有机肥处理土壤，第 2 次温育 60d 后，磺胺嘧啶和金霉素处理土壤微生物 AWCD 与有机肥处理没有明显差异，第 3 ~ 5 次温育 60d 后，抗生素各处理土壤微生物 AWCD 均高于有机肥处理土壤，其中磺胺嘧啶和金霉素复合处理土壤微生物 AWCD 最大[图 4-13（a）]；在整个实验过程中，有机肥处理土壤 AWCD 始终高于未添加抗生素和有机肥的对照土壤（Fang et al., 2014a）。

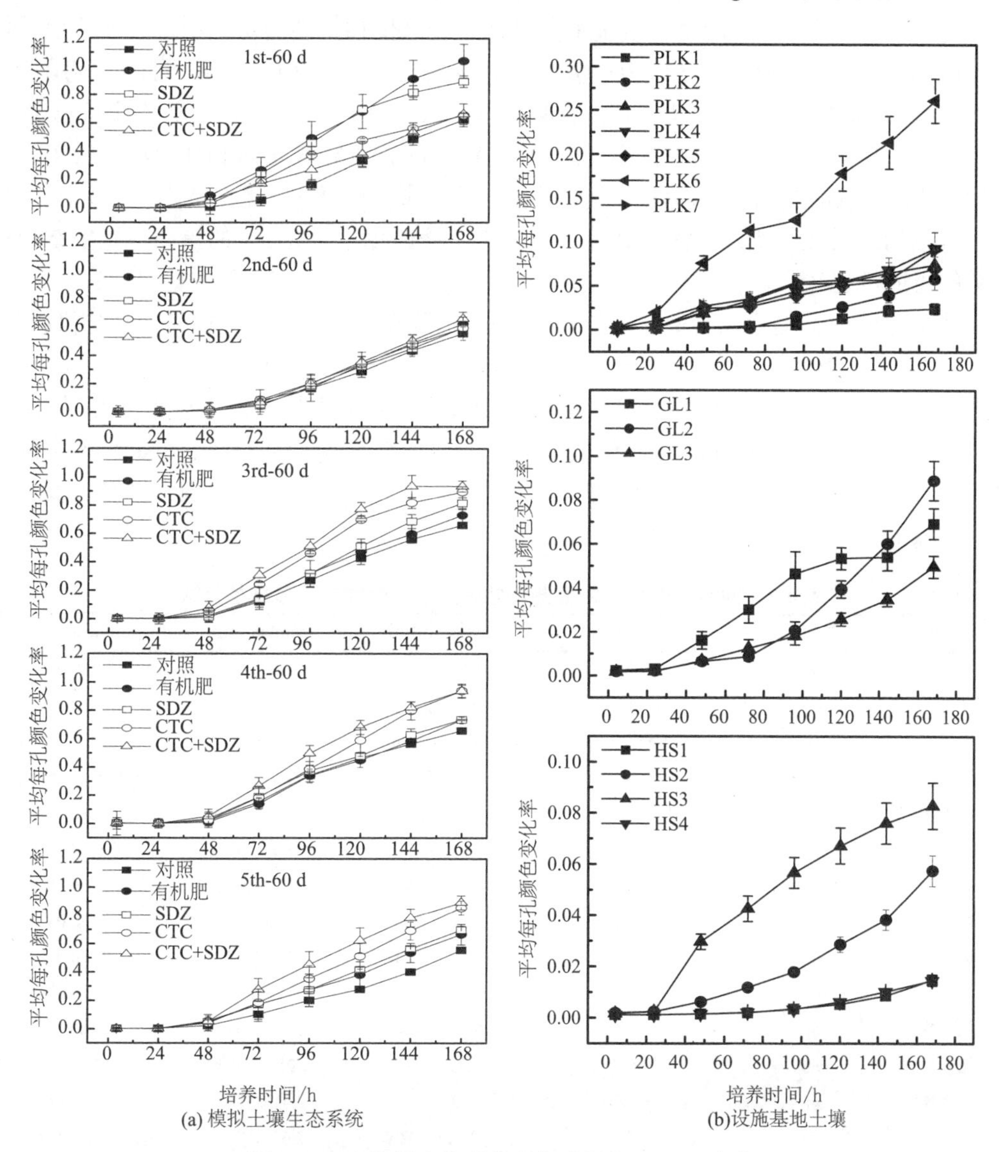

图 4-13　土壤微生物群落温育过程中 AWCD 变化

从各设施蔬菜基地土壤微生物 AWCD 的测定结果可看出[图 4-13（b）]，不同种植年限的普朗克大棚土壤微生物 AWCD（PLK2~PLK6）均显著高于普朗克露地土壤（PLK1），种植 12a 的普朗克大棚土壤微生物 AWCD（PLK6）显著高于种植 6a、10a 的大棚土壤（PLK2~PLK5），普朗克有机肥 AWCD（PLK7）与普朗克大棚土壤 PLK3、PLK4、PLK5 相当。种植 4a 的谷里大棚土壤 AWCD（GL2）在培养初期低于谷里露地土壤（GL1），但在培养后期高于谷里露地土壤，谷里有机肥 AWCD（GL3）稍低于谷里大棚和露地土壤；种植 2a、4a 的湖熟大棚土壤 AWCD（HS2 和 HS3）均高于湖熟露地土壤，湖熟有机肥（AWCD）HS4 与湖熟露地土壤（HS1）相当。

上述调查结果表明，南京各设施蔬菜基地土壤微生物活性与土壤中抗生素的积累相关（Kotzerke et al., 2007）。作为从事有机蔬菜生产的普朗克基地，并无农药施用，其土壤 AWCD 随着种植年限的增加而增加（Meier et al., 2017；杨琴, 2013），而土壤 AWCD 随有机质增加而增加的可能性较小，因肥料 AWCD 接近露天土壤和种植年限较年轻的土壤。此外，从前述的农药施用对土壤微生物活性影响的结果来看，农药对其影响均是抑制微生物的活性，所以，南京其他基地设施土壤微生物 AWCD 的提高与抗生素积累相关的可能性也较大。

从温育处理土壤的 Simpson 指数、Shannon 指数和 McIntosh 指数等多样性指数结果看（表 4-3），基本上第 1 次温育 60d 后，磺胺嘧啶和金霉素单一与复合处理土壤三个指数明显低于有机肥处理土壤，第 2 次温育 60d 后，各处理均略低于有机肥处理土壤，而第 3～5 次温育 60d 后，抗生素各处理土壤微生物 Simpson 指数、Shannon 指数和 McIntosh 指数均高于有机肥处理土壤。总体显示微生物功能多样性呈现先抑制后反弹的趋势（Fang et al., 2014a）。

表 4-3　磺胺嘧啶和金霉素温育处理土壤微生物功能多样性指数

施药频率	时间/d	处理	Simpson 指数	Shannon 指数	McIntosh 指数
第 1 次	60	对照	8.16±0.72c	2.23±0.08b	1.10±0.09b
第 1 次	60	有机肥	15.27±1.31a	2.89±0.08a	2.13±0.24a
第 1 次	60	SDZ	11.14±0.97b	2.53±0.06ab	1.53±0.07b
第 1 次	60	CTC	10.65±0.46b	2.46±0.07ab	1.26±0.08b
第 1 次	60	SDZ+CTC	8.93±0.33c	2.37±0.06ab	1.50±0.10b
第 2 次	60	对照	4.98±0.45d	1.90±0.07b	0.89±0.07
第 2 次	60	有机肥	8.71±0.85a	2.47±0.08a	1.94±0.08a
第 2 次	60	SDZ	7.64±0.53b	1.92±0.08b	1.08±0.04b
第 2 次	60	CTC	7.80±0.74b	2.36±0.05a	1.27±0.07b
第 2 次	60	SDZ+CTC	8.04±0.87ab	2.45±0.08a	0.97±0.09b
第 3 次	60	对照	6.62±0.45e	2.18±0.05b	1.63±0.12c
第 3 次	60	有机肥	7.52±0.74d	2.25±0.08ab	1.37±0.05c
第 3 次	60	SDZ	9.43±0.45c	2.41±0.06a	1.45±0.08c
第 3 次	60	CTC	10.41±1.02b	2.62±0.07a	2.96±0.15a
第 3 次	60	SDZ+CTC	12.43±1.83a	2.68±0.04a	2.14±0.10b
第 4 次	60	对照	9.26±0.43b	2.39±0.08a	1.42±0.09b

续表

施药频率	时间/d	处理	Simpson 指数	Shannon 指数	McIntosh 指数
第 4 次	60	有机肥	9.34±0.83b	2.41±0.07a	1.59±0.12b
第 4 次	60	SDZ	10.13±0.98a	2.48±0.07a	1.84±0.10b
第 4 次	60	CTC	10.51±0.52a	2.61±0.05a	1.78±0.11b
第 4 次	60	SDZ+CTC	10.76±0.99a	2.61±0.08a	2.51±0.16a
第 5 次	60	对照	5.99±0.75e	2.08±0.08b	2.21±0.10a
第 5 次	60	有机肥	6.07±0.45d	2.02±0.08b	1.31±0.09b
第 5 次	60	SDZ	8.04±0.46c	2.42±0.05a	2.02±0.12a
第 5 次	60	CTC	9.55±0.74b	2.50±0.07a	2.74±0.15a
第 5 次	60	SDZ+CTC	11.07±1.02a	2.65±0.09a	2.58±0.20a

注：同列数据后字母不同表示处理间差异显著（p=0.05）。

野外设施土壤微生物的功能多样性似乎部分验证了上述结果（表 4-4），普朗克、谷里、湖熟等基地大棚土壤 Simpson 指数显著高于相应露地土壤，并且随着大棚种植年限的延长而逐渐上升，表明大棚土壤微生物优势种群大量繁殖；不同种植年限大棚之间，Shannon 指数和 McIntosh 指数没有显著性变化，表明土壤微生物丰富度和均一性没有明显变化。

表 4-4　设施农业土壤中微生物功能多样性指数

样品	栽培模式	种植年限/a	Simpson 指数	Shannon 指数	McIntosh 指数
PLK1	露地土壤	12	2.07 ± 0.75 b	0.63 ± 0.11 a	0.38 ± 0.17 a
PLK2	大棚土壤	6	2.98 ± 0.63 b	1.40 ± 0.22 a	0.47 ± 0.01 a
PLK3	露地大棚轮种土壤	6	2.58 ± 0.51 c	1.07 ± 0.15 a	0.37 ± 0.06 a
PLK4	大棚土壤	10	2.48 ± 0.49 c	1.01 ± 0.14 a	0.40 ± 0.07 a
PLK5	大棚土壤	10	2.71 ± 0.50 c	1.01 ± 0.09 a	0.46 ± 0.11 a
PLK6	大棚土壤	12	4.55 ± 0.81 a	1.24 ± 0.20 a	0.44 ± 0.01 a
PLK7	粪肥	—	2.75 ± 0.59 c	1.02 ± 0.08 a	0.51 ± 0.09 a
GL1	露地土壤	4	2.95 ± 0.61 b	1.14 ± 0.12 a	0.29 ± 0.07 a
GL2	大棚土壤	4	5.04 ± 0.98 a	1.45 ± 0.16 a	0.12 ± 0.03 a
GL3	粪肥	—	2.97 ± 0.37 b	1.03 ± 0.10 a	0.22 ± 0.05 a
HS1	露地土壤	4	2.72 ± 0.42 b	1.08 ± 0.09 a	0.22 ± 0.04 a
HS2	大棚土壤	2	2.89 ± 0.77 a	1.08 ± 0.10 a	0.33 ± 0.01 b
HS3	大棚土壤	4	3.99 ± 0.43 b	1.01 ± 0.07 a	0.54 ± 0.06 a
HS4	粪肥	—	2.68 ± 0.28 b	1.10　± 0.19 a	0.24 ± 0.01 a

注：平均值后字母不同表示均值间达到 p<0.05 水平上的显著差异。

3. 抗生素对土壤微生物结构多样性的影响

从土壤微生物种属 Top50 热图（图 4-14）可看出，有机肥、磺胺嘧啶和金霉素重复处理土壤中微生物优势种属 *Clostridium sensu stricto*、*Sphingomonas*、*Clostridium XI* 和 *TM7* 丰富度明显高于对照土壤，两种抗生素复合处理土壤中优势种属 *Bacillus* 相对丰富度低于其他处理土壤，有机肥和抗生素处理土壤中微生物种属 *Hyphomicrobium* 相对丰富度明显低于对照土壤，金霉素处理土壤中微生物种属 *Rhodococcus* 相对丰富度高于其他处理土壤。此外，抗生素重复处理也导致部分土壤微生物稀有种属相对丰富度的变化。

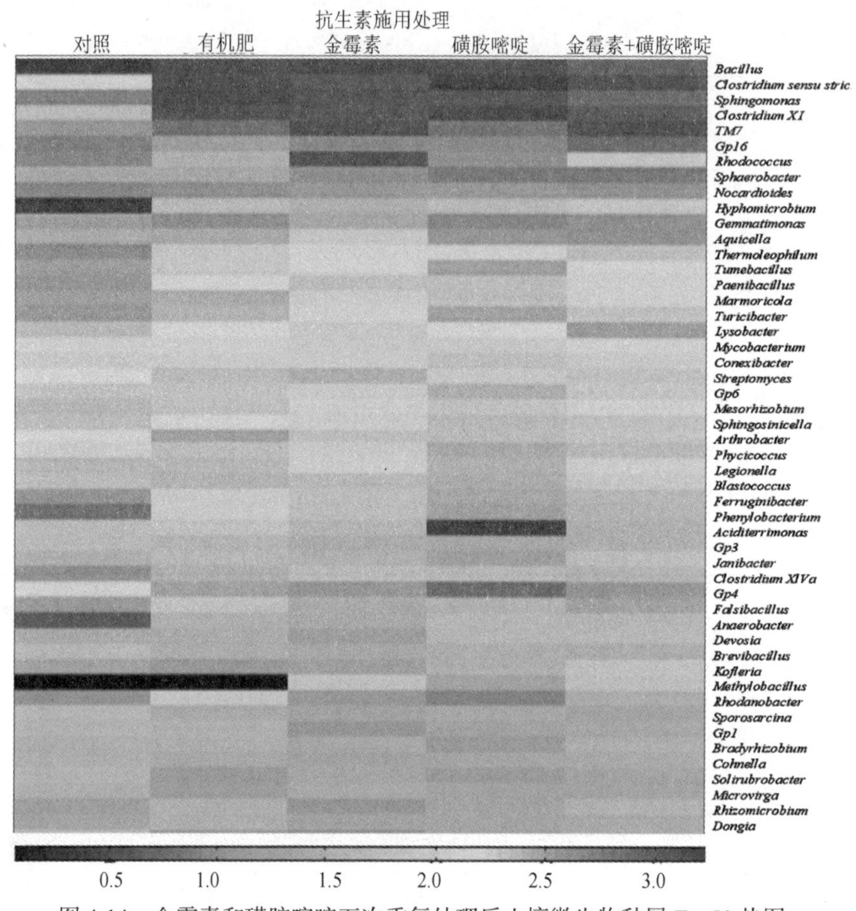

图 4-14 金霉素和磺胺嘧啶五次重复处理后土壤微生物种属 Top50 热图

每一小格颜色亮度代表某一微生物种属在相应土壤微生物群落中所占百分比

4.1.5 设施农业土壤抗生素污染的微生物抗性响应

1. 四环素类抗性基因多样性与丰富度

由于设施生产过程中，抗生素频繁随有机肥投入，即使其半衰期不长，也会导致抗生素“假持久性”的残留，这种长期残留的抗生素会诱导土壤微生物产生抗性基因，进而形成土壤微生物群落抗性(Cheng et al., 2016;Fang et al., 2016; Song et al., 2017; Zhao et al., 2010）。这些抗性基因能通过可移动的遗传元件传播给其他微生物，甚至通过食物链传递给人体，对土壤生态健康和人体健康构成潜在风险（Ma et al., 2015; Yang et al., 2017; 徐冰洁等, 2010）。所以，检测了南京几个设施蔬菜基地土壤中四环素类的抗性基因[图 4-15（a)]，可看出，普朗克大棚土壤 PLK1（种植 12a）检测到 *tetA*、*tetA*（*G*）、 *tetA*（33）、*tetL*、*tetW* 等抗性基因，普朗克大棚土壤 PLK2（种植 6a）检测到 *tetA*、*tetA*（*G*）、*tetA*（33）、*tetG*、*tetL*、*tetV*、*tetX*、*tetX2* 等抗性基因，均显著高于普朗克露地土壤（PLK3）。谷里大棚土壤 GL1（种植 4a）检测到 *tetA*、*tetA*（*G*）、*tetA*（33）、

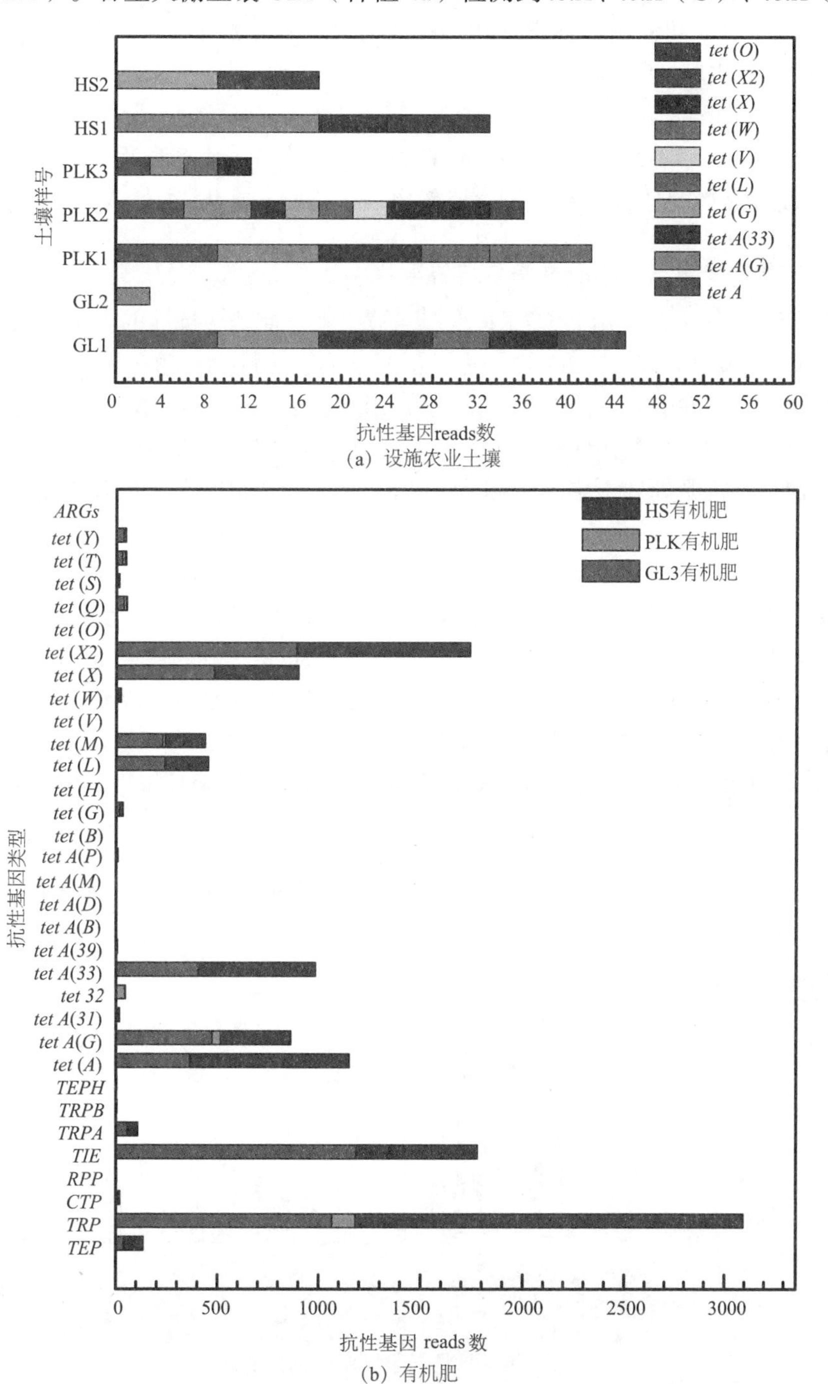

图 4-15　设施农业土壤和有机肥中四环素类抗生素抗性基因多样性与丰富度

tetL、*tetX*、*tetX2* 等抗性基因，而谷里露地土壤（GL2）仅检测到低丰富度 *tetA*（*G*）。湖熟大棚土壤 HS1（种植 4a）检测到 *tetA*（*G*）、*tetA*（*33*）、*tetO*，而露地土壤（HS2）检测到 *tetG*、*tetX2*。

从图 4-15（b）可看出，谷里、湖熟有机肥中四环素类抗性基因多样性与丰富度明显高于普朗克有机肥，其中谷里有机肥检测到高丰富度抗性基因 *tetX2*、*tetX*、*tetM*、*tetL*、*tetA*（*33*）、*tetA*（*G*）和 *tetA*，湖熟有机肥检测到高丰富度抗性基因 *tetX2*、*tetX*、*tetM*、*tetL*、*tetA*（*33*）、*tetA*（*G*）和 *tetA*。结果表明，设施蔬菜生产过程中抗生素的积累的确产生了较多的抗性基因，存在土壤生态健康风险（Peng et al., 2017; Wang et al., 2015）。

2. 抗生素诱导土壤微生物群落抗性的发展

对土壤微生物的抑制中浓度，即 EC_{50}，被用来表征诱导抗性的大小，EC_{50} 越大，表明抗性越大（Schmitt et al., 2004）。为了了解设施土壤抗生素随有机肥频繁进入土壤，土壤微生物群落抗性的演变情况，对上述温室培养实验以及田间设施土壤进行了 EC_{50} 的测定。前者的结果可看出[图 4-16（a）]，磺胺嘧啶和金霉素单一以及复合处理土壤 EC_{50} 值分别是有机肥处理土壤的 1.55 倍、1.31 倍、3.54 倍（第 1 次温育），2.02 倍、4.91 倍、28.1 倍（第 2 次温育），14.22 倍、7.03 倍、11.15 倍（第 3 次温育），7.60 倍、34.11 倍、62.29 倍（第 4 次温育）和 27.95 倍、13.91 倍、20.20 倍（第 5 次温育），表明磺胺嘧啶和金霉素诱导土壤微生物群落产生明显抗性。后 4 次温育土壤 EC_{50} 值分别是第 1 次温育土壤的 1.61 倍、2.41 倍、3.49 倍、5.84 倍（磺胺嘧啶处理），1.54 倍、1.92 倍、3.97 倍、7.33 倍（金霉素处理）和 1.33 倍、1.85 倍、3.59 倍、4.61 倍（磺胺嘧啶和金霉素复合处理），表明磺胺嘧啶和金霉素单一与复合重复处理均明显提高了土壤微生物群落抗性；五次温育期间，有机肥处理土壤中磺胺嘧啶抗性、金霉素抗性以及交叉抗性未有明显变化。

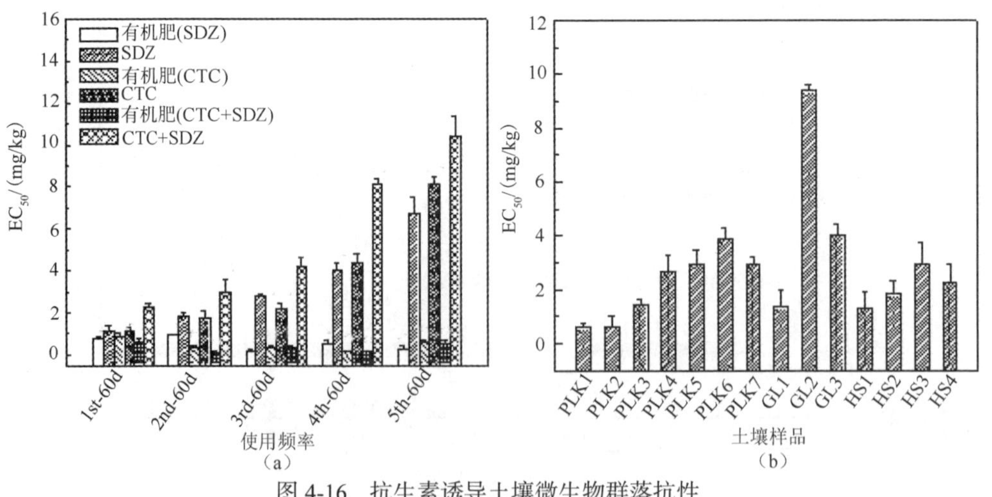

图 4-16　抗生素诱导土壤微生物群落抗性

实际设施蔬菜土壤的 EC_{50} 测定结果显示[图 4-16（b）]，普朗克大棚土壤 PLK2、

PLK3、PLK4、PLK5、PLK6 等样品的 EC_{50}分别是普朗克露地土壤 PLK1 的 1.09 倍、2.50 倍、4.53 倍、5.09 倍、6.69 倍，谷里大棚土壤 GL2 的 EC_{50}是谷里露地土壤 GL1 的 7.05 倍，湖熟大棚土壤 HS2 和 HS3 的 EC_{50}分别是湖熟露地土壤 HS1 的 1.41 倍和 2.31 倍，表明设施农业土壤微生物诱导抗性显著高于露地土壤，并且这种诱导抗性随着大棚种植年限的延长而上升（Ji et al., 2012）。

普朗克有机肥 PLK7 的 EC_{50}分别是 PLK1、PLK2、PLK3、PLK4 的 5.02 倍、4.62 倍、2.01 倍、1.11 倍，而仅为 PLK5、PLK6 的 98.6%、75.0%；谷里有机肥 GL3 的 EC_{50}是 GL1 的 3.02 倍，而仅为 GL2 的 42.9%；湖熟有机肥 HS4 的 EC_{50}分别是 HS1 和 HS2 的 1.76 倍和 1.24 倍，而仅为 HS3 的 76.0%，表明设施农业土壤中微生物群落诱导抗性主要来自有机肥的长期施用（Marti et al., 2013）。

4.1.6　设施农业土壤重金属累积趋势预测

设施菜地土壤重金属的分布和含量会随着各种土地耕作活动而产生变化，如施肥、灌溉、喷洒农药等。在对设施菜地土壤重金属进行风险评价时，需要明晰土壤中重金属的长期甚至是上百年的累积趋势，而在正常的工农业活动条件下，土壤重金属元素的输入输出量相对于土壤中的既有含量很小，土壤重金属的变化趋势往往需几十年甚至上百年才能被监测到。如在正常情况下土壤 Cd 的输入量＜10g/（hm^2・a），假定土壤容重为 1. 5 kg/L，在 10g/（hm^2・a）的输入量情况下表层 20cm 土壤 Cd 的变化仅为 0.0033mg/kg。因此，很难用常规的土壤采样方法测定其随时间的变化情况，难以为长期的风险评价和规划提供帮助。在这种情况下，数学模型模拟的方法，可以在时间和空间的宏观尺度上了解重金属的迁移转化规律，并进行长期风险预测（Hu et al., 2013; Chen et al., 2007a, 2007b）。

本研究借助土壤元素质量平衡模型（STEM）（Chen et al., 2007a, 2007b）对南京市典型设施菜地重金属累积的长期影响进行模拟预测，以期为设施农业土壤重金属的环境风险评价和预警提供决策依据。图4-17 是模型的原理与概念框架，通过模型模拟，获得了南京和寿光设施土壤重金属 100 年的累积趋势。

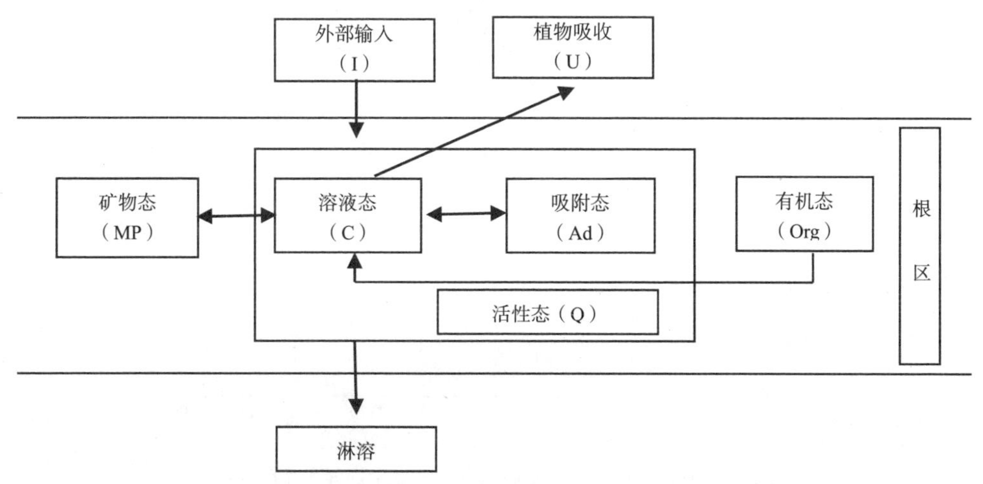

图 4-17　土壤元素质量平衡模型（STEM）模型概念框架

表 4-5 是通过研究获得的设施菜地的模型输入参数。输入参数主要包括土壤和土壤溶液中的重金属含量，土壤采样深度、容重、土壤含水量、根密度等，吸收常数是指重金属的固液分配系数（K_d），重金属的输入主要考虑肥料和农药的输入。

表 4-5　设施菜地土壤重金属 STEM 模型输入参数

分类	模型输入参数	As	Cd	Pb	Cu	Zn
元素在土壤中的初始浓度	土壤中总浓度（CT）/（mg/kg）	7.75	0.15	46.8	47.8	102.4
	土壤溶液中浓度（C）/（μg/L）	6.68	0.48	68.8	57.1	192.0
土壤性质参数	土壤深度（d）/cm	20	20	20	20	20
	土壤容重（ρ）/（g/cm^3）	1.26	1.26	1.26	1.26	1.26
	土壤吸收常数（K_h）/（cm/h）	0.02	0.02	0.02	0.02	0.02
	土壤含水量（θ）/（L/L）	0.20	0.20	0.20	0.20	0.20
植物吸收因子	根渗透系数（K_m）/（μmol/L）	30	0.20	0.65	30	150
	最大吸收通量（J_{max}）/[μmol/（cm·h）]	10^{-5}	7.5×10^{-8}	2.5×10^{-6}	1.93×10^{-3}	6.8×10^{-4}
	根密度（R）/（cm/cm）	4.5	4.5	4.5	4.5	4.5
	生物还田因子（R_f）	0.15	0.15	0.15	0.15	0.15
	吸收常数（K_d）/（L/kg）	150	314	681	838	533
元素输入 I	肥料/[g/（hm^2·a）]	106	11.6	181.5	744	4546
	农药/[g/（hm^2·a）]	0.0	0.0	0.0	150	39

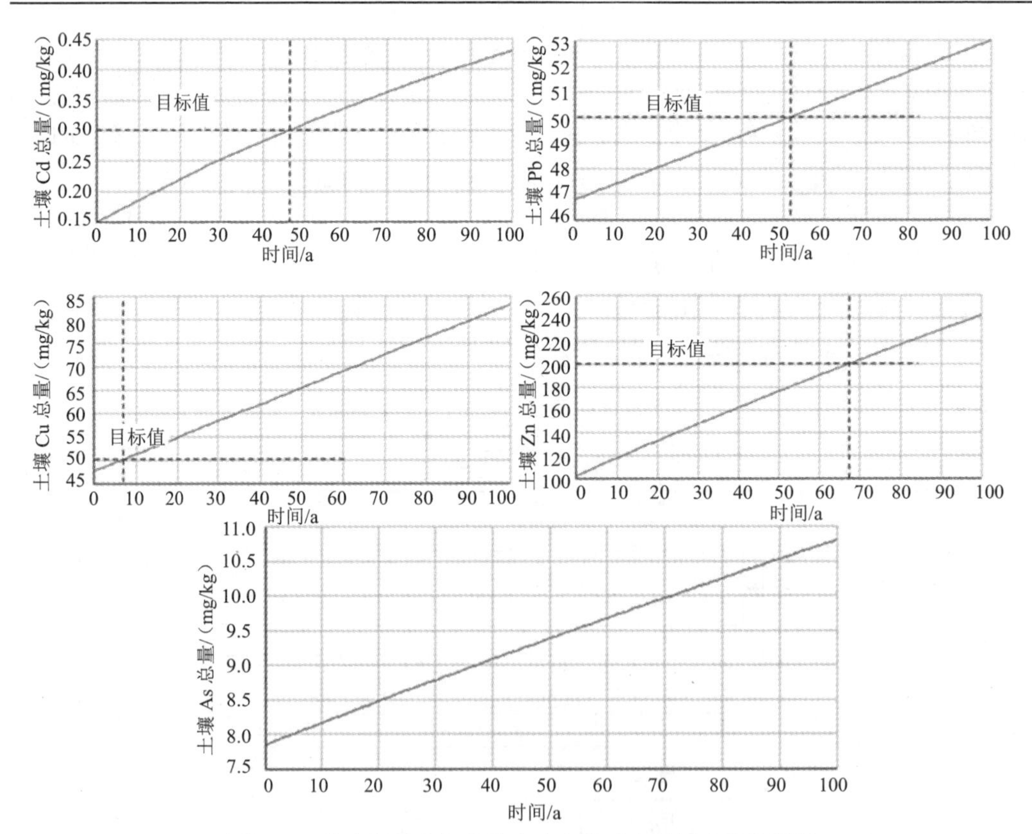

图 4-18　南京塑料大棚蔬菜产地土壤重金属累积趋势预测

从对南京地区设施土壤重金属含量的预测结果来看（图 4-18），在保持现有生产方式和施肥量不变的情况下，连续种植设施蔬菜 100a 以后，南京设施菜地土壤中的 As、Cd、Pb、Cu 和 Zn 分别从目前的 7.75mg/kg、0.15mg/kg、46.8mg/kg、47.8mg/kg 和 102.4mg/kg 增加到 100a 后的 10.7mg/kg、0.43mg/kg、53mg/kg、83mg/kg 和 242mg/kg，且设施菜地土壤中的 Cd、Pb、Cu 和 Zn 分别将在 50a、60a、10a 和 70a 内普遍超过现有温室蔬菜产地环境质量标准，因此对设施蔬菜的安全风险不容忽视。

从对寿光地区设施土壤重金属含量的模型预测结果来看（图 4-19），在保持现有生产方式和施肥量不变的情况下，连续种植设施蔬菜 100a 后，寿光地区设施菜地土壤中的 Cd 将从目前的 0.32mg/kg 增加到 100a 后的 0.82mg/kg，并且将在 15a 内普遍超过现有温室蔬菜产地环境质量标准（0.4mg/kg，pH>7.5），因此迫切需要采取有效措施减少设施农业 Cd 的来源及降低土壤中的累积和风险，以保障设施蔬菜的食品安全。相比南京设施蔬菜产地，寿光日光温室土壤 As、Pb、Cu 和 Zn 的累积风险较小，在 100a 内均低于现有温室蔬菜产地土壤环境质量标准。

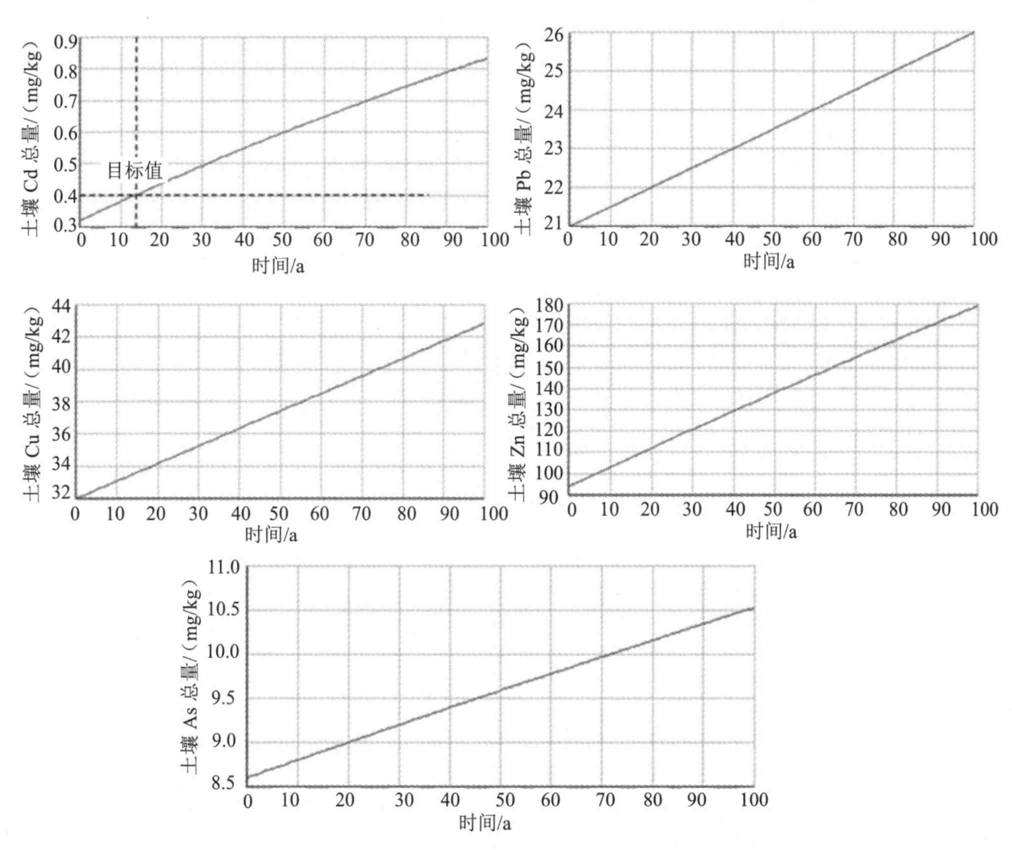

图 4-19　寿光日光温室蔬菜产地土壤重金属累积趋势预测

4.2 设施农业土壤环境质量演变对作物产量和品质的影响

4.2.1 土壤养分高量施用对蔬菜产量和品质的影响

1. 对蔬菜产量的影响

日光温室生产条件下肥料投入对作物产量的影响主要表现在两个方面。首先，是肥料类型对作物产量产生的影响。化肥氮的投入量与蔬菜产量呈一定的负相关关系，但无显著性（图 4-20），化肥磷钾的投入虽有一定增产效果，也无显著性；而有机肥氮、磷、钾的投入量越高，蔬菜产量越高，其中，蔬菜产量与有机肥氮和钾的投入量呈显著正相关关系（$p<0.05$）（刘苹等, 2014）。

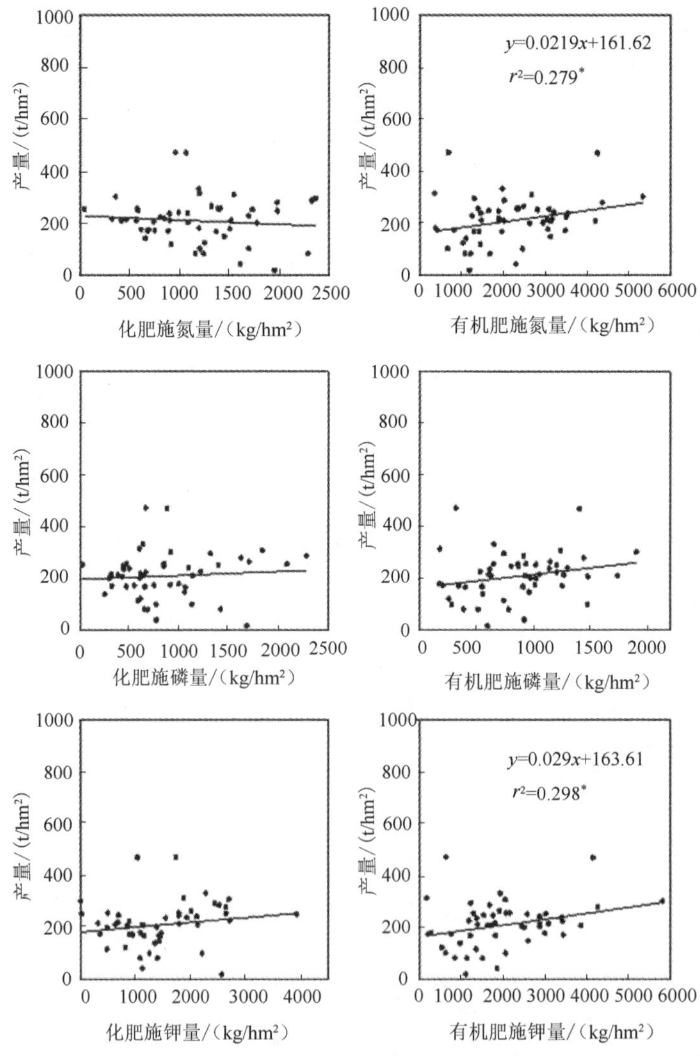

图 4-20　寿光市日光温室化肥与有机肥养分投入量与蔬菜产量的相关性

*代表具有显著相关性

其次，是施肥量对作物产量的影响（图 4-21），寿光市日光温室蔬菜产量与周年投入的总氮量（以 N 计）和总磷量（以 P_2O_5 计）没有显著的相关关系，与周年投入的总钾量（以 K_2O 计）存在极显著正相关关系（$p<0.01$），即投入的钾量越多，蔬菜产量越高。

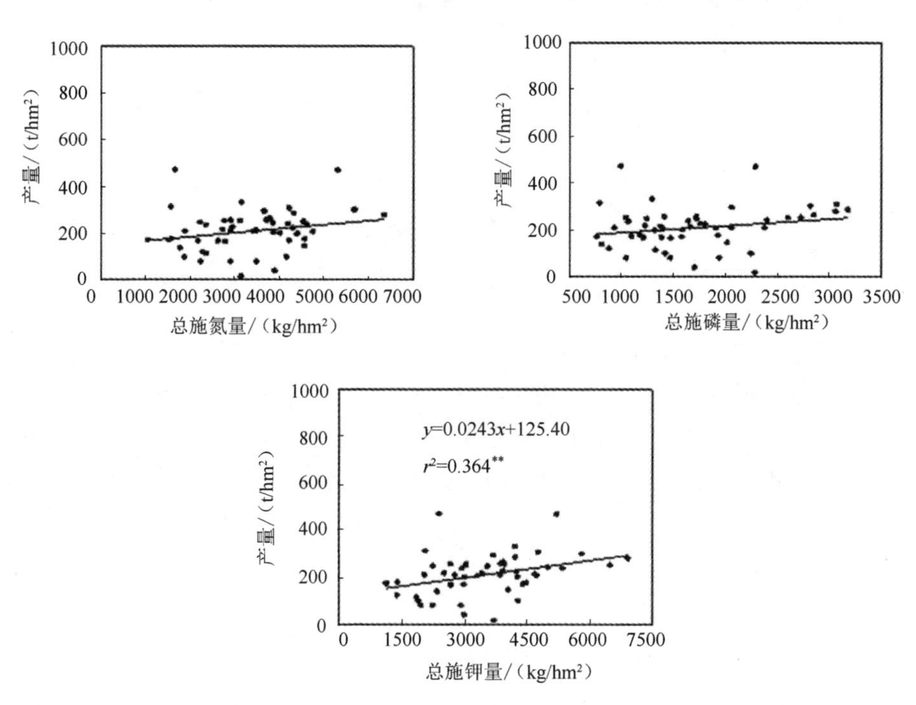

图 4-21　寿光市日光温室养分投入总量与蔬菜产量的相关性

**表示在 $p<0.01$ 水平上的显著相关

上海市规模化塑料大棚蔬菜生产也显示了相同的规律。对有机肥施用量与蔬菜生物产量间的关系进行分析[图 4-22（a）]，结果表明，随着有机肥施用量的不断增加，蔬菜产量也相应不断增加，但当有机肥施用量超过一定量时，即氮磷折纯量约 200kg/亩时，随着施用量的增加产量反而呈下降趋势。化肥施用量与蔬菜生物产量间的关系分析也获得了相似的规律[图 4-22（b）]。但产量出现降低转折点的氮磷折纯量稍低，约为 120kg/亩。

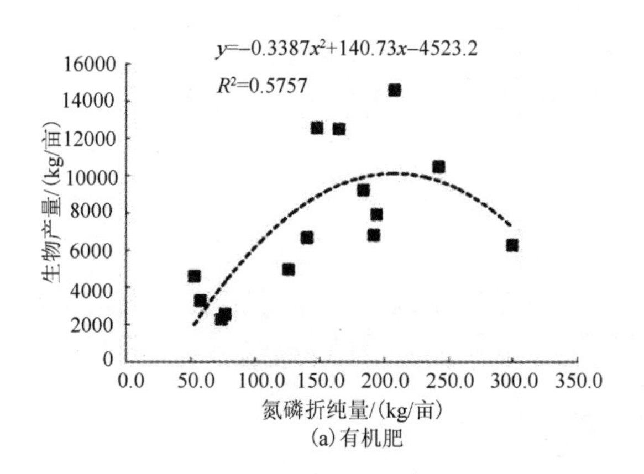

(a) 有机肥

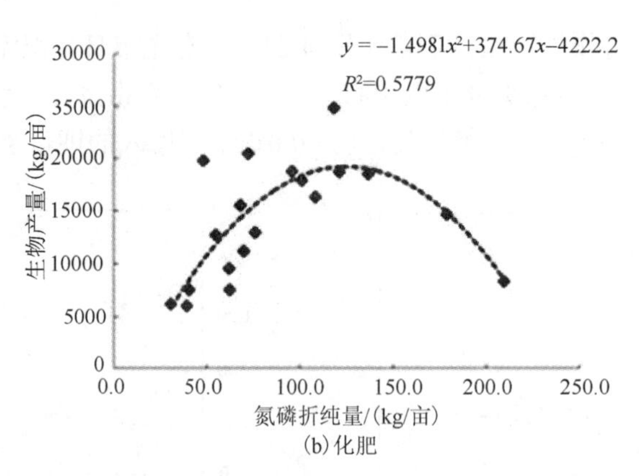

(b) 化肥

图 4-22　上海市规模化塑料大棚有机肥和化肥施用量与蔬菜产量关系

肥料施用量对作物产量的影响在上海市的设施菜地与种植模式有关。叶菜连作模式下，生物产量随施肥量变化的趋势如图 4-23（a）所示。肥料氮磷折纯量与叶菜生物产量间存在一元二次相关关系。大约在氮磷折纯量为 300 kg/亩时，产量呈现下降趋势。

叶茄连作模式下，蔬菜生物产量随施肥量变化也显示了上述类似的趋势，其转折点约在 220kg/亩，但相关性较差（R^2 仅为 0.2162），因此，叶茄连作模式下，蔬菜生物量产生变化的施肥量阈值可信度较低。

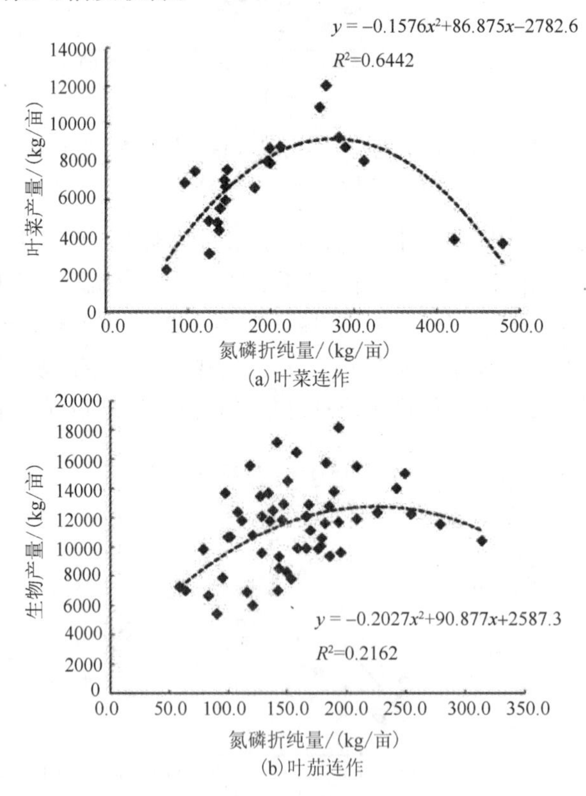

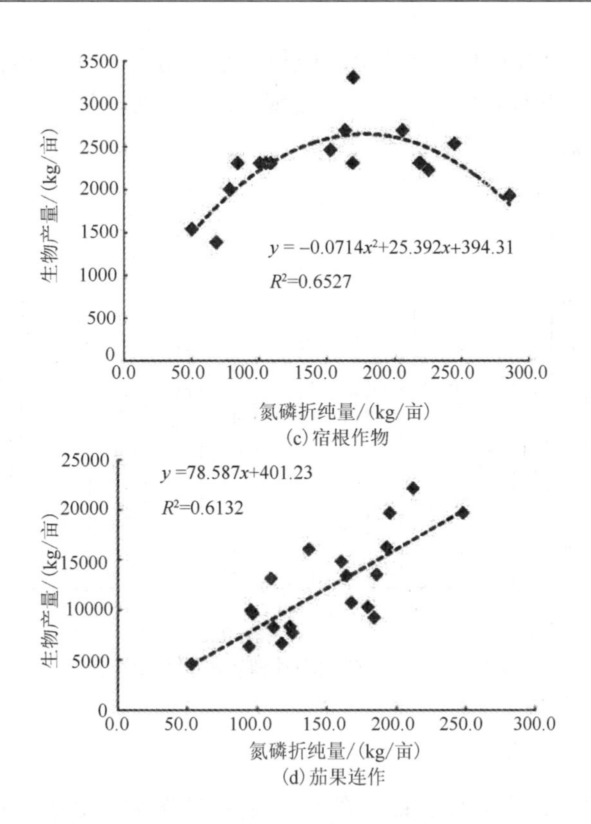

图4-23　不同蔬菜种植模式下蔬菜产量随施肥量的变化趋势

多年生宿根类作物（如芦笋）的生产种植模式与茄果连作模式类似，均为一次性栽种后，在较长收获期内，分批次追肥与分批次采摘交替进行，其生物产量与施肥量的一元二次相关关系更为明显，氮磷施肥量的转折点在170 kg/亩。

与前几个种植模式不同，茄果连作模式下，蔬菜生物产量随施肥量变化呈一次线性相关性，随着施肥量的增加，作物生物产量没有出现明显转折。本次调查范围内，茄果连作模式下的施肥量总体仍处于促进蔬菜产量增加阶段，尚未达到造成生产障碍的施肥量阈值。

因此，综合分析不同种植模式下施肥量与蔬菜产量间的关系可知，蔬菜生物产量均随肥料施用量的增加呈上升趋势，并在达到一定阈值后又随肥料施用量的增加而逐渐下降。

此外，根据不同种植年限设施蔬菜产量的调查结果还发现（图4-24），设施菜地投入使用初期，随种植年限的增加，蔬菜产量呈升高的趋势，当种植年限达到7a左右时，蔬菜产量达到最高，此后蔬菜产量呈现下降趋势。

引起不同种植年限设施菜地蔬菜产量变化的原因可能与诸多因素有关，但土壤中养分的积累可能是一个重要的因素。一般设施蔬菜园艺场的复种指数平均可达4～6茬，肥料投入量也大大超过作物对养分的需求量，导致多数设施菜地土壤含盐量随种植年限增加而升高（郭春霞，2011；周鑫鑫等，2013）。尽管大多数园艺场蔬菜生产过程中会对设施菜地采取灌水洗盐或揭棚等措施，但种植年限超过 7a 后，随着种植年限的增加，设施菜地土壤盐分会不断累积，次生盐渍化现象加剧，可能影响农产品产量。

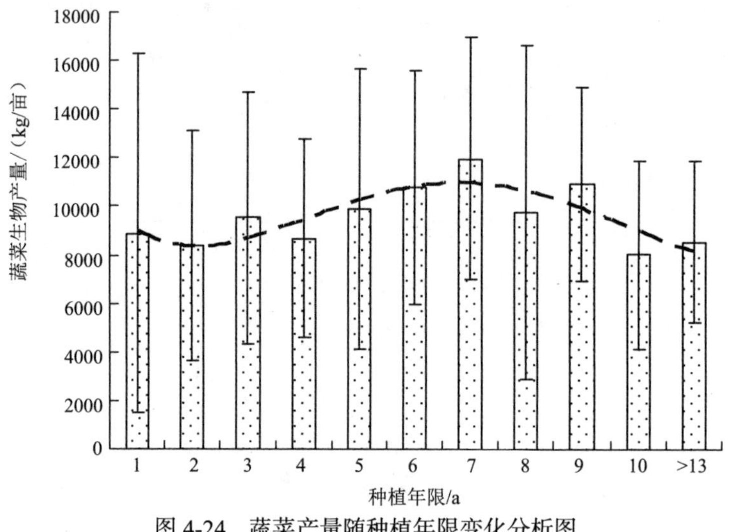

图 4-24　蔬菜产量随种植年限变化分析图

2. 对蔬菜品质的影响

土壤中养分过量积累对作物品质的影响主要是作物中硝酸盐的积累（张兵等，2007）。为此，项目设计了一系列温室实验，以便评价肥料高量施用导致的土壤盐分积累对蔬菜中硝酸盐含量的影响。实验分别在两处实施：一处是在上海市青浦现代农业园区连栋大棚内进行，另一处在南京市江宁区谷里综合现代农业园的大棚育种基地中进行。

1）上海市规模化塑料大棚实验结果

上海市青浦现代农业园区的实验条件均与设施大棚种植相同。实验的土壤盐分浓度梯度设置采用两种方式，其一采用霍格兰溶液配置青浦现代农业园区露地土壤，并进行换算得出相应的浓度梯度（表 4-6）；其二采用上海金山银龙七场设施大棚内的次生盐渍化严重的土壤与露地土壤配置出不同盐度浓度梯度（表 4-6）。土壤类型均为青紫泥，质地为中壤土。实验作物选择叶菜类十字花科的油菜，块茎类伞形科胡萝卜。每个梯度设计 3 个重复（图 4-25）。实验过程中的主要测定指标包括作物发芽率、作物收获土壤全盐量、作物生物产量、作物硝酸盐含量。

表 4-6　土壤盐分对作物硝酸盐含量影响温室实验处理设置　（单位：g/kg）

	处理	对照	1	2	3	4	5	6	7	8	9
人工添加配置盐分	梯度/（g/kg）	0	2	3	4	5	6	7	8	9	10
原状土配置盐分	梯度/（g/kg）	1.08	1.90	3.00	3.60	4.15	5.21	6.28	8.03	9.14	9.36

图 4-25　规模化塑料大棚不同盐分等级土壤盆栽实验现场

实验结果显示，油菜作物出芽率随着土壤盐分的增加逐渐降低（图 4-26）。人工配置的土壤盐分梯度对油菜种子盐胁迫不太明显，而原状土配置的土壤盐分梯度胁迫明显，土壤盐分梯度达到 6 g/kg 时，油菜种子发芽率明显降低。

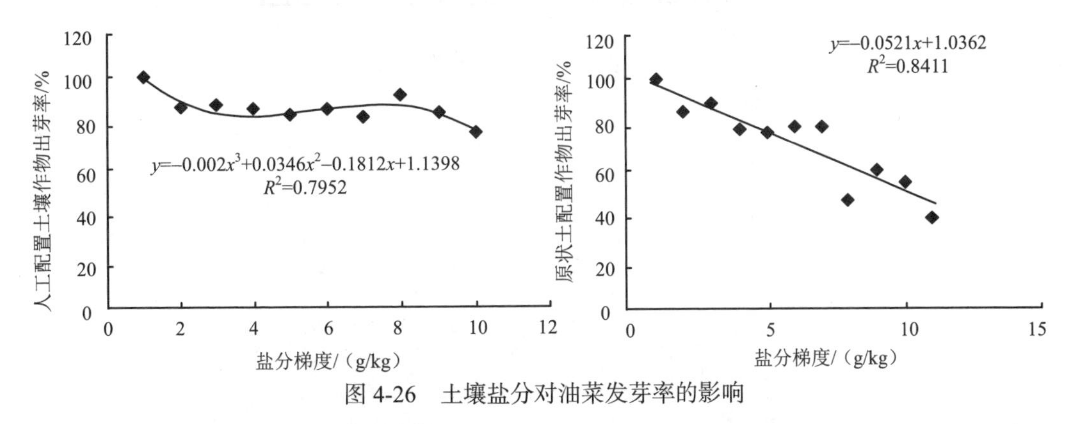

图 4-26　土壤盐分对油菜发芽率的影响

油菜产量随着盐分含量的增加有增加趋势，但是当盐分值超过 4 g/kg，产量开始下降。叶菜类作物是喜氮作物，无论是人工配制的盐溶液还是原状土配置的土壤盐分，NO_3^- 所占比例较大，所以作物产量随着盐分梯度的增高而增加，但当人工配制土壤盐分梯度超过 4g/kg 或原状土配置土壤盐分梯度超过 6 g/kg 时，随着盐分含量的增加作物产量急剧或逐渐下降（图 4-27）。

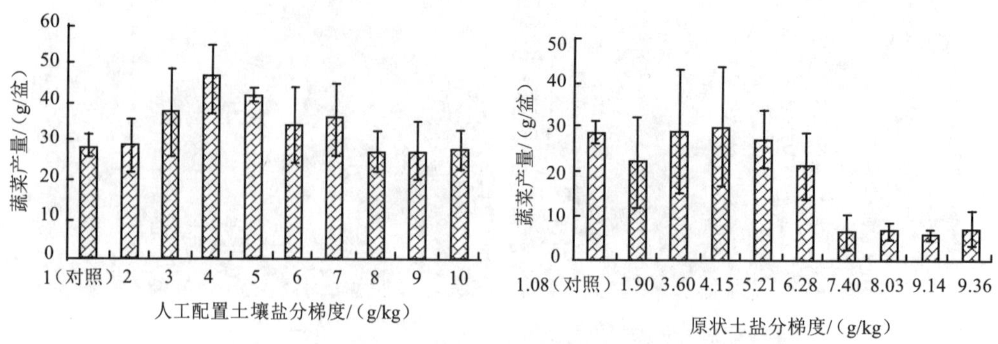

图 4-27　土壤盐分对油菜产量的影响

油菜作物中的硝酸盐含量随着土壤盐分梯度的增加呈现上升趋势，在盐分梯度超过 7～8g/kg 时，作物体内的硝酸盐含量维持在较高的水平（图 4-28）。叶菜类作物是极易富集硝酸盐的蔬菜，而人体中摄入的硝酸盐有 81.2%来自蔬菜，所以作物中的硝酸盐含量偏高对人体是一种危害。

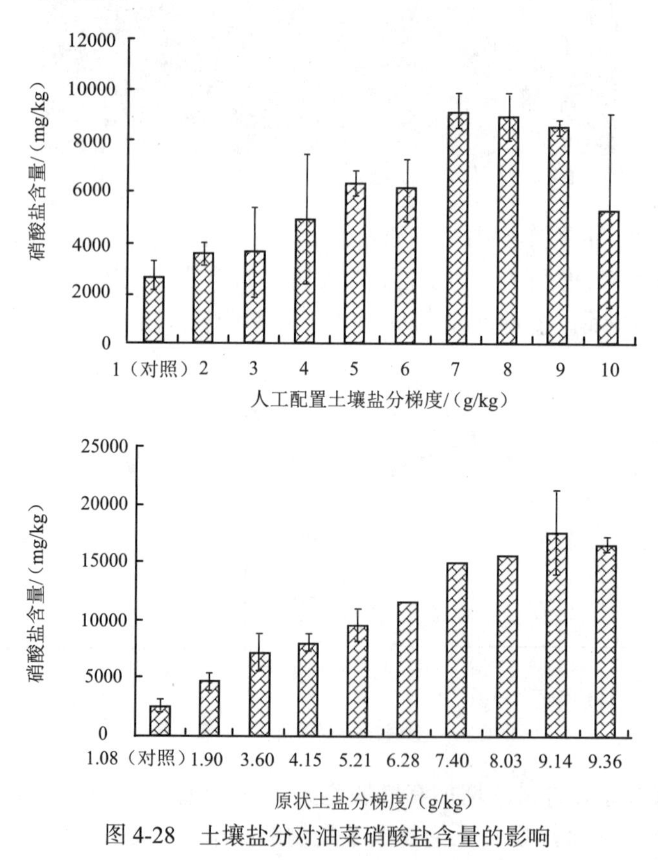

图 4-28　土壤盐分对油菜硝酸盐含量的影响

土壤盐分对胡萝卜出芽率的影响与油菜出芽率类似。在原状土配置的土壤盐分梯度中胡萝卜作物出芽率胁迫明显，土壤盐分梯度超过 6 g/kg 时，对种子发芽有明显抑制作用（图 4-29）。

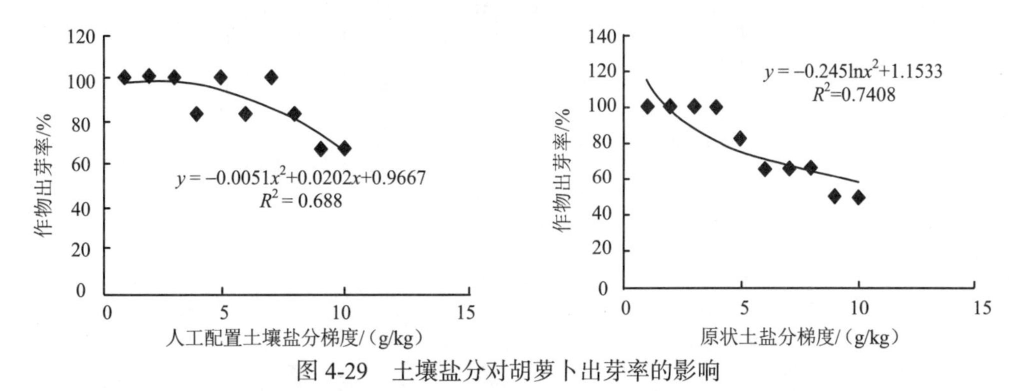

图 4-29　土壤盐分对胡萝卜出芽率的影响

随着盆栽土壤中盐分含量的上升，农作物产量有下降的趋势（图 4-30），原状土盐分配置梯度中，盐渍化程度严重的设施土壤中农作物产量极低，仅为对照组产量的 1/3。

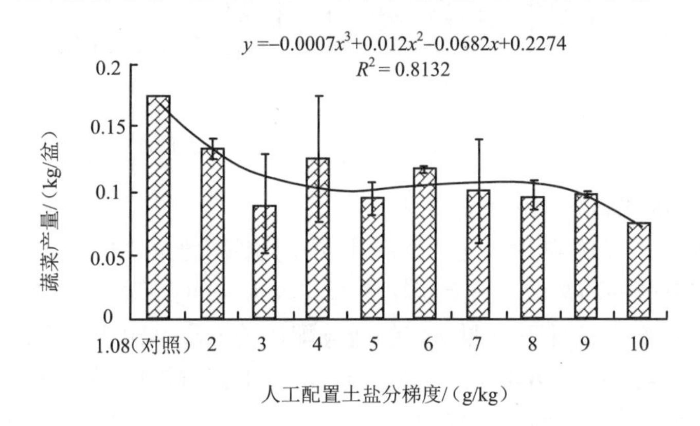

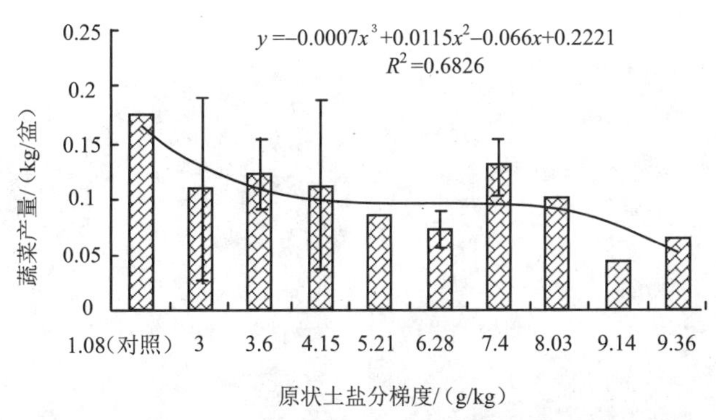

图 4-30　土壤盐分对胡萝卜产量的影响

原状土盐分配置梯度对胡萝卜品质的影响呈现正相关关系（R^2=0.8653）。随着土壤盐分含量的增加，硝酸盐含量逐步上升，远远超过了茄果类硝酸盐限值标准，表明设施土壤中的高盐分含量对茄果类蔬菜的品质也带来了严重的影响（图 4-31）。

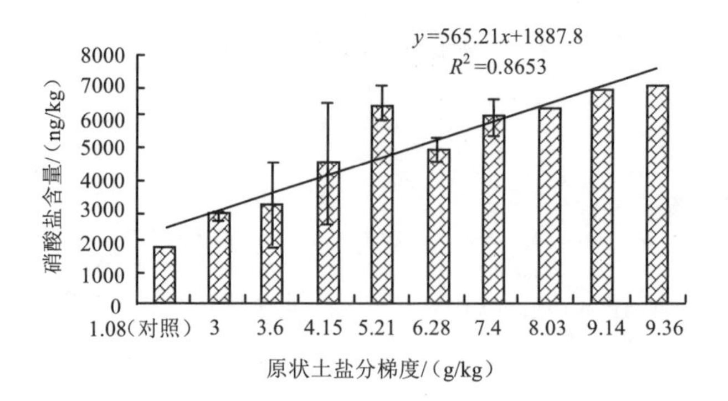

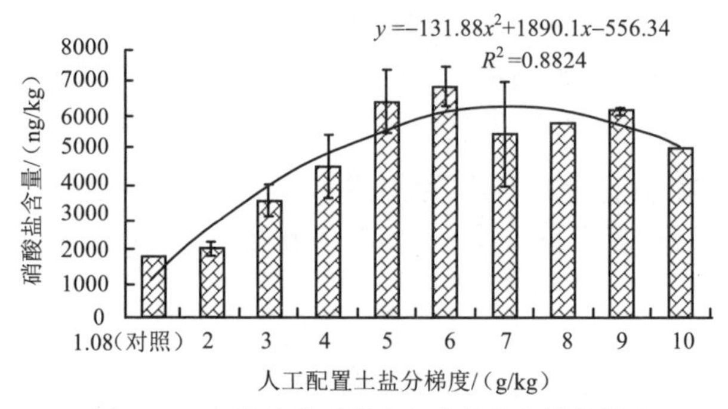

图 4-31　土壤盐分对胡萝卜硝酸盐含量的影响

2）南京市分散式塑料大棚实验结果

南京市大棚蔬菜设施农业基地的实验主要采用原状土配制出不同含盐量等级的土壤，即将谷里研究区的高盐分、低有机质土壤与溧水普朗克研究区的低盐分、高有机质土壤，在设施农业生产条件下按照一定的盐分配比关系配制出土壤含盐量为 1.2g/kg、2.4g/kg、3.6g/kg、4.8g/kg、6.0g/kg、7.2g/kg、8.4 g/kg 等的 7 个梯度等级。土壤类型均为马肝土。供试作物为华冠青菜和津早二号黄瓜。每个梯度也设计 3 个重复（图 4-32）。测定指标与上海市实验相同。

图 4-32　分散式塑料大棚不同盐分等级土壤盆栽实验现场

从实验结果（图 4-33）可知，青菜的出芽率与土壤盐分梯度呈线性关系，且相关系数较高，为 R^2=0.9326。土壤盐分梯度最低（1.2 g/kg）时，青菜种子的出芽率高达 90%，随着土壤盐分的增加，青菜的出芽速度呈下降趋势。这是由于土壤盐分梯度增加，种子萌发受到抑制，出芽率不断降低。盐分梯度为 7.2 g/kg 时，发芽率最低，仅达到 20%，表明了种子的出芽情况受土壤盐分的影响较大。在盐分梯度为 3.6 ~ 7.2 g/kg 时，发芽率的下降幅度较大，青菜种子在盐分为 3.6 g/kg 时出现耐盐阈值条件。

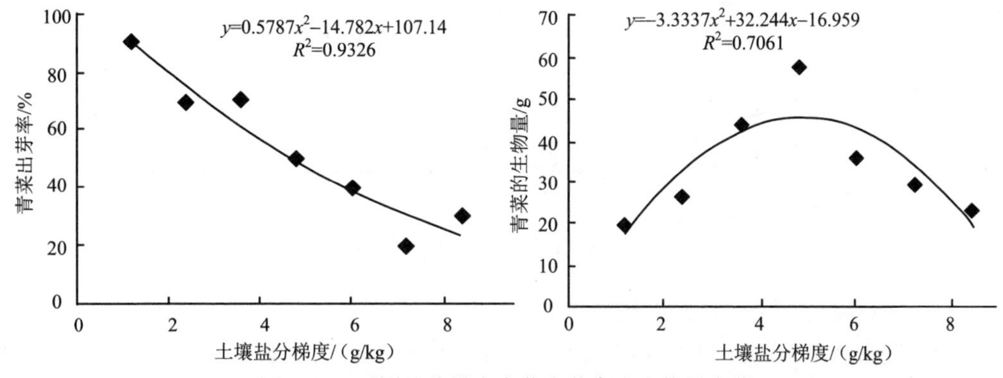

图 4-33 不同盐分梯度青菜出芽率和生物量变化

青菜的生物量与土壤盐分梯度呈规律性的变化。随着土壤盐分的增加，青菜的生物量先增加，再达到一定峰值对应盐分梯度为 4.8 g/kg；而后急剧下降，盐分对青菜的生物量产生了一定的影响。土壤盐分梯度为 8.4 g/kg 时，青菜的生物量由最大值 60 g 快速降低到 20 g 左右，说明该青菜品种的盐分阈值条件为 4.8 g/kg。

青菜硝酸盐含量的变化与土壤盐分梯度同样呈正相关关系（图 4-34），随着土壤盐分梯度的增加，青菜的硝酸盐含量缓慢增加，盐分梯度变化大于 3.6 g/kg 时，青菜硝酸盐含量达到最大值 5000 mg/kg。当土壤盐分梯度超过 4.8 g/kg 时，硝酸盐含量有所下降，可能与作物生产受阻有关。

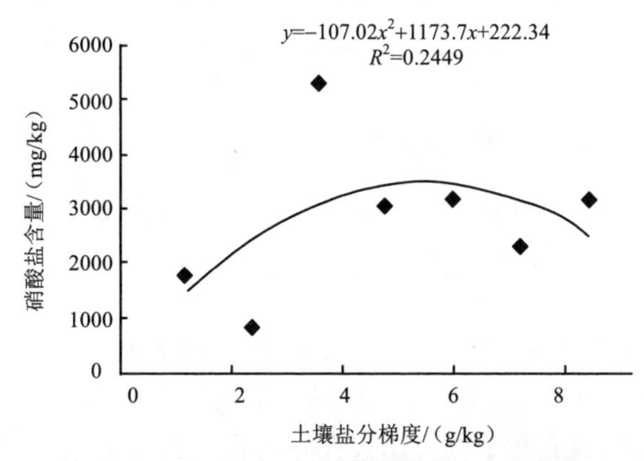

图 4-34 不同盐分梯度青菜硝酸盐含量变化

尽管黄瓜的生物产量随着土壤盐分梯度的增加呈现降低的趋势，但两者的关系没有达到显著。然而，随着土壤盐分梯度的增加，黄瓜的硝酸盐含量增加趋势较为明显

（图4-35），在土壤盐分梯度超过为 6g/kg 时，黄瓜的硝酸盐含量出现超过了茄果类硝酸盐限值标准（≤400mg/kg）的情况，表明土壤中的高盐分含量对茄果类蔬菜的品质带来了严重的影响。

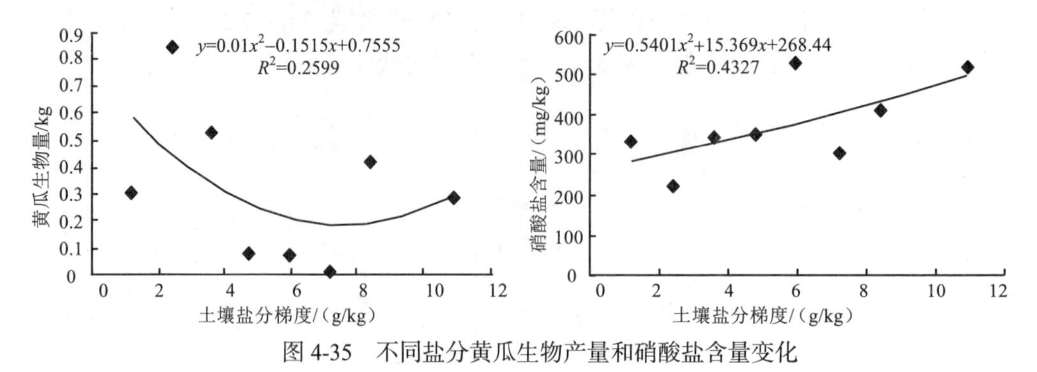

图 4-35　不同盐分黄瓜生物产量和硝酸盐含量变化

3）设施塑料大棚土壤灌水洗盐

蔬菜作物产量作为塑料大棚设施菜地土壤次生盐渍化的直观指示指标，是常规设施蔬菜生产过程中塑料大棚灌水洗盐的主要依据。因此，综合考虑规模化和分散式塑料大棚在不同盐分等级盆栽实验中作物产量与土壤盐分的关系，在土壤盐分梯度超过 5 g/kg 的情况下，叶菜类和茄果类蔬菜作物产量明显受到影响（表 4-7），同时作物中硝酸盐含量也明显提高。结合塑料大棚设施菜地生产状况，调查土壤环境质量典型监测土壤盐分与作物产量的关系，可以得到塑料大棚设施菜地次生盐渍化土壤需进行灌水洗盐的盐分临界值在 4g/kg 左右。

表 4-7　基于盆栽实验作物产量的塑料大棚灌水洗盐盐分临界值

类型	规模化		分散式	
	叶菜类	茄果类	叶菜类	茄果类
盐分临界值/（g/kg）	4	5	4.8	5

4.2.2　农药高频高量施用对蔬菜品质的影响

在前述农药在土壤中消解和残留的实验过程中，同时测定了农药在蔬菜上的消解，以研究农药高频高量施用对蔬菜品质的影响。

1）多菌灵在大棚和露天蔬菜上的消解差异

多菌灵在夏季露天、大棚和冬季大棚青菜上的消解速率呈现先快后慢的趋势（图4-36），但也有不同之处，夏季露天青菜上的多菌灵在施药后第 9d 消解率即达到 95.7%～97.2%，夏季大棚青菜上的多菌灵在施药后第 9d 消解率达到 90.89%～95.20%，而冬季大棚青菜上的多菌灵消解很慢，在施药后第 9d 消解率仅为 31.3%～44.5%，第 30d 消解率才达到 93.6%～97.4%。推荐剂量和两倍推荐剂量的多菌灵在冬季大棚青菜上的降解半衰期为 9.92d 和 10.78d（表 4-8），在夏季大棚青菜上的降解半衰期为 2.77d 和 3.76d，在夏季露天青菜上的降解半衰期为 1.36d 和 2.02d，比较三种不同栽培模式中多菌灵在青菜上的降解半衰期，在大棚环境条件下多菌灵在冬季青菜上的降解半衰期显著长于夏季青菜（$p<0.05$），分别延长了 6.29 倍和 4.34 倍；在相同季节栽培条件下多菌灵在夏季大棚青菜上的降解半衰期显著长于夏季露天（$p<0.05$），分别延长了 1.04 倍和 0.86倍。

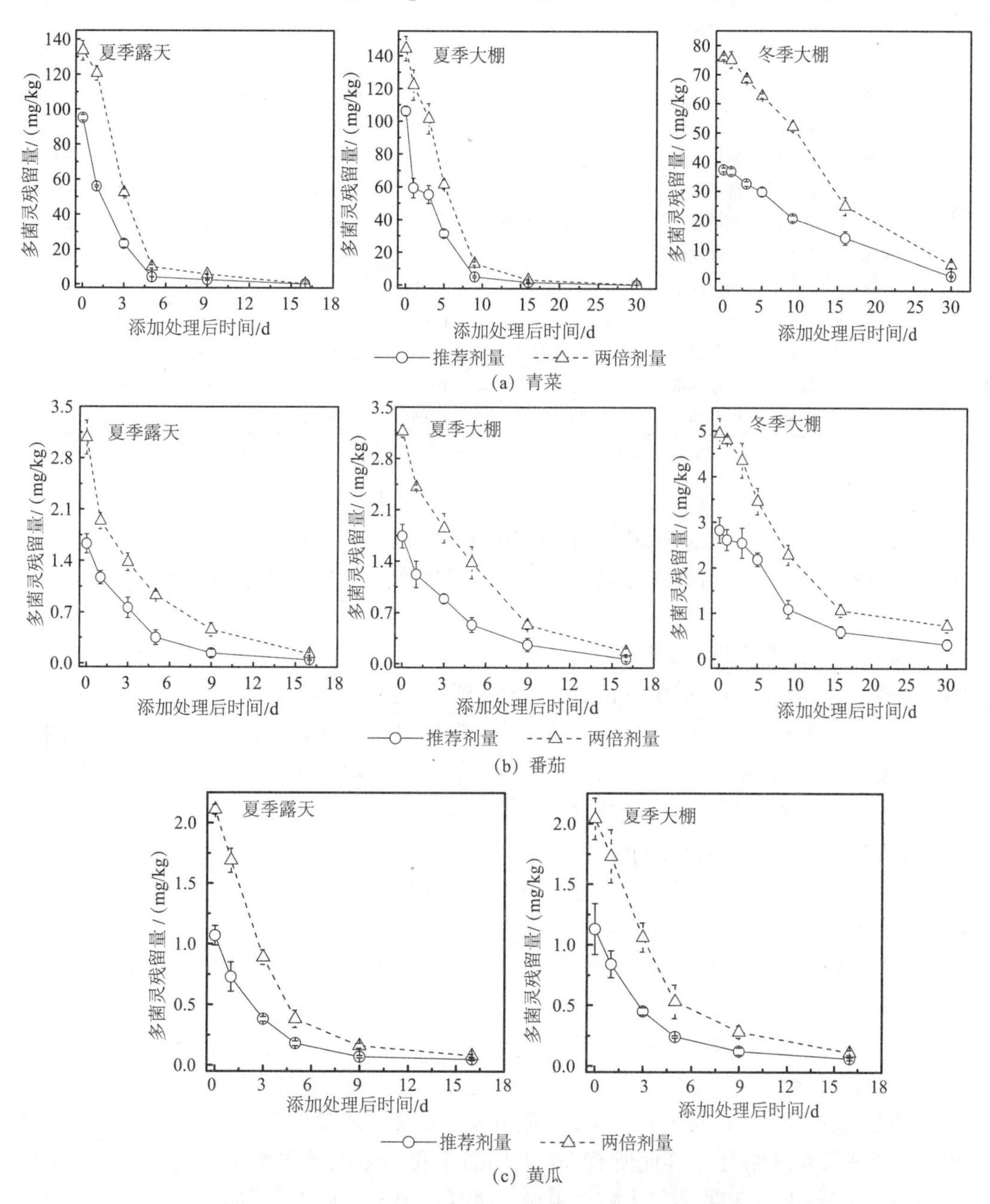

图 4-36　多菌灵在冬夏两季大棚和露天蔬菜上的消解特征

表 4-8　多菌灵在大棚和露天蔬菜上的消解动力学数据

菜种	地点	季节	浓度	动力学方程	R^2	$T_{1/2}$/d*	R_5	R_{16}	R_{30}
青菜	露天	夏季	推荐剂量	C=94.88e$^{-0.5107\,t}$	0.996	1.36±0.50	4.12	0.28	ND
	露天	夏季	两倍剂量	C=144.20e$^{-0.3445\,t}$	0.951	2.02±0.01	9.98	0.29	ND
	大棚	夏季	推荐剂量	C=97.80e$^{-0.2508\,t}$	0.938	2.77±0.24	31.39	1.73	0.25
	大棚	夏季	两倍剂量	C=149.37e$^{-0.1848\,t}$	0.971	3.76±0.21	61.50	3.23	0.37
	大棚	冬季	推荐剂量	C=39.27e$^{-0.0700\,t}$	0.973	9.92±0.49	29.78	13.94	0.98
	大棚	冬季	两倍剂量	C=80.89e$^{-0.0644\,t}$	0.958	10.78±0.42	62.66	24.92	4.86
番茄	露天	夏季	推荐剂量	C=1.61e$^{-0.2796\,t}$	0.994	2.48±0.49	0.35	0.05	ND
	露天	夏季	两倍剂量	C=2.87e$^{-0.2406\,t}$	0.963	2.88±0.10	0.93	0.13	ND
	大棚	夏季	推荐剂量	C=1.67e$^{-0.2237\,t}$	0.986	3.19±0.74	0.53	0.07	ND
	大棚	夏季	两倍剂量	C=3.08e$^{-0.1783\,t}$	0.988	3.89±0.33	1.38	0.17	ND
	大棚	冬季	推荐剂量	C=2.96e$^{-0.0873\,t}$	0.950	8.13±1.36	2.18	0.59	0.32
	大棚	冬季	两倍剂量	C=5.17e$^{-0.0843\,t}$	0.976	8.23±0.40	3.45	1.06	0.73
黄瓜	露天	夏季	推荐剂量	C=1.06e$^{-0.3457\,t}$	0.999	2.00±0.07	0.38	0.18	0.07
	露天	夏季	两倍剂量	C=2.16e$^{-0.3028\,t}$	0.991	2.29±0.07	0.89	0.38	0.16
	大棚	夏季	推荐剂量	C=1.13e$^{-0.2968\,t}$	0.994	2.38±0.38	0.45	0.24	0.12
	大棚	夏季	两倍剂量	C=2.09e$^{-0.2365\,t}$	0.990	2.93±0.19	1.06	0.53	0.28

*为三个重复的平均值；R_5、R_{16}、R_{30}分别代表第 5d、16d、30d 蔬菜上农药残留量（mg/kg）；ND 表示未检出。

我国蔬菜上多菌灵的安全间隔期推荐为 5d。由表 4-8 可知冬季大棚青菜上多菌灵在第 5d 残留量为 29.78～62.66mg/kg，在第 30d 最终残留量仍然高达 0.98～4.86mg/kg，均明显高出我国规定的多菌灵在叶菜类蔬菜上的最大残留限量（MRLs,0.5mg/kg），夏季大棚青菜上多菌灵在第 5d 残留量也高达 31.39～61.50mg/kg，到第 30d 为 0.25～0.37 mg/kg，降低到最大残留限量以下。夏季露天青菜上多菌灵在第 5d 残留量为 4.12～9.98 mg/kg，第 16d 为 0.28~0.29 mg/kg，才降到最大残留限量以下。由于多菌灵在大棚内消解速率比露天慢，大棚青菜上多菌灵残留量明显高于露天（p<0.05），夏季大棚青菜上多菌灵 R_5 值比露天高近 7 倍，并且大棚和露天 R_5 值（代表第 5d 蔬菜上农药残留量）均高于欧盟规定的多菌灵在叶菜类蔬菜上的最大残留限量（MRLs,0.1mg/kg）和日本最大残留限量（MRLs,3mg/kg）。

多菌灵在番茄上的消解速率与青菜一样呈现先快后慢的趋势（图 4-36）。比较发现大棚环境下多菌灵在番茄上的降解半衰期在冬季显著长于夏季（p<0.05），分别延长了 1.12 倍和 1.55 倍（表 4-8），在相同季节条件下多菌灵在大棚番茄上的降解半衰期显著长于露天（p<0.05），分别延长了 29%和 35%，因此多菌灵在番茄地施药后消解速率顺序为夏季露天＞夏季大棚＞冬季大棚。

多菌灵在冬季大棚、夏季大棚和露天番茄施药后第 5d 残留量依然是大棚番茄上多菌灵残留量明显高于露地（p<0.05），夏季大棚番茄上多菌灵 R_5 值比露天高近 50%。除了夏季露天推荐剂量处理组外，其他所有 R_5 值均高于我国多菌灵在番茄上的最大残留限量（MRLs，0.5mg/kg）和欧盟最大残留限量（MRLs，0.5mg/kg），但与日本最大残留限量（MRLs，3mg/kg）相比，除冬季大棚两倍剂量处理组外，所有 R_5 值均低于其限量标准。

同样地，多菌灵在黄瓜上的消解速率也是先快后慢，施药后 2h 至 9d 期间消解较快，之后呈现缓慢趋势，夏季大棚和露天多菌灵在黄瓜施药后第 9d 降解率分别达到 86%～90%和 92%～93%，降解率差异不大。多菌灵在夏季大棚和露天黄瓜上降解半衰期依次是 2.38～2.93d 和 2.00～2.29d，大棚黄瓜延长了 19%和 28%。

2）百菌清在大棚和露天蔬菜上的消解差异

青菜上百菌清消解速率也呈现先快后慢的趋势（图 4-37），夏季露天和大棚青菜喷药后第 9d 百菌清消解率为 97.6%～97.7%和 95.5%～96.4%，而冬季大棚青菜喷药后 30d 消解率才达到 92.06%～92.43%（表 4-9）。百菌清在冬季大棚降解半衰期（7.74～9.26d）长于夏季大棚（2.87～3.28d），又长于夏季露天（1.54～1.78d）（$p<0.05$）。

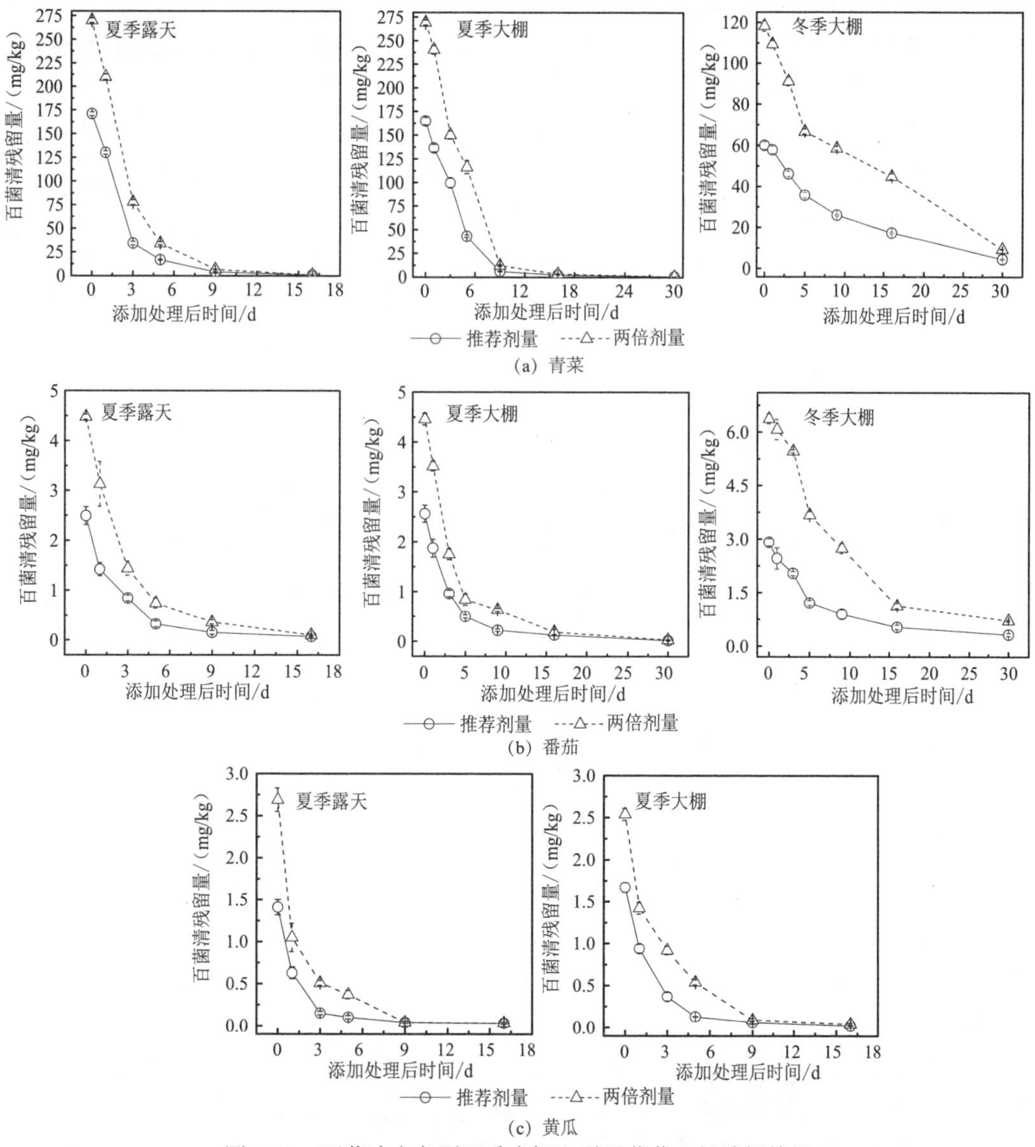

图 4-37　百菌清在冬夏两季大棚和露天蔬菜上的消解特征

从环境安全角度看，我国蔬菜上百菌清的安全间隔期为 7d。通过一级动力学方程计算得出，百菌清在冬季大棚、夏季大棚和夏季露天青菜上第7d残留量R_7分别为32.32～67.95mg/kg、31.53～64.09mg/kg、7.68～18.45mg/kg（表 4-9）。参照我国规定百菌清在青菜上最大残留限量（MRLs, 1mg/kg）、欧盟最大残留限量（MRLs, 0.5mg/kg）和日本最大残留限量（MRLs, 2mg/kg），所有 R_7 值均超出限量标准。

百菌清在大棚和露天番茄上的消解动态的研究结果也显示，百菌清在番茄上的消解速度是夏季露天最快，夏季大棚次之，冬季大棚最慢（图 4-37，表 4-9）。7d 安全间隔期评价结果可看出，除冬季大棚处理组外，夏季大棚和露天 R_7 值均低于我国百菌清在番茄（绿色食品）上最大残留限量（MRLs, 1mg/kg），大棚和露天所有 R_7 值也低于日本最大残留限量（MRLs, 5mg/kg）。然而，冬季大棚两倍剂量处理组 R_7 值超过欧盟最大残留限量（MRLs, 2mg/kg），在高剂量下仍存在安全隐患。

百菌清在夏季大棚和露天黄瓜上的消解速率先快后慢，第 9d 降解率分别达到96.41%～96.46%和 97.16%～98.51%，降解率差异不大。但百菌清半衰期在夏季大棚（1.32～1.97d）显著长于露天（0.92～0.97d）（$p<0.05$）。

表 4-9 百菌清在大棚和露天蔬菜上的消解动力学数据

菜种	地点	季节	浓度	动力学方程	R^2	$T_{1/2}$/d*	R_7	R_{16}	R_{30}
青菜	露天	夏季	推荐剂量	$C=178e^{-0.449t}$	0.9776	1.54±0.05	7.68	0.60	ND
	露天	夏季	两倍剂量	$C=280e^{-0.389t}$	0.9877	1.78±0.03	18.45	0.78	ND
	大棚	夏季	推荐剂量	$C=171e^{-0.241t}$	0.9756	2.87±0.03	31.53	2.31	0.39
	大棚	夏季	两倍剂量	$C=282e^{-0.212t}$	0.9754	3.28±0.10	64.09	3.15	0.37
	大棚	冬季	推荐剂量	$C=61e^{-0.090t}$	0.9884	7.74±0.47	32.32	17.30	4.54
	大棚	冬季	两倍剂量	$C=115e^{-0.075t}$	0.9614	9.26±0.36	67.95	44.86	9.39
番茄	露天	夏季	推荐剂量	$C=2.4e^{-0.400t}$	0.9807	1.74±0.07	0.15	0.07	ND
	露天	夏季	两倍剂量	$C=4.5e^{-0.360t}$	0.9962	1.92±0.15	0.36	0.10	ND
	大棚	夏季	推荐剂量	$C=2.6e^{-0.318t}$	0.9958	2.18±0.14	0.28	0.13	0.02
	大棚	夏季	两倍剂量	$C=4.5e^{-0.297t}$	0.9870	2.34±0.14	0.57	0.19	0.03
	大棚	冬季	推荐剂量	$C=2.6e^{-0.120t}$	0.9401	6.04±1.95	1.12	0.53	0.32
	大棚	冬季	两倍剂量	$C=6.6e^{-0.099t}$	0.9747	7.17±1.44	3.31	1.12	0.71
黄瓜	露天	夏季	推荐剂量	$C=1.4e^{-0.759t}$	0.9930	0.92±0.08	ND		
	露天	夏季	两倍剂量	$C=2.6e^{-0.705t}$	0.9536	0.97±0.19	0.02		
	大棚	夏季	推荐剂量	$C=1.7e^{-0.526t}$	0.9969	1.32±0.05	0.04		
	大棚	夏季	两倍剂量	$C=2.4e^{-0.351t}$	0.9683	1.97±0.10	0.21		

*为三个重复的平均值；R_7、R_{16}、R_{30} 分别代表第 7d、16d、30d 蔬菜上农药残留量（mg/kg）；ND 表示未检出。

3）毒死蜱在大棚和露天蔬菜上的消解差异

毒死蜱在大棚和露天青菜、番茄和黄瓜等蔬菜上的消解动态（图 4-38）和一级降解动力学数据（表 4-10）结果显示出与前两种农药相类似的结果。毒死蜱在蔬菜上消解速率均是夏季露天>夏季大棚>冬季大棚。

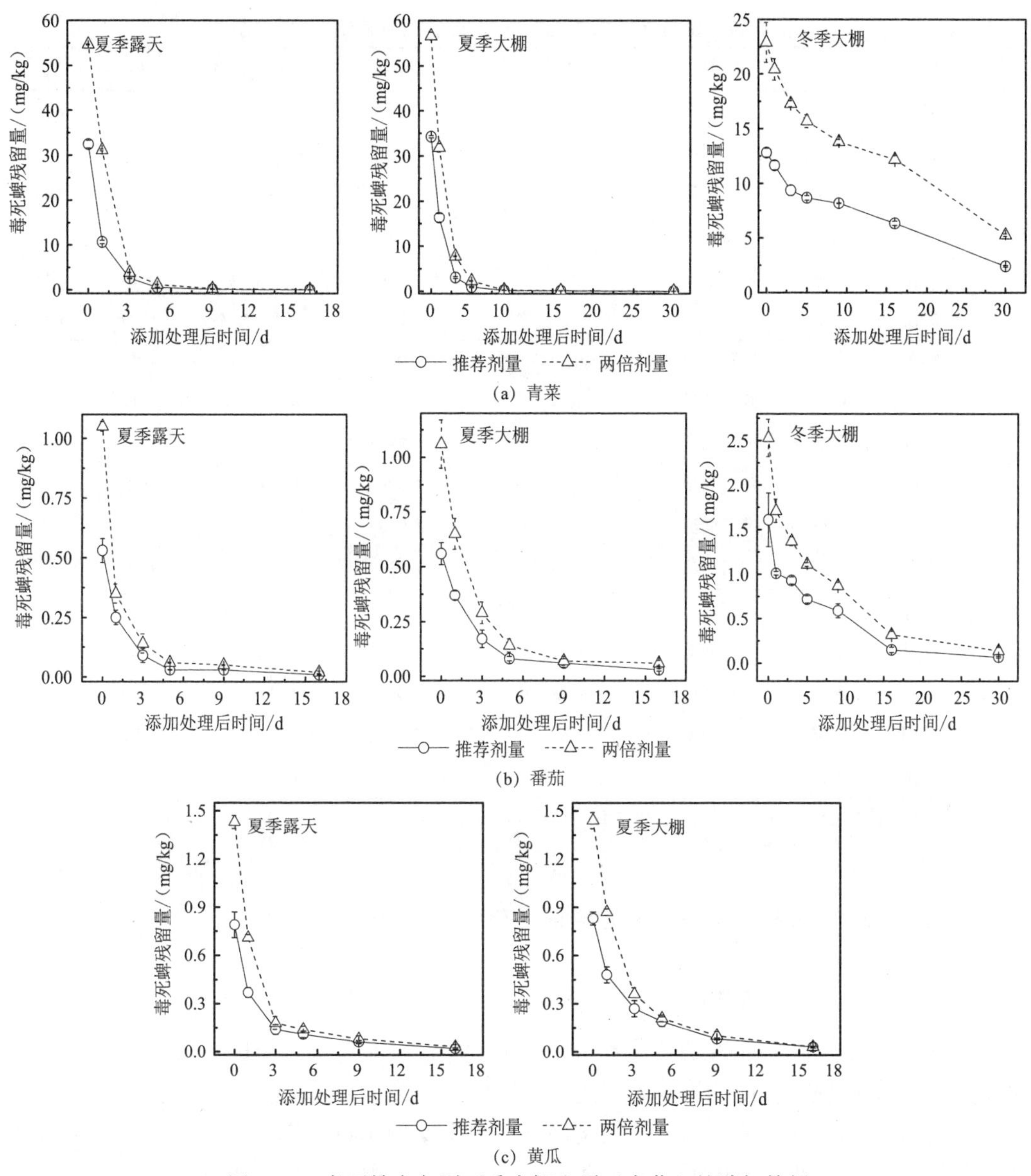

图 4-38　毒死蜱在冬夏两季大棚和露天青菜上的消解特征

安全评价表明，参照我国毒死蜱在叶菜类蔬菜上最大残留限量（MRLs, 1mg/kg）和日本规定的最大残留限量（MRLs，1mg/kg），夏季露天和大棚处理组 R_7 值在残留限量以下，而参照欧盟毒死蜱在叶菜类蔬菜上最大残留限量（MRLs，0.5mg/kg），只有夏季露天处理组和夏季大棚推荐剂量处理组 R_7 值达到限量标准以下。参照我国毒死蜱在茄果类蔬菜上的最大残留限量（MRLs，0.5mg/kg）、日本规定的最大残留限量（MRLs，0.5 mg/kg）和欧盟规定的最大残留限量（MRLs，0.5 mg/kg），夏季露天和大棚处理组

R_7值均在残留限量以下，而冬季大棚处理组 R_7 值在限量标准以上。

表 4-10　毒死蜱在大棚和露天蔬菜上的消解动力学数据

菜种	地点	季节	浓度	动力学方程	R^2	$T_{1/2}$/d*	R_7	R_{30}
青菜	露天	夏季	推荐剂量	C=32.31e$^{-1.0688\,t}$	0.9970	0.65±0.01	0.02	ND
	露天	夏季	两倍剂量	C=55.64e$^{-0.6783\,t}$	0.9895	1.02±0.006	0.48	ND
	大棚	夏季	推荐剂量	C=34.30e$^{-0.7597\,t}$	0.9996	0.91±0.06	0.17	0.01
	大棚	夏季	两倍剂量	C=56.97e$^{-0.6190\,t}$	0.9988	1.12±0.04	0.75	0.02
	大棚	冬季	推荐剂量	C=12.02e$^{-0.0486\,t}$	0.9463	14.29±0.84	8.55	2.41
	大棚	冬季	两倍剂量	C=21.27e$^{-0.0447\,t}$	0.9419	15.56±1.24	15.56	5.26
番茄	露天	夏季	推荐剂量	C=0.52e$^{-0.6745\,t}$	0.9915	1.03±0.05	ND	
	露天	夏季	两倍剂量	C=1.04e$^{-0.9751\,t}$	0.9781	0.71±0.07	ND	
	大棚	夏季	推荐剂量	C=0.56e$^{-0.3832\,t}$	0.9868	1.81±0.29	0.04	
	大棚	夏季	两倍剂量	C=1.04e$^{-0.4276\,t}$	0.9891	1.63±0.29	0.05	
	大棚	冬季	推荐剂量	C=1.41e$^{-0.1277\,t}$	0.9172	5.49±1.30	0.58	
	大棚	冬季	两倍剂量	C=2.25e$^{-0.1319\,t}$	0.9363	5.27±0.63	0.89	
黄瓜	露天	夏季	推荐剂量	C=0.77e$^{-0.6056\,t}$	0.9647	1.17±0.24	0.01	
	露天	夏季	两倍剂量	C=1.42e$^{-0.6615\,t}$	0.9873	1.04±0.07	0.01	
	大棚	夏季	推荐剂量	C=0.78e$^{-0.3435\,t}$	0.9633	2.01±0.16	0.07	
	大棚	夏季	两倍剂量	C=1.41e$^{-0.4393\,t}$	0.9903	1.58±0.09	0.07	
	大棚	夏季	两倍剂量	C=2.4e$^{-0.351t}$	0.9683	1.97±0.10	0.21	

*为三个重复的平均值；R_7、R_{30} 分别代表第 7d、30d 蔬菜上农药残留量（mg/kg）；ND 表示未检出。

4.2.3　设施农业农膜和酞酸酯污染的植物生态效应与阈值

1. 设施农业农膜污染的生态效应与阈值

通过对典型设施农业区的调研和分析可知，设施农业农膜污染的生态效应主要表现在对农村生态景观和环境的影响。首先，农膜污染导致景观和视觉污染；其次，农膜残留导致土壤透气透水性下降，土壤结构破坏，使土壤微生物生态环境恶化，土壤肥力降低；最后，农膜污染会导致牛、羊等动物吃草时误食，引起动物中毒或死亡。当农膜残留量达到 7.5kg/hm^2 时，就会影响到作物生长和土壤性质。因此，将设施土壤农膜的残留阈值设定为 7.5kg/hm^2。

2. 设施农业酞酸酯污染的生态效应与阈值

1）急性毒性条件下酞酸酯对植物生长的影响

本研究选用油菜（*Brassica chinensis* L.）、绿豆（*Vigna radiata* Wilczek）、空心菜（*Ipomoea aquatica* Forsk）和生菜（*Lactuca sativa*）等作物，以 DnBP（99.1%）和 DEHP

（99.6%）为目标污染物进行酞酸酯的植物生态效应研究。

在设置的两种污染物浓度下，两种供试植物的各种生长指标表现出的响应情况是不同的，两种污染物对油菜和绿豆的种子发芽率均无明显影响（表 4-11）。油菜对于酞酸酯类污染物的毒性作用更加敏感，其根伸长、苗生长和生物量三个指标都显著受到两种目标污染物的影响，尤其是 DnBP 处理下的三个指标，均受到了极显著性的影响（$p<0.01$），而 DEHP 处理下的生物量指标也受到了极显著性的影响（$p<0.01$）。

各生长指标的半数效应浓度（除发芽率之外）均显著低于相同条件下处理的绿豆。对植物半数效应浓度的计算可以发现，DnBP 主要抑制了植物根伸长、苗生长、生物量的增加；而 DEHP 对植物根伸长、苗生长和生物量的影响，则时而促进，时而抑制。一般来说，污染物的抑制作用被视为较强的毒性作用。综合各生长指标来看，根伸长指标是最普遍和最容易受到酞酸酯污染物毒性作用影响的指标。植物的发芽率未受到明显影响，这可能与两种污染物的物理化学性质以及供试植物本身的性质有关。

表 4-11 急性毒性条件下两种目标酞酸酯对油菜和绿豆的主要生长指标的影响

酞酸酯类污染物	判断指标	油菜				绿豆			
		回归系数			EC_{50}/（mg/kg）	回归系数			EC_{50}/（mg/kg）
		a	b	R		a	b	R	
DnBP	发芽率	−0.0026	96.24	0.5002	38621	−0.0031	96.33	0.2237	31235
	苗生长	−0.003	0.0533	0.9973**	184	0	1.128	0.3899	∞
	根伸长	−0.0015	0.2673	0.9412**	512	−0.001	3.516	0.9513**	4016
	生物量	−0.009	1.763	0.9050**	251	−0.008	11.97	0.8826*	1559
DEHP	发芽率	−0.0016	96.25	0.5398	59843	−0.0023	97.88	0.3533	42774
	苗生长	−0.002	0.0973	0.8866*	299	−0.001	11.55	0.9581**	16550
	根伸长	0.0004	−0.0705	0.8973*	1426	−0.001	3.469	0.9607**	3969
	生物量	0.0001	0.1233	0.9982**	6233	0	1.101	0.5814	∞

*表示指标受到污染物的显著影响，**表示指标受到污染物的极显著影响。

2）亚慢性毒性条件下酞酸酯对植物生长的影响

亚慢性毒性试验（苗期试验）中，不同土壤因子条件下，两种目标污染物对生菜叶面积和生物量的影响结果显示（图 4-39），当土壤为中性条件时，DEHP 处理条件下的生菜叶面积相对于对照组有所增加，随土壤含水量的增加而增大；而 DnBP 处理条件下生菜叶面积较小，随着土壤含水量的增加略微升高，中性土壤条件下水分条件为敏感因子。当土壤处于碱性条件下时，DnBP 处理的生菜叶面积相对较大，而 DEHP 处理条件下的生菜叶面积略小，随土壤有机质含量的升高有升高的趋势，表明碱性土壤条件下有机质含量是敏感因子。中性条件下，两种目标污染物对生菜的生物量均影响不大，但是碱性土壤条件下 DEHP 处理表现出了一定的促进作用，并随着土壤含水量的增加而明显增大，在污染物浓度较低的情况下促进作用更明显。碱性条件下，土壤含水量是 DEHP 毒性的敏感因子。

从两种目标污染物对苗期空心菜叶面积和生物量的影响结果可以看出（图 4-40），在两种土壤 pH 条件下，DnBP 处理都使空心菜叶面积受到抑制，抑制作用与土壤含水量和有机质含量的关系不明显，但是在碱性条件下抑制作用略强。而 DEHP 处理下的空心菜叶面积主要受到促进作用，且与土壤有机质含量和污染物浓度正相关，但与土壤水分含量的关系不明显。因此，对于空心菜的叶面积来说，土壤 pH 是 DnBP 毒性作用的敏感因子，而土壤有机质含量是 DEHP 毒性的敏感因子。空心菜的生物量在两种土壤 pH 及两种污染物的处理下都存在明显的抑制作用，无论中性还是碱性土壤，DnBP 的抑制作用明显大于 DEHP，并呈现出随土壤含水量升高而增大的趋势。因此对于空心菜的生物量来说，土壤水分含量和 pH 是敏感因子。

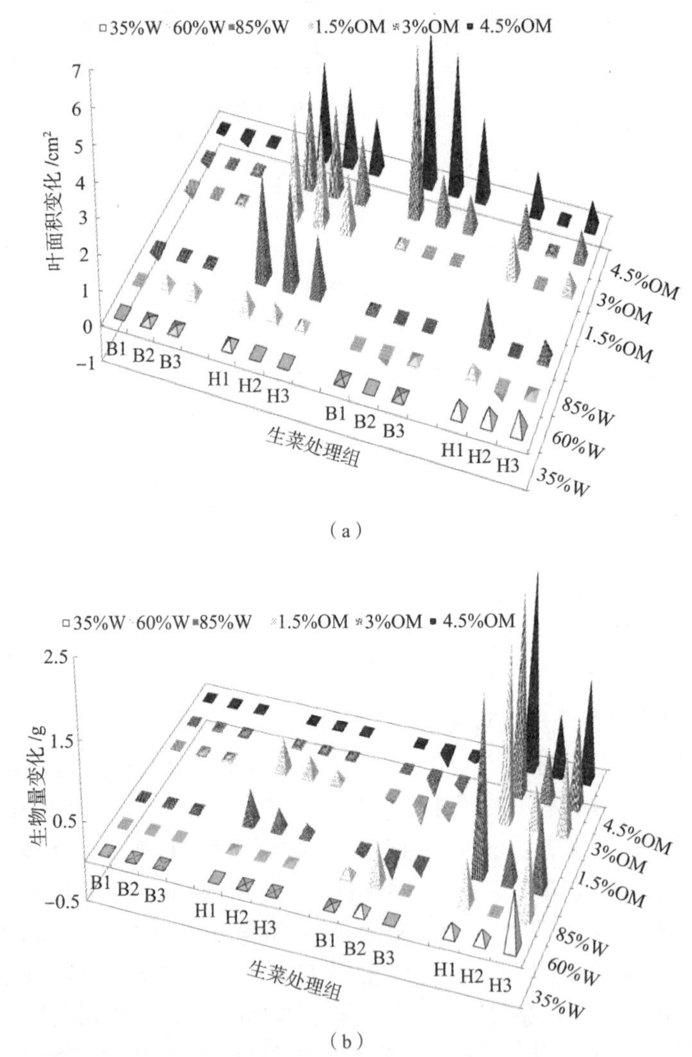

图 4-39　不同土壤条件下酞酸酯对生菜叶面积（a）与生物量（b）的影响

1.B 为 DnBP 处理;2.H 为 DEHP 处理；3.1.5%OM、3%OM 和 4.5%OM 为有机质含量；4.35%W、60%W 和 85%W 为土壤的含水量占最大持水量的百分比；5. x 轴左 6 个处理为 pH=7.0，x 轴右 6 个处理为 pH=8.5（下同）

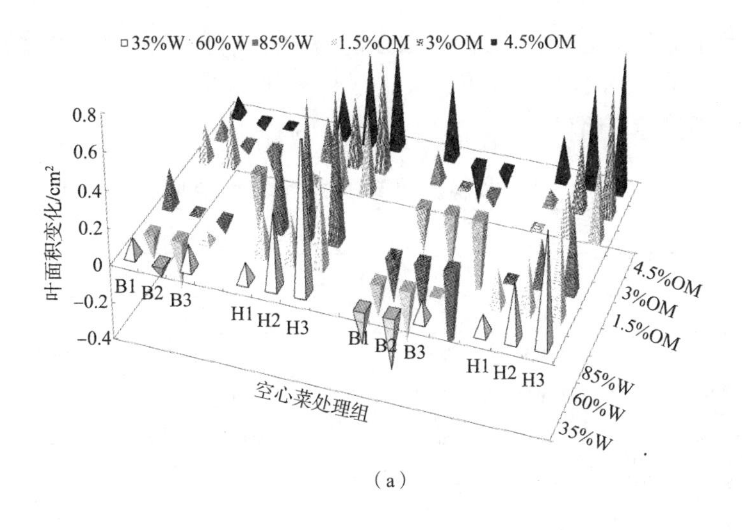

（a）

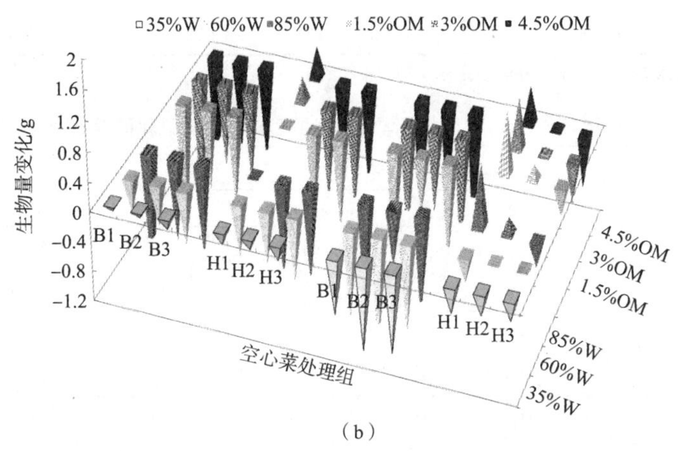

（b）

图 4-40　不同土壤条件下酞酸酯对空心菜叶面积（a）与生物量（b）的影响

3）急性毒性条件下酞酸酯对供试植物主要生理指标的影响

急性毒性条件下两种目标污染物对两种供试植物色素含量产生的影响（表 4-12），除 DnBP 处理条件下油菜体内的类胡萝卜素之外，其他各个处理中的各种植物色素均在酞酸酯的作用下有受抑制的趋势，且基本都达到了显著性影响（$p<0.05$）。通过比较各自的半数效应浓度可知，油菜的半数效应浓度值均小于绿豆。各种植物色素指标中，叶绿素为较敏感的指标。DnBP 处理条件下的半数效应浓度一般均低于 DEHP 处理下的。DnBP 抑制叶绿素 a 合成半数效应浓度非常低，证明其对植物光合系统的损害非常严重，具有较大的毒性。

急性毒性条件下两种目标污染物对绿豆和油菜体内各种抗氧化酶生理指标的影响（表 4-13）结果表明，对于油菜来说，其根部对两种污染物的敏感程度要大于地上部，这与通常条件下的植物反应相一致。对于绿豆来说，此规律并不明显，但是由 DnBP 引起 MDA 升高大于 DEHP 引起 MDA 升高的现象，说明 DnBP 对绿豆的毒性略大。油菜根部 POD 和 SOD 活性的升高明显大于其地上部，绿豆在 DnBP 处理下也显示了同样的趋势。两种植物都显示出 DnBP 处理下 POD 的活性升高更多的趋势。对本组实验中的两种植物来说，POD 对外界环境的压力可能比 SOD 更为敏感，而 APX 活性在各条件下都有所升高，但规律不明显。

表 4-12　急性毒性条件下两种目标污染物对油菜和绿豆植物色素的影响

酞酸酯类污染物	指标	油菜				绿豆			
		回归系数			EC_{50}/（mg/kg）	回归系数			EC_{50}/（mg/kg）
		a	*b*	*R*		*a*	*b*	*R*	
DnBP	叶绿素 a	−0.3	−0.128	0.8083*	1.24	−0.0012	−0.1724	0.8638*	273
	叶绿素 b	−0.013	2.802	0.9137**	254	−0.0085	2.492	0.9350**	352
	类胡萝卜素	0.0280	1.601	0.8961*	75	0.0090	10.696	0.9211**	1244
DEHP	叶绿素 a	−0.097	3.506	0.8318*	41.3	−0.016	17.916	0.8943*	1150
	叶绿素 b	−0.011	0.3217	0.8976*	74.7	−0.007	2.251	0.8821*	393
	类胡萝卜素	−0.038	28.684	0.8843*	768	−0.022	28.298	0.9113**	1309

*表示指标受到污染物的显著影响，**表示指标受到污染物的极显著影响。

表 4-13　急性毒性条件下两种目标污染物对油菜和绿豆抗氧化酶生理指标的影响

生理指标	植物部位	污染物	油菜回归系数			绿豆回归系数		
			a	*b*	*R*	*a*	*b*	*R*
MDA	地上部	DnBP	0.004	1.1852	0.9012**	0.0017	0.5675	0.9684**
	根部		0.0029	1.5936	0.9865**	0.0003	1.1034	0.9561**
	地上部	DEHP	0.0002	0.8853	0.9558**	0.001	0.5823	0.9208**
	根部		0.0072	1.4677	0.9605**	0.0008	0.7272	0.9703**
POD	地上部	DnBP	0.0143	6.993	0.9173**	0.0082	2.709	0.9058**
	根部		0.0941	20.439	0.9766**	0.0195	2.8387	0.9113**
	地上部	DEHP	0.0048	7.3344	0.9068**	0.0157	2.3842	0.9414**
	根部		0.0743	19.595	0.9547**	0.0026	3.0461	0.9852**
SOD	地上部	DnBP	0.0012	2.2878	0.9693**	0.0039	2.0892	0.8960*
	根部		0.0157	4.7195	0.9947**	0.0046	3.9225	0.9140**
	地上部	DEHP	−0.0053	0.939	0.9610**	0.0016	2.1015	0.9267**
	根部		0.0091	1.7702	0.9012**	0.0103	3.614	0.9837**
APX	地上部	DnBP	0.0004	0.2557	0.9384**	0.0004	0.1427	0.9038**
	根部		0.0027	0.3382	0.8912*	0.0005	0.222	0.8886*
	地上部	DEHP	0.0021	0.2478	0.9743**	0.0025	0.1927	0.9189**
	根部		0.0011	0.3371	0.9704**	0.0002	0.2287	0.9448**

续表

生理指标	植物部位	污染物	油菜回归系数			绿豆回归系数		
			a	*b*	*R*	*a*	*b*	*R*
GSH	地上部	DnBP	0.0032	0.2777	0.9423**	0.0016	0.8383	0.8972*
	根部		0.0109	6.0654	0.9832**	0.0022	1.6084	0.9087**
	地上部	DEHP	0.0002	0.2403	0.9481**	0.0007	0.4159	0.9432**
	根部		0.0088	5.2362	0.9338**	0.0015	1.3828	0.9031**
GST	地上部	DnBP	0.2838	101.61	0.9040**	0.0694	20.377	0.9492**
	根部		0.3147	120.32	0.9441**	0.1566	32.511	0.8885*
	地上部	DEHP	0.0042	2.9252	0.9832**	0.043	47.154	0.9296**
	根部		0.0489	14.157	0.9547**	0.0656	14.187	0.9250**
AchE	地上部	DnBP	−0.0017	1.2545	0.9072**	−0.0056	1.3359	0.9716**
	根部		−0.0059	4.1121	0.8921*	−0.0468	5.4401	0.9326**
	地上部	DEHP	−0.0089	2.4493	0.9442**	0.0049	0.711	0.9707**
	根部		−0.0833	32.792	0.9690**	−0.0507	15.378	0.8996*
脯氨酸	地上部	DnBP	0.0003	0.0521	0.9098**	0.0014	2.3026	0.8962*
	根部		0.0005	0.1366	0.8911*	0.0033	2.2164	0.8871*
	地上部	DEHP	0.0002	0.0389	0.9914**	0.01	1.9137	0.8681*
	根部		0.0008	0.1187	0.9892**	0.025	2.0137	0.9808**

*表示指标受到污染物的显著影响，**表示指标受到污染物的极显著影响。

DEHP 作用时，与其他研究一致（Zhang et al., 2008; Zhang et al., 2010），两种植物都显示 DEHP 会引起 APX 升高。在植物的发芽阶段，APX 在避免过氧化氢产生的毒性方面有重要作用，因而其活性的升高表明了生物机体的积极反应。GSH 和 GST 都在根部受到比地上部更明显的促进作用，而它们都是植物防御系统的重要组成部分(Hu et al., 2009）。GSH 含量和 GST 活性的升高表明植物体内正在进行去毒作用，也就是说两种污染物都对植物产生了毒害作用。而 DnBP 处理下植物的去毒作用更加明显，意味着其对植物的毒性更高。受两种污染物处理的两种植物各部位中的 AchE 活性几乎都受到了抑制，这与生命体在污染环境中的其他研究结果相一致（Ferreira et al., 2006）。而这一现象在植物发芽阶段还存在其特殊作用，即对喜光植物来说能够促进发芽作用，但对喜阴植物会抑制发芽。因为油菜和绿豆都不需要光照来催芽，所以即使它们体内的 AchE 活性下降了，也不会影响它们的发芽，这与前面的结果相一致。本实验中各处理的植物地上部和根部脯氨酸产量都受到了刺激，这与植物在逆境中的反应相一致，脯氨酸含量越高说明污染物毒性越大，本实验中 DnBP 的毒性略大。

由于两种目标污染物均能导致供试植物的脯氨酸含量增加、MDA 含量升高、SOD、POD 和 APX 活性的增加，因而两种污染物都具有一定的植物毒性。各指标产生与对照组显著性差异的临界浓度列于表 4-14。由表可知，发芽阶段当酞酸酯在土壤中的浓度达到 20 mg/kg 时，各生理指标即可出现与对照组的明显毒性差异。其中较为敏感的指标有 AchE、APX 和脯氨酸等。

表 4-14　目标污染物对供试植物各指标毒性的临界浓度

处理方式	临界浓度/（mg/kg）							
	MDA	GSH	GST	SOD	POD	APX	AchE	脯氨酸
DnBP 处理	5	5	5	5	20	1	1	1
DEHP 处理	20	20	5	5	20	5	1	5

4）亚慢性毒性条件下酞酸酯对供试植物主要生理指标的影响

培养 30d 后，采集最高浓度酞酸酯处理下的生菜和空心菜测定其叶绿素 a 的含量（图 4-41）。不论是在中性还是碱性土壤环境条件下，DnBP 均能够引起生菜和空心菜叶片中叶绿素 a 含量的下降，尤其是生菜。叶绿素含量的降低必然会导致光合能力的下降，从而使其合成有机物及积累干物质的能力减弱，因而可能导致植株生物量下降，这一结论与之前的生物量数据相一致。而 DEHP 对生菜叶片中的叶绿素 a 含量影响不大。但对于空心菜，在中性土壤中 DEHP 的作用使其叶片中叶绿素 a 含量明显增加。这可能与中性条件下，DEHP 作用后，空心菜生物量的增加有关。就目标污染物的自身性质而言，在碱性条件下 DEHP 更容易降解。因此中性土壤条件下 DEHP 表现出的对空心菜叶绿素 a 的促进作用在碱性土壤条件下就变得不再明显。

生菜体内总蛋白质含量的变化与其受到两种酞酸酯类污染物毒性作用后的生物量抑制等有一定关系（图 4-42）。在碱性土壤条件下用 DnBP 处理的生菜体内蛋白质含量较高，且随土壤水分含量和有机质含量的升高而增加。而 DEHP 处理时则是中性土壤条件下蛋白质含量较高，且随土壤有机质含量的升高而增加。因此，生菜总蛋白含量指标的敏感土壤因子为土壤 pH 和土壤有机质含量。

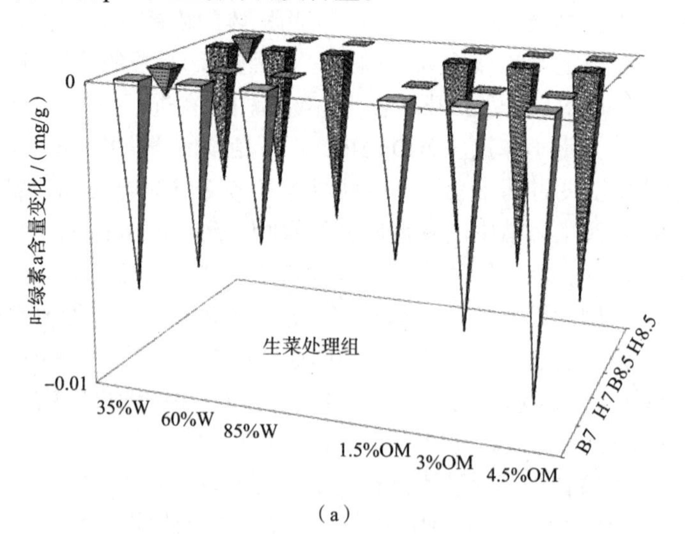

（a）

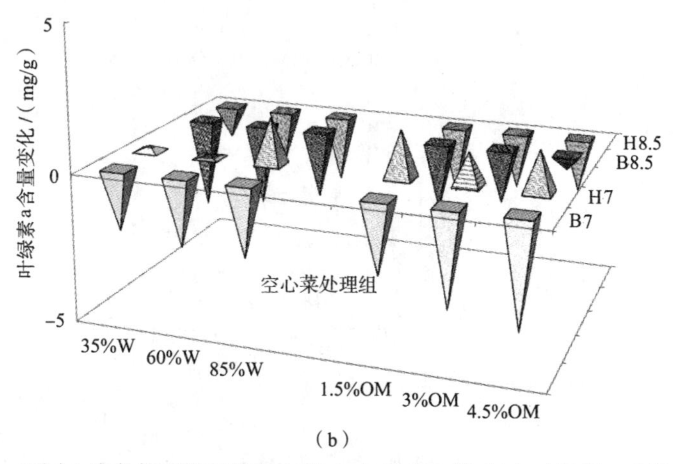

（b）

图 4-41　不同土壤条件下酞酸酯对生菜（a）和空心菜（b）叶绿素 a 含量的影响

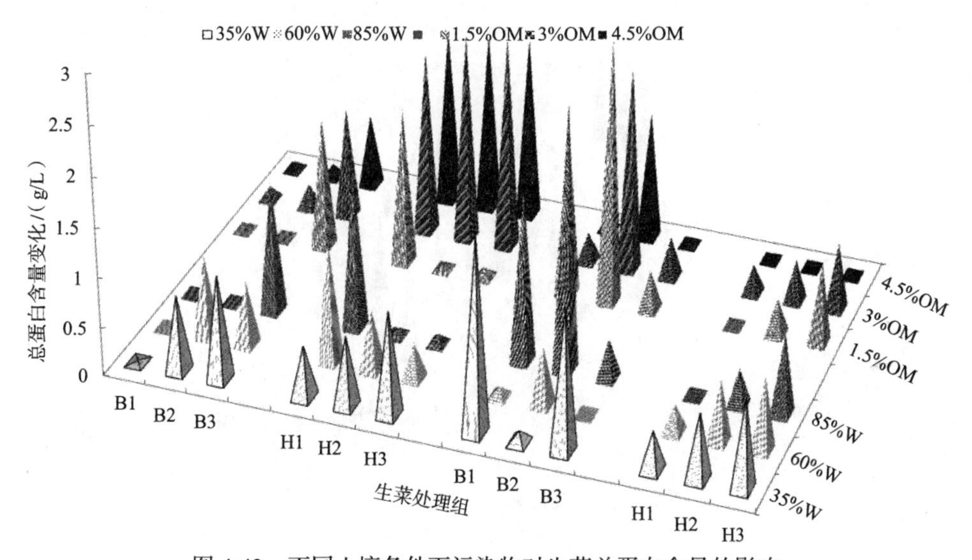

图 4-42　不同土壤条件下污染物对生菜总蛋白含量的影响

空心菜地上部的总蛋白含量在中性土壤较低有机质含量的 DnBP 处理时受到了略微的抑制，在土壤有机质含量增加后则受到促进作用（图 4-43）。但是在碱性条件下，污染物含量对空心菜地上部总蛋白含量的影响不大。对于根部而言，碱性土壤条件下两种污染物处理时，各部的总蛋白含量均受到明显的促进。而中性土壤条件下，DnBP 处理的促进作用较小。由此可见，土壤 pH 对空心菜的总蛋白含量的影响最为明显，为该指标的敏感土壤因子。

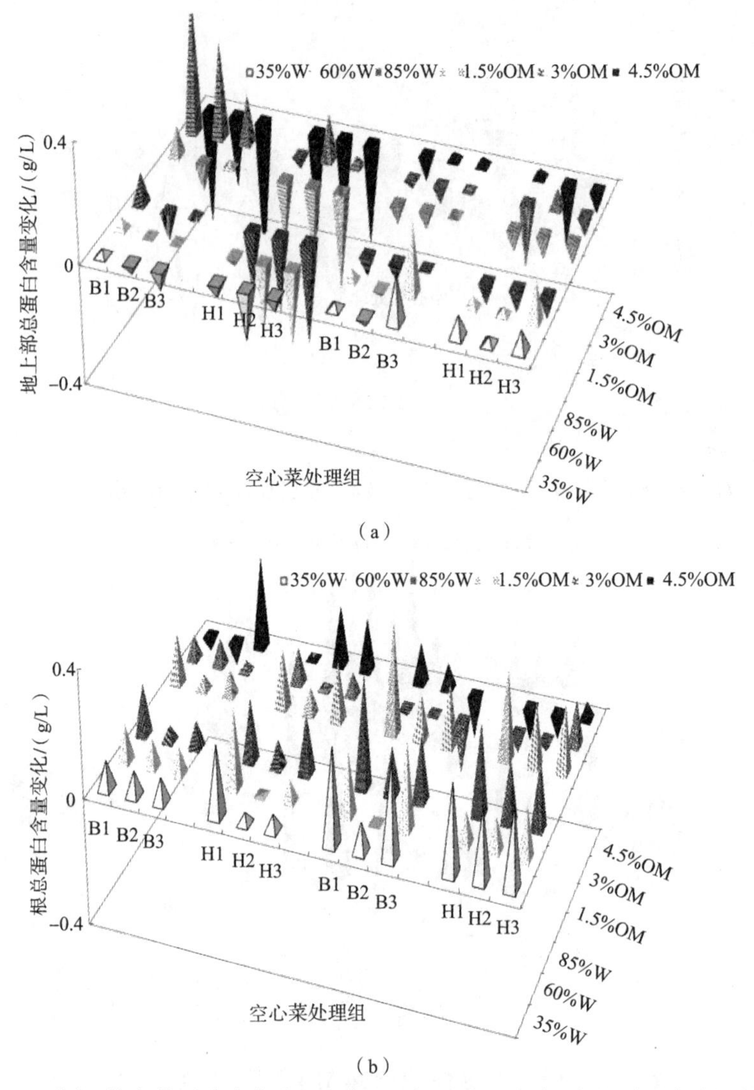

图 4-43　不同土壤条件下酞酸酯对空心菜地上部（a）和根部（b）总蛋白含量的影响

不同条件及不同污染物作用下生菜全株的自由氨基酸含量测定结果如图 4-44 所示。两种土壤 pH 条件下，自由氨基酸的含量以中性土壤条件下 DnBP 处理的生菜中含量为多，即受到明显的促进作用，且随着污染物浓度的升高，该促进作用有上升的趋势；碱性土壤条件下虽然也存在这样的促进趋势，但是绝对量方面小了很多。因此认为土壤 pH 是生菜自由氨基酸产生的敏感因子。

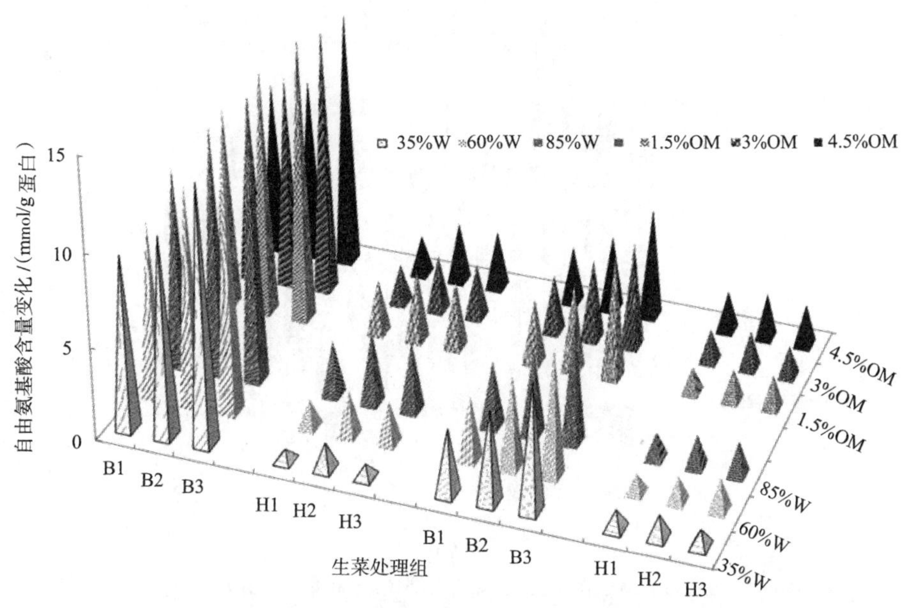

图 4-44　不同土壤条件下酞酸酯对生菜自由氨基酸含量的影响

图 4-45 为不同土壤条件及不同污染物作用下空心菜自由氨基酸含量的变化，由图中结果可知，两种土壤条件下空心菜体内的自由氨基酸含量都有所增加，尤其是根部的增加量更大。对于地上部来说，中性土壤条件下两种污染物的作用导致自由氨基酸含量上升更加明显。碱性土壤条件下 DnBP 作用引起的上升要高于 DEHP。对于根部来说，两种土壤条件下 DnBP 导致的空心菜根部自由氨基酸含量的上升均大于 DEHP。因此可认为土壤 pH 是空心菜产生自由氨基酸的敏感因子。

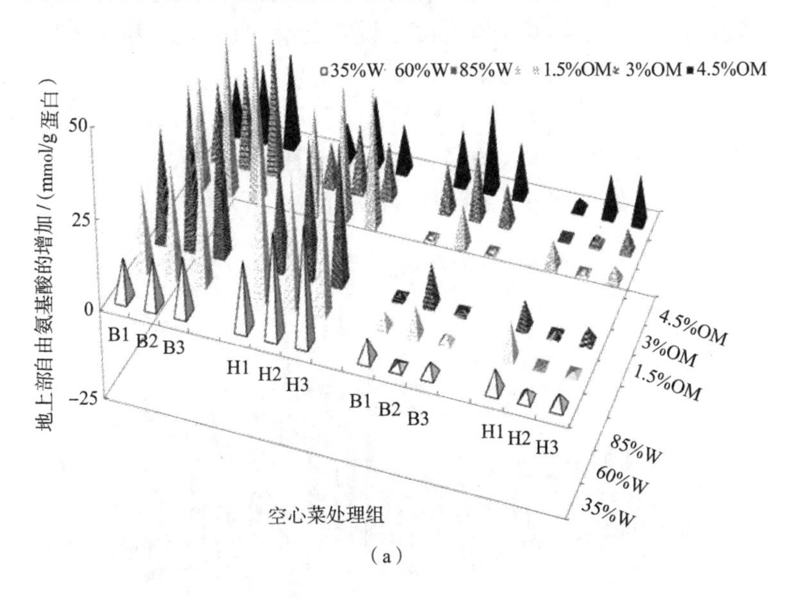

(a)

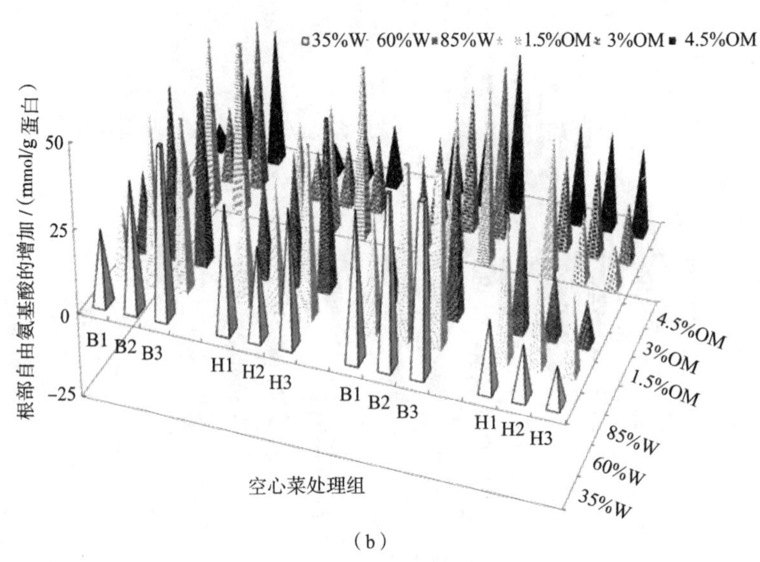

（b）

图 4-45　不同土壤条件下酞酸酯对空心菜地上部（a）和根部（b）自由氨基酸含量的影响

图 4-46（a）体现了生菜地上部的超氧阴离子自由基测定结果与对照组的差值。由图可知，在两种土壤 pH 条件下，两种污染物对生菜体内的超氧阴离子自由基的活性都产生了促进作用，但碱性土壤条件下活性的升高要高于中性土壤条件，且 DnBP 对活性的促进作用大于 DEHP 的作用。因此认为土壤 pH 是生菜产生超氧阴离子自由基的敏感因子。

空心菜地上部的超氧阴离子自由基活性变化与生菜的趋势一致[图 4-46（b）]。但是中性土壤条件下，DnBP 引起的活性增加也比较明显，甚至超过了碱性土壤中 DEHP 处理条件下活性的增加。说明对于空心菜来说，土壤 pH 不是最敏感的因子，而水分和有机质含量对 DnBP 毒性作用的影响更明显。

图 4-47（a）体现了生菜地上部的羟基自由基测定结果与对照组的差值，由图可以发现，所有处理条件下，生菜体内的羟基自由基活性都有很大提高，尤其是中性土壤条件下升高更加明显，可见土壤 pH 是羟基自由基活性的敏感因子。

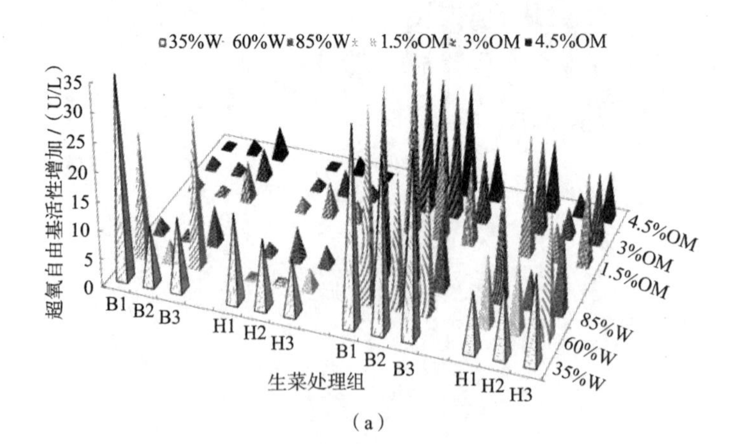

（a）

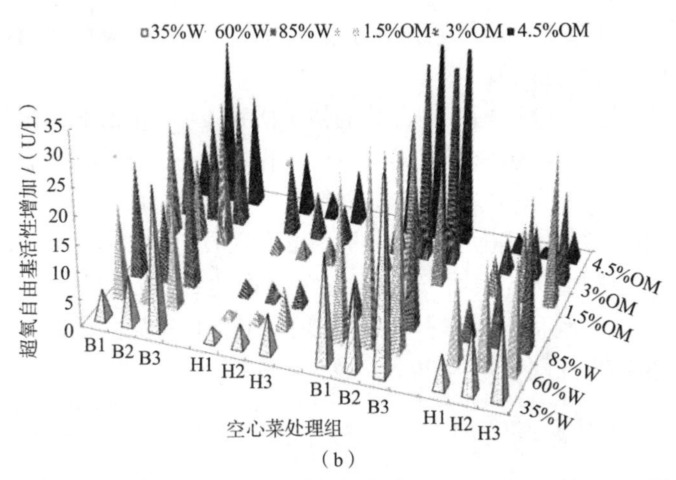

(b)

图 4-46　不同土壤条件下酞酸酯对生菜和空心菜地上部超氧阴离子自由基活性的影响

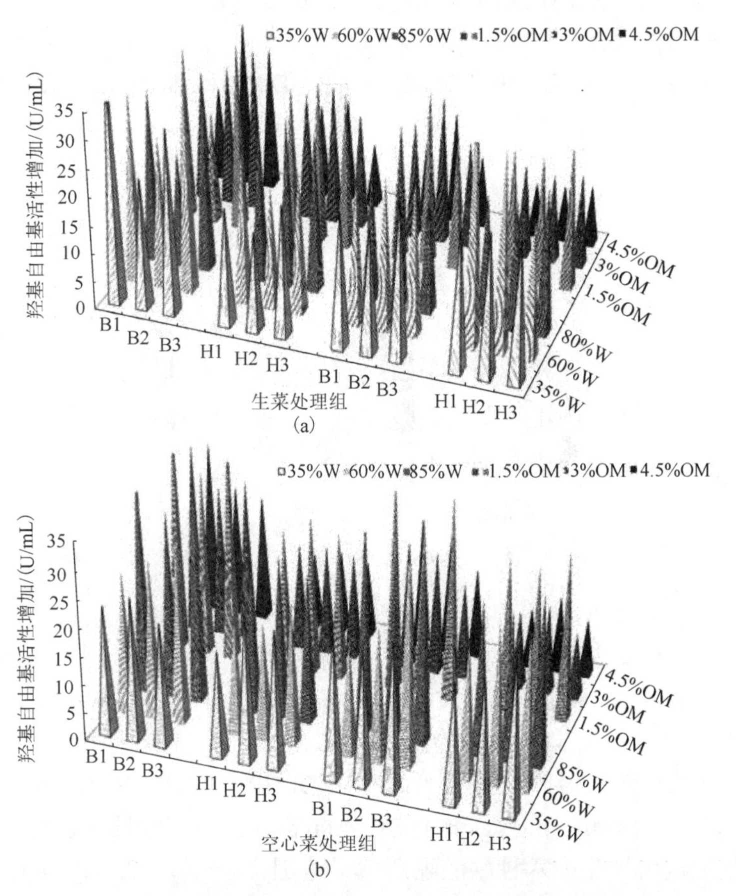

(b)

图 4-47　不同土壤条件下酞酸酯对生菜和空心菜地上部羟基自由基活性的影响

空心菜体内的羟基自由基活性也均有明显升高[图 4-47（b），其升高幅度排序为中性土壤 DnBP 处理>碱性土壤 DnBP 处理>碱性土壤 DEHP 处理>中性土壤 DEHP 处理，可见土壤 pH 不是最主要的影响因素，而土壤水分含量是更敏感的土壤因子。

5）酞酸酯的植物毒性阈值

综上所述，针对上述酞酸酯植物毒性的初步研究表明：DnBP 对根伸长、生物量以及各种抗氧化酶指标和关键蛋白等的影响以抑制作用为主，而 DEHP 表现为较明显的促进作用，DnBP 对两种供试植物的毒性作用要大于 DEHP。苗期实验发现土壤 pH 是很重要的影响酞酸酯毒性的敏感因子，其次是土壤有机质含量，最后是土壤水分含量。两种酞酸酯的植物毒性阈值研究表明，发芽阶段酞酸酯达到 20mg/kg 和苗期阶段酞酸酯达到 5mg/kg 时，各生理指标即可出现与对照组的明显毒性差异。因此，将发芽阶段和苗期阶段酞酸酯的植物毒性阈值定为 20 mg/kg、5 mg/kg。

3. 典型设施农业区蔬菜中酞酸酯残留特征

对南京地区周边湖熟（HS）、谷里（GL）、锁石（SS）以及普朗克（PLK）设施蔬菜基地种植的多种蔬菜中酞酸酯的残留量的调查测定结果表明，四个基地蔬菜可食部分六种酞酸酯总含量介于 0.79±0.63~3.01±2.13 mg/kg（图 4-48）；不同种类酞酸酯组分从高到低依次为 DEHP、DnBP、DnOP、DEP、DMP 和 BBP。DEHP、DnBP 和 DnOP 是设施蔬菜中的主要酞酸酯类污染物。

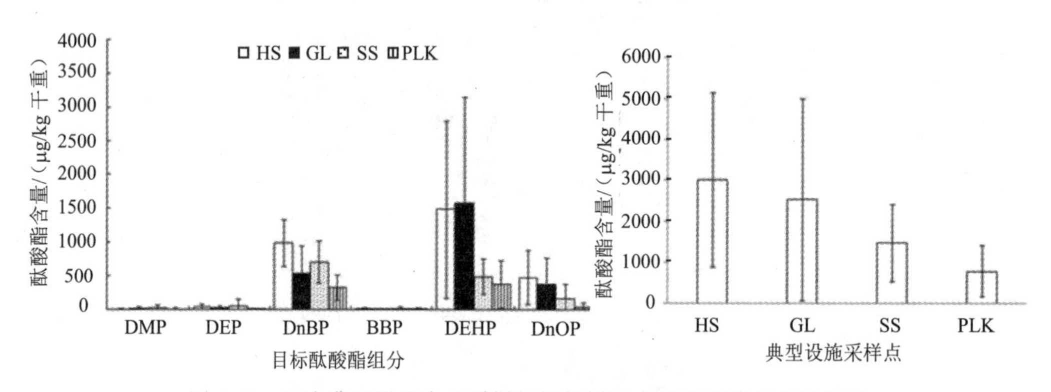

图 4-48 四个典型设施农业采样区植物样品中的酞酸酯组分和含量

四个设施蔬菜基地蔬菜样品中的酞酸酯分布特征及含量分别如图 4-49 所示。湖熟的蔬菜样品中酞酸酯含量差别较大，六种目标物的总含量介于 1.07~6.34mg/kg，主要的酞酸酯残留为 DEHP、DnBP 和 DnOP，其含量分别为 1.49±1.32mg/kg、0.99±0.35mg/kg 和 0.48±0.40mg/kg，占蔬菜中酞酸酯总量的 98.16%；谷里蔬菜样品中可食部分的六种目标物的总范围介于 0.39~7.15mg/kg，其中 DEHP、DnBP 和 DnOP 的含量分别为 1.58±1.58mg/kg、0.54±0.41mg/kg 和 0.38±0.40 mg/kg，占六种目标酞酸酯总量的 98.09%；锁石设施基地蔬菜样品中六种酞酸酯总含量范围介于 0.78~2.71mg/kg；其中 DnBP、DEHP 和 DnOP 的含量分别为 0.71±0.31mg/kg、0.49±0.26mg/kg 和 0.17±0.20mg/kg，占六种目标酞酸酯总量的 92.62%；普朗克有机蔬菜基地的不同蔬菜中酞酸酯含量及差别都较小，六种酞酸酯目标物的总含量介于 0.37~1.99mg/kg，DEHP、DnBP 和 DnOP 的含量分别为 0.38±0.35mg/kg、0.33±0.19mg/kg 和 0.05±0.06mg/kg，占六种目标酞酸酯总量的 75.35%。叶菜类对酞酸酯的总的富集能力都比较强，不同蔬菜对不同目标污染物的积累作用差别较大。叶菜类的雪菜和芹菜中总含量较高，果实类辣椒中含量最高，其总酞酸酯含量均超过了 5mg/kg；地下茎类的莴苣和萝卜等酞酸酯含量为 3mg/kg；酞酸酯富集较严重的谷里蔬菜基地蔬菜品种是小白菜、菊花脑以及蒜苗三种蔬菜，茼蒿和菠菜对酞酸酯的富集能力相当；同一蔬菜品种在不同采样点的酞酸酯含量也各不相同。

湖熟基地不同蔬菜对酞酸酯的积累作用差异较大，叶菜类的雪菜和芹菜中总含量较高，果实类以采样点 7 号棚内的辣椒含量为最高，地下茎类的莴苣和萝卜等酞酸酯含量也较高，其对应的土壤中酞酸酯含量也较高，蔬菜中酞酸酯含量与对应样点土壤中酞酸酯总量具有一定的正比关系。谷里基地不同蔬菜中酞酸酯含量差别更加明显（图 4-49）。38-小白菜和 44-牛心包菜所处大棚内土壤中酞酸酯含量虽高，但蔬菜中富集量并不大，说明虽然土壤是植物体内酞酸酯的重要来源，但绝不是唯一来源。

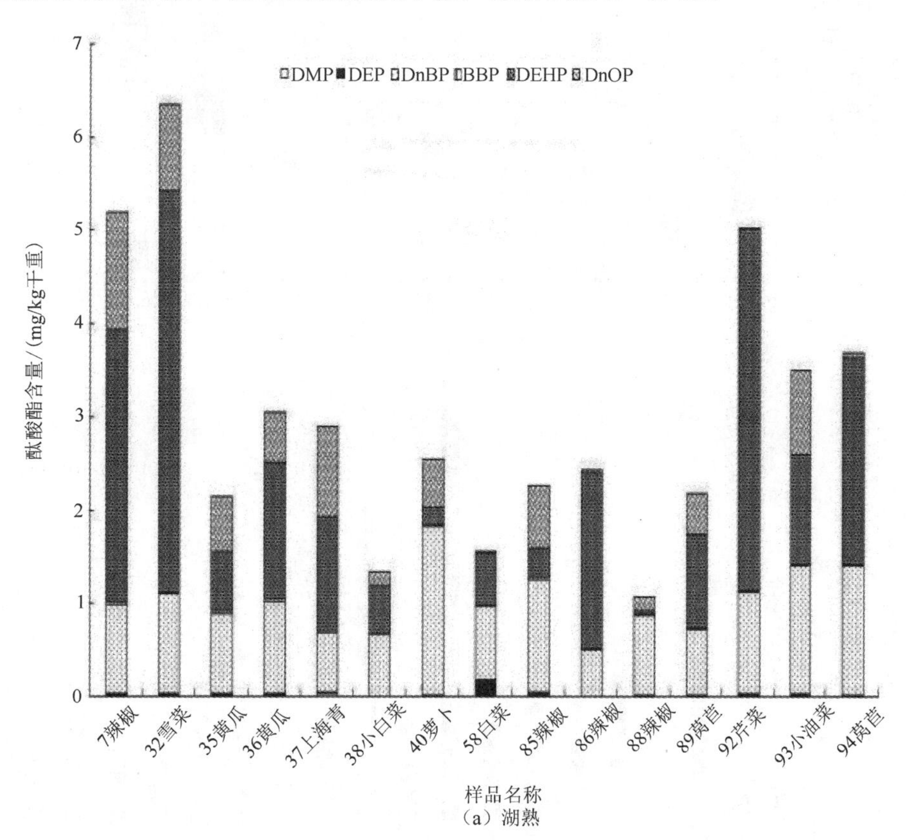

(a) 湖熟

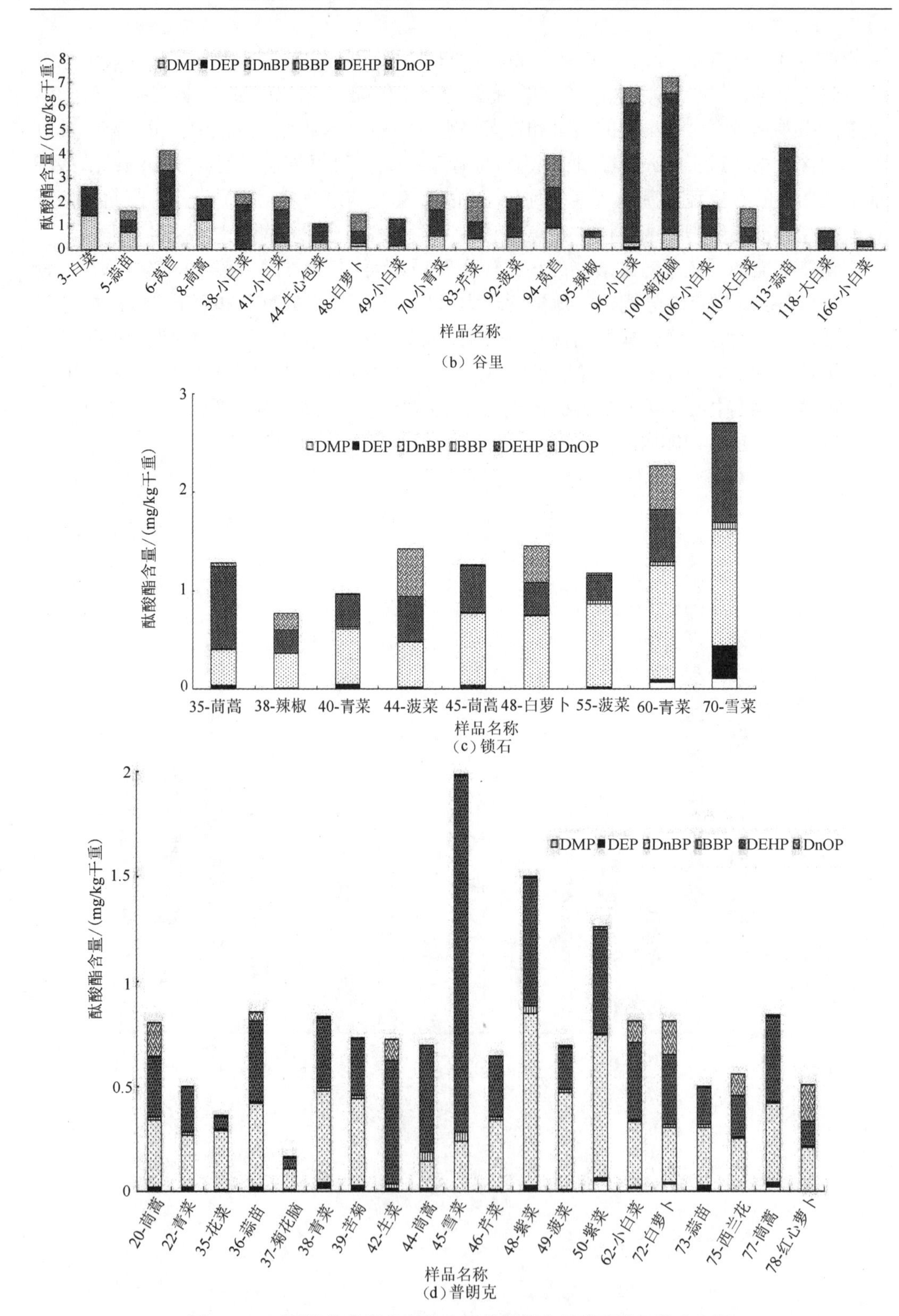

图 4-49　不同设施蔬菜生产基地蔬菜样品中的酞酸酯组分和含量

另外值得注意的是 113-蒜苗的酞酸酯积累能力较强，富集作用明显。但同为种植蒜苗的 6 号样点，植物体内积累并不高，说明植物体内酞酸酯的含量还与植物种植的时间有关，因为 6-蒜苗苗龄较小，仅移栽了不足一个月，远远比 113-蒜苗点的生长时间短。锁石基地不同蔬菜中酞酸酯含量差别较小，其中雪菜对酞酸酯的富集能力较强；普朗克蔬菜基地的不同蔬菜中酞酸酯含量及差别都较小，叶菜类的雪菜和紫菜对酞酸酯的总的富集能力都比较强。39-苦菊和 42-生菜的酞酸酯积累情况虽然不是最严重的，但由于生食情况较多，其食用也可能引起健康风险，需引起注意。

研究表明，我国大棚蔬菜中 DBP 和 DEHP 的普遍含量为 0.9 ~ 3.05mg/kg，接近或高于欧盟食品最高限制浓度（DBP 为 0.3mg/kg，DEHP 为 1.5mg/kg）。珠三角九个农场的蔬菜中均能检出六种优先控制酞酸酯，总含量最高可达 11.2mg/kg，其中芥菜和菜心的富集最严重（Mo et al., 2009）；广州某绿色食品和有机食品蔬菜生产基地的蔬菜样品可以检测到 DnBP、BBP 和 DEHP，其中 DEHP 的含量最高，但各种绿色食品和有机食品蔬菜生产基地土壤中六种酞酸酯总量未超过 0.5mg/kg（李米等，2010）。本研究发现酞酸酯特征污染物与全国其他设施蔬菜基地的蔬菜样品中的类似，主要是 DnBP 和 DEHP 的污染，最高含量并未超过其他地区，但已有很大部分超过了欧盟食品最高限制浓度，且雪菜等叶菜类植物都是公认的积累酞酸酯比较严重的蔬菜。

当土壤中 DnBP 和 DEHP 的施加量为 20 mg/kg 和 200 mg/kg 时，番茄果实和通菜茎叶中维生素 C 含量分别降低 8.53%、4.77%和 23.86%、24.62%；番茄果实中可溶性糖含量分别增加 32.11%和 42.95%，可滴定酸度分别降低 0.58% 和 20.66%，糖酸比分别提高 33.07%和 82.02%；胡萝卜块根中总类胡萝卜素含量分别增加 6.19%和 6.97%。土壤中 PAEs 还会降低辣椒果实中维生素 C 和辣椒素含量，且下降的幅度与果实中 PAEs 的含量呈正相关，当土壤 PAEs 的浓度达到 40 mg/kg 时，维生素 C 和辣椒素含量下降 20%左右。

作物对土壤 PAEs 具有一定的吸收累积效应，如在 PAEs 污染土壤上种植玉米和水稻，玉米籽粒中 DnBP 含量为 0.32 ~ 1.24 mg/kg；水稻籽粒中 DnBP 含量为 0.12 ~ 1.08 mg/kg，DEHP 含量为 0.51 ~ 4.71mg/kg；蔬菜中 DnBP 和 DEHP 的含量甚至可达到几个 mg/kg。用人工污染土壤对菜心进行盆栽实验，实验结果表明，蔬菜对土壤中 PAEs 具有一定的吸收累积能力，达到几个 mg/kg。进一步采用玻璃室处理和污染源土壤覆盖来控制 PAEs 来源进行盆栽实验，研究菜心对 PAEs 的吸收途径，结果表明菜心茎叶中 PAEs 主要来源于根系的吸收运移。对珠江三角洲的蔬菜生产基地进行调查，结果显示蔬菜中含有 PAEs，含量范围为 0.07 ~ 11.22 mg/kg（李米等，2010）。有调查发现，绝大部分市售蔬菜中含有 PAEs，DBP 和 DEHP 的含量分别高达 4.72mg/kg 和 4.98 mg/kg。

大棚内蔬菜吸收酞酸酯的主要途径包括根系从土壤的直接吸收以及植物地上部从棚内空气吸收两部分（王丽霞，2007）。各种酞酸酯组分在作物中的吸收迁移特征与其理化性质如分子量、辛醇-水分配系数（K_{OW}）和挥发性等有密切关系。DnBP 的分子量和 K_{OW} 较小，与 DEHP 相比，更容易被根系吸收迁移。有研究表明植物通过根系从土壤中吸收 DnBP 的量随其在土壤中浓度的增加而增加（陈英旭等，1997）。而 Overcash（1986）研究表明玉米、大豆、小麦和羊茅对土壤中 DEHP 的吸收很少；同样的现象还发生在油菜、菠菜、莴苣、胡萝卜和辣椒中（Aldana et al.,1989）；然而其他研究表明，DEHP也可以被高强度的积累，如施加污泥的大麦对DEHP的吸收比不加的高5倍（Kirchman and Tengsred, 1991）；生长于塑料薄膜覆盖的土壤上的大白菜中DEHP含量也可以达到3.05mg/kg鲜重，约25mg/kg干重，这是相当可观的积累量（庞金梅等，1995）。由于蒸汽压较大的物质倾向于叶面上的交换，即可能由植物体挥发到大气中，或是由大气吸收的方式进入植物体，因而植物体内DnOP含量远高于土壤。因此，食用酞酸酯富集较高的蔬菜可能引起人体健康风险，需要引起人们的重视。

植物体内酞酸酯的积累，除了与酞酸酯组分本身的物理化学性质有关之外，还受到污染物吸收方式、土壤中目标物含量、土壤理化性质、作物生长期以及作物本身富集能力等因素的影响。由于调查范围较大，蔬菜种类和样品数较多，因而无法一一针对个别情况进行分析，但是总体来看，设施蔬菜生产基地蔬菜中的酞酸酯积累问题也逐渐成为不可忽视的问题，今后有必要将蔬菜中的酞酸酯含量标准作为食品安全标准之一列入参考。

4.2.4 设施农业土壤重金属积累对农产品安全的影响

由于土壤重金属的积累和土壤性质的剧烈变化，导致设施蔬菜中不少重金属含量普遍高于露天蔬菜，如南京谷里设施蔬菜基地叶菜类和茄果类部分蔬菜样本中的Pb、Cd、As、Hg已出现超过食品中污染物的限量标准（GB 2762—2017）的现象（表4-15），叶菜类蔬菜中Pb、Cd、As、Hg的超标率分别为3.7%、7.4%、4.9%和2.5%；最高值分别达0.54mg/kg、0.55mg/kg、0.077mg/kg和0.013mg/kg，分别超过标准1.8倍、2.75倍、1.54倍和1.3倍；茄果类蔬菜中Pb的超标率为8.7%、最高值达0.47mg/kg，超过标准4.7倍。而设施蔬菜产地周边的露天蔬菜中则较少出现超标现象，说明设施蔬菜，尤其是叶菜类具有较高的重金属污染风险，需要引起高度关注（Hu et al., 2017a; Hu et al., 2014; Chen et al., 2013a; Yang et al., 2013; 胡文友等, 2014; 陈永等, 2013）。

表4-15 不同土壤pH条件下设施蔬菜中重金属含量 （单位：mg/kg鲜重）

蔬菜类型	土壤pH	项目	Cd	As	Hg	Pb	Cu	Zn
叶菜 *N*=86	pH<6.5（*N*=63）	平均值	0.076	0.013	0.0028	0.104	0.977	6.275
		标准差	0.103	0.013	0.0020	0.097	1.036	7.357
		最小值	0.005	0.002	0.0003	0.006	0.245	2.046
		最大值	0.546	0.077	0.0129	0.544	7.024	56.030
	6.5≤pH≤7.5（*N*=16）	平均值	0.022	0.009	0.0018	0.040	0.515	3.336
		标准差	0.028	0.005	0.0012	0.022	0.374	3.325
		最小值	0.005	0.002	0.0003	0.006	0.105	0.007
		最大值	0.121	0.023	0.0049	0.082	1.465	14.368
	pH>7.5（*N*=7）	平均值	0.010	0.011	0.0012	0.019	0.269	2.175
		标准差	0.007	0.006	0.0007	0.012	0.144	0.749
		最小值	0.003	0.004	0.0005	0.006	0.116	1.343
		最大值	0.024	0.021	0.0023	0.034	0.564	3.369
	食品标准		0.2	0.5	0.01	0.3	3	20

续表

蔬菜类型	土壤 pH	项目	Cd	As	Hg	Pb	Cu	Zn
根茎 *N*=46	pH<6.5 （*N*=29）	平均值	0.033	0.009	0.0013	0.059	0.704	4.086
		标准差	0.028	0.008	0.0016	0.063	0.438	2.520
		最小值	0.005	0.002	0.0002	0.002	0.037	0.787
		最大值	0.125	0.038	0.0071	0.307	1.975	12.676
	6.5≤pH≤7.5 （*N*=8）	平均值	0.028	0.017	0.0021	0.054	1.297	4.156
		标准差	0.018	0.015	0.0016	0.037	1.438	2.752
		最小值	0.004	0.002	0.0001	0.013	0.182	0.037
		最大值	0.058	0.045	0.0045	0.126	4.624	8.909
	pH>7.5 （*N*=9）	平均值	0.009	0.021	0.0013	0.009	0.238	0.688
		标准差	0.006	0.007	0.0006	0.007	0.268	0.776
		最小值	0.002	0.009	0.0003	0.001	0.019	0.005
		最大值	0.021	0.031	0.0020	0.022	0.848	1.995
	食品标准		0.1	0.5	0.01	0.1	3	20
茄果 *N*=43	pH<6.5 （*N*=20）	平均值	0.014	0.003	0.0003	0.032	0.890	2.085
		标准差	0.007	0.002	0.0001	0.034	0.321	0.567
		最小值	0.005	0.000	0.0001	0.003	0.458	0.846
		最大值	0.034	0.008	0.0008	0.102	1.714	3.268
	6.5≤pH≤7.5 （*N*=15）	平均值	0.006	0.004	0.0004	0.025	0.641	0.219
		标准差	0.008	0.004	0.0002	0.065	0.461	0.769
		最小值	0.001	0.001	0.0001	0.001	0.084	0.003
		最大值	0.025	0.015	0.0006	0.259	1.748	2.998
	pH>7.5 （*N*=8）	平均值	0.008	0.005	0.0004	0.073	0.404	1.027
		标准差	0.012	0.007	0.0003	0.192	0.238	0.688
		最小值	0.001	0.001	0.0001	0.001	0.046	0.008
		最大值	0.036	0.018	0.0012	0.547	0.854	1.858
	食品标准		0.05	0.5	0.01	0.1	3	20

注：《食品安全国家标准　食品中污染物限量》（GB 2762—2017）；*N* 为样品数。

蔬菜重金属富集系数，即蔬菜可食部分的重金属的含量与土壤中重金属含量的比值，可衡量土壤中的重金属向蔬菜迁移的风险。从表 4-16 中可以看出不同种类蔬菜对同一重金属元素、同种蔬菜对不同重金属元素以及同种蔬菜对同种重金属元素在不同土壤 pH 条件下的吸收富集均存在较大差异。

总体上，土壤 pH 低的条件下，蔬菜对土壤重金属的富集能力较强，叶菜比根茎和茄果类蔬菜更容易富集重金属（图 4-50）。这可能与蔬菜对土壤中重金属元素的吸收受到多种因素的影响有关。蔬菜植株内重金属的含量一方面与土壤重金属的污染程度和污染元素的性质有关，另一方面还与蔬菜作物本身对重金属的选择吸收性能有关，土壤重金属的含量及有效性又受到土壤重金属元素种类和形态、土壤 pH、土壤质地、有机质等理化性质因素的影响。由此可见，蔬菜重金属含量差异是多种因素综合作用的结果（Hu et al., 2014; Chen et al., 2013b; Yang et al., 2013; 陈永等, 2013）。

表 4-16　不同土壤性质条件下不同蔬菜类型蔬菜重金属的富集系数

蔬菜类型	土壤 pH	项目	Cd	As	Hg	Pb	Cu	Zn
叶菜 N=86	pH<6.5（N=63）	平均值	0.500	0.002	0.014	0.002	0.024	0.059
		标准差	0.686	0.002	0.017	0.002	0.023	0.056
		最小值	0.032	0.000	0.000	0.000	0.005	0.017
		最大值	3.415	0.012	0.075	0.014	0.132	0.403
	6.5≤pH≤7.5（N=16）	平均值	0.086	0.002	0.022	0.002	0.017	0.040
		标准差	0.102	0.001	0.017	0.001	0.014	0.041
		最小值	0.016	0.000	0.003	0.000	0.004	0.000
		最大值	0.449	0.004	0.063	0.003	0.055	0.181
	pH>7.5（N=7）	平均值	0.062	0.001	0.029	0.001	0.012	0.028
		标准差	0.056	0.001	0.023	0.001	0.008	0.013
		最小值	0.017	0.000	0.001	0.000	0.003	0.016
		最大值	0.184	0.002	0.059	0.001	0.029	0.051
根茎 N=46	pH<6.5（N=29）	平均值	0.217	0.001	0.004	0.001	0.017	0.040
		标准差	0.200	0.001	0.005	0.001	0.010	0.026
		最小值	0.026	0.000	0.000	0.000	0.001	0.007
		最大值	0.853	0.004	0.016	0.006	0.040	0.122
	6.5≤pH≤7.5（N=8）	平均值	0.110	0.002	0.031	0.002	0.037	0.045
		标准差	0.073	0.002	0.030	0.001	0.035	0.030
		最小值	0.025	0.000	0.003	0.001	0.006	0.001
		最大值	0.235	0.006	0.093	0.005	0.113	0.086
	pH>7.5（N=9）	平均值	0.050	0.002	0.035	0.000	0.011	0.010
		标准差	0.032	0.001	0.029	0.000	0.012	0.011
		最小值	0.012	0.001	0.003	0.000	0.001	0.000
		最大值	0.109	0.003	0.072	0.001	0.039	0.029
茄果 N=43	pH<6.5（N=20）	平均值	0.086	0.000	0.002	0.001	0.024	0.021
		标准差	0.041	0.000	0.002	0.001	0.009	0.008
		最小值	0.033	0.000	0.000	0.000	0.013	0.010
		最大值	0.190	0.001	0.007	0.003	0.054	0.050
	6.5≤pH≤7.5（N=15）	平均值	0.022	0.001	0.010	0.001	0.022	0.003
		标准差	0.028	0.000	0.007	0.003	0.020	0.010
		最小值	0.001	0.000	0.003	0.000	0.003	0.000
		最大值	0.091	0.002	0.025	0.013	0.077	0.040
	pH>7.5（N=8）	平均值	0.033	0.001	0.014	0.003	0.016	0.012
		标准差	0.047	0.001	0.012	0.008	0.014	0.009
		最小值	0.005	0.000	0.003	0.000	0.002	0.000
		最大值	0.142	0.002	0.029	0.023	0.046	0.028

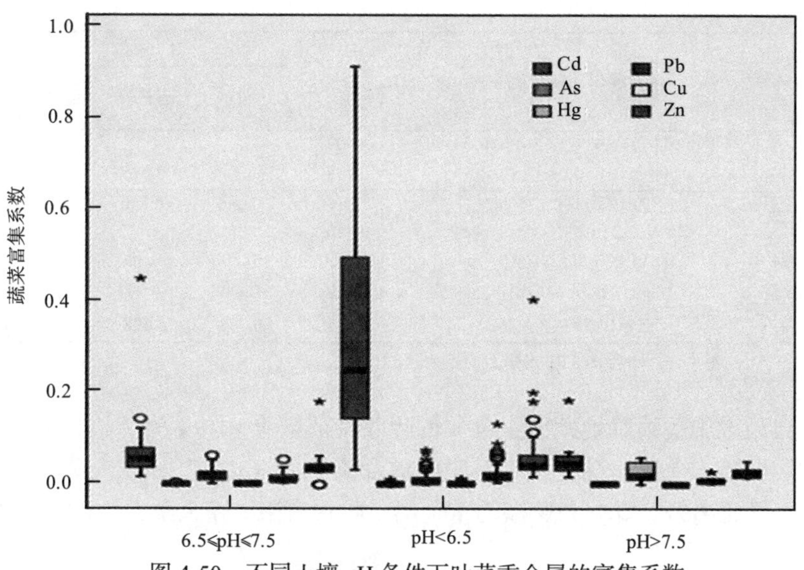

图 4-50　不同土壤 pH 条件下叶菜重金属的富集系数

○代表离散值；★代表极端值

从蔬菜中重金属含量与土壤重金属全量、有效态含量以及土壤基本理化性质的多元回归分析结果来看（表 4-17），蔬菜中的重金属含量与土壤重金属全量、有效态含量及有机质呈正相关，与土壤 pH 呈负相关，表明设施菜地土壤性质的变化，导致土壤重金属的生物有效性增加，蔬菜安全风险增大（Yang et al., 2016;Yang et al.,2013; 胡文友等,2014; 陈永等,2013）。

表 4-17　设施蔬菜重金属与土壤重金属全量、有效态及土壤性质多元逐步回归分析

重金属	蔬菜名称	多元逐步回归分析方程	相关系数				
			R^2	pH	有机质	全量重金属	有效态重金属
Cd	黄瓜	Cd =0.001+0.092CaCl$_2$-Cd	0.870**	−0.914**	−0.439	0.932**	−0.434
	小青菜	Cd=0.016+0.390CaCl$_2$-Cd	0.308**	−0.441*	−0.177	0.555**	−0.303
	大白菜	Cd= −0.006+0.136Total-Cd	0.447*	−0.012	0.620	−0.102	0.669*
	莴笋	Cd=0.013+0.670CaCl$_2$-Cd	0.252*	−0.123	−0.304	0.502*	0.019
		Cd= −0.142+1.693CaCl$_2$-Cd+0.024pH	0.522**				
	芹菜	Cd=0.326−0.040pH	0.815**	−0.903**	0.285	0.678*	−0.182
Cu	黄瓜	Cu=2.617−0.061OM	0.700**	−0.076	−0.837**	−0.359	−0.552
	辣椒	Cu=0.531+4.223CaCl$_2$-Cu	0.531**	−0.486*	−0.386	0.728**	0.444*
	小青菜	Cu=0.783−0.054pH	0.255*	−0.505*	−0.086	0.425	0.394
	大白菜	Cu=0.124+0.006OM	0.456*	−0.367	0.675*	0.251	0.019
	芹菜	Cu= −0.096+10.554CaCl$_2$-Cu	0.694**	−0.789**	0.231	0.833**	0.635*
	萝卜	Cu= −0.545+0.029OM	0.911**	0.282	0.955**	−0.127	0.166
Pb	黄瓜	Pb=0.006+0.790CaCl$_2$-Pb	0.542*	−0.653	−0.568	0.736*	0.534
	小青菜	Pb= −0.002+0.002Total-Pb	0.379**	−0.567**	0.004	0.389	0.616**
	芹菜	Pb=0.013+4.095CaCl$_2$-Pb	0.843**	−0.801**	0.382	0.918**	0.863**

续表

重金属	蔬菜名称	多元逐步回归分析方程	相关系数				
			R^2	pH	有机质	全量重金属	有效态重金属
Pb		Pb= −0.017+3.934CaCl$_2$-Pb+0.001OM	0.909**				
	萝卜	Pb=0.016+0.646CaCl$_2$-Pb	0.798**	−0.541	0.076	0.899**	0.535
Zn	黄瓜	Zn=8.011−0.175OM	0.609*	0.086	−0.780*	−0.068	−0.732*
		Zn=6.292−0.232OM+0.566pH	0.856**				
	辣椒	Zn=1.822+0.229CaCl$_2$-Zn	0.169*	−0.302	−0.360	0.411*	0.369
	小青菜	Zn=0.696+0.030Total-Zn	0.322**	−0.440*	−0.093	0.381	0.568**
	芹菜	Zn=14.870−1.608pH	0.596**	−0.772**	0.528	0.684*	0.640*

*为 p<0.05 水平上的相关性；**为 p<0.01 水平上的相关性。

从南京典型设施蔬菜基地蔬菜重金属的吸收特征来看（图 4-51），小青菜和菊花脑吸收更多的重金属，尤其是菊花脑，其吸收重金属 As、Cd、Cu、Hg、Zn 均极显著高于其他作物。然而莴笋、萝卜和辣椒的重金属吸收很有限。露天蔬菜地的小青菜重金属

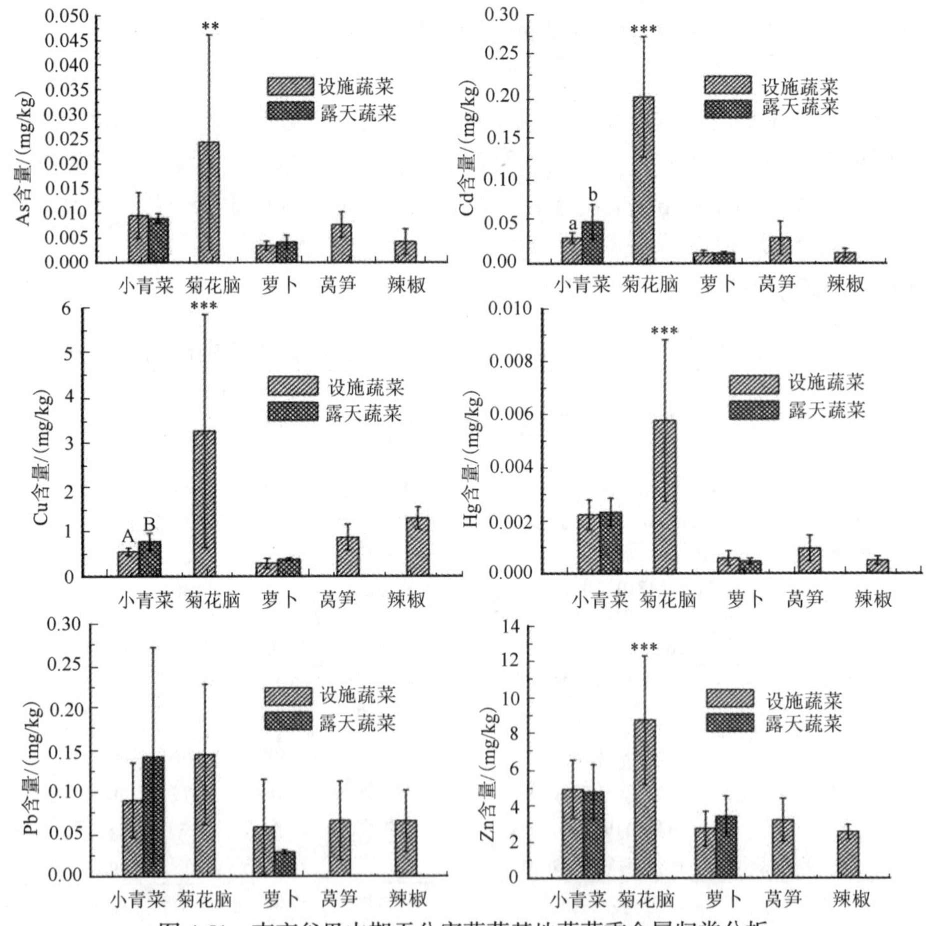

图 4-51 南京谷里中期无公害蔬菜基地蔬菜重金属归类分析

1.同一作物条棒上字母不同表示设施与露天之间存在显著差异；2.**表示 p<0.01 水平上的相关性；3.***表示 p<0.001 水平上的相关性

Cd 和 Cu 的含量显著高于设施蔬菜地，而萝卜中各类重金属在两种土地利用方式下均不存在显著差异。参照《食品安全国家标准　食品中污染物限量》（GB 2762—2017），各类作物重金属含量平均值均未超标，但值得注意的是该基地菊花脑样品重金属 Cd 平均含量已达到该标准，且存在重金属 As、Cd、Hg 含量超标的样品。因此南京设施菜地菊花脑的摄入应引起人们的注意（Chen et al., 2013a; 胡文友等, 2014; 陈永等, 2013）。

由于各种蔬菜对重金属的吸收和富集的能力不同，因此在重金属污染的菜地上安排种植计划时，要充分考虑不同蔬菜对各种重金属吸收富集能力的差异，种植一些不富集或少富集重金属的蔬菜品种，合理安排种植计划，以尽量减轻重金属对蔬菜的污染和避免重金属进入“食物链”。同时建议人们有选择地食用蔬菜，尽量少食用对重金属富集能力强的蔬菜，多食用对重金属富集能力弱的蔬菜，以便最大限度地降低健康风险（Hu et al., 2017a; Hu et al., 2014; 胡文友等, 2014）。

4.3　设施农业土壤环境质量演变对水环境质量的影响

4.3.1　设施农业肥料高投入对水环境的氮磷污染风险

1. 日光温室土壤硝态氮淋失监测试验

灌溉以及加肥灌溉是日光温室蔬菜生产常见的灌溉施肥活动，其对设施基地水环境存在氮磷污染风险。为了定量评价该风险，以寿光市日光温室番茄（一年两茬）为研究对象，进行不同施肥措施下土壤硝态氮淋失的原位监测。监测设置空白（CK：$N-P_2O_5-K_2O$=0-200-400 kg/hm^2）、农民习惯（FP：$N-P_2O_5-K_2O$ =600-200-400 kg/hm^2）、优化施肥（OPT：$N-P_2O_5-K_2O$=300-200-400kg/hm^2）、缓释氮肥（SRF：$N-P_2O_5-K_2O$ = 300-200-400 kg/hm^2）、C/N 比调控[C/N：$N-P_2O_5-K_2O$ =300-200-400 kg/hm^2，秋茬番茄基肥施用时按 6000 kg/hm^2（风干重）施入粉碎小麦秸秆]等 5 个施肥处理，在 90cm 深处收集淋失液，测定硝态氮含量。每个处理 3 个重复。

2012 年春茬番茄整个生育期间的硝态氮淋失量结果显示（图 4-52），以 FP 处理的硝态氮淋失量最高，达到 97.5 kg/hm^2，显著高于其他施氮肥处理。各施氮肥处理的硝态氮淋失系数（淋失量/施氮量）分别为 FP, 16.2%; OPT, 15.3%; SRF, 9.6%; C/N, 11.5%。

农民习惯施肥水平下氮肥用量最高，硝态氮的淋失量也最大，对地下水硝酸盐污染的风险最高。被誉为“中国蔬菜之乡”的寿光市是山东省集约化种植区的典型代表，早在 20 世纪 90 年代初期化肥和氮肥的施用就已经达到较高水平。与其他农作物相比，蔬菜种植更加依赖于化肥的大量使用。寿光市大部分地区地下水硝态氮含量超标（含量高于世界卫生组织饮用水硝态氮最大允许浓度 10mg/L），其中有的地区甚至超过了 50mg/L（宋效宗等，2008）。寿光地区的污染明显随着日光温室蔬菜的种植情况分布而不同，完全种植日光温室蔬菜的地区污染情况要严重于农作物与日光温室蔬菜混种的地区，可见氮肥施用量对其地下水硝态氮含量影响极大。目前生产上仍然普遍存在“氮肥越多越高产”的错误观念，过量施氮肥已成为集约化农业生产体系相当普遍的严重问题。我国

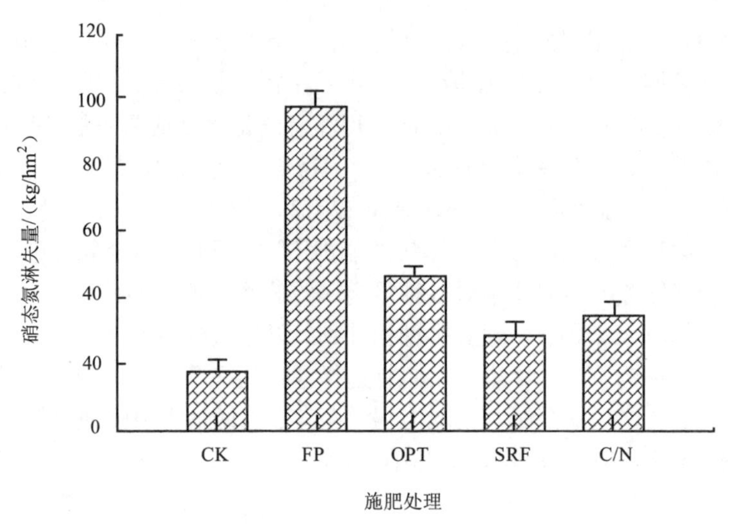

图 4-52　2012 年春茬不同施肥措施对硝态氮淋失量的影响

北方一些蔬菜日光温室由于长期过量施用氮肥，一半以上的氮肥养分进入地下水造成饮用水硝酸盐污染。针对这种情况，应加大教育宣传力度，根据不同作物对肥料吸收量的不同，减少肥料用量，设立合理的轮作模式，减少土壤的硝酸盐残留，从而减少硝酸盐的淋失。

2. 塑料大棚灌水洗盐氮磷流失监测试验

灌水洗盐是塑料大棚蔬菜生产中经常采取的生产活动，上海的规模化园艺场常常在土壤下部埋设管道，定期洗盐，洗出的渗漏水通过地下管道排出，排出的渗漏水如果处理不当或进入环境，对周围水体将构成污染风险。为了定量这一临时风险，作者通过前期塑料大棚设施菜地生产状况面上调查及土壤环境质量分析，在上海市不同区县，根据不同种植模式、不同种植年限、不同土壤类型选取了金山银龙七场的 7 号和 14 号大棚、奉贤王家蔬菜基地的 6 号大棚、方墩蔬菜基地的 16 号大棚作为试验点位，开展灌水洗盐氮磷流失监测的田间现场实测和原状土柱模拟试验。各试验点设施大棚土壤次生盐渍化现状见表 4-18。

表 4-18　试验大棚表层土壤盐分状况

采样大棚	点位编号	表层土壤盐分/（g/kg）
金山银龙七场 7 号棚	1	3.20
	2	3.79
金山银龙七场 14 号棚	3	6.90
	4	5.75
奉贤王家 6 号棚	5	5.08
	6	5.13
奉贤方墩 16 号棚	7	2.66
	8	2.25

在金山银龙七场和奉贤王家蔬菜基地中，选取不同盐渍化程度的设施大棚，在其开

展常规灌水洗盐期间，进行灌水洗盐田间实测试验，调查其灌溉水和径流水的水量，并在灌水洗盐前后采样监测不同土层（0 ~ 20cm、20 ~ 40cm、40 ~ 60cm、60 ~ 80cm）土壤的盐分和养分指标。在此基础上，结合监测地块次生盐渍化发生速度和灌水洗盐频率，分析常规灌水洗盐方式氮磷流失污染途径及主要污染因子。

为了定量土壤中氮磷养分的流失，根据前期的调查结果确定在金山银龙七场、奉贤王家和方墩蔬菜基地进行原状土柱模拟监测。在不同盐渍化程度的设施大棚中分别挖取 3 个 1.5m × 1.5m 的小区，四周用深度为 30cm 的塑料薄膜隔离层防止侧渗（图 4-53）。对小区按照调查结果进行计量灌水，使土壤表层积水约 3cm。经 20 ~ 24h 土壤浸泡，待土壤吸水饱和且表层还余少许水时，释放和收集径流水，测定并分析各项水质指标。根据常规灌水洗盐步骤，次日再灌一次水，操作方式同前。

图 4-53　田间小区试验现场

同时，在试验小区附近选取原状土柱采样点，各挖掘一个原状土柱，土柱外围用铁桶套严后，削平土柱底部土壤，并安装带有出水口的铁桶底盘。为防止土柱与桶壁间缝隙过大而造成边缘渗漏，在试验前沿桶壁灌入用底层土壤做成的泥浆，并使之平衡一段时间（图 4-54）。根据上述小区试验单位面积灌水量，按土柱表面积确定原状土柱灌水洗盐的灌水量，并待桶底出水口有水流出时开始收集渗漏水，分析渗漏水氮磷等各项水质指标。

图 4-54　原状土柱试验现场

在对金山银龙七场和奉贤王家蔬菜基地不同盐渍化程度的设施大棚灌水洗盐过程调查的基础上，结合以往相关研究资料，分析塑料大棚设施菜地灌水洗盐时间和频次。结果表明，塑料大棚设施菜地常规灌水洗盐通常在夏季高温的 7～8 月份，采用灌水洗盐闷棚的方式降低土壤盐分，每次灌水洗盐一般进行 2 次，第 1 次灌水量在 5～15cm，第 2 次灌水量 2～8cm（表 4-19）。此外，在每次灌水期间，设施大棚土壤表层无径流水产生，均以渗漏水方式流失。

表 4-19　塑料大棚设施菜地灌水洗盐灌水量调查结果

区县	第 1 次灌水量		第 2 次灌水量	
	范围/cm	变异系数/%	范围/cm	变异系数/%
金山	5～10	35.45	2～6	23.50
奉贤	6～12	43.87	3～7	27.94
崇明	9～15	39.63	5～8	30.12

结合田间现场实测试验和原状土柱模拟试验结果，塑料大棚设施菜地不同盐分等级土壤灌水洗盐前后土壤盐分变化情况如图 4-55 所示。不同次生盐渍化程度的设施大棚土壤在灌水洗盐过程中，盐分随水流往下层移动，表层土壤盐分降低最为明显，土壤初始盐分含量越高，洗盐效果越明显。

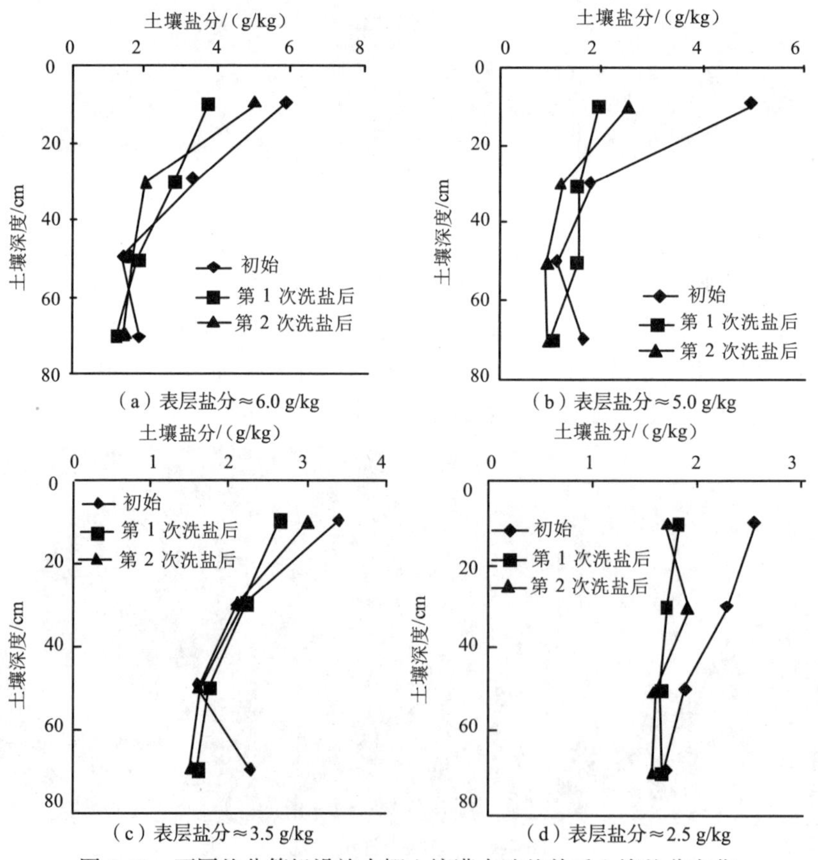

图 4-55　不同盐分等级设施大棚土壤灌水洗盐前后土壤盐分变化

土壤硝态氮的运移规律与盐分相似，硝态氮总体随水流往下层移动（图 4-56）。而各层土壤全磷含量在洗盐后略有减少，但无显著性变化（图 4-57），向下迁移的趋势不明显，这主要与磷的移动性较差有关。

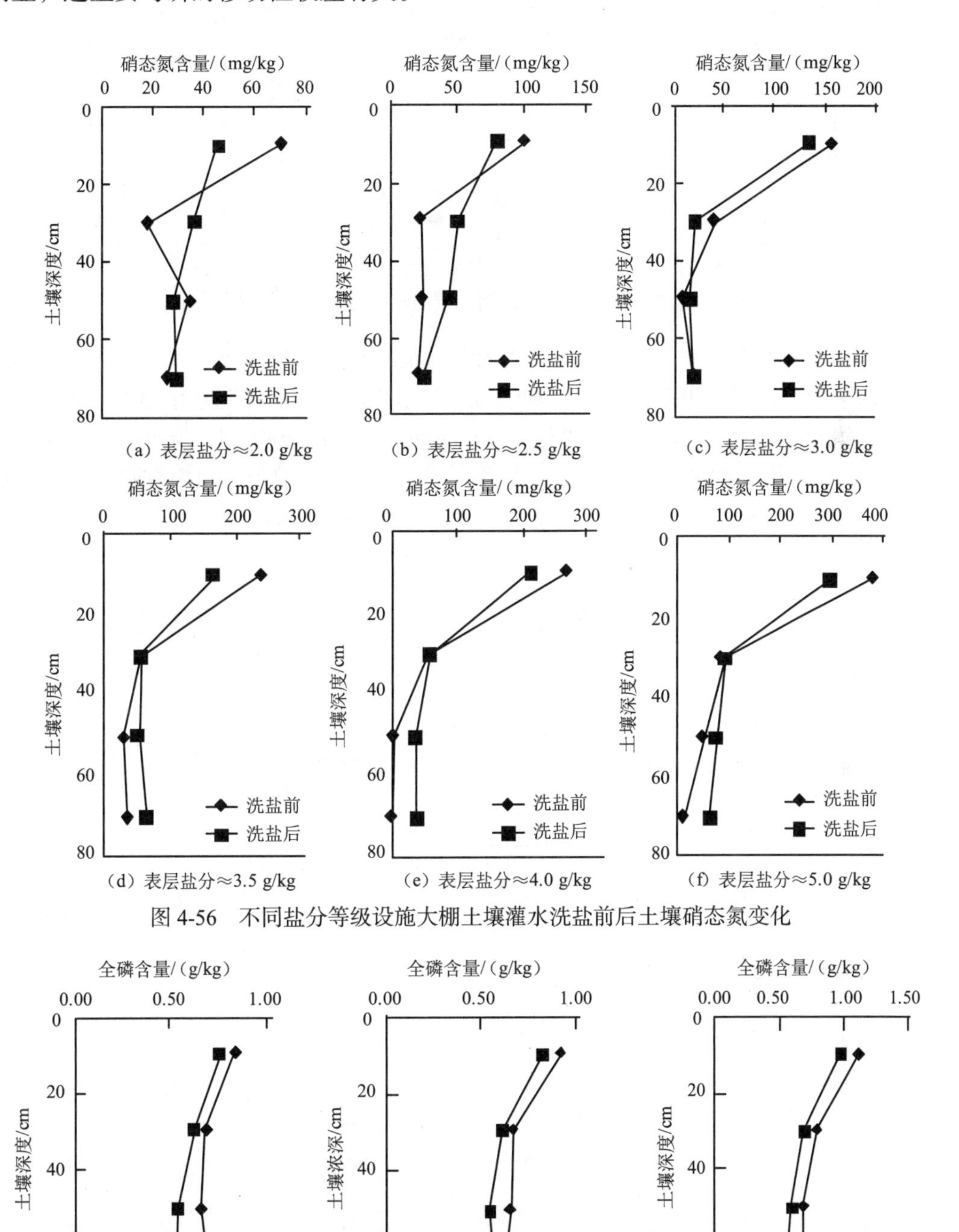

图 4-56　不同盐分等级设施大棚土壤灌水洗盐前后土壤硝态氮变化

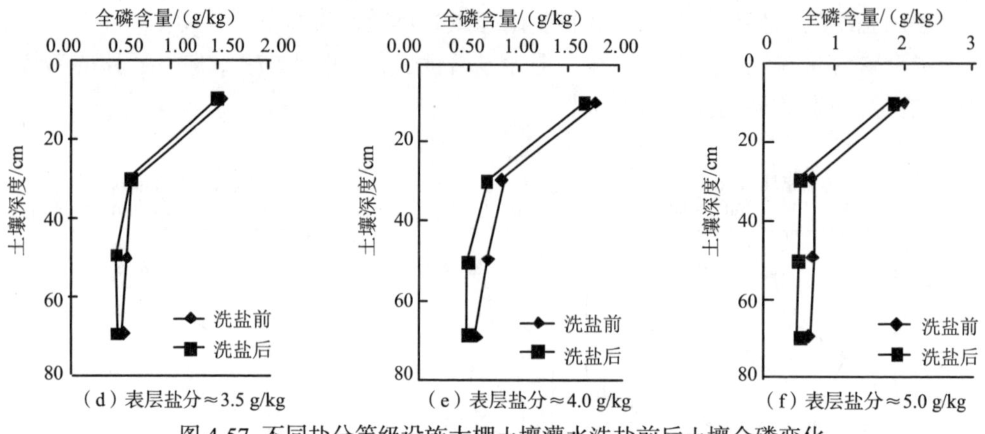

图 4-57 不同盐分等级设施大棚土壤灌水洗盐前后土壤全磷变化

根据原状土柱模拟试验结果，塑料大棚设施菜地不同盐分等级土壤灌水洗盐渗漏水量及其污染物浓度见表 4-20。灌水洗盐过程中，第 1 次灌水后渗漏水中总氮、硝氮、氨氮、总磷和可溶性磷浓度最高分别可达 679.68 mg/L、136.20 mg/L、12.20 mg/L、3.25 mg/L 和 2.00 mg/L，第 2 次灌水后渗漏水中总氮、硝氮、氨氮、总磷、可溶性磷浓度最高也分别可达 426.87 mg/L、89.33 mg/L、9.54 mg/L、2.83 mg/L 和 2.36 mg/L。其中，氮素主要以硝态氮形式流失进入水环境，磷素中可溶性磷含量也较高，存在较大的流失风险。

表 4-20 不同盐分等级设施大棚土壤灌水洗盐渗漏水量及其污染物浓度

频次	区县	土壤盐分/(g/kg)	灌水量/cm	渗漏水量/cm	污染物浓度/(mg/L)				
					总氮	硝氮	氨氮	总磷	可溶性磷
第 1 次灌水	奉贤	5.13	12.0	6.8	277.06	57.59	1.33	2.35	1.89
		5.08	12.0	6.8	125.27	99.03	1.06	1.67	1.33
		2.25	12.0	5.8	32.17	17.91	2.70	0.97	0.84
		2.60	12.0	5.8	93.20	85.16	3.92	0.74	0.59
	金山	3.20	8.0	3.4	103.84	23.77	2.65	0.71	0.42
		3.80	8.0	3.4	139.47	90.76	4.09	0.92	0.40
		6.90	8.0	3.0	679.68	136.20	12.20	3.25	1.75
		5.75	8.0	3.2	543.91	128.88	6.36	3.10	2.00
第 2 次灌水	奉贤	5.13	7.2	1.7	292.04	58.50	1.06	2.77	2.36
		5.08	7.2	1.7	101.03	89.33	0.80	2.83	1.93
		2.25	7.2	1.1	36.19	25.92	2.23	0.80	0.60
		2.60	7.2	1.1	55.53	49.45	1.91	0.83	0.72
	金山	3.20	2.7	1.6	100.09	22.85	4.77	2.24	0.25
		3.80	2.7	1.0	116.01	29.25	4.77	0.41	0.28
		6.90	2.7	1.2	426.87	82.27	9.54	2.17	1.49
		5.75	2.7	1.0	339.79	63.99	6.63	2.11	1.58

根据渗漏水量及其污染物浓度，计算得到塑料大棚设施菜地不同盐分等级土壤灌水洗盐的氮磷污染物年流失负荷，如表 4-21 所示。由表可知，不同盐分等级设施大棚土

壤灌水洗盐总氮、硝氮、氨氮、总磷、可溶性磷污染物年流失负荷分别为 32.09 ~ 357.52 kg/hm^2、16.55 ~ 117.12 kg/hm^2、1.22 ~ 6.74 kg/hm^2、0.74 ~ 1.97 kg/hm^2 和 0.46 ~ 1.32 kg/hm^2。

表 4-21　不同盐分等级设施大棚土壤灌水洗盐氮磷污染物流失负荷

土壤盐分/(g/kg)	污染物流失负荷/(kg/hm^2)				
	总氮	硝氮	氨氮	总磷	可溶性磷
5.13	337.68	69.66	1.54	1.46	1.20
5.08	145.31	117.12	1.22	1.16	0.87
2.25	32.09	18.77	2.57	0.92	0.79
2.60	85.29	77.73	3.52	0.74	0.60
3.20	72.36	16.55	2.34	1.22	0.46
3.80	84.00	48.25	2.65	0.98	0.46
6.90	357.52	71.08	6.74	1.89	1.06
5.75	294.45	67.43	3.82	1.97	1.32

同时，结合以往相关研究资料，分析污染物流失负荷与土壤盐分的相关性表明（图 4-58），总氮、总磷等主要污染物流失负荷总体随着土壤盐分的升高而增大，土壤盐分累积越严重，污染物流失负荷也越大。

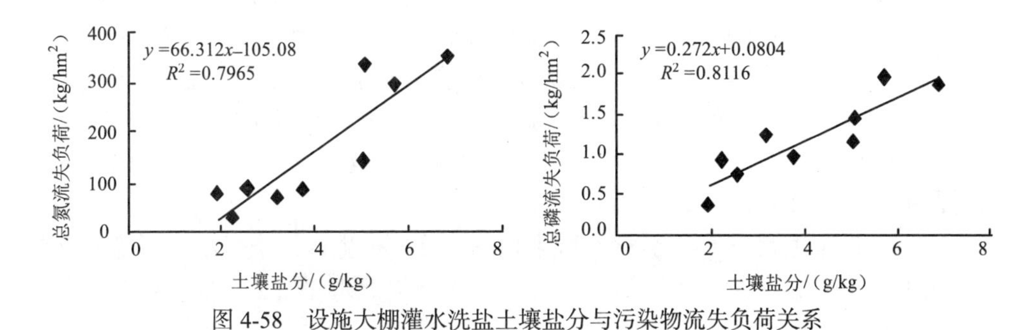

图 4-58　设施大棚灌水洗盐土壤盐分与污染物流失负荷关系

3. 塑料大棚设施菜地土壤环境质量指示指标及其分级评价体系

根据塑料大棚设施菜地土壤环境质量监测结果、土壤盐分与蔬菜作物硝酸盐含量的关系、不同次生盐渍化土壤灌水洗盐污染物流失负荷，结合塑料大棚设施菜地土壤次生盐渍化污染特点，提出以土壤盐分为指示指标的设施菜地土壤环境质量分级评价体系（表 4-22）。

表 4-22　塑料大棚设施菜地土壤环境质量分级评价体系

盐分等级/(g/kg)	污染程度分级	农产品污染风险硝酸盐含量/(mg/kg)		面源污染风险氮磷流失负荷/(kg/hm^2)	
		叶菜类	茄果类	总氮	总磷
1 2	正常	<3000	<350	<50	<0.5
3 4 5	轻度	3000 ~ 6000	350 ~ 450	100 ~ 150	0.5 ~ 1.5

续表

盐分等级/（g/kg）	污染程度分级	农产品污染风险硝酸盐含量/（mg/kg）		面源污染风险氮磷流失负荷/（kg/hm^2）	
		叶菜类	茄果类	总氮	总磷
6 7 8	中度	6000 ~ 9000	450 ~ 600	150 ~ 300	1.50 ~ 2.5
9 10 >10	重度	>9000	>600	>300	>2.5

4.3.2 基于水体安全的土壤抗生素污染的评价指标与体系

抗生素的土-水分配系数是指土壤中的抗生素含量与土壤孔隙水中的抗生素含量比值。它一方面受抗生素药物本身的结构特征的影响而具有倾向于分布在土壤中或倾向于分布在水体中的趋势；另一方面也受土壤性质的影响，比如有机质含量、矿物类型等。抗生素药物本身的药物性质如水溶性、辛醇-水分配系数（K_{OW}）等对土壤中抗生素的介质分配具有显著的影响。如四环素的水溶性在 230 ~ 52000mg/L，K_{OW} 在 1.3 ~ 0.05；磺胺类药物的水溶性在 7.5 ~ 1500mg/L，K_{OW} 为 0.1 ~ 1.7。相比四环素，磺胺类则更倾向于分布在土壤中。喹诺酮类药物则介于两者之间，其水溶性为 3.2 ~ 17790mg/L，K_{OW} 为 1.0 ~ 1.6。土壤对抗生素的土-水分配系数的影响主要通过有机质体现。作者研究比较了青紫泥、黄红壤、砖红壤、赤红壤、盐渍水稻土、黄壤等有机质含量不同的土壤类型对抗生素的吸附特征，发现有机质与抗生素吸附量具有极显著相关性（$p<0.01$），相关系数（R^2）达到 0.3165。

作者也通过抗生素的土-水分配系数来预测土壤中抗生素污染对水体环境的影响，计算土壤地表水中的抗生素含量（$PEC_{surface\ water}$），以此来评估土壤抗生素对水环境安全的影响。具体计算公式如下：

$$PEC_{pore\ water} = \frac{PEC_{soil}}{F_{OC} \times K_{OC}} \tag{4-1}$$

$$PEC_{surface\ water} = \frac{PEC_{pore\ water}}{AF} \tag{4-2}$$

式中，$PEC_{pore\ water}$ 为土壤孔隙水中抗生素浓度（μg/L）；PEC_{soil} 为土壤中抗生素浓度（mg/kg）；F_{OC} 为土壤有机碳分数（质量分数）；K_{OC} 为抗生素的有机碳分配系数（L/kg）；AF 为稀释系数，一般取值为 3。

以徐州铜山和南京两地土壤抗生素的监测结果为例，计算土壤抗生素污染后可能对地表水抗生素产生的影响，预测地表水中的抗生素浓度，结果见图 4-59。从结果来看，土壤中的土霉素尽管具有较高的含量，但由于其 K_d 值相对较低（417 ~ 1026L/kg），因此它对周边地表水的影响较小，以 0.1μg/L 作为临界值比较来看，基本都小于临界值。磺胺类药物中磺胺（二）甲嘧啶虽然在土壤中检出的含量不是很高，但其 K_d 值较小（1 ~ 3.1L/kg），因而具有较高的向地表水迁移的趋势，以南京为例，其平均值已经接近临界值。喹诺酮类抗生素中，土壤环丙沙星的污染也可能导致地表水的污染，其中铜山地区要比南京地区的风险更大。目前从兽药的施用情况来看，环丙沙星的施用频率较高，因此对其的环境风险需要特别关注；另外，对于磺胺类药物而言，尽管目前土壤中的检出浓度比四环素类和喹诺酮类都要低，但由于其 K_d 系数小，土壤对其吸附能力要弱于四环素类和喹诺酮类，因此对磺胺类药物的水环境风险需要尤其关注。

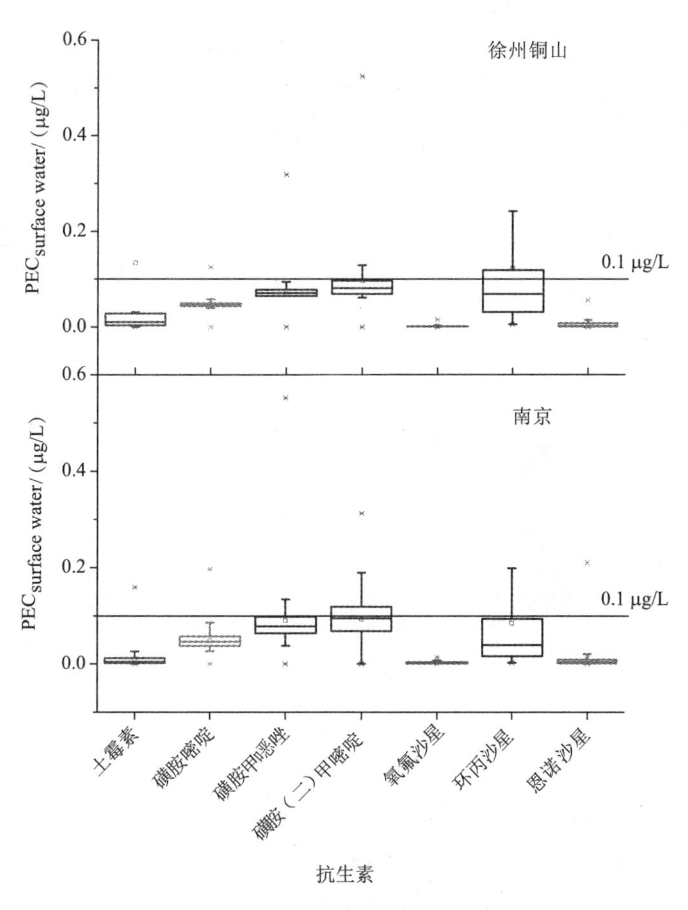

图 4-59　不同地区土壤抗生素污染后的地表水中抗生素预测浓度

4.4　设施农业土壤环境质量演变对土壤动物和人体健康影响

4.4.1　农药施用对土壤动物健康的影响

设施环境化肥的高投入影响 pH 的变化，改变农药的行为与毒性，特别是酸性或碱性农药。为了考察这一过程对多菌灵蚯蚓毒性的影响。以金华地区强酸性的土壤（pH 为 4.64）作为研究对象，在实验室用氢氧化钙调整土壤 pH 至弱碱性（pH 为 7.5），观察土壤 pH 对蚯蚓生长及生理指标的影响；在土壤中添加多菌灵，观察不同 pH 条件下多菌灵（以离子或中性分子存在）是否对蚯蚓具有不同的生物活性，进行蚯蚓急性毒性实验。同时利用萧山的碱性土壤（pH 为 7.6）进行蚯蚓生长及生理指标的测定，以便确认石灰本身是否会影响蚯蚓的生长。

1. pH 对蚯蚓生长的影响

为了明确不同土壤 pH 对蚯蚓生长的影响，用 pH 为 4.64 的金华（JH）土壤、pH 为 7.6 的萧山（XS）土壤和用 2 g/kg 氢氧化钙调整 pH 为 7.5 后的金华土壤饲养蚯蚓，比较了蚯蚓体重和可溶性蛋白含量的变化（图 4-60）。蚯蚓在不同土壤中生长情况不同，在不喂食的情况下，饲养 14d 后体重均有减少，其中强酸性的金华土壤中体重减少最大，降低 22.7%，调整 pH 后碱性金华土壤中降低最小，降低 17.7%，萧山土壤中体重降低 19.75%，三者均无显著差异。

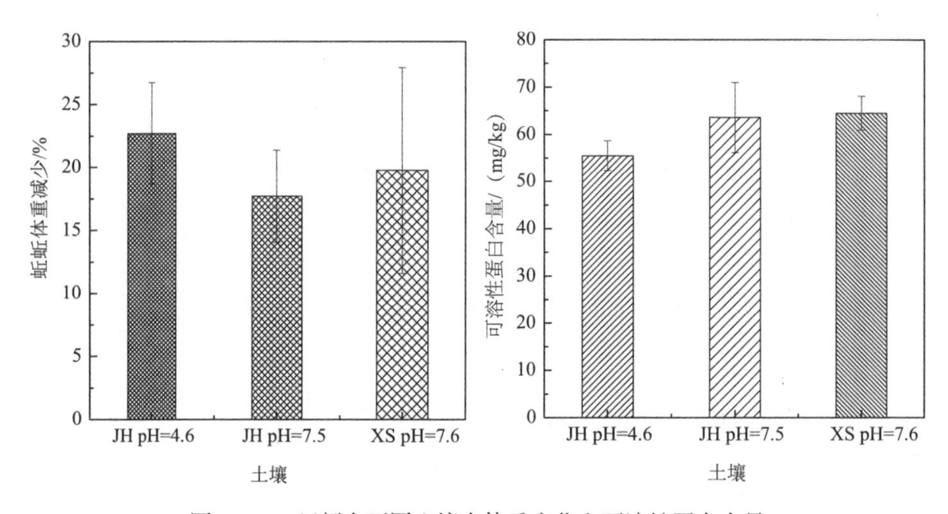

图 4-60　蚯蚓在不同土壤中体重变化和可溶性蛋白含量

2. pH 对土壤中多菌灵蚯蚓毒性的影响

用氢氧化钙调整金华土壤 pH 至 7.5 后，相同多菌灵添加浓度下，蚯蚓死亡率明显高于未调整的土壤[图 4-61（a）]。pH 值的增加显著提高了土壤中多菌灵对蚯蚓的毒性，多菌灵对蚯蚓的致死中浓度（LC_{50}）从酸性条件（pH 为 4.6）土壤中的 21.84 mg/kg 减少到弱碱性条件（pH 为 7.5）的 7.35 mg/kg（表 4-23），毒性显著提高。

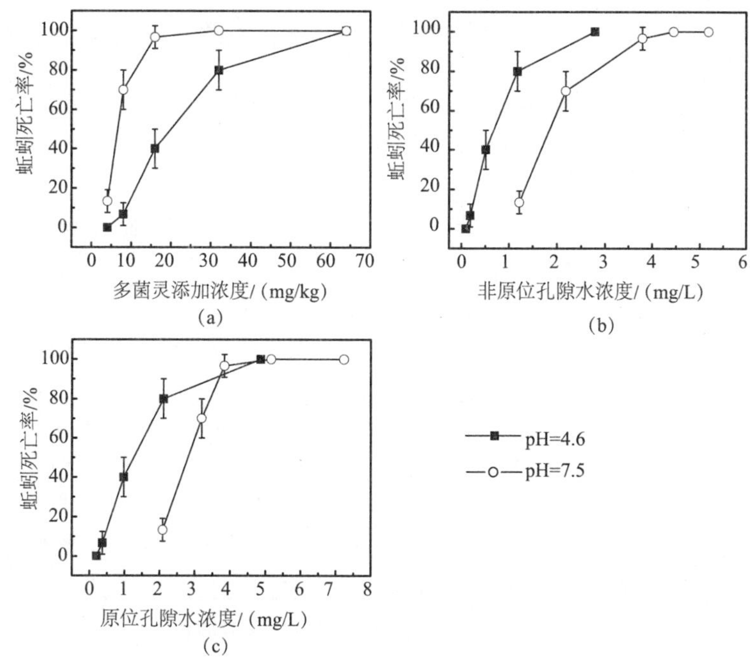

图 4-61　基于多菌灵添加浓度、非原位孔隙水浓度和原位孔隙水浓度的蚯蚓死亡曲线

相反，非原位孔隙水和原位孔隙水多菌灵浓度在提高 pH 后明显增加[图 4-61（b）和图 4-61（c）]。结果表明 pH 提高将增加土壤孔隙水中的多菌灵浓度和蚯蚓致死中浓度，增加土壤中多菌灵对蚯蚓的毒性。在农业生产中，生石灰或熟石灰经常被用来改良酸性土壤，当土壤 pH 升高后，土壤中多菌灵可能增加对蚯蚓等非靶标生物的毒性。根据农药对蚯蚓的毒性等级划分标准，多菌灵这种条件下属于低毒等级（Liu et al., 2012）。

表 4-23　基于多菌灵添加浓度、非原位孔隙水浓度、原位孔隙水浓度计算的蚯蚓致死中浓度（LC_{50}）

土壤	多菌灵添加浓度（范围）（C_A）/ (mg/kg)	非原位孔隙水浓度（范围）（C_{EPW}）/ (mg/L)	原位孔隙水浓度（范围）（C_{IPW}）/ (mg/L)
金华 pH=4.6	21.84（18.90 ~ 25.49）	0.77（0.65 ~ 0.92）	1.39（1.18 ~ 1.65）
金华 pH=7.5	7.35（6.08 ~ 8.72）	1.99（1.72 ~ 2.28）	2.85（2.63 ~ 3.05）

4.4.2　设施农业土壤酞酸酯污染的动物健康影响效应

1. 酞酸酯急性毒性对赤子爱胜蚓（*Eisenia foetida*）生长的影响

酞酸酯（DnBP 和 DEHP）对蚯蚓急性毒性研究以处理 24h 后蚯蚓体重与对照的差值来表征酞酸酯急性毒性对蚯蚓生长指标的影响。如图 4-62 所示，酞酸酯处理 24h 后，蚯蚓体重均与对照有显著差异。DnBP 处理下，除 2.5mg/L 浓度组蚯蚓体重有所增加之外，其他都有了显著下降。而 DEHP 处理条件下，在浓度超过 25mg/L 之后蚯蚓体重才有明显下降（p<0.05）。处理 48h 后，DnBP 处理下仅有 250mg/L 和 2500mg/L 的处理

组与对照存在显著性差异，而 DEHP 的所有处理组均出现了显著高于对照组的体重变化，即表明蚯蚓体重均明显降低（$p<0.05$）。

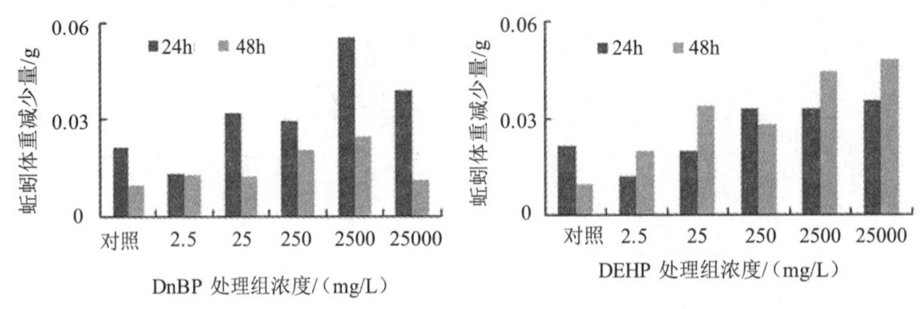

图 4-62　急性毒性实验中蚯蚓体重的变化

图 4-63 为 25000 mg/L 的 DnBP、DEHP 和空白对照分别处理 48h 后蚯蚓的形态。DnBP 处理组的蚯蚓环带肿大，身体略微细长；而 DEHP 处理组的蚯蚓身体更加细长，这与其体重明显低于对照组的结果相吻合。DnBP 处理的各个浓度基本都引起了蚯蚓体重的显著下降；而 DEHP 处理条件下，在浓度超过 25 mg/L 之后蚯蚓体重才有明显下降（$p<0.05$），因此，将该浓度定为亚慢性毒性实验的最高浓度。

图 4-63　对照组和处理组 48h 处理后的蚯蚓照片

2. 酞酸酯亚慢性毒性对赤子爱胜蚓的组织毒性

过氧化氢酶（CAT）基因会由于受到氧化压力以及缓解 ROS 带来的毒性而发生过量表达。不同污染物处理下培养 7d、14d、21d 和 28d 的蚯蚓体内 CAT 活性含量的变化如图 4-64 所示。随着培养时间的延长，两种污染物处理下蚯蚓体内的 CAT 活性均有所增加。尤其是 DnBP 处理 21d 时各处理蚯蚓体内 CAT 活性几乎均比对照有了显著的提高（$p<0.05$），最高几乎是对照组的两倍，尤其是 1、2、3mg/kg 的几个处理；而 DEHP 处理的蚯蚓 CAT 活性虽然随着培养时间的延长有所增加，但是各处理浓度下的 CAT 活性始终保持在对照水平以下。

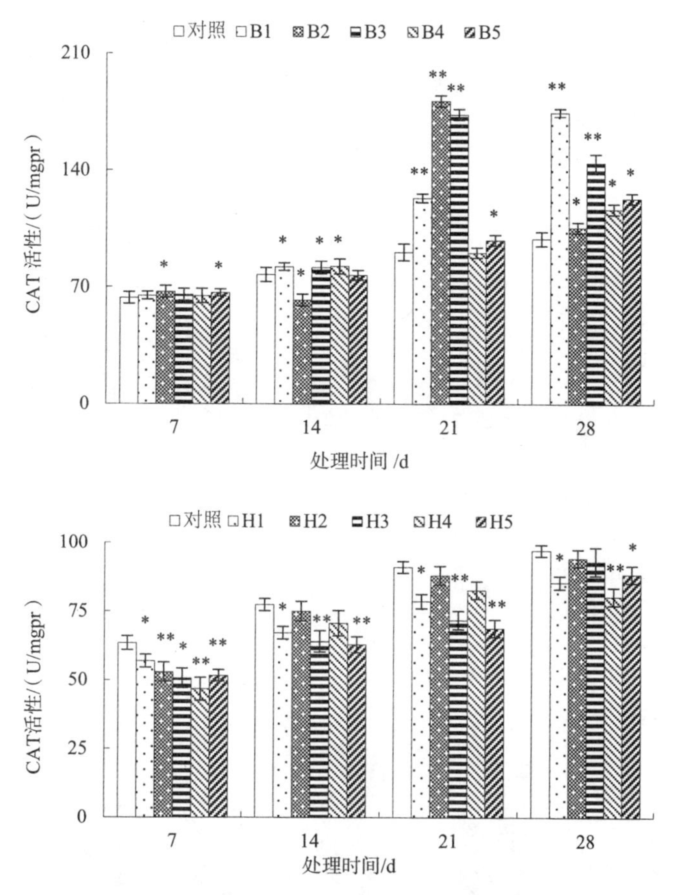

图 4-64　不同 DnBP（B）和 DEHP（H）处理浓度下蚯蚓体内 CAT 活性的变化

*为 p<0.05 水平上的相关性；**为 p<0.01 水平上的相关性

SOD 能够通过催化超氧自由基转变成过氧化氢和超氧离子，不同污染物处理 7d、14d、21d 和 28d 下蚯蚓体内 SOD 活性变化如图 4-65 所示。随着培养时间的延长，两种污染物处理条件下蚯蚓体内的 SOD 活性均有了显著增加。DnBP 处理下的蚯蚓 SOD 活性在 28d 时增幅达到了 7d 时的两倍左右；所有大于 2.5mg/kg 浓度的处理下，SOD 活性几乎均与对照组存在着极显著的差异（p<0.01）。DEHP 处理下的蚯蚓体内 SOD 活性均有稳步的增加，且在大于 2.5mg/kg 的浓度时几乎均显著高于对照处理组（p<0.01）。两种污染物处理 7d 时所有处理的蚯蚓体内的 SOD 活性均显著增加（p<0.05），但整体来看，在培养终点时，DnBP 处理组的各处理的 SOD 绝对活性的数值大于 DEHP 处理组的各处理。

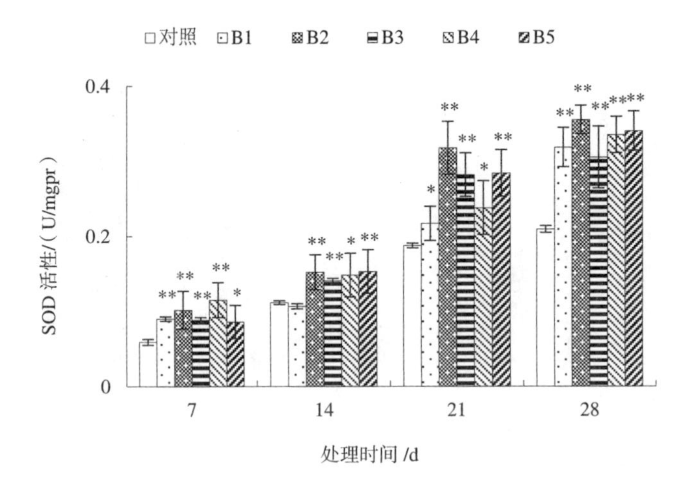

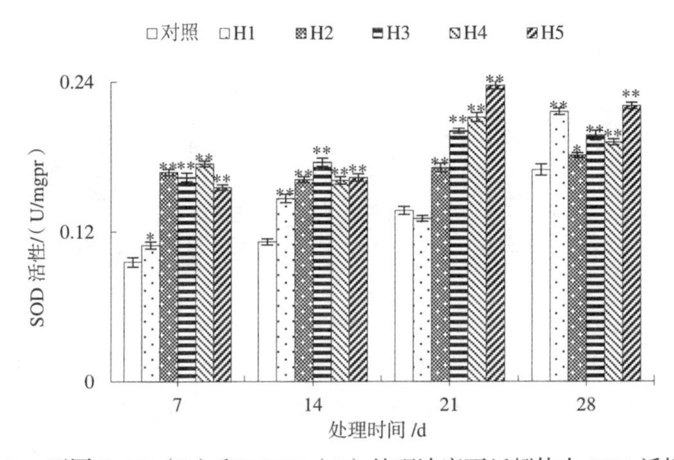

图 4-65　不同 DnBP（B）和 DEHP（H）处理浓度下蚯蚓体内 SOD 活性的变化

*为 $p<0.05$ 水平上的相关性；**为 $p<0.01$ 水平上的相关性

GST 属于Ⅱ相解毒酶系超级家族，长期被用作蚯蚓毒性反应分子方面的生物标志物，通过测定蚯蚓粗酶液中的 GST 含量便可以估计污染土壤的毒性作用。不同污染物处理 7d、14d、21d 和 28d 下蚯蚓体内的 GST 含量变化如图 4-66 所示。随着培养时间的延长，两种污染物处理条件下蚯蚓体内的 GST 活性变化存在着明显差异。DnBP 处理下的蚯蚓 GST 活性均比对照组有所升高，且基本上都与对照组存在极显著差异（$p<0.01$）。而 DEHP 处理下的蚯蚓体内 GST 活性与对照组相比呈现先升高后降低的趋势，最终在 28d 时所有处理时间内均表现为低于对照且存在极显著性差异（$p<0.01$）。受到污染胁迫时，蚯蚓体内的 GST 活性一般表现为增加，其活性的降低可以被看作是其他解毒机制的存在导致的机体耐受性的增强（Lukkari et al., 2004）。

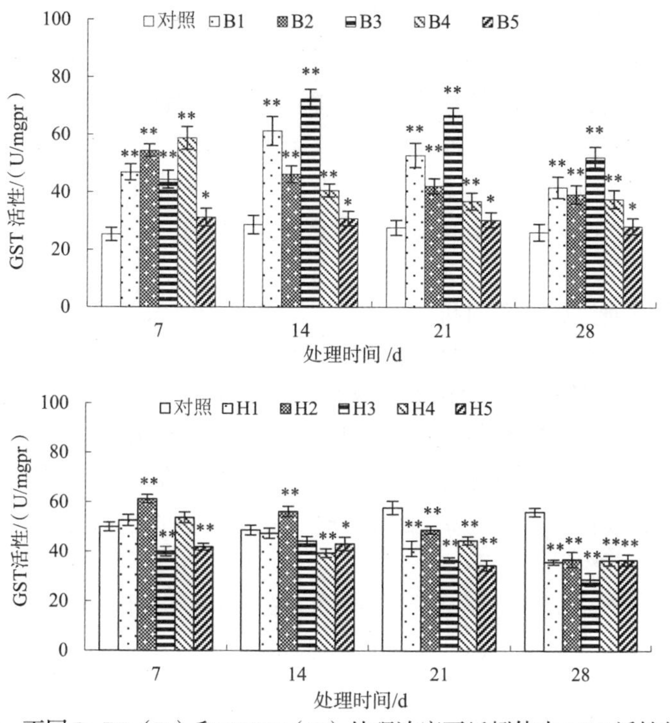

图 4-66　不同 DnBP（B）和 DEHP（H）处理浓度下蚯蚓体内 GST 活性的变化

*为 $p<0.05$ 水平上的相关性；**为 $p<0.01$ 水平上的相关性

3. 酞酸酯亚慢性毒性对赤子爱胜蚓的细胞毒性

利用流式细胞仪对不同污染物处理培养28d的蚯蚓体腔细胞的凋亡率和死亡率进行分析，结果如图 4-67 所示。DnBP 处理下的体腔细胞在所有浓度条件下都出现了明显的分群；而 DEHP 处理条件下，从浓度 5 mg/kg（H-5 处理）开始才出现明显的细胞分群。从图 4-67 可以看出，两种污染物处理条件下的蚯蚓体腔细胞的凋亡率变化的趋势有所不同，28d 时，DnBP 处理下的蚯蚓体腔细胞的凋亡率是随着污染物浓度的升高而减少的，但是死亡细胞的比率却是随着污染物浓度的升高而增加的，这说明在 DnBP 的毒性作用下，经过 28d 后，蚯蚓的体腔细胞正在逐渐死亡，且这一程序死亡与 DnBP 的浓度

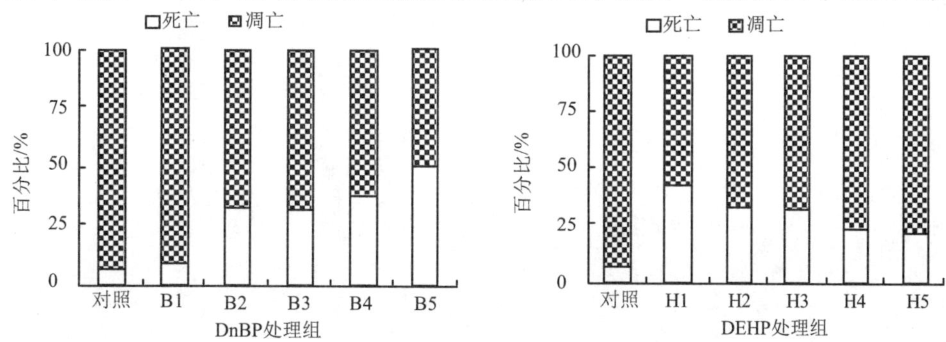

图 4-67　不同 DnBP（B）和 DEHP（H）处理浓度下蚯蚓体腔细胞凋亡率的变化

呈正相关。而 DEHP 处理下的蚯蚓体腔细胞的凋亡率是随着污染物浓度的升高而升高的，但死亡细胞的比率却是随着污染物浓度的升高而相对减少的。流式结果图（图 4-67）上明显的细胞分群说明，污染物的毒性作用明显导致各种细胞的分化，即健康细胞、凋亡细胞和死亡细胞等。因此当蚯蚓被置于有毒的环境介质中时，细胞凋亡便开始发生，以此作为细胞类群的减量调节（Loeb et al.,2000）。细胞早期的凋亡可以通过胞内 ROS 含量的升高来判断，然而，死亡细胞数的增加意味着污染物对蚯蚓体腔细胞带来的损伤是致命的。

利用彗星试验研究酞酸酯对蚯蚓的基因毒性时，用于定量评价 DNA 损伤各项评价指标中，彗星尾长表征的是有害物质引起的细胞核的迁移率，说明 DNA 损伤水平和断裂的 DNA 片段的长度等；尾部 DNA 含量能精确描述 DNA 损伤水平，在暴露于同种污染物的不同浓度之下时，尾部的 DNA 含量与 DNA 损伤直接相关；尾距是尾部 DNA 密度和迁移距离的乘积；Olive 尾距是指由 DNA 损伤诱导的 DNA 电泳淌度。对不同污染物处理下培养 7d、14d、21d 和 28d 的蚯蚓体内的基因损伤进行分析，结果如图 4-68 ~ 图 4-71 所示。

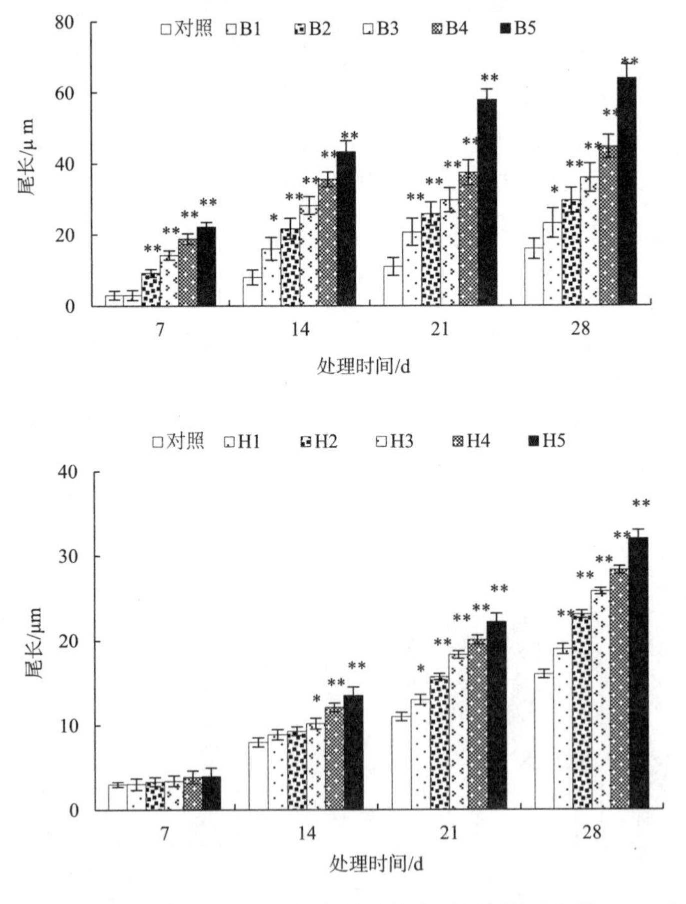

图 4-68　不同 DnBP（B）和 DEHP（H）处理浓度下蚯蚓体腔细胞 DNA 的彗星尾长

*为 $p<0.05$ 水平上的相关性；**为 $p<0.01$ 水平上的相关性

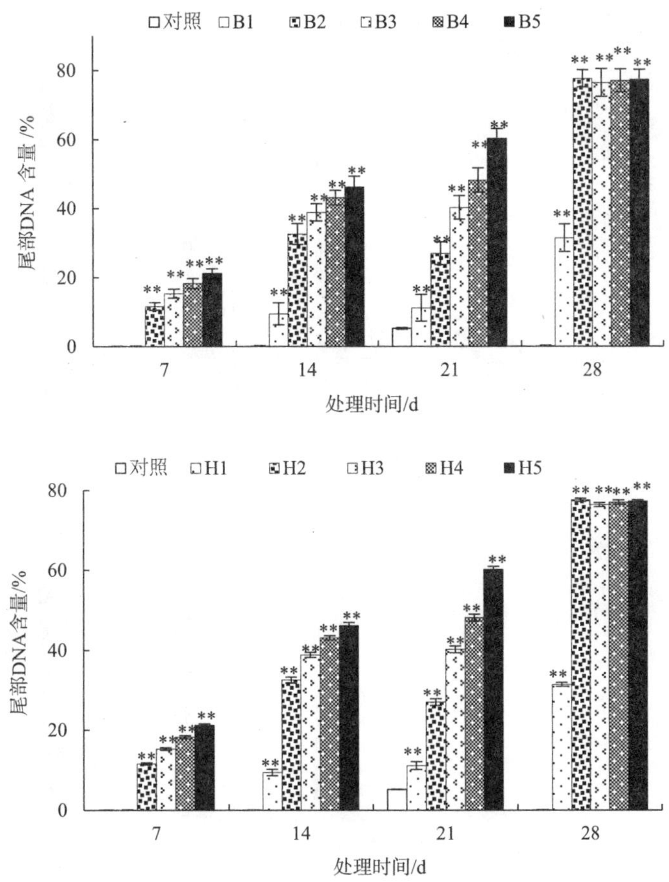

图 4-69　不同 DnBP（B）和 DEHP（H）处理浓度下蚯蚓体腔细胞彗星尾部 DNA 含量
**为 p<0.01 水平上的相关性

随着污染物浓度和处理时间的增加，彗尾的长度不断增加、彗星尾部的 DNA 含量不断增加、彗星的尾距和 Olive 尾距均不断增加，表明蚯蚓的 DNA 损伤是不断增加的。同时可以看出，随着培养时间和添加污染物浓度的增大，对蚯蚓 DNA 的损伤程度也在增加，呈现出一定的线性关系。其中 DnBP 处理下的各指标变化更剧烈、更明显。本试验关于 DNA 损伤的结果与前文中 SOD 酶指标的变化以及细胞毒性测试的结果基本一致，大致可以认为 DnBP 对蚯蚓体腔细胞的毒性作用比 DEHP 略大，且在污染浓度为 5mg/kg 时，各指标基本上均可观察到与对照组的显著性差异（p<0.05）。之前有研究指出细胞内 DNA 的损伤是源于各种氧化压力的作用，如体腔细胞内 ROS 的积累等。其他很多研究也表明，ROS 的积累是 DNA 损伤的主要原因，因为它可以导致 DNA 链的断裂、核的迁移以及细胞核内的各种变化。但是对于蚯蚓来说，长期的生物进化过程还使它们拥有了更多抗胁迫的功能，如金属硫蛋白的变化可以阻止体内氧化损伤的破坏，保护细胞 DNA 免受损伤等。

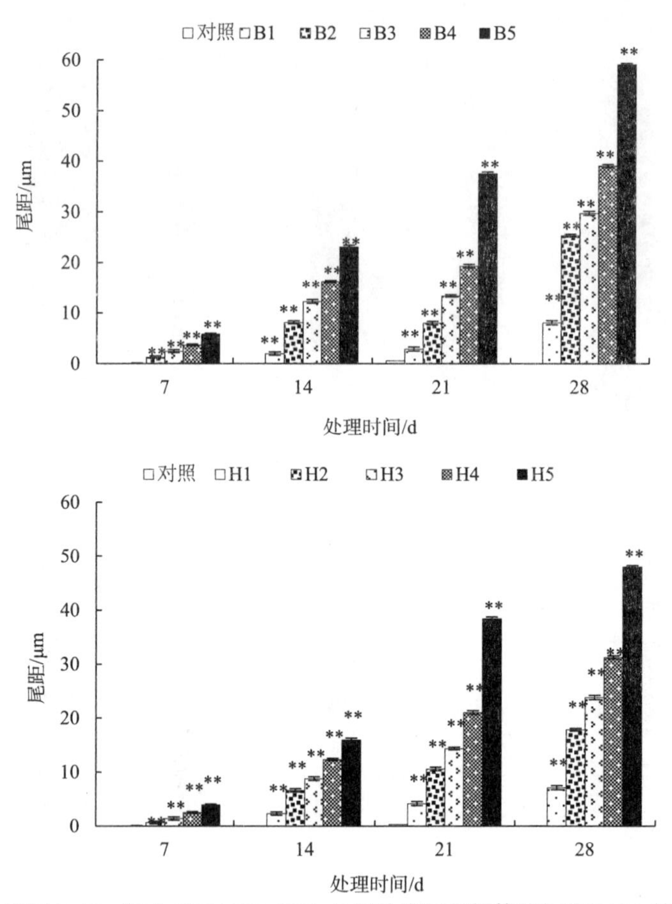

图 4-70　不同 DnBP（B）和 DEHP（H）处理浓度下蚯蚓体腔细胞 DNA 彗星的尾距

**为 $p<0.01$ 水平上的相关性

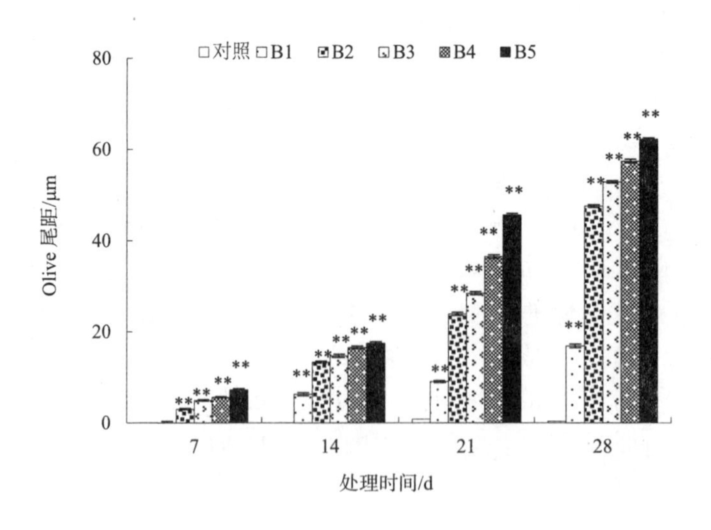

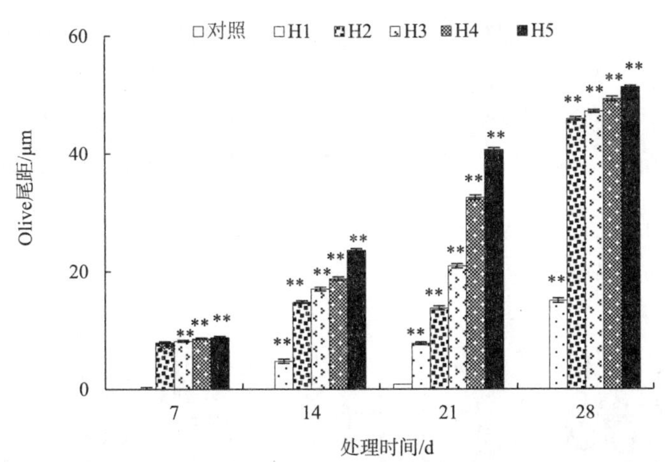

图 4-71　不同 DnBP（B）和 DEHP（H）处理浓度下蚯蚓体腔细胞 DNA 彗星的 Olive 尾距

**为 p<0.01 水平上的相关性

综上所述，针对酞酸酯污染对土壤动物的毒性效应研究表明（滕应和骆永明，2014）：酞酸酯类污染物均能够对蚯蚓个体、组织及体腔细胞产生毒性作用，且主要通过使过氧化氢酶（CAT）、超氧化物歧化酶（SOD）、丙二醛（MDA）、氧化型谷胱甘肽（GSSG）、谷胱甘肽还原酶（GR）、过氧化氢（H_2O_2）、活性氧（ROS）的活性上升以及过氧化物酶（POD）活性的下降，使热激蛋白 Hsp70、金属硫蛋白含量升高以及中性红停留时间的减少，导致蚯蚓体细胞的细胞死亡率升高、DNA 合成期延长、胞内钙离子浓度升高及彗星尾部长度增加等毒性效应。当土壤中添加的 DnBP 和 DEHP 浓度达到 5mg/kg 和 10mg/kg 时，反映毒性效应的各指标均与对照呈显著性差异（p<0.05）。因此，建议的土壤中 DnBP 的污染阈值的参考值为 5 mg/kg，DEHP 则在 10 mg/kg 左右。

4. 酞酸酯污染物在动植物体内的累积状况

风险评估又称为危险度评估或危险度评价（risk assessment or risk evaluation）。健康风险评估属于细化了的环境风险评估。按世界卫生组织的定义，风险度表示接触一种有害因素后出现不良作用的预期频率；从毒理学角度讲，它是指在个体或特定群体中某种剂量或某一浓度的化学物质所致的有害作用出现的概率。健康风险评估是以风险度作为评估指标，把环境污染与人体健康联系起来，定量描述污染对人体健康产生危害风险的一种方法，它不仅可以对污染给人体造成损害的可能性及损害程度做出科学的估计，而且可以为污染场地的管理和修复提供可靠的依据。酞酸酯在动植物体内的累积情况将直接影响动植物的健康，从而进一步影响到人体健康。因此，明确酞酸酯在动植物体内的累积情况，是进一步评估酞酸酯健康风险的基础。

不同条件下各处理的生菜和空心菜体内的酞酸酯污染物的累积状况如图 4-72 所示。各处理条件下生菜和空心菜体内的目标酞酸酯积累量都不大，均未超过 2 mg/kg，但是空心菜体内的目标酞酸酯积累量比生菜略高。这可能与苗期培养的时间较短（仅有 30d）有关，也可能与生菜和空心菜生长的环境有关。培育期间，生菜和空心菜处于恒温恒湿的光暗交替温室中，培养期间除了土壤中添加的污染物之外，没有其他的酞酸酯来源，因此不能像生长在自然环境中的蔬菜那样同时吸收土壤和空气中的酞酸酯污染物。中性土壤条件下两种污染物的积累量都比碱性条件下略高，可能原因是酞酸酯在碱性土壤条件下更容易发生降解（俞小明和竺云波，2011），因此可被吸收利用的目标酞酸酯的量便有所减少。

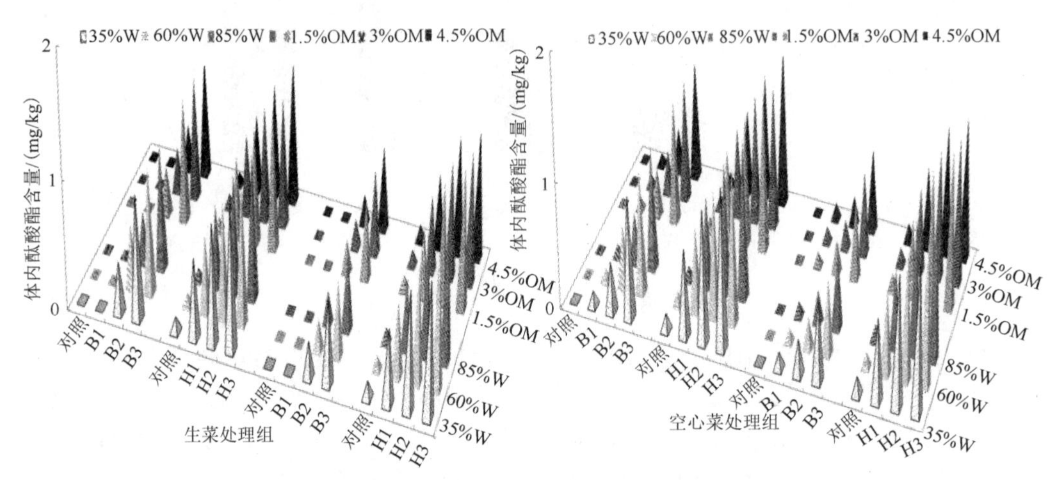

图 4-72　不同处理下植物体内酞酸酯目标化合物的含量

不同处理条件下，培养 28d 后蚯蚓体内的酞酸酯含量如图 4-73 所示。经过 28d 培养后的蚯蚓体内两种目标污染物的含量有所不同，DnBP 在 0.7~1.1mg/kg，DEHP 在 2.0~4.5 mg/kg 左右。根据酞酸酯类物质的性质，DnBP 应该比较容易在介质之间发生转移，因此应该在蚯蚓体内含量较高，但是由于其本身不是难降解化合物，可能土壤中添加的 DnBP 自身有一部分发生了降解，还有一部分被蚯蚓吸收，产生了体内的积累。DEHP 的情况也相似。DnBP 最高浓度低于 DEHP，是因为 DEHP 在自然界中比 DnBP 难降解。而在蚯蚓体内 DEHP 浓度高于 DnBP 则可能是由于 DnBP 在蚯蚓体内发生了某些代谢，因此比较难代谢的 DEHP 含量稍低。

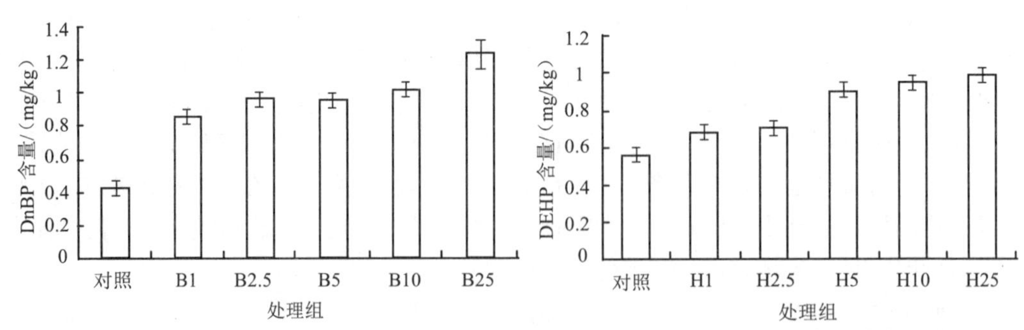

图 4-73　不同 DnBP（B）和 DEHP（H）处理浓度下培养 28 d 后蚯蚓中目标污染物的含量

4.4.3　设施农业农膜与酞酸酯污染的人体健康风险评估

根据美国 EPA（1997）污染物风险商值法计算的典型区域不同人群通过蔬菜和土壤暴露摄入酞酸酯的风险商值如表 4-24 所示。南京市郊的四个调查区域内的酞酸酯污染对人体健康带来的风险主要以 DEHP 为主，且主要是对 0~6 岁孩子的潜在危害较明显，其次 HS 调查区的 DnBP 也存在一定的风险。四个典型设施农业调查地区的风险大小依次为 GL>HS>SS>PLK。若 DEHP 的每日最大允许摄入量按照日本的 0.04~0.14mg/（kg·d）计算，SS 和 PLK 两地区的酞酸酯的健康风险商值可能还不到 1。而对于长三角电子垃圾拆解区的污染农田来说（Ma et al., 2013），DnBP 和 DEHP 对各个年龄段的人群均存在着健康风险，且风险商值比设施农业区大得多。同时，食物中的酞酸酯类化合物在经过烹饪之后有 80%~90%可以消除（Mikula et al., 2005），按此计算修正之后，只有 HS 和 GL 的 DEHP 可能存在风险。由此可见，通过食物摄入的暴露风险不大，但通过土壤摄入引起的酞酸酯暴露风险不可小觑。

表 4-24　调查区居民暴露于酞酸酯的摄入量　[单位：$\times 10^{-3}$mg/（kg·d）]

区域（摄入途径）	0~6 岁						7~70 岁					
	DMP	DEP	DnBP	BBP	DEHP	DnOP	DMP	DEP	DnBP	BBP	DEHP	DnOP
HS（土）	5.5	71.3	57.2	0.1	75.5	1.2	0.2	3.0	2.4	0	3.2	0
GL（土）	9.1	41.7	37.6	0	80.6	1.1	0.4	1.8	1.6	0	3.4	0
SS（土）	8.4	19.5	27.1	0	21.0	1.0	0.4	0.8	1.2	0	0.9	0
PLK（土）	9.9	28.7	34.7	0	31.9	1.2	0.4	1.2	1.5	0	1.4	0
HS（菜）	0	1.5	66.6	1.1	75.3	24.2	0	0	0.7	0	0.8	0.3
GL（菜）	1.1	1.2	39.7	0.4	76.2	25.4	0	0	0.4	0	0.7	0.2
SS（菜）	0.4	1.5	55.7	0.3	29.5	28.2	0	0	0.5	0	0.3	0.3
PLK（菜）	0.7	0.6	17.3	0.7	14.6	4.4	0	0	0.2	0	0.2	0
HS（总）	5.6	72.8	***123.8***	1.2	***150.8***	25.4	0.2	3.0	3.1	0	4.0	0.3
GL（总）	10.2	42.9	77.3	0.5	***156.9***	26.5	0.4	1.8	2.0	0	4.2	0.2
SS（总）	8.8	21.0	82.8	0.4	***<u>50.4</u>***	29.2	0.4	0.8	1.7	0	1.2	0.3
PLK（总）	10.6	29.3	52.0	0.7	***<u>46.5</u>***	5.5	0.4	1.2	1.7	0	1.5	0
HS（修正）	5.5	71.6	70.5	0.3	***<u>90.6</u>***	6.0	0.2	3.0	2.6	0	3.4	0.1
GL（修正）	9.3	41.9	45.5	0.1	***<u>95.8</u>***	6.2	0.4	1.8	1.7	0	3.5	0
SS（修正）	8.5	19.8	38.2	0.1	26.9	6.6	0.4	0.8	1.3	0	1.0	0.1
PLK（修正）	10.0	28.8	38.2	0.1	34.8	2.1	0.4	1.2	1.5	0	1.4	0
RfD（NMED）	10000	800	100	200	20	40	10000	800	100	200	20	40
RfD（USEPA）			100	200	20				100	200	20	
TDI（EU）			100	200	37	37			100	200	37	37

注：RfD（NMED）表示参考剂量（新墨西哥州环保局）、RfD（USEPA）表示参考剂量（美国国家环境保护局）、TDI（EU）表示每日耐受量（欧盟）；小于 10^{-4} 的按 0 计，加粗斜体数值表示 HQ（hazard quotient）>1，加粗斜体下划线数值表示 HQ 可能>1。

土壤酞酸酯的健康风险可利用美国加州大学国家暴露研究实验室开发的风险评估模型 CalTOX Model 4.0 来分析，该模型可以用式（4-3）和式（4-4）表达（Chen and Ma, 2006; Xia et al., 2011）：

$$\text{Cancer Risk} = \sum_k [1-\exp(\text{ADI}_k \times \text{CSF}_k)] \approx \sum_k \text{ADI}_k \times \text{CSF}_k \tag{4-3}$$

式中，ADI_k 表示受体每天通过不同暴露途径（经口、呼吸和皮肤摄入）平均摄取污染物的量[mg/（kg · d）]；CSF_k 表示通过剂量-效应研究得到的不同暴露途径的致癌斜率[kg/（d · mg）]。

$$\text{ADI}_{ijk} = C_i \times \left[\frac{C_j}{C_i}\right] \times \left[\frac{\text{IU}_{jk}}{\text{BW}}\right] \times \frac{\text{EF} \times \text{ED}}{\text{AT}} \tag{4-4}$$

式中，ADI_{ijk} 表示受体从 i 介质（空气、土壤和地下水），通过 j 活动（喝水、饮食、洗漱等）经过 k 暴露途径（经口、呼吸和皮肤摄入）吸收的污染物的量[mg/（kg · d）]；C_i 表示环境介质 i 中污染物的含量（mg/kg）；C_j 表示暴露介质 j 中的污染物含量（mg/kg）；$[C_j/C_i]$ 表示介质迁移率；IU_{jk} 表示暴露介质 j 通过暴露途径 k 的暴露量；EF 表示暴露频率（d/a）；ED 表示暴露时间（a）；AT 表示平均暴露时间（a）；BW 表示受体体重（kg）。本研究中仅仅考虑设施蔬菜种植者在田间劳动过程中经口、呼吸和皮肤接触等途径摄入所导致的健康风险。CalTOX Model 4.0 模型中区域参数及人体暴露参数见表 4-25，而其他参数以及 6 种酞酸酯特征参数采用模型默认值；风险评估的不确定性及敏感性分析参照美国 EPA 相关方法（Chen and Ma, 2006; Xia et al., 2011）。

表 4-25　CalTOX Model 模型中区域参数与暴露参数

区域参数	数值	暴露参数	数值
研究区域/m^2	9.0×10^8	平均体重/kg	62
表层土壤厚度/m	0.20	单位接触面积/（m^2/kg）	0.026
年均降水量/mm	0.0029	土壤皮肤黏附系数/（mg/cm^2）	0.38
根际土壤含水率/%	20	呼吸速率/（m^3/d）	20
环境温度/K	289	平均寿命/a	70
土壤有机质含量/（g/g）	0.025	暴露年限/a	70
年均风速/（m/d）	3.02	土壤经口摄入量/（mg/d）	50

由上述模型计算土壤酞酸酯污染的风险如表 4-26 所示，设施菜地土壤健康风险显著高于露地土壤，土壤中不同种类酞酸酯健康风险从高到低依次为 DnBP、DEP、DnOP、DEHP、BBP 和 DMP；设施菜地和露地土壤中 DnBP 经不同暴露途径的总健康风险值分别为 6.52×10^{-9} 和 1.62×10^{-10}。

欧美以及我国台湾地区均规定总致癌风险不超过 10^{-6} 为可接受致癌风险的上限（Ma et al., 2003b; 关卉等，2007）。本研究表明设施菜地和露地土壤不同种类酞酸酯的健康风险均远小于可接受致癌风险上限，设施菜地土壤酞酸酯污染对人体不会产生危害。对于小分子量的酞酸酯，不同种类酞酸酯致癌风险主要暴露途径是通过皮肤接触，其次是经呼吸摄入，最后是经口摄入；对于高分子量的酞酸酯，皮肤接触依然是主要暴露途径，其次是经口摄入，而呼吸摄入所产生的致癌风险可以忽略不计。由于低分子量酞酸酯易挥发，而高分子量酞酸酯易于被土壤吸附，所以不同暴露途径产生的致癌风险有较大差异（Chen and Ma, 2006）。虽然本研究中 DEHP 的致癌风险远低于 10^{-6}，但是 DEHP 的日摄入量占摄入酞酸酯总量的 48%～73%，并且 DEHP 能够引起生物体内胚胎细胞凋亡和导致基因损伤（Chen et al., 2012; Dickson-Spillmann et al., 2009; Gentry et al., 2011）。因此，蔬菜种植者在劳作过程中应该预防 DnBP 和 DEHP 带来的潜在健康风险。敏感性分析表明，6 种酞酸酯健康风险主要受半衰期的影响，其次是皮肤接触系数、暴露频率与周期以及表层土壤有机碳含量。土壤中酞酸酯的健康风险主要与酞酸酯的化学性质和受体暴露参数相关（Chen and Ma, 2006; Xia et al., 2011）。

表 4-26　设施菜地与露地土壤中酞酸酯不同暴露途径的健康风险

酞酸酯	土壤	暴露途径及风险			
		呼吸摄入	经口摄入	皮肤接触	总风险
DMP	露地土壤/[mg/（kg · d）]	7.83×10^{-39}	5.64×10^{-39}	1.57×10^{-39}	2.92×10^{-38}
	设施菜地土壤/[mg/（kg · d）]	4.48×10^{-39}	3.23×10^{-39}	8.96×10^{-39}	1.67×10^{-38}
	贡献率/%	26.87	19.35	53.78	100
DEP	露地土壤/[mg/（kg · d）]	2.92×10^{-14}	1.60×10^{-14}	4.46×10^{-14}	8.98×10^{-14}
	设施菜地土壤/[mg/（kg · d）]	4.38×10^{-14}	2.41×10^{-14}	6.69×10^{-14}	1.35×10^{-13}
	贡献率/%	32.50	17.86	49.64	100
DnBP	露地土壤/[mg/（kg · d）]	3.53×10^{-11}	4.20×10^{-10}	1.17×10^{-10}	1.62×10^{-10}
	设施菜地土壤/[mg/（kg · d）]	1.42×10^{-10}	1.69×10^{-9}	4.69×10^{-9}	6.52×10^{-9}
	贡献率/%	2.18	25.89	71.94	100
BBP	露地土壤/[mg/（kg · d）]	5.02×10^{-42}	7.68×10^{-39}	2.13×10^{-38}	2.90×10^{-38}
	设施菜地土壤/[mg/（kg · d）]	2.01×10^{-41}	3.07×10^{-38}	8.53×10^{-38}	1.16×10^{-37}
	贡献率/%	0.02	26.46	73.52	100
DEHP	露地土壤/[mg/（kg · d）]	9.13×10^{-21}	1.59×10^{-17}	4.40×10^{-17}	5.99×10^{-17}
	设施菜地土壤/[mg/（kg · d）]	5.01×10^{-20}	8.72×10^{-17}	2.42×10^{-16}	3.29×10^{-16}
	贡献率/%	0.02	26.50	73.48	100
DnOP	露地土壤/[mg/（kg · d）]	3.00×10^{-23}	1.20×10^{-17}	3.33×10^{-17}	4.53×10^{-17}
	设施菜地土壤/[mg/（kg · d）]	6.78×10^{-21}	2.71×10^{-15}	7.53×10^{-15}	1.02×10^{-14}
	贡献率/%	0.00	26.46	73.54	100

综上所述，设施农业农膜与酞酸酯污染的风险主要是由于酞酸酯污染导致的土壤环境风险以及其对设施农业相关人群的健康风险。本研究通过对南京地区主要设施农业区

的环境健康风险分析表明：儿童对土壤与蔬菜酞酸酯的污染更为敏感，其暴露风险要高于成人；通过口腔摄入的土壤和蔬菜这两条暴露途径，便可以引起较高的风险商，其中DEHP具有最大的健康风险。设施菜地中酞酸酯经不同暴露途径对劳动者产生的致癌风险均低于美国规定中可接受致癌风险值的上限；DnBP的致癌风险最高为6.52×10^{-9}，其次为DEP、DnOP和DEHP；小分子量PAEs的主要暴露途径为皮肤接触和呼吸摄入，高分子量酞酸酯的主要暴露途径为皮肤接触和经口摄入。

4.4.4　设施农业重金属积累的人体健康风险评估

设施蔬菜中重金属的健康风险评价采用国际通用的目标危害商法和危害指数法。目标危害商（target hazard quotient, THQ）是USEPA于2000年建立的一种评价人群健康风险的方法，可评价单一重金属的暴露健康风险。该方法假定污染物吸收剂量等于摄入剂量，以测定的污染物人体摄入剂量与参考剂量的比值作为评价标准，如果该值小于1，则说明暴露人群没有明显的该污染物健康风险，反之，暴露人群很可能经受明显的负面影响（USEPA, 2007, 2015），计算公式如式（4-5）：

$$\mathrm{THQ}=\frac{\mathrm{EDI}}{\mathrm{RfD}}=\frac{C_{\mathrm{veg}}\times \mathrm{IR}_{\mathrm{veg}}\times \mathrm{EF}\times \mathrm{ED}}{\mathrm{BW}\times \mathrm{AT}\times \mathrm{RfD}} \tag{4-5}$$

式中，EDI为平均日摄入量[（mg/（kg · d）]；EF为暴露频率（365d/a）；ED暴露持续时间（70a）；是蔬菜摄入量$\mathrm{IR}_{\mathrm{veg}}$[g/(人 · d）]；$C_{\mathrm{veg}}$是蔬菜重金属含量（mg/kg鲜重）；RfD为每日允许摄入量[mg/(kg · d)]；BW为平均体重（kg）；AT为平均暴露时间（365d/a×暴露了多少年）（表4-27）。不同人群及体重和平均每人每天蔬菜的消耗量来源于2006年的“中国健康与营养调查”。Cd、As、Hg、Pb、Cu、Zn的RfD值分别为0.001mg/（kg · d）、0.0003mg/（kg · d）、0.0003mg/（kg · d）、0.004mg/（kg · d）、0.04mg/（kg · d）、0.3mg/（kg · d）（USEPA, 2007）。

表4-27　设施蔬菜人体健康风险评价模型暴露参数

参数	单位	儿童	青壮年	中老年
体重（BW）	kg	24.5	60.3	59.4
暴露频率（EF）	d/a	350	350	350
暴露时间（ED）	a	6	14	30
蔬菜摄入量（$\mathrm{IR}_{\mathrm{veg}}$）	kg/d	0.223	0.355	0.366
平均暴露时间（AT）	d	EF×ED	EF×ED	EF×ED

许多研究者已经报道了暴露于两种或以上的污染物将导致累加或交互作用。因此，对于具体的受体和途径（例如，饮食）目标危害商可以被加和形成危害指数（hazard index, HI）。危害指数是对于蔬菜中化学成分潜在的有害健康影响的一种评价方法。通过日常蔬菜消耗对人体产生的HI计算如（4-6）所示：

$$\mathrm{HI}=\sum_{i=1}^{n}\mathrm{THQ}_i \tag{4-6}$$

以南京谷里设施蔬菜基地为案例，通过评价设施蔬菜的人体摄入风险，建立基于农产品安全的土壤重金属污染的评价指标与体系。从南京典型设施蔬菜产地蔬菜的目标危害商来看（表 4-28），食用不同类型蔬菜的健康风险排序为叶菜>根茎>茄果；叶菜中重金属风险排序为 Cd>As>Pb> Cu>Zn>Hg；不同人群通过摄入设施蔬菜的健康风险排序为儿童>中老年>青壮年。虽然对不同人群不同蔬菜单个元素的目标危害商均小于 1，但对不同人群叶菜类的所有重金属加和的危害指数均超过了 1，表明摄食叶菜重金属的健康风险最高。根茎类和茄果类蔬菜的危害指数均小于 1，表明摄入根茎类和茄果类蔬菜的健康风险较小。因此，建议设施蔬菜产地，尤其是重金属累积明显的区域，多种植重金属富集能力较弱的根茎类和茄果类蔬菜，以降低人们对蔬菜中重金属的摄入风险（Hu et al., 2014; 胡文友等, 2014）。

表 4-28　不同年龄人群不同种类蔬菜重金属的目标危害商（THQ）

HMs	人群	叶菜		根茎		茄果	
		平均值	标准差	平均值	标准差	平均值	标准差
Cd	儿童	0.72	1.02	0.26	0.27	0.11	0.05
	青壮年	0.46	0.66	0.17	0.17	0.07	0.03
	中老年	0.49	0.69	0.18	0.18	0.07	0.03
As	儿童	0.39	0.40	0.24	0.25	0.12	0.07
	青壮年	0.25	0.26	0.15	0.16	0.08	0.05
	中老年	0.26	0.27	0.16	0.17	0.08	0.05
Hg	儿童	0.09	0.07	0.03	0.05	0.01	0.00
	青壮年	0.06	0.05	0.02	0.03	0.01	0.00
	中老年	0.06	0.05	0.02	0.03	0.01	0.00
Pb	儿童	0.27	0.24	0.16	0.17	0.14	0.08
	青壮年	0.18	0.15	0.11	0.11	0.09	0.05
	中老年	0.18	0.16	0.11	0.11	0.10	0.05
Cu	儿童	0.24	0.27	0.16	0.11	0.29	0.05
	青壮年	0.15	0.17	0.10	0.07	0.18	0.04
	中老年	0.16	0.18	0.11	0.07	0.19	0.04
Zn	儿童	0.20	0.26	0.11	0.08	0.08	0.01
	青壮年	0.13	0.17	0.07	0.05	0.05	0.01
	中老年	0.14	0.18	0.07	0.05	0.05	0.01
总 HMs（HI）	儿童	1.82	2.16	0.91	0.87	0.65	0.25
	青壮年	1.24	1.47	0.63	0.59	0.49	0.18
	中老年	1.33	1.60	0.65	0.62	0.39	0.16

从图 4-74 可以看出，设施蔬菜的危害指数明显高于露天蔬菜，儿童摄入设施蔬菜的健康风险明显高于青壮年和中老年。

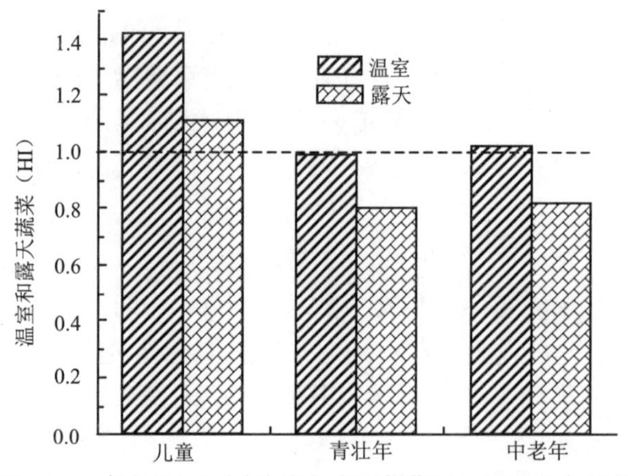

图 4-74　南京地区不同种植方式下蔬菜重金属的危害指数

从图 4-75 可以看出，不同蔬中重金属的暴露风险排序为叶菜>根茎>茄果。叶菜类的苦菊和菊花脑中重金属摄入风险较高，最大目标危害商分别高达 3.6 和 3.2。根茎类的大蒜重金属摄入风险较高，最高值超过了安全风险阈值。茄果类辣椒中重金属具有较高的人群摄入风险，但在安全范围以内。值得注意的是，菊花脑是南京地区的特产蔬菜，也是南京市民非常喜爱的蔬菜类型之一。因此，为了降低菊花脑等叶菜中重金属的摄入风险，建议人们日常食用蔬菜过程中，尽量选择多种不同类型和重金属富集能力的蔬菜，以降低和分散重金属通过蔬菜进入人体的摄入风险（Hu et al., 2017a, 2014; 胡文友等,2014）。

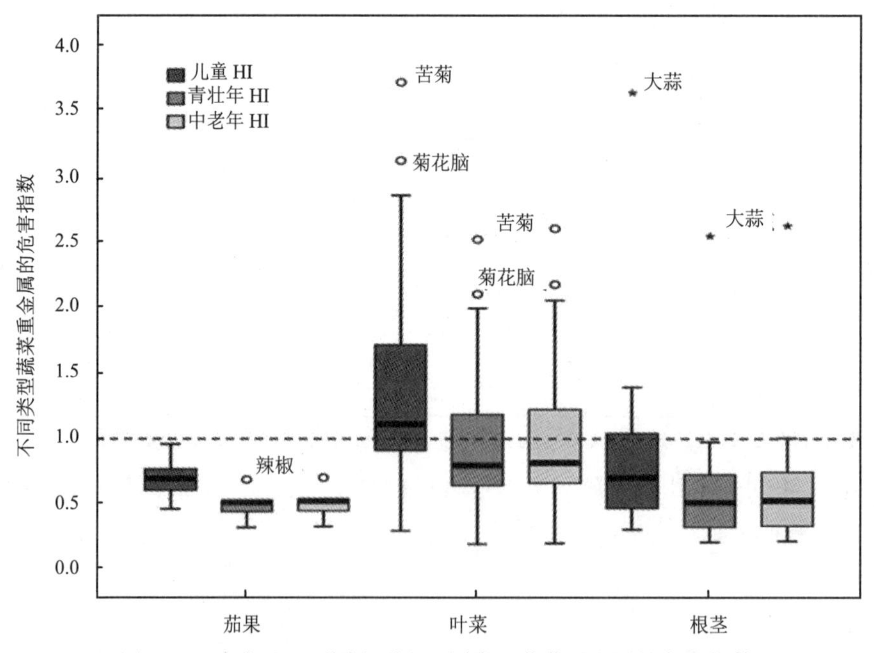

图 4-75　南京地区不同人群和不同类型蔬菜重金属的危害指数

应用基于蒙特卡罗模拟技术的水晶概率评估专用软件（Crystal Ball 11.1）开展设施蔬菜中重金属的膳食暴露评估。评估中使用的各种参数对应的概率分布采用水晶球提供的标准分布函数来表示。图 4-76~图 4-78 分别为本次检测蔬菜中重金属对儿童、青壮年和中老年危害指数的分布拟合情况。通过模拟可以得出以 HI 小于 1 为可接受风险水平，结果表明有约 50%的儿童，30%的青壮年和 30%的中老年以设施蔬菜途径摄入的重金属暴露超过最大可接受水平。

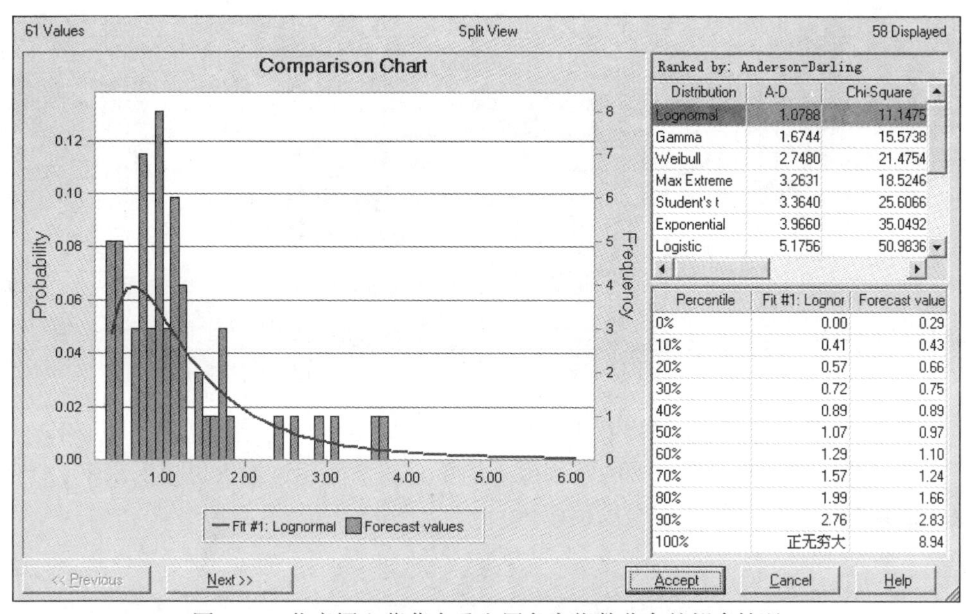

图 4-76　儿童摄入蔬菜中重金属危害指数分布的拟合情况

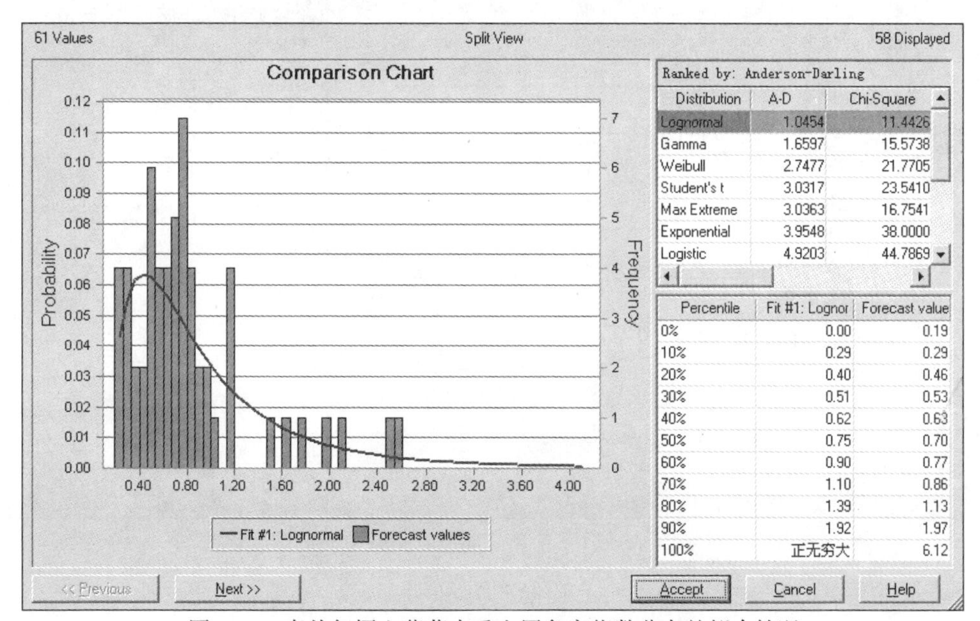

图 4-77　青壮年摄入蔬菜中重金属危害指数分布的拟合情况

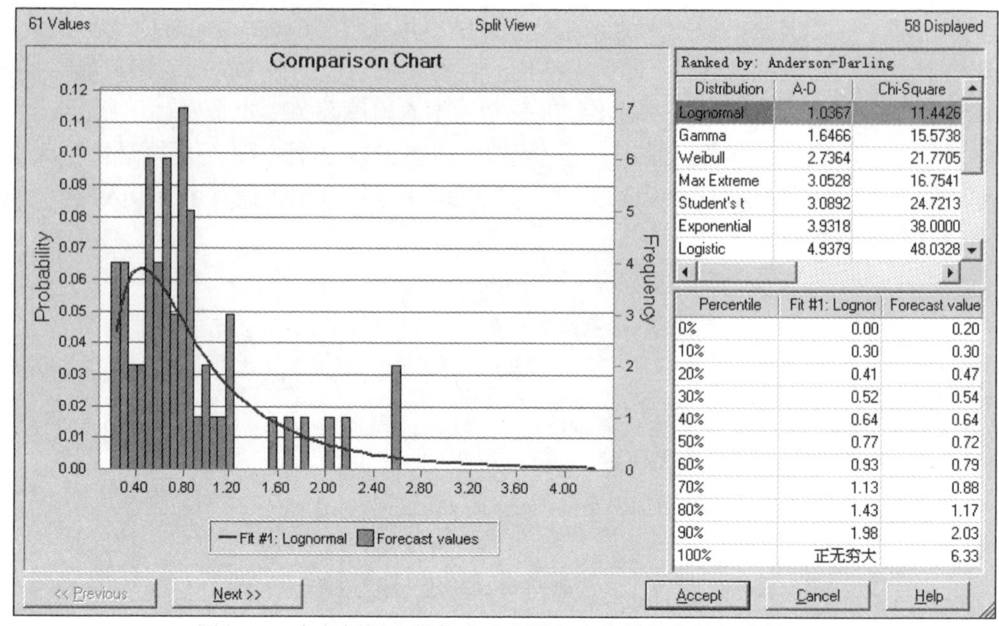

图 4-78　中老年摄入蔬菜中重金属危害指数分布的拟合情况

从图 4-79 和图 4-80 中可以看出，设施蔬菜中叶菜的危害指数较高，以 HI 小于 1 为可接受风险水平，有超过 40%的叶菜摄入的重金属暴露超过最大可接受水平，根茎和茄果类蔬菜的摄入风险均在安全阈值以内。

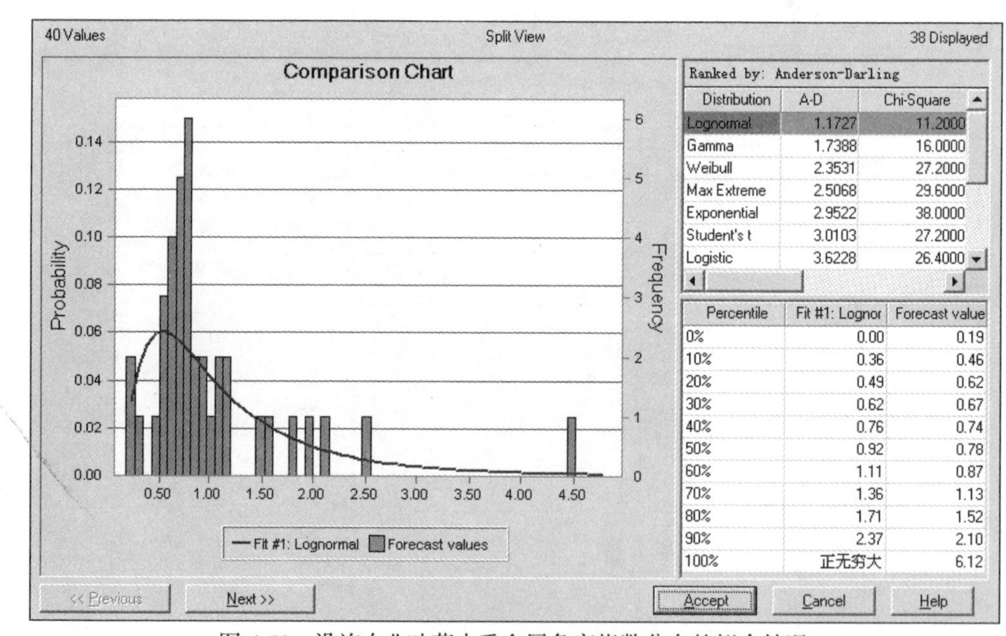

图 4-79　设施农业叶菜中重金属危害指数分布的拟合情况

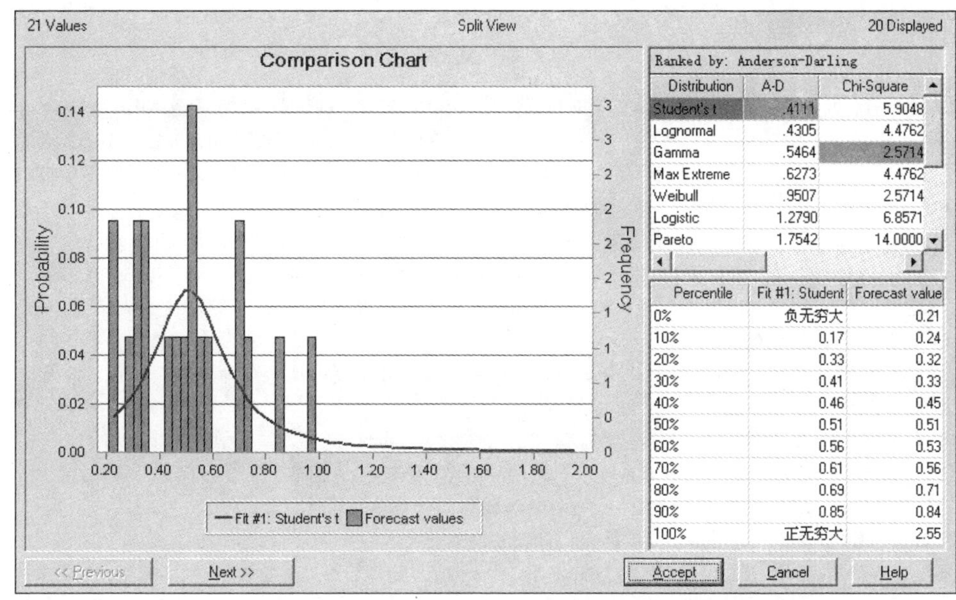

图 4-80　设施农业根茎和茄果类中重金属危害指数分布的拟合情况

运用蒙特卡罗敏感性评价方法对影响蔬菜中 Cd 和 Hg 的健康风险评价结果输入参数进行敏感性分析。从敏感性分析结果来看（图 4-81），对蔬菜中 Cd 和 Hg 的风险贡献率较大的是蔬菜中 Cd 和 Hg 的浓度（C_{veg}），贡献率分别为 55.1%和 44.8%，其次是蔬菜摄入量（IR_{veg}），贡献率分别为 22.9%和 30.7%。平均暴露时间（AT）对蔬菜中 Cd 和 Hg 的风险贡献率分布为−17.9%和−21.3%。说明蔬菜中 Cd 和 Hg 的含量和每日蔬菜摄入量是影响居民重金属摄入风险的主要因素。因此，应加强蔬菜中重金属污染物检测，同时限制 Cd 和 Hg 超标或含量高的蔬菜流入市场，以控制整体蔬菜重金属在安全范围内。另外，为了降低摄入叶菜中的重金属健康风险，建议人们在日常食用蔬菜的过程中，尽量选择多种类型和不同重金属富集能力的蔬菜。

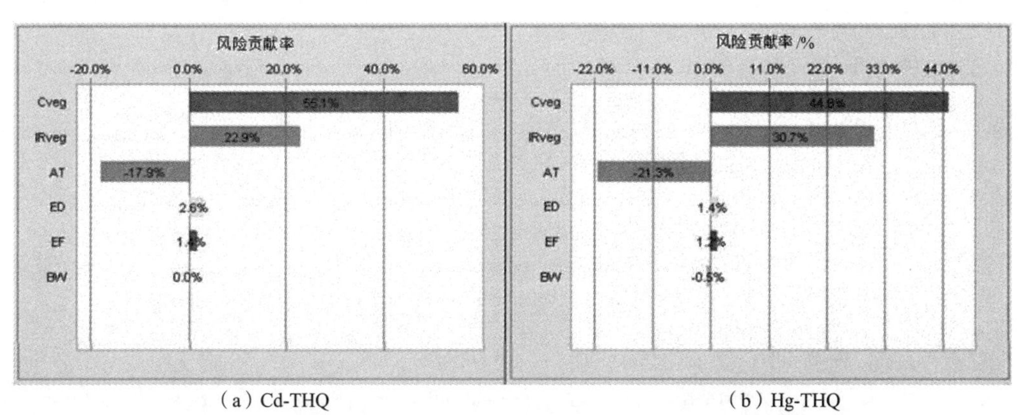

（a）Cd-THQ　　（b）Hg-THQ

图 4-81　不同暴露参数对蔬菜镉（a）和汞（b）摄入风险的贡献排序

Cveg：蔬菜中重金属含量；IR_{veg}：每日蔬菜摄入量；AT：平均暴露时间；ED：暴露持续时间；EF：暴露频率；BW：平均体重

参考文献

陈英旭, 沈东升, 胡志强, 等. 1997. 酞酸酯类有机毒物在土壤中降解规律的研究. 环境科学学报, 17(3): 340-345.
陈永, 黄标, 胡文友, 等. 2013. 设施蔬菜生产系统重金属积累特征及生态效应. 土壤学报, 50(4): 693-702.
关卉, 王金生, 万洪富, 等. 2007. 雷州半岛典型区域土壤邻苯二甲酸酯(PAEs)污染研究. 农业环境科学学报, 26(2): 622-628.
郭春霞. 2011. 设施农业土壤次生盐渍化污染特征.上海交通大学学报(农业科学版), 29(4): 50-60.
胡文友, 黄标, 马宏卫, 等. 2014. 南方典型设施蔬菜生产系统镉和汞累积的健康风险. 土壤学报, 51(5): 132-142.
李米, 蔡全英, 曾巧云, 等. 2010. 绿色食品和有机食品蔬菜基地土壤和蔬菜中邻苯二甲酸酯的分布特征. 安徽农业科学, 38(19): 10189-10191.
刘苹, 李彦, 江丽华, 等. 2014. 施肥对蔬菜产量的影响——以寿光市设施蔬菜为例. 应用生态学报, 25(6): 1752-1758.
庞金梅, 段亚利, 池宝亮, 等. 1995. DEHP 在土壤和白菜中的残留及毒性分析. 环境化学, 14(3): 239-242.
宋效宗, 赵长星, 李季, 等. 2008. 两种种植体系下地下水硝态氮含量变化. 生态学报, 28(11): 5513-5520.
滕应, 骆永明. 2014. 设施土壤酞酸酯污染与生物修复研究. 北京: 科学出版社.
王丽霞. 2007. 保护地邻苯二甲酸酯污染的研究. 济南: 山东农业大学.
王秀国, 王一奇, 严虎, 等. 2010. 多菌灵重复施药对其持久性及土壤微生物群落功能多样性的影响. 土壤学报, 47: 131-137.
徐冰洁, 罗义, 周启星, 等. 2010. 抗生素抗性基因在环境中的来源、传播扩散及生态风险. 环境化学, 29(2): 169-178.
杨琴. 2013. 种植年限和农药对蔬菜日光温室土壤微生物数量及酶活性影响的研究. 兰州: 甘肃农业大学.
俞小明, 竺云波. 2011. pH 和温度对邻苯二甲酸二辛酯生物降解的影响研究. 环境科学与管理, 36(3): 77-79.
张兵, 潘大丰, 黄昭瑜, 等. 2007. 蔬菜中硝酸盐积累的影响因子研究. 农业环境科学学报, 26(增刊): 686-690.
周鑫鑫, 沈根祥, 钱晓雍, 等. 2013. 不同种植模式下设施菜地土壤盐分的累积特征. 江苏农业科学, 41(2): 343-345.
Aldana D A, Lucas A, Brule T, et al. 1989. Effects of temperature, algal food, feeding rate and density on the larval growth of the milk conch (Strombus costatus) in Mexico. Aquaculture, 76(3-4): 361-371.
Chen L, Zhao Y, Li L X, et al. 2012. Exposure assessment of phthalates in non-occupational populations in China. Sci. Total Environ., 427: 60-69.
Chen W P, Chang A C, Wu L S. 2007a. Assessing long-term environmental risks of trace elements in phosphate fertilizers. Ecotox. Environ. Safe., 67(1): 48-58.
Chen W P, Chang A C, Wu L S, et al. 2007b. Probability distribution of cadmium partitioning coefficients of cropland soils. Soil Sci.,172: 132-140.
Chen Y, Hu W Y, Huang B, et al. 2013a. Accumulation and health risk of heavy metals in vegetables from harmless and organic vegetable production systems of China. Ecotox. Environ. Safe., 98(3): 324-330.
Chen Y, Huang B, Hu W Y, et al. 2013b. Environmental assessment of closed greenhouse vegetable production system in Nanjing, China. Journal of Soils Sediments, 3(8): 1418-1429.
Chen Y, Huang B, Hu W Y, et al. 2014a. Assessing the risks of trace elements in environmental materials under selected greenhouse vegetable production systems of China. Sci. Total Environ., 470-471(2): 1140-1150.
Chen Y, Huang B, Hu W Y, et al. 2014b. Accumulation and ecological effects of soil heavy metals in organic and conventional greenhouse vegetable production systems in Nanjing, China. Environmental Earth Sciences, 71(8): 3605-3616.
Chen Y C, Ma H W. 2006. Model comparison for risk assessment: A case study of contaminated groundwater. Chemosphere, 63(5): 751-761.
Cheng W X, Li J N, Wu Y, et al. 2016. Behavior of antibiotics and antibiotic resistance genes ineco-agricultural system: a case study. J. Hazard. Mater., 304: 18-25.
Dickson-Spillmann M, Siegrist M, Keller C, et al. 2009. Phthalate exposure through food and consumers' risk perception of chemicals in food. Risk Anal., 29(8):1170-1181. doi:DOI 10.1111/j.1539-6924.2009.01233.x.

Fang H, Han L X, Cui Y L, et al. 2016. Changes in soil microbial community structure and function associated with degradation and resistance of carbendazim and chlortetracycline during repeated treatments. Sci. Total Environ., 572: 1206-1212.

Fang H, Han Y L, Yin Y M, et al. 2014a. Microbial response to repeated treatments of manure containing sulfadiazine and chlortetracycline in soil. J. Environ. Sci. Health Part B., 49: 609-615.

Fang H, Han Y L, Yin Y M, et al. 2014b. Variations in dissipation rate, microbial function and antibiotic resistance due to repeated introductions of manure containing sulfadiazine and chlortetracycline to soil. Chemosphere, 96: 51-56.

Fang H, Wang H F, Cai L, et al. 2014c. Prevalence of antibiotic resistance genes and bacterial pathogens in long-term manured greenhouse soils as revealed by metagenomic survey. Environ. Sci. Technol., 49: 1095-1104.

Ferreira A, Proenca C, Serralheiro M L M, et al. 2006. The in vitro screening for acetylcholinesterase inhibition and antioxidant activity of medicinal plants from Portugal. Journal of Ethnopharmacology, 108(1): 31-37.

Gentry P R, Clewell H J, Clewell R, et al. 2011. Challenges in the application of quantitative approaches in risk assessment: a case study with di-(2-ethylhexyl)phthalate. Crit. Rev. Toxicol., 41: 1-72.

Hu W Y, Chen Y, Huang B, et al. 2014. Health risk assessment of heavy metals in soils and vegetables from a typical greenhouse vegetable production system in China. Hum. Ecol. Risk Assess., 20(5): 1264-1280.

Hu W Y, Huang B, He Y, et al. 2016. Assessment of potential health risk of heavy metals in soils from a rapidly developing region of China. Human and Ecological Risk Assessment, 22: 211-225.

Hu W Y, Huang B, Shi X Z, et al. 2013. Accumulation and health risk of heavy metals in a plot-scale vegetable production system in a peri-urban vegetable farm near Nanjing, China. Ecotoxicology and Environmental Safety, 98: 303-309.

Hu W Y, Huang B, Tian K, et al. 2017a. Heavy metals in intensive greenhouse vegetable production systems along Yellow Sea of China: Levels, transfer and health risk. Chemosphere, 167: 82-90.

Hu W Y, Zhang Y X, Huang B, et al. 2017b. Soil environmental quality in greenhouse vegetable production systems in eastern China: Current status and management strategies. Chemosphere, 170: 183-195.

Hu Y L, Li P F, Hao S, et al. 2009. Differential expression of microRNAs in the placentae of Chinese patients with severe pre-eclampsia. Clin Chem Lab Med., 47(8): 923-929.

Ji X L, Shen Q H, Liu F, et al. 2012. Antibiotic resistance gene abundances associated with antibiotics and heavy metals in animal manures and agricultural soils adjacent to feedlots in Shanghai, China. J. Hazard. Mater., 235-236(20): 178-185.

Jin X X, Cui N, Zhou W, et al. 2014. Soil genotoxicity induced by successive applications of chlorothalonil under greenhouse conditions. Environmental Toxicology and Chemistry, 33: 1043-1047.

Jin X X, Ren J B, Wang B C, et al. 2013. Impact of coexistence of carbendazim, atrazine, and imidacloprid on their adsorption, desorption, and mobility in soil. Environmental Science and Pollution Research, 20: 6282-6289.

Kirchman H, Tengsred A. 1991. Organic pollutants in sewage sludge, 2: Analysis of barley grains grown on sludge-fertilizer soil.Swedish Journal of Agricultural Research, 21:115-119.

Kotzerke A, Sharma S, Schauss K,et al. 2007. Alterations in soil microbial activity and N-transformation processes due to sulfadiazine loads in pig-manure. Environ. Pollut., 153(2): 315-322.

Liu K L, Cao Z Y, Pan X, et al. 2012. Using in situ pore water concentration to estimate the phytotoxicity of nicosulfuron to corn (*Zea Mays* L.). Environmental Toxicology and Chemistry, 31: 1705-1711.

Loeb M J, Hakim R S, Martin P, et al. 2000. Apoptosis in cultured midgut cells from Heliothis virescens larvae exposed to various conditions. Arch Insect Biochem, 45(1): 12-23.

Lukkari T, Taavitsainen M, Soimasuo M, et al. 2004. Biomarker responses of the earthworm *Aporrectodea tuberculata* to copper and zinc exposure: differences between populations with and without earlier metal exposure. Environ. Pollut., 129(3): 377-386.

Ma L L, Chu S G, Xu X B .2003a. Organic contamination in the greenhouse soils from Beijing suburbs, China. J Environ Monitor, 5(5):786-790. doi:Doi 10.1039/B305901d

Ma L L, Chu S G, Xu X B .2003b. Phthalate residues in greenhouse soil from Beijing suburbs, People's Republic of China. B. Environ. Contam. Tox., 71(2): 394-399.

Ma T T, Teng Y, Luo Y M, et al. 2013. A new procedure combining GC-MS with accelerated solvent extraction for the analysis of phthalic acid esters in contaminated soils. Frontier of Environmental Science and Engineering, 7(1): 31-42.

Ma T T, Teng Y, Peter C, et al. 2015. Phytotoxicity in seven higher plant species exposed to di-n-butyl phthalate or bis (2-ethylhexyl) phthalate. Frontiers of Environmental Science & Engineering, 9(2): 259-268.

Marti R, Scott A, Tien Y C, et al. 2013. Impact of manure fertilization on the abundance of antibiotic-resistant bacteria and frequency of detection of antibiotic resistance genes in soil and on vegetables at harvest. Appl. Environ. Microbiol., 79(18): 5701-5709.

Meier I C, Finzi A C, Phillips R P. 2017. Root exudates increase N availability by stimulating microbial turnover of fast-cycling N pools. Soil Biol. Biochem, 106: 119-128.

Mikula P, Svobodova Z, Smutna M. 2005. Phthalates: Toxicology and food safety - a review. Czech J. Food Sci., 23(6): 217-223.

Mo C H, Cai Q Y, Tang S R, et al. 2009. Polycyclic aromatic hydrocarbons and phthalic acid esters in vegetables from nine farms of the Pearl River Delta, South China. Arch. Environ. Con. Tox., 56(2): 181-189.

Overcash D. 1986. Selecting the proper position sensor. Control Eng., 33(9): 294-302.

Peng S, Feng Y Z, Wang Y M, et al. 2017. Prevalence of antibiotic resistance genes in soils after continually applied with different manure for 30 years. J. Hazard. Mater., 340: 16-25.

Schmitt H, van Beelen P, Tolls J, et al. 2004. Pollution-induced community tolerance of soil microbial communities caused by the antibiotics sulfachloropyridazine. Environ. Sci. Technol., 38(4): 1148-1153.

Song J X, Rensing C, Holm P E, et al. 2017. Comparison of metals and tetracycline as selective agents for development of tetracycline resistant bacterial communities in agricultural soil. Environ. Sci.Technol., 51(50): 3040-3047.

USEPA, 1997. United States, Environmental Protection Agency, Special Report on Environmental Endocrine Disruption: An Effects Assessment and Analysis. EPA/630/R-96/012, U.S. Environmental Protection Agency, Washington, D.C. (1997)

USEPA. 2007. Integrated Risk Information System (IRIS). Washington, D C, USA: Available at http://www.epa.gov/ncea/iris/index.html.

USEPA. 2015. United States, Environmental Protection Agency, Integrated Risk Information System. http://www.epa.gov/iris [2015-10-01].

Wang F H, Qian M, Chen Z, et al. 2015. Antibiotic resistance genes in manure-amended soil and vegetables at harvest. J. Hazard. Mater., 299: 215-221.

Wang X G, Song M, Gao C M, et al. 2009. Carbendazim induces a temporary change in soil bacterial community structure. Journal of Environmental Sciences-China, 21(12): 1679-1683.

Wu X W, Cheng L Y, Cao Z Y, et al. 2012. Accumulation of chlorothalonil successively applied to soil and its effect on microbial activity in soil. Ecotox. Environ. Safe, 81: 65-69.

Xia X H, Yang L Y, Bu Q W, et al. 2011. Levels, distribution, and health risk of phthalate esters in urban soils of Beijing, China. J. Environ. Qual., 40(5): 1643-1651. doi:Doi 10.2134/Jeq2011.0032.

Yang L Q, Huang B, Hu W Y, et al. 2013. Assessment and source identification of trace metals in the soils of greenhouse vegetable production in eastern China. Ecotoxicology and Environmental Safety, 97: 204-209.

Yang L Q, Huang B, Hu W, et al. 2014. The impact of greenhouse vegetable farming duration and soil types on phytoavailability of heavy metals and their health risk in eastern China. Chemosphere, 103(5): 121-130.

Yang L Q, Huang B, Mao M C, et al. 2015. Trace metal accumulation in soil and their phytoavailability as affected by greenhouse types in north China. Environ. Sci. Pollut. R., 22(9): 6679-6686.

Yang L Q, Huang B, Mao M, et al. 2016. Sustainability assessment of greenhouse vegetable farming practices from environmental, economic, and socio-institutional perspectives in China. Environ. Sci. Pollut. R., 23(17): 17287-17297.

Yang Q X, Tian T T, Niu T Q, et al. 2017. Molecular characterization of antibiotic resistance in cultivable multidrug-resistant bacteria from livestock manure. Environ. Pollut., 229: 188-198.

Zhang H X, Zhang F Q, Xia Y, et al. 2010. Excess copper induces production of hydrogen peroxide in the leaf of *Elsholtzia haichowensis* through apoplastic and symplastic CuZn-superoxide dismutase. J. Hazard. Mater., 178(1-3): 834-843.

Zhang Y, Xu X, Tian Z. 2008. Current situation, problems, and development strategy for the greenhouse agriculture. Mod. Agric. Sci. Technol.: 82-86.

Zhao L, Dong Y H, Wang H. 2010. Residues of veterinary antibiotics in manures from feedlot livestock in eight provinces of China. Sci. Total Environ., 408(5): 1069-1075.

第 5 章　设施农业土壤环境质量管理对策

5.1　发达国家的先进经验

发达国家设施农业以高投入、高产出、高效益、可持续发展为主要特征。目前，荷兰、日本、以色列、美国、加拿大等国设施农业已发展到较高水平，生产颇具规模，形成了成套的技术、完整的设施设备和生产规范。设施农业主要有各类温室、塑料大棚和人工气候室及相应配套设备等，设施蔬菜栽培技术有无土栽培、植物工厂、地膜覆盖等。设施农业的发展除以提高土地利用率和生产力为目标外，对设施农业的环境效益也十分注重，节约能源、减轻环境压力已成为各国设施农业发展的重要任务。主要特点包括下列几方面：

5.1.1　大力发展无土栽培

目前，西方发达国家无土栽培技术发展十分迅速。世界上已有 100 多个国家将无土栽培技术用于温室，主要用于蔬菜生产。美国是世界上最早进行无土栽培商业化生产的国家，主要集中在干旱、沙漠地区，栽培作物主要有黄瓜、番茄等蔬菜。日本也是无土栽培技术较发达的国家，其中主要是蔬菜无土栽培。目前欧盟国家在温室蔬菜、水果和花卉生产中，已有 80%采用无土栽培方式。欧盟规定，2010 年前该组织所有成员国的温室必须采用无土栽培。荷兰、英国、法国、意大利、西班牙、德国大部分设施内均已进行无土栽培。其中荷兰是无土栽培最发达的国家，有 64%的温室都采用无土栽培技术。

无土栽培以高投资、高技术、高效益为主要模式，如荷兰、日本、美国、英国、法国、以色列及丹麦等国家无土栽培生产已实现高度机械化，其温室环境、营养液调配、生产程序控制完全由计算机调控，实现一条龙的工厂化生产，产品周年供应，生产产值高、经济效益显著。无土栽培不仅产量高，还可以较好地保护环境，可向人们提供健康、营养、无公害、无污染的有机食品，营养液循环利用能节省投资、保护生态环境。近年，发达国家又采用了专家系统新技术，应用知识工程总结专家的知识和经验，使其规范化、系统化，形成专家系统软件，可完成与专家水平相当的咨询工作，并为用户提供建议和决策。

5.1.2　强化污染源头控制，促进设施农业环境保护

污染源头主要是通过对设施农产品的生产过程予以规范化管理，严格控制生产过程中污染物质投入对作物及土壤的影响。许多国家针对本国自然环境条件及设施种植情况，开展大量的基础研究，通过改良品种、改进设施材质、合理施肥、应用生物防治等

多种途径，有针对性地研究解决设施生产中易发生的虫害、土传病害、土壤盐渍化等问题，减少农用化学物质的使用。

日本是世界上最早采用地膜覆盖栽培技术的国家之一，并在地膜新材料的开发方面取得了重要进展，地膜种类、性能、规格和工艺水平居世界领先地位。在病虫害防治方面，利用生态、生物防治减少病虫害发生和化学农药的使用，通过地面覆膜、铺草改善设施内部生态环境。蔬菜种植过程中对土壤进行实时营养诊断，组合施用不含强酸性阴离子等副成分的肥料，以减少土壤酸度增加及盐类积累。同时重视有机肥的施用，合理施用化肥、保持土壤的疏松和肥沃。采用封闭式可循环无土栽培系统和水肥量化管理措施，减少废液向外界环境的排放，有效地缓解了生产过程对环境的污染和破坏，促进了可持续发展。

荷兰在设施农业生产过程污染控制方面，同样投入力量进行精准施肥、雨水收集、水资源和营养液的循环利用，并研究对土壤、大气的保护等相关技术，减少资源浪费和对环境的破坏。另外，荷兰还规定设施蔬菜种植者必须在废弃物分类、基质再利用、能源、水肥和植保产品使用方面达到一定的标准才可申请绿色标志，在保护生态环境情况下生产的产品才有资格获得生态标志进入市场。

德国对蔬菜的生产种植管理也十分严格。德国农民种菜前首先必须获得农业经营许可证及农艺师或农业技术员资格证书。菜农还须获得健康证书，确保没有传染疾病。德国对蔬菜的施肥控制很严格，每年都定期进行普查。根据土壤的测试结果和作物品种确定施肥方案，有机肥施肥前两个月需要进行无害化处理，绝对不允许使用人粪尿。

5.1.3　制定农产品质量标准，加强蔬菜产品质量追踪

制订农产品质量标准，建立蔬菜产品质量追踪体系，对产品质量严格把关也是各国促进农产品生产环境与品质安全的重要措施。近年来，国际上对有毒有害污染物控制管理不断加强，对与环境质量直接相关的农产品中的污染物控制标准也愈加严格。如欧盟涉及食品和农产品的 550 项标准基本上是对产品的检测标准。日本要求国产和进口的蔬菜都必须经过严格的检验才允许进入家庭或饭店。农林水产省制订《植物检疫法实施细则》对蔬菜实行管理和检验，检验指标包括致病病原菌、有机污染物、真菌毒类、植物源毒素、农药残留类等。除了在蔬菜种植或进口的过程中进行检测，政府还要求卫生部门派检验员去菜市场抽检。每个蔬菜批发市场都有专门的检测员，每天定时对每个摊位的蔬菜进行定量抽检，看农药残留是否超标、是否使用过禁用农药、是否有其他细菌污染等。一旦查出问题，就会立即禁止蔬菜销售，并对蔬菜来源进行追查，严惩蔬菜种植者或供应商。英国进入超市的蔬菜必须达到欧洲超市联盟制订的标准，包括针对蔬菜生产者制订的基础性标准，要求蔬菜生产中农药、肥料的使用符合规范，并有详细的生产记录等。

5.2　我国设施农业发展现状及问题分析

设施农业是受人为作用最为强烈的一种农业活动，因此，这一系统的社会经济和生产管理状况应该是影响土壤等环境质量的重要因素，了解其现状对环境管理决策有重要意义（Yang et al.，2016；杨岚钦等，2014）。

为了更直观、更定量地了解设施农业生产中存在的社会经济和生产管理方面的问题，作者选择了山东省寿光市日光温室蔬菜生产基地、江苏省铜山区日光温室+塑料大棚蔬菜生产基地、江苏省南京市城郊分散式塑料大棚生产基地为研究对象，深入调查了其社会经济和生产管理状况。在寿光和铜山地区，主要调查了无公害蔬菜生产基地（CBS，CBT），而在南京地区调查较为详细，共包括 4 个典型设施蔬菜生产基地，分别代表短期无公害蔬菜生产基地（CB1，江宁区湖熟街道高效设施蔬菜基地，已种植 4 年）、中期无公害蔬菜生产基地（CB2，南京江宁区谷里街道标准设施蔬菜科技示范基地，已种植 6 年）、长期无公害蔬菜生产基地（CB3，南京江宁区汤山镇锁石村设施蔬菜生态旅游基地，已种植 12 年）、中长期有机蔬菜生产基地（OB，南京溧水区永阳镇南京普朗克科贸有限公司，已种植 10 年）。这些设施基地是在摸清全市周边几个郊县（区）设施蔬菜生产基地整体类型、分布、实施年限等情况的基础上，再根据周围几个城市郊区设施蔬菜生产情况确定的，在以大城市为中心的设施蔬菜生产类型中有较好的代表性。

调研的对象主要包括政府职能部门的工作人员、企业负责人、村干部、农户以及菜市场的管理人员等；调研的内容主要包括研究区概况（土地面积、人口、农户数、设施种植年限、种植历史等）、设施农业生产主体的社会经济状况（家庭人口、结构、移居、经济来源、收入、负担、享受政府补贴及参与社会保险状况）、农业生产活动（蔬菜种植、田间管理、施肥、灌溉等）、市场活动（市场规模、销售方式、质量控制等）（Yang et al.，2016；杨岚钦等，2014）。调研过程主要分三步，每一步的调研对象和调研内容见表 5-1。

表 5-1　南京设施蔬菜生产基地的生产方式、社会经济及管理体制状况调研

调研步骤	调研对象	调研内容
第一步	农技推广人员 设施蔬菜基地负责人 基地技术员 基地生产组长	基地地理位置，种植历史、规模，管理模式； 基地的生产资料、蔬菜质量管理状况； 政府补贴方式，蔬菜生产者社会福利、社会保险提供情况； 基地管理部门职能分工，蔬菜种植技术推广状况； 基地蔬菜的销售渠道
第二步	基地农民 基地雇佣的种植工人	家庭人口、结构、移居等基本情况； 种植面积、蔬菜生产管理等基本情况； 经济来源、收入、负担等经济状况； 享受政府补贴及参与社会保险状况； 接受种植技术指导、环境保护公益宣传情况
第三步	整理调研所得信息， 将结果图表化	分析对应图表，阐明南京设施蔬菜基地社会经济、生产经营及管理体制现状； 将图表对应文字整理成报告形式反馈给各调研对象，确认调查结果的可靠性

5.2.1　典型设施农业基地的社会状况

南京、寿光和铜山地区设施农业基地调研的基本情况见表 5-2。从设施蔬菜基地的管理方式看，有合作社+农户、公司+农户、当地政府组织农户、农户自身以及完全由公司经营等组织形式。从南京市有关部门提供的资料来看，前三种组织形式是南京最主要的设施蔬菜经营形式。寿光和铜山以第四种形式为多，公司独立经营的形式较少，且以生产纯有机蔬菜为主，对当地的蔬菜供应、蔬菜的受众均较少。

表 5-2　典型设施农业基地自然和社会概况

基本信息	湖熟街道大地蔬菜园	谷里综合农业观光园	普朗克公司	锁石蔬菜生产基地	寿光市	铜山区
调查户数	26	36		25	9	20
管理方式	合作社+农户	公司+农户	公司	村政府+农户	农户为主	农户为主
种植面积/亩	1800	2500	400	900		
户均面积/亩	4~10	5~15		4~9	2~4	2~8
种植年限/a	~4	~6	~10	~12	~25	~30
设施类型	塑料大棚	塑料大棚	塑料大棚	塑料大棚	日光温室	日光温室+塑料大棚
土壤类型	马肝土	河淤土	黄泥土	马肝土	潮土	潮土
蔬菜种类	叶菜+茄果	叶菜+茄果	叶菜+茄果	叶菜+茄果	茄果	叶菜+茄果
蔬菜品质抽检	是	是	是	是	无	无
土壤质量监测	否	否	否	否	否	否
农户文化程度	小学—初中	小学—初中	小学—初中	小学—初中	小学—初中	小学—初中
外地农户比例/%	80	90	0	90	0	0

南京地区调查中发现，尽管设施蔬菜基地的规模较大，也存在一定的组织形式，但组织设施蔬菜生产的公司或合作社与蔬菜生产者的关系较松散，绝大多数种植设施蔬菜的生产者（80%~90%）都是从经济较为落后的地区来到南京，租赁土地从事蔬菜生产。他们大多文化水平偏低，加之异地经营，与公司或合作社、当地政府、农技推广部门及当地农民之间很少有联系和交流。基本上由生产者自己对各种生产活动做出决策，并承担产品销售。这种组织形式对设施蔬菜生产过程中先进生产技术，尤其是清洁环保生产技术的推广实施较为不利。另外，异地生产者经济负担较重、归宿感不强，导致生产过程中环保意识薄弱，加大了环境管理和监管的执行难度（Yang et al.，2016；杨岚钦等，2014）。

寿光和铜山设施蔬菜基地的调查结果显示，这两个地区的蔬菜生产者都由原户籍地的农民构成，他们与当地的其他利益相关者之间互动较多，尤其是蔬菜生产者之间经验交流较多。另外在蔬菜产品销售方面以公司或合作社收益较多，基本不用担心产品的销售。但其受教育程度依然较低。

5.2.2　典型设施农业基地的经济状况

作物产量稳定性、作物收益水平以及政府补贴政策贯彻情况被选作评价设施蔬菜生产系统经济状况的指标（Yang et al.，2016；杨岚钦等，2014）。

1. 蔬菜产量的稳定性

蔬菜产量是否稳定直接关系到农户能否有一份可观的收入。通过调研可知，除了采用有机种植的基地蔬菜产量相对稳定外，其余基地的产量多数呈下降趋势；南京、铜山以及寿光地区反映蔬菜产量下降的农户所占比例分别为 77%，79%和 67%（图 5-1）。蔬菜产量的下降很大程度上与种植作物品种单一引起的病虫害有关。

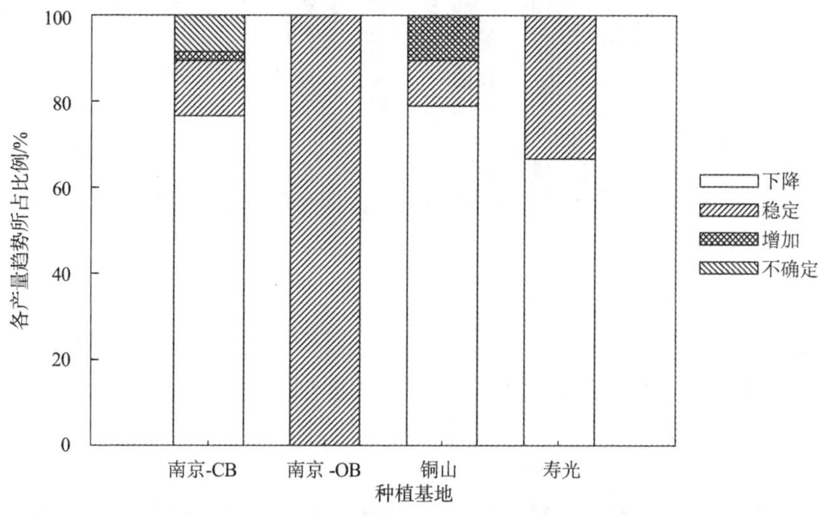

图 5-1　各地设施蔬菜各产量趋势所占比例

2. 生产者的收入水平

各研究区域蔬菜生产者 2010 年人均纯收入的统计情况如图 5-2 所示。总体上来说，南京和铜山设施蔬菜生产带给生产者的纯收入均处于全国居民的中等水平，而寿光的收入水平则比全国城镇居民的要高出 44%。另外各研究区域的农民以及城镇居民的平均收入水平（南京市统计局，2011；徐州市统计局和国家统计局徐州调查队，2011；寿光市统计局，2011）均要比全国的高（中华人民共和国国家统计局，2011），说明了设施蔬菜更倾向于在经济相对发达的地区发展（Yang et al.，2016；杨岚钦等，2014）。

目前南京各基地设施蔬菜生产带给农户的纯收入普遍处于南京居民的中等水平。但是从事设施蔬菜种植的农户有 90%左右来自外省市，一般都有两个以上的子女，其子女在南京上学还需额外交价格不菲的借读费。因此，他们的生活条件普遍艰苦，需要更高的收入。从调研中可知，他们更关心蔬菜产量及收入状况，导致他们高强度地使用农用物资（如肥料，农药等），而这可能会给设施蔬菜的可持续生产带来一定的风险。铜山 2010 年蔬菜人均纯收入仅为 6682 元，与当地农民平均收入相近，这会严重影响当地设施蔬菜种植户的生产积极性，对设施蔬菜未来的发展不利。相比铜山和南京的情况，寿光的人均纯收入则要高很多，达到 27294 元，比当地城镇居民的平均收入水平还要高。

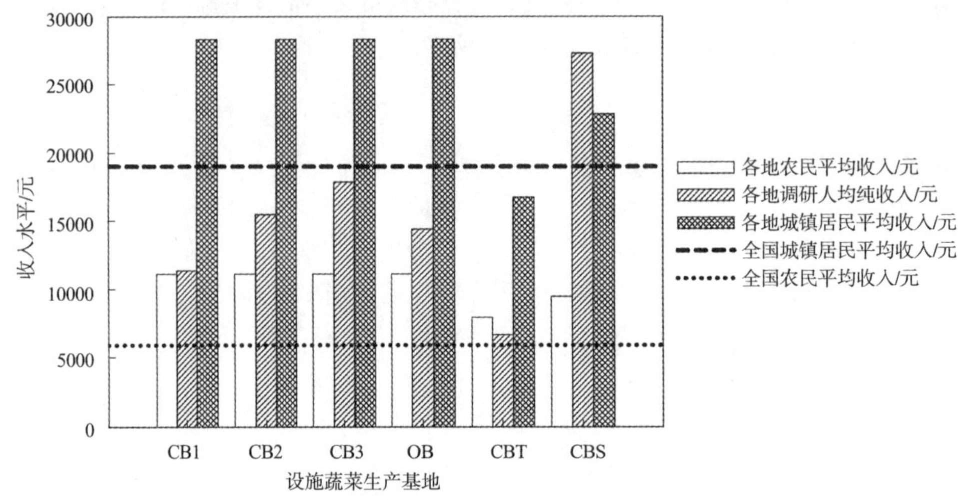

图 5-2　各地设施蔬菜生产者 2010 年的经济收入状况

3. 政府补贴政策贯彻

在农业系统中施行补贴政策，不但可以提高农产品的生产质量，还有利于农业的环境保护和提高其社会价值。在农业生产的补贴政策中，对农用物资（如肥料）的补贴最为常见。通过调研获知，南京设施蔬菜种植是受到当地政府扶持的，政府部门为了鼓励更多农户加入设施蔬菜生产，对肥料和设施钢架大棚的建造实行了补贴政策。然而补贴一般都是以间接的形式实现，大棚一般由政府与基地企业共同出资承建，建好的大棚租赁给农户进行种植生产，租赁费用为 500~900 元/（亩·a）。对于肥料的补贴，则由政府拨款给基地，基地以购入肥料打折售给农户的形式实现补贴。但是农户普遍反映大棚抗风雪性较差，易倒塌，而政府部门或农户对大棚并没有购买保险，不得不自行承担自然灾害带来的损失。对于以当地个体种植为主的寿光和铜山，政府对肥料并未实行补贴政策；两地的温棚或温室均为农民自建，铜山当地政府对农户自建的温棚或温室贴补 50% 的建筑费，寿光则没有。同样地，寿光当地政府或蔬菜生产者对温室并没有购买保险；铜山政府相关部门或蔬菜生产者对蔬菜塑料大棚普遍不购买保险，但对日光温室购买保险，费用由蔬菜生产者负担 100 元/a，剩余的则由政府补贴。

5.2.3　典型设施农业基地的管理现状

1. 农资投入管理现状

农用物资主要包括种子、化肥、农药、农膜等设施蔬菜生产必备品。目前，各基地对这些物资的管理方式主要分为三种：第一种，由公司采购并统一管理，公司型基地主要采用这种方式；第二种，基地指定农用物资类型（如肥料，农药），并采购部分物资，农户可从基地附近的农资市场或异地购买，使用方式则由农户自行决定，公司+合作社型基地普遍采用这种管理方式；第三种，是对物资使用的品种和剂量都不做要求，完全由农户自行决定，公司+农户型基地和以个体种植为主的类型（如铜山、寿光）则采用这种粗放的方式，但农民普遍缺乏合理利用资源的意识，基地对农用物资的统一管理是有必要的。从调研结果来看，只有南京公司型有机蔬菜生产基地实现了对物资的统一管理，多数基地对物资的管理还很松散，不利于实现可持续的设施蔬菜生产（Yang et al., 2016；杨岚钦等，2014）。

2. 蔬菜质量管理

对于设施蔬菜生产，各利益相关者均较关注设施蔬菜质量。农户、基地管理者以及市场管理者均采取了相关措施对蔬菜质量进行控制监督。在南京，农户一般在蔬菜采收前一周停止农药施用，以降低蔬菜上的农药残留量。各基地管理者则对菜农每天采摘上来的蔬菜进行抽检，抽检结果均在南京市蔬菜生产电子档案管理系统中进行登记，以便接受相关部门的检查与监督。市场管理者也和基地管理者一样，对每日进入市场的蔬菜抽样调查。而在寿光和铜山，农户虽然也在采收前一周停止农药施用，但并无相关部门对采收上来的蔬菜进行抽检，只有进入市场后接受市场管理者的抽样调查。抽检项目都仅限于中等毒性的有机磷，硝酸盐、重金属等则不在检测项目之列。由此可见，目前各利益相关者对设施蔬菜的质量控制手段及力度还是很有限的。蔬菜品质的参差不齐可能会影响农民收入和消费人群的身体健康，因此对蔬菜品质管理的力度还有待加强。

3. 农业技术推广服务

设施农业生产过程中，农业技术推广服务主要由各地农委或农业局、省农科院蔬菜研究所以及地方农业院校提供，形式上以集体培训或田间指导为主。农业技术推广服务主要是向农民提供合理灌溉施肥、田间管理以及预防病虫害的相关技术信息。然而耕作活动对环境和健康影响的宣传甚少，农民在种植生产中缺乏环保意识。

根据调研结果，各地 2010 年农业技术指导频次和各频次所占比例如图 5-3 所示。总体来说，农业技术推广的频率较低，最高不超过 6 次/a，93%的农户反映频率低于 3 次/a，且受访农户中有 70%以上反映没有接受过技术指导，可见农户和农技推广人员之间的互动很少。值得一提的是，CB2 基地的受访农户均反映未获得过技术指导，这可能是因为该基地地理位置较偏僻，距离技术服务提供单位较远。而在 OB 基地，雇佣工人均由生产组长统一分配工作，统一指导进行设施蔬菜生产。另外，通过调研可知，农民获取种植技术信息的渠道较多元。南京受访农户反映，除了依靠自身的种植经验外，50%与同乡农民有经验交流，20%的反映受过农技推广人员的技术指导，还有 10%则是从相关书籍获取信息。而铜山和寿光的当地农户则主要依靠自己的种植经验和邻里间的经验交流。此外，研究区域受过技术指导的农户普遍反映指导不太适用，因为农技推广人员缺乏实践，指导仅停留于理论层面，因此，他们更愿意相信自己，凭借自身经验去种植。

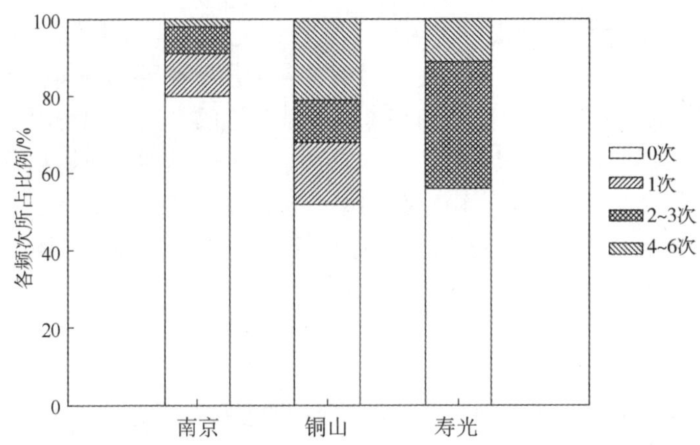

图 5-3　各设施蔬菜区域 2010 年农业技术推广服务频次及各频次所占比例

案例分析反映出设施蔬菜生产中存在的几个普遍问题。首先，目前绝大部分设施蔬菜生产还是以农户分散式经营为主，尽管存在各种各样形式的组织（公司、合作社等），形成了一定的设施蔬菜生产规模，但农户与公司或合作社组织之间的联系较为松散，提供的服务主要还是以市场销售为主，在生产过程、产品质量等方面难以形成有效管理和监督。其次，设施蔬菜生产者的产品产量或收入的稳定性不足，城市周边地区的生产者经济负担较重，归属感不强，加之生产者本身文化水平不高，导致设施生产过程中环境保护意识较为薄弱。再次，政府相关部门在农用投入品管理、蔬菜产品环境质量监测、技术服务等方面所起的作用不尽如人意。设施农业生产过程中存在的这些社会、经济和管理上的问题，将成为影响设施蔬菜产地土壤环境状况的重要人为因素。

5.3　我国设施农业农用投入品使用和管理状况

农用投入品的投入状况是影响设施农业土壤一系列环境质量问题的最直接原因，所以，作者对选择的典型研究区农用投入品的使用和投入状况进行了详细而系统的调查（Yang et al.，2016；杨岚钦等，2014）。

5.3.1　设施农业农药使用和管理状况

在项目实施过程中，重点调查了山东寿光地区（孙家集街道孙家集村、稻田镇东河沟村；文家街道韩家村、田柳镇丁家庄村；纪台镇远水庄村）、南京（南京谷里街道标准设施蔬菜科技示范基地、南京江宁区汤山镇锁石村设施蔬菜生态旅游基地、南京溧水区永阳镇南京普朗克科贸有限公司、江宁区湖熟街道河南高效设施蔬菜基地）、浙江（嘉兴地区：嘉善县丁栅镇、余姚镇；绍兴地区：百草园绿色蔬菜基地、绿岛有机蔬菜基地、绿味有机蔬菜基地、斗门塘头蔬菜专业合作社、荷湖蔬菜专业合作社）设施蔬菜（番茄、黄瓜、茄子等）农药使用情况。受访对象包括设施农业管理部门、企业负责人、种植农户，特点如下。

1. 农药使用频率高、品种复杂、总投入量大

普遍存在频繁使用农药，农药使用间隔长的为7~10d，通常5~7d使用1次，部分季节甚至2~3d使用1次。频繁使用农药的现象普遍存在，如番茄一季15~25次。

农药使用品种非常复杂。投入最多的是杀菌剂，其中百菌清、多菌灵、代森（锰）锌为主要品种，百菌清在南京、嘉兴广泛使用。其余还有杜邦克露（霜脲·锰锌）、腐霉利（速克灵）、农用链霉素、咪鲜胺锰盐、杀毒矾、甲霜灵、福美双、甲基硫菌灵（甲基托布津）、敌克松（50%敌磺钠·福美双）、多菌灵·福美双、吡唑醚菌酯、嘧霉胺、杜邦万兴（噁酮·氟硅唑）、五氯硝基苯、醚菌酯（阿米西达）、唑醚·代森联、密胺·乙霉威、丙森锌、福·福锌（福美双、福美锌）、苯醚甲环唑、美邦毒斩、已唑醇、噻菌铜、春雷霉素、丙酰胺（普力克）、苯甲丙环唑。

杀虫剂主要有26种，相对集中的有毒死蜱、辛硫磷、毒·辛、阿维菌素、甲维盐、扑虱蚜、扑虱灵，其余还有甲维·毒死蜱、氰戊菊酯、跳休（吡·杀单）、丁硫·毒死蜱、四聚乙醛（蜗牛敌）、呋喃丹、灭蝇胺、圣手（啶虫脒）、苏云金杆菌、氯氰·三唑磷、乐果、阿维·高氯、三氟氯氰菊酯（功夫）、溴氰菊酯、高效氯氰菊酯、联苯菊酯、速杀硫磷。甚至出现了市场上已经禁止使用的农药，如敌敌畏、甲胺磷等。

除草剂包括草甘膦、百草枯、草甘膦·异丙胺盐、丁草胺、乙草胺、氟乐灵、盖草能、施田扑、二甲四氯等，但使用相对较少。

投入量大：20 kg/hm^{2}以上的占15%，10~20 kg/hm^{2}的占35%，5~10 kg/hm^{2}的占40%，小于5 kg/hm^{2}非常少，且很少单用，普遍2~3种、3~5种自混，有的甚至10余种自混。调查表明，施药量和施药频率似乎与病虫害基本无关，农户完全是施用放心药，不讲究间隔期。

2. 农药包装废弃物处置不当

设施蔬菜生产周期长，农药使用频繁，产生大量农药包装废弃物，且普遍存在乱扔农药包装袋或瓶的现象（图5-4）。

设施生产废弃物中的农药包装袋/瓶

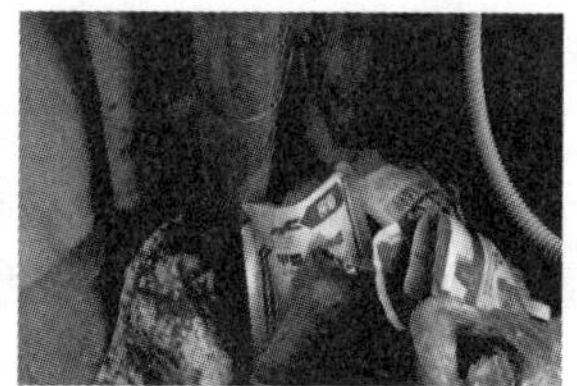
设施棚内的农药包装袋/瓶

设施边随意丢弃的农药包装袋

设施边随意丢弃的农药包装袋

图5-4　农药包装废弃物处置乱象

农药包装废弃物包括三大类：玻璃瓶、塑料瓶、铝箔袋。从调查情况按计件估测，铝箔袋废弃物占 60%以上，塑料瓶占 30%左右，玻璃瓶约占 10%。

调查未发现有从业人员合理回收和处置农药包装废弃物。因此，随意丢弃场所包括大棚出入口内外，大棚附近作物废物堆，贯穿设施大棚的水渠、水沟，大棚附近露地，有的甚至是大棚土墙、大棚相邻的临时住处（图 5-4）。

3. 设施农业农药使用存在主要问题成因

用药知识缺乏指导是造成上述问题的关键，调查结果表明，50%的农户只是凭经验施药，30%靠咨询农药经销商获取施药知识，其余 20%通过非正规传播渠道而获得施药知识。至于违规用药，主要出现的是外地承包户自带禁药，受访的外地农户约 10%存在施用违禁农药的情况。大部分农户对于农药使用间隔，不太考虑安全间隔期，尽管有风险意识，但无措施来控制风险。

农药包装废弃物的随意丢弃，一方面，与设施蔬菜生产从业人员环保意识淡薄，对农药包装废弃物可能造成的危害认识不足有关，另一方面，目前还缺乏回收和合理处置农药包装废弃物监管机制。

5.3.2 设施农业肥料使用和管理状况

关于肥料使用和管理状况的调查也是在日光温室和塑料大棚两种设施类型区展开的。调查区域包括山东寿光的日光温室研究基地、江苏铜山的日光温室混合塑料大棚研究基地、上海市郊规模化塑料大棚研究基地、江苏南京分散式塑料大棚研究基地。

1. 日光温室

调查内容包括蔬菜种植模式、肥料种类、肥料养分含量、施肥量、施肥时期、温室面积、蔬菜产量等多项指标。同时，在日光温室研究基地还调查了 8 块当地小麦-玉米轮作田的施肥情况，以便与日光温室的施肥进行对比。

经调查发现，寿光市日光温室蔬菜施肥品种很多。化肥品种主要有复合肥、磷酸二铵、尿素、过磷酸钙、硫酸钾、硝酸钾、硝酸钙等，复合肥用量最多，约占化肥用量的 60%以上。有机肥包括商品有机肥和农家肥，以农家肥为主，主要品种有发酵鸡粪、发酵猪粪、稻壳鸡粪、稻壳鸭粪、鹌鹑粪、干鸡粪、干人粪、黄豆饼等（表 5-3）。每年春季施用底肥有复合肥、袋装鸡粪、豆粕、稻壳鸡粪和商品有机肥等，施用量分别为 1.55t/($hm^2 \cdot a$)、30t/($hm^2 \cdot a$)、2.95t/($hm^2 \cdot a$)、461.25t/($hm^2 \cdot a$)和 62.33t/($hm^2 \cdot a$)，根据蔬菜的生长状况使用复合肥[约 8.04t/($hm^2 \cdot a$)]、钾肥[约 6.25t/($hm^2 \cdot a$)]和可溶性肥[约 5.87t/($hm^2 \cdot a$)]作为追肥。

表 5-3　寿光市和铜山区设施蔬菜地肥料用量

肥料种类		山东寿光		徐州铜山	
		施用量/[t/(hm²·a)]	施用次数/（次/茬）	施用量/[t/(hm²·a)]	施用次数/（次/茬）
底肥	复合肥	1.6±0.9	1~2	1.6±0.7	1~2
	袋装鸡粪	30	1~2	19.7±14.6	1~2
	豆粕	3.0	1~2	1.3±0.4	1~2
	稻壳鸡粪	461±529	1~2	—	—
	新鲜牛粪	—	—	317±317	1~2
	商品有机肥	62.3±76.2	1~2	—	—
	新鲜猪粪	—	—	181±185	1~2
追肥	复合肥	8.0±12.7	3~5	1.4±0.8	1~4
	钾肥	6.3±7.5	3~5	2.7	1~2
	可溶性肥	5.9±6.0	3~5	2.0±1.0	1~2
	尿素	—	—	1.2±0.7	1~2
	合计	578±159		524±75	

施肥方式主要分底肥和追肥两种。有机肥（农家肥或商品有机肥）一般作为底肥施用，化肥（复合肥或氮磷钾肥）总用量的 30%~50%用作底肥，在播种或移栽前一周左右均匀撒于地表，然后翻耕进入土壤中。一般在蔬菜坐果后开始追肥，追肥以化肥为主，将肥料溶于灌溉水中，边浇地边追肥，蔬菜整个生育期一般追肥 5~10 次，个别施肥量大的农户只要浇水就追肥，造成了肥料的极大浪费。

2. 日光温室+塑料大棚

铜山研究区每年春季施用底肥有复合肥、袋装鸡粪、豆粕、新鲜牛粪和猪粪，用量分别为 1.57 t/(hm^2·a)、19.68 t/(hm^2·a)、1.25 t/(hm^2·a)、317.3 t/(hm^2·a)和 180.75 t/(hm^2·a)，根据蔬菜的生长状况使用一定数量的复合肥[约 1.36 t/(hm^2·a)]、钾肥[约 2.7 t/(hm^2·a)]、可溶性肥[约 1.99 t/(hm^2·a)]和尿素[约 1.15 t/(hm^2·a)]作为追肥（表 5-3）。追肥的形式有两种，除了可溶性肥的施肥方式与寿光追肥的方式相同外，其他的肥料是以撒播的形式进行的，每年 1~3 次，较寿光而言，铜山设施蔬菜生产过程中肥料施用的次数较多。

3. 规模化塑料大棚

规模化塑料大棚设施菜地的施肥类型包括化肥和有机肥，化肥以氮肥和磷肥为主，其施肥方式可按照占氮磷折纯量的比例分为三类：以化肥为主（化肥施用量占氮磷折纯量的 80%以上）、以有机肥为主（有机肥施用量占氮磷折纯量的 80%以上）和有机肥、化肥混合施用。调查结果显示，上海地区 80%以上的规模化蔬菜园艺场采用的是有机肥为底肥、化肥为追肥的施肥模式，施用的有机肥以商品有机肥、腐熟猪粪或鸡粪为主；化肥以复合肥和尿素为主，每年施用的氮磷折纯量为 750~4200 kg/hm^2；以化肥为主的设施菜地每年的氮磷折纯量较低，仅为 450~1800 kg/hm^2；以有机肥为主的设施菜地施肥情况较为复杂，其氮磷折纯量在 750~4500 kg/hm^2 间浮动变化（表 5-4）。

表 5-4　上海市规模化塑料大棚的种植及施肥基本情况

种植模式	复种指数	种植年限	施肥频率/（次/a）	氮磷折纯量/[kg/(hm^2·a)]
叶菜连作	4~6	0 年至 10 年以上	4~6	2700（60%为有机肥）
茄果连作	2		4~6	2250（55%为有机肥）
叶菜-茄果轮作	2~4		4~8	2100（50%为有机肥）

肥料的施用时间和施用频率与种植模式及施肥方式有关。由于上海市设施菜地的复种指数较高，除夏季最炎热的 7 月、8 月外，规模化设施大棚基本无空闲时段。因此每年的 7 月、8 月肥料施用较少，其他时段均存在施肥情况。上海地区蔬菜种植过程中，茄果类蔬菜一般采用 1 次基肥加 2~3 次追肥的施肥方式，叶菜类蔬菜一般仅施用 1 次底肥，少数生长周期较长的叶菜类蔬菜，如大白菜，需要 1~2 次追肥。因此全市设施菜地的平均施肥频率可高达 4~6 次/a。

4. 分散式塑料大棚

通过对南京各设施蔬菜基地的农户进行调研访问，了解到南京地区大棚蔬菜的种类以及种植模式，具体情况见表 5-5。

表 5-5　南京地区各设施蔬菜基地蔬菜种植类型与模式

种植地	种植模式	农户		每年平均种植茬数	备注
		户数	百分比/%		
谷里街道	以茄果为主	7	30	2	茄果的品种主要有番茄、茄子、辣椒、黄瓜等，叶菜的品种主要有苋菜、青菜、空心菜、韭菜等，其他附带种植的蔬菜有芸薹属如小白菜、花菜、卷心菜等，茎菜类如莴笋以及豆类如豇豆。种植叶菜时，种植的茬数多少跟种植叶菜品种的生长周期长短有关
	以叶菜为主	3	12.5	5~10	
	以茄果+叶菜为主	9	37.5	3~5	
	草莓+茄果	1	4	2	
	草莓+叶菜	2	8	3~4	
	豇豆+叶菜	1	4	3~5	
	豇豆+西瓜	1	4	—	
湖熟街道	以茄果为主	11	92	2	茄果类有黄瓜、辣椒和番茄等。以茄果为主时，附带种植的蔬菜有莴笋、小青菜、空心菜、芹菜、豇豆等。叶菜类以韭菜和小青菜为主。种植叶菜+草莓的农户则是采取种植 3a 草莓，再种植 1a 叶菜的方式进行大棚蔬菜种植
	草莓+叶菜	1	8	2[a] 5~10[b]	

续表

种植地	种植模式	农户		每年平均种植茬数	备注
		户数	百分比/%		
锁石社区	以茄果为主	3	30	2	茄果类有黄瓜、茄子和番茄等，叶菜类主要有菠菜、韭菜、油菜、小青菜 其他附带种植的蔬菜有芸薹属（如小白菜）茎菜类（如芹菜）以及豆类（如豇豆） 种植草莓+叶菜的农户因土质下降到无法再种植蔬菜，现在改种草莓，以此来缓解土壤盐渍化
	以叶菜为主	3	30	—	
	以茄果+叶菜为主	1	10	3~5	
	茄果+芹菜	1	10	2~3	
	叶菜+萝卜+豇豆	1	10	4	
	草莓+叶菜	1	10	2[a]、2[b]	

a 为种植草莓时每年平均种植的茬数；b 为种植叶菜时每年平均种植的茬数。

所调查的设施蔬菜基地种植的蔬菜品种繁多。按蔬菜的可食部分进行划分，主要种植的蔬菜包括茄果类（番茄、茄子、辣椒、黄瓜），叶菜类（苋菜、青菜、空心菜、韭菜、菠菜、油菜、卷心菜），茎菜类（芹菜、莴笋），根菜类（萝卜）以及豆类（豇豆）等。表 5-5 亦反映了南京地区的设施蔬菜生产模式多样化。从表中统计可知，以茄果类种植为主的农户所占总户数的比例约为 46%，每年平均种植两季；以叶菜类种植为主的约占总户数的 13%，每年平均种植 5~10 季；以茄果类+叶菜类模式种植的约占总户数的 22%，每年平均种植 3~5 季；以叶菜类搭配别的蔬菜或草莓种植的约占总户数的 13%，每年平均种植 3~5 季。

在这种高强度利用条件下，几乎每季蔬菜均要底肥和追肥，肥料种类很多样，各设施蔬菜基地的肥料种类及具体的施用比例见表 5-6。

表 5-6　南京各设施蔬菜基地的肥料种类及施用比例

肥料种类		公司+农户 1（谷里街道）		合作社+农户（锁石社区）		公司+农户 2（湖熟街道）		所有农户	
		施用户数	所占比例/%	施用户数	所占比例/%	施用户数	所占比例/%	施用户数	所占比例/%
底肥	复合肥	23	96	12	100	8	89	43	96
	鸡粪	18	75	10	85	9	100	37	82
	商品有机肥	8	32	—	—	3	33	11	24
	菜籽饼	3	13	1	8	2	22	6	13
	磷肥	1	4	—	—	—	—	1	2
有效调研户数		24	100	12	100	9	100	45	100
追肥	复合肥	11	50	7	88	5	83	23	64
	尿素	10	45	1	12	1	17	12	33
	微量元素	2	9	—	—	—	—	2	6
	磷肥	2	9	—	—	—	—	2	6
有效调研户数		22	100	8	100	6	100	36	100

从不同经营管理模式的角度可以看出，管理相对松散的基地农户种植中施用的肥料种类较管理相对集中的基地多一些，如以公司+农户模式经营的生产基地施用了商品有机肥，而合作社+农户所对应的生产基地则没有施用，两基地施用的其余肥料种类则一样。但是公司+农户 1 较特殊，其施用的肥料种类很多元化，这可能是因为公司+农户 1 对应的基地的种植规模比同类型的公司+农户 2 所对应的基地大得多、管理难度大，从而导致了该基地的肥料施用种类很多元化。

肥料施用量统计结果表明（表 5-7），设施蔬菜产地所施用的底肥中，化肥以复合肥为主，有机肥以集约化养殖场的鸡粪、菜籽饼以及商品有机肥为主，鸡粪最大施用量可达 27000 kg/(hm^2·a)，商品有机肥最大施用量达 12000 kg/(hm^2·a)；所施用的追肥以复合肥和尿素为主，复合肥的最大施用量一般为 2000 kg/(hm^2·a)，尿素的最大施用量达 2300 kg/(hm^2·a)，施肥量是一般露天蔬菜产地的 2~3 倍。

表 5-7 南京地区设施蔬菜基地的主要肥料用量

肥料种类		有效调研数	施用量/[kg/(hm^2·a)]	变异系数/%	用量范围/[kg/(hm^2·a)]	施用次数/（次/茬）
底肥	复合肥	43	2100±1200	57	500~5600	1
	鸡粪	35	15000±8600	57	2600~27000	1
	商品有机肥	11	3500±3200	91	600~12000	1
	菜籽饼	6	1800±1300	72	800~3800	1
追肥	复合肥	20	1000±400	40	500~2000	2~5
	尿素	9	1100±800	73	200~2300	1~3

将施肥量换算为氮磷折纯量，并统计不同种植模式下养分的投入量（图 5-5），可看出，叶菜类作物种植的周期较短，一年可种植 5 季左右，因此叶菜连作的肥料年均施用水平相对较高，平均施用水平略高于其他两种蔬菜种植模式，其肥料氮磷投入量约为 1650 kg/(hm^2·a)，叶菜-茄果轮作的肥料氮磷投入量居中，在 1200 kg/(hm^2·a)左右，而茄果类作物一年种植 2 季左右，整体肥料的投入量较低。约为氮磷 900 kg/(hm^2·a)。

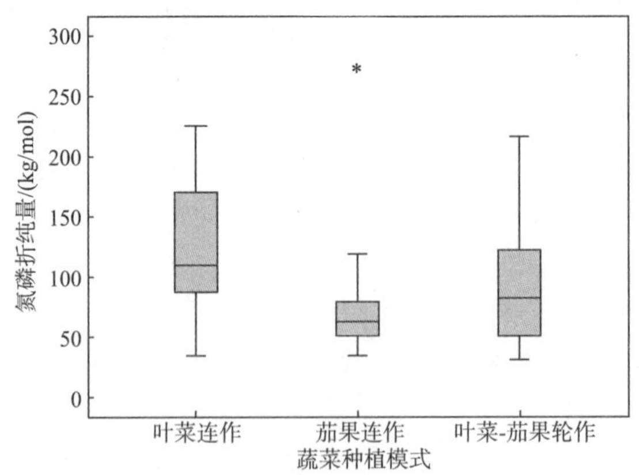

图 5-5 分散式塑料大棚不同蔬菜种植模式肥料施用水平

*表示均值在 $p<0.05$ 水平上差异显著

总结上述调查结果，在设施农业生产中，肥料的投入有下列几方面的特点：①肥料种类非常多、来源复杂；②从养分投入角度看，投入量异常高，高于一般大田农作物的 6~14 倍，也高于露天蔬菜的 2~3 倍，北方的日光温室养分投入量明显高于南方塑料大棚；③大部分设施蔬菜生产中，各种有机肥来源的养分显著多于化肥。

5.3.3　设施农业农膜使用和管理状况

依据《全国蔬菜产业发展规划（2011—2020 年）》将黄淮海与环渤海地区设施蔬菜优势区作为调查重点，并兼顾其他 5 个非设施蔬菜优势区，筛选沈阳新民、北京大兴、河北永清、山东寿光、江苏铜山、江苏南京和云南晋宁等地详细的实地问卷调查。通过对我国 7 个典型设施农业区的农膜使用和残留情况进行调查，共获得有效问卷 82 份。综合问卷结果，从设施农业区生产经营模式、设施类型、农膜类型、农膜厚度和农膜使用强度 5 个方面来论述我国部分典型设施农业区农膜的使用污染状况及其演变规律。

1. 农膜使用类型呈现多样化

设施农业中农膜使用仍以聚乙烯和聚氯乙烯为主，也有少数农户使用可降解地膜。调研区域的农膜使用类型情况（图 5-6）表明，50%的农户使用功能性黑色地膜，27%的农户使用普通 PE 白色透明地膜，4%的农户使用兼具黑色地膜和普通地膜特性的黑白配色地膜，16%的农户根据气候或蔬菜种类的不同来决定使用黑色地膜还是普通白色地膜，可降解地膜的使用率仅占 2%。地膜类型无明显的区域性差异。

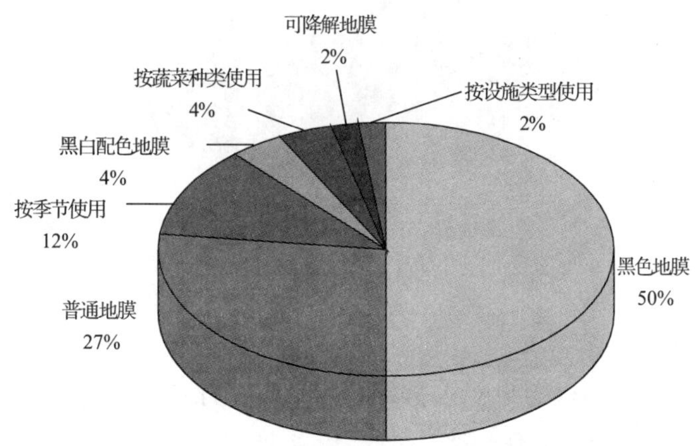

图 5-6　典型设施农业区地膜的使用类型统计

图标中数值代表样本数所占比例，有效问卷数为 52

2. 农膜厚度差异大，地膜普遍不达标

典型设施农业区使用的棚膜厚度类型统计（图 5-7）表明，棚膜厚度在 0.06~0.12 mm 的范围之间。我国标准《农业用聚乙烯吹塑棚膜》（GB 4455—2006）推荐的农用棚膜厚度为普通聚乙烯棚膜不低于 0.03 mm，聚乙烯耐老化棚膜和聚乙烯流滴耐老化棚膜不

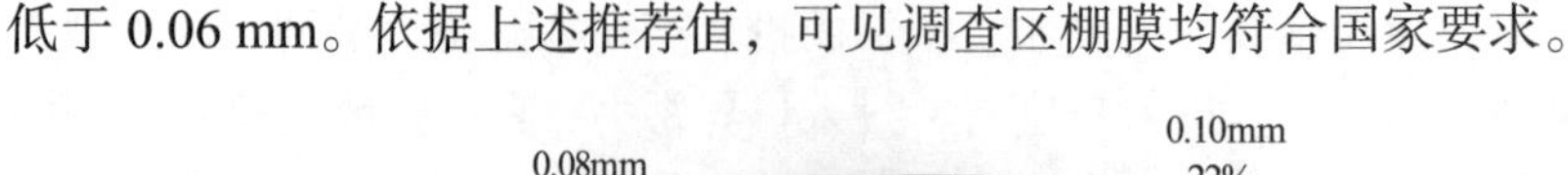

低于 0.06 mm。依据上述推荐值，可见调查区棚膜均符合国家要求。

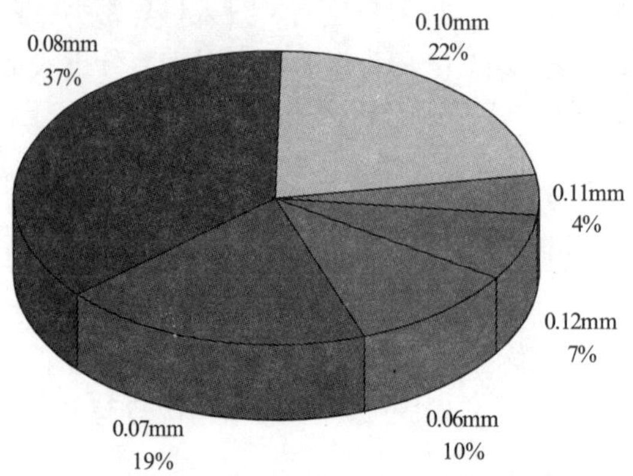

图 5-7　典型设施农业区棚膜的使用厚度统计

图标中数值代表厚度样本数所占比例，有效问卷数为 68

与棚膜的推荐值不同，我国标准《聚乙烯吹塑农用地面覆盖薄膜》（GB 13735—2017）对农用地膜产品的厚度有明确规定，农用地膜厚度应在 0.010mm，极限低偏差 0.008±0.003 mm。调研结果表明仅有 24%的农户使用符合国标厚度为 0.008 mm 的地膜；12%的农户使用 0.005~0.006 mm 的地膜，低于我国标准的下限值；其余 64%的农户使用的是不符合国家规定的超薄地膜，厚度仅为 0.002~0.004 mm（图 5-8）。

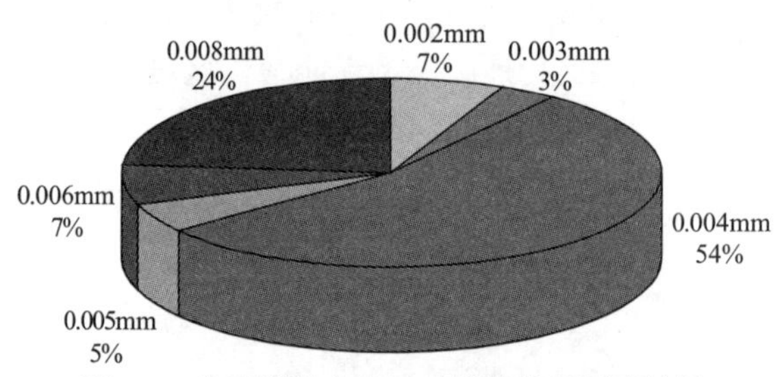

图 5-8　典型设施农业区地膜的使用厚度统计

图标中数值代表厚度样本数所占的比例，有效问卷数为 68

3. 农膜使用强度东北高于西南

我国北方地区的棚膜使用强度高于南方，主要原因是相比其他地区，北方地区棚膜的更换频率较低，基本一年更换一次，而铜山、南京和晋宁的棚膜更换次数是 2~4 次/a。这表明北方的设施农业发达程度领先于南方，尤其是寿光市，已位于我国各地区前列（图 5-9）。各地用膜基本均为超薄地膜，且各地地膜覆盖方式基本一致，设施面积与覆膜面积关系相对稳定，且都是一次性地膜，不存在重复利用问题，因此，各地区地膜使用强度的差异主要与种植作物种类有关。茄果类和瓜类蔬菜都要用到地膜，而叶菜类不用地膜覆盖，因此种植茄果类或瓜类蔬菜的地膜用量相对更大；且一年种植两季茄果类或瓜类蔬菜的地模用量是种植一季该类蔬菜的两倍。此外，研究小组发现新民、大兴和永清这三个地区一般为一年种植一季茄果类蔬菜，即茄果类与叶菜类轮作，有的大棚甚至不种该类蔬菜，导致该地区地膜使用量偏低。种植蔬菜的种类受社会、经济和自然因素的影响，存在一定的主观性。

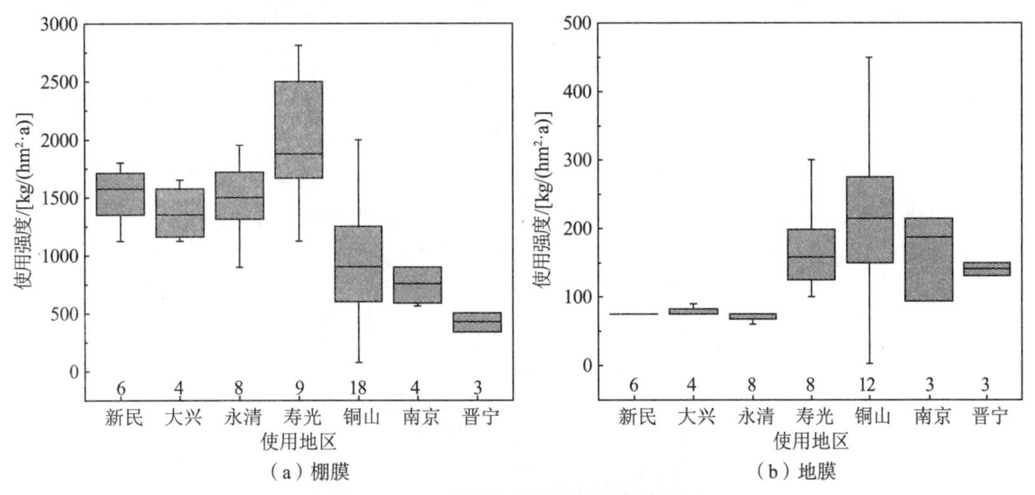

图 5-9　各地区农膜使用强度统计图

横坐标上的数字表示样本量

4. 农膜残留现象依然存在

调查中发现，废旧棚膜具有一定的经济价值，农民回收积极性较高，回收率达 100%，因此不涉及残留问题。大量事实证明，我国大田种植中地膜残留问题极其严重，而设施蔬菜用地中的地膜残留问题是否严重呢？本研究将地膜残留程度的估算结果划分为 4 个级别：①残留严重，指肉眼清晰可见，残膜直径达 10cm 或以上，数量较多；②残留较多，翻土后肉眼可见，残膜直径达 5~10cm，有一定数量；③残留较少，翻土后肉眼可见，残膜直径 5cm 及以下，数量极少；④无残留，肉眼不可见。由调查区地膜残留程度统计结果（图 5-10）可以看出，52%的设施菜地有不同程度的地膜残留问题，可见地膜残留问题在设施蔬菜用地上也依然显著，应引起重视。这与前述的调查区 64%的农户使用不符合国家规定的超薄地膜有关。另外，10%的被调查设施蔬菜地达到残留严重的程度，这部分的调查对象主要集中在公司经营的设施蔬菜基地。

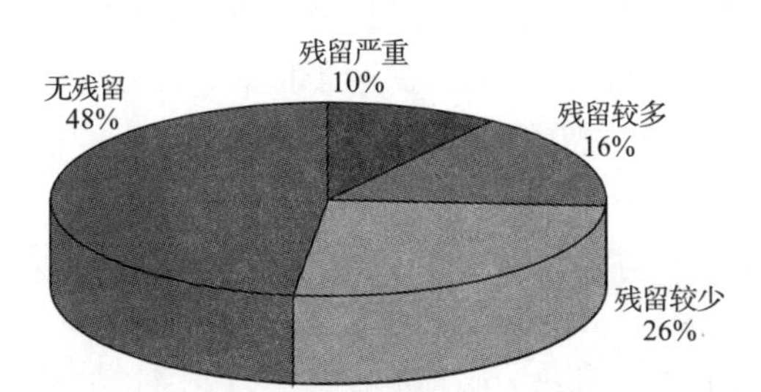

图 5-10　典型设施农业区农用地膜残留程度估算

有效问卷数为 50

5. 残留农膜处置方式不尽如人意

棚膜具有较大厚度，有一定的经济价值，可完全达到回收再利用。而废旧地膜由于本身超薄，揭膜时容易残留，且几乎没有经济价值，农民回收积极性不高，产生了不同的农膜回收处理处置方式。如图 5-11 所示，35%的农户将回收后的废旧地膜随意扔到路边或田间，16%的农户自行将地膜与秸秆一同焚烧，以上两种处置方式占到总数的一半。随意扔掉地膜导致很多地埂、马路边、附近的水渠中都堆积着大片的“黑白垃圾”，造成了环境恶化；薄膜焚烧会释放出多种有毒气体，不仅破坏生态环境，还危害人类健康。除以上两种不合理的处置方式之外，31%的农户选择卖掉、扔到垃圾桶或者放到集中回收处置点，有 18%的废弃农膜可以得到回收人员的回收。

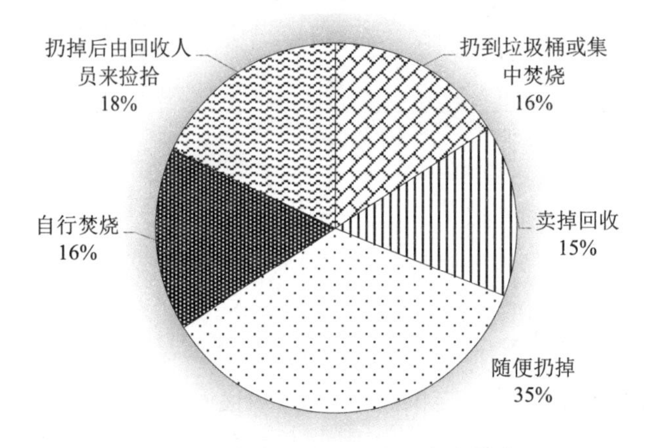

图 5-11 农膜回收处理处置方式统计图

有效问卷数为 62

综上所述，设施农业中农膜用量大、质量参差不齐、使用频度高、设施类型多样、农膜回收处理不彻底等问题，导致土壤污染。农膜的随意丢弃与焚烧，不仅破坏农村生态景观，造成视觉污染，污染大气，引起二次污染；农膜残留破坏土壤结构，影响作物生长发育，降低作物产量；并且影响土壤微生物生态结构，导致污染物的积累，降低土壤肥力。对江苏、山东、河北等地的典型设施农业区的调研表明，农民逐步意识到农膜残留对土壤肥力及耕作的负面效应，在农膜使用后基本都能够清理耕地中大部分残膜；农户自己种植的温室基本能够完全清理，但是公司化经营的设施农业区，农膜残留量相对较高；农膜污染的关注度和农民环保意识逐步提高，残膜治理逐步规范，但是对于残膜的末端处理仍然是未来需要主要解决的问题。

5.4 我国设施农业土壤环境质量问题产生的原因

通过本项目的大量研究，可以较为清晰地看出，我国目前设施蔬菜生产中存在的主要问题包括：土壤中农药、剩余养分、重金属、酞酸酯、抗生素等污染物积累趋势较为明显，这些污染物的积累明显高于一般大田蔬菜。其环境与安全风险比常规农田明显要高，对设施蔬菜生产系统的生态环境构成严重威胁，污染物的积累强烈地改变了土壤原有的基本性质，造成土壤酸化、盐渍化等生产功能的降低，也降低了土壤的微生物、动物和植物的生态功能，提高了作物中农药残留、硝酸盐和酞酸酯的含量。过量养分的积累和迁移已导致北方半干旱地区地下水和南方湿润地区地表水中氮磷含量明显升高，严重威胁水体的生态安全。这些问题的产生也有可能给人体健康带来风险，影响我国设施蔬菜这一产业的可持续发展。分析这些问题产生的原因，对设施蔬菜生产系统环境管理框架的建立、相关标准规范的制定以及调控技术体系的构建显得尤为重要（Yang et al., 2016；黄标等，2015；杨岚钦等，2014）。

调研和比较国内外设施农业发展的状况，根据本项目的研究成果，作者认为目前我国设施蔬菜生产环境问题产生的原因可分为直接原因和间接原因两个方面，前者表现为农用投入品生产和使用上出现的问题，后者则贯穿于生产和管理的各个环节。

5.4.1　设施农业农用投入品高投入成为普遍现象

1）农药的高频、高剂量、多品种混用导致农药积累和持久性增加

对南北两类设施蔬菜产地农药使用调查数据的初步分析发现，农药除了使用剂量高以外，高频、混用是设施农业用药的普遍现象。设施条件下，投入量较高的农药以杀菌剂为主，共 29 种，占 75%左右，而杀虫剂（26 种）和除草剂（9 种）中高投入量农药的比例较低。设施蔬菜（黄瓜、番茄等）农药施用频率高，通常情况 7~10d 施用一次，病害高发期 3~5d 甚至 2~3d 用一次。单次农药施用量通常不超过两倍推荐剂量，但由于施用频率高，总投入量大，用药量在 20 kg/hm^2 以上的占 15%，10~20 kg/hm^2 的占 35%，5~10 kg/hm^2 的占 40%，小于 5 kg/hm^2 的非常少。通常 2~3 种农药混用，有的多达 5 种甚至 10 余种农药混用。

2）过量和不合理施肥导致土壤次生盐渍化、面源污染、重金属和抗生素积累

设施蔬菜生产过程中片面追求高产而不合理地过量施用肥料已经成为普遍现象。据多个地区设施蔬菜产地调查显示，肥料年施用量（氮磷折纯量）集中在 1500~4500 kg/hm^2，平均值在 2250 kg/hm^2 左右，约为露天蔬菜产地的 2 倍。有些区域甚至是露天蔬菜和粮田的 2.76~5.91 倍。其养分投入量远远超过了作物的养分需求量。对典型区日光温室和塑料大棚蔬菜生产基地肥料施用情况的调查也显示，设施蔬菜产地复合肥、鸡粪、菜籽饼以及商品有机肥等的底肥最大施用量可达 27t/(hm^2·a)以上，甚至可达 460t/(hm^2·a)；平均施肥量可达一般露天蔬菜产地的 2 倍以上。

这些肥料的施用在带来大量养分的同时，也带来了重金属和抗生素等污染物。据调查，我国主要商品有机肥和有机废弃物的重金属含量状况，鸡粪中以 As、Cd、Cu 超标为主；猪粪中以 Cu、Zn、Cd 超标为主；牛粪中以 Cd、Zn 超标为主；堆肥中以 Cd、Ni 超标为主。从肥料中重金属含量调查的结果看，整体上超过《肥料中砷、镉、铅、铬、汞生态指标》（GB/T 23349—2009）中限量标准的情况较少，但高量的肥料使用依然可导致这些重金属在土壤积累。

目前有机肥中抗生素普遍残留，特别是设施蔬菜种植过程中大量施用的以鸡粪、猪粪为原料生产的有机肥，抗生素含量更高。其中鸡粪中诺氟沙星的含量平均为 4680 μg/kg，猪粪中平均为 2090 μg/kg；鸡粪中土霉素的含量平均为 1550 μg/kg，猪粪中平均为 2690 μg/kg。因此抗生素严重污染的有机肥大量施用是形成设施农业土壤抗生素污染的直接原因。

3）农用薄膜使用量大、质量低下、处置不当致土壤农膜残留和酞酸酯积累

近年来，全国各地均在大力发展设施农业的规模，农膜的用量及覆盖面积都在不断增加。2000~2010 年，我国设施种植面积增加了约 1.7 倍，农用塑料薄膜用量提高了约 80%，2010 全国农用塑料薄膜使用量达到 217.3 万 t，其中地膜用量为 118.4 万 t，地膜覆盖面积达到 1559.1 万 hm^2，农膜残留污染的影响范围逐步扩大。由于使用的地膜大多较薄（厚度在 0.002~0.006 mm，不符合我国农用地膜标准），稳定性相对较差，而可降解地膜用量很少，因此，农膜使用、残留过程中酞酸酯逐渐释放到土壤及大棚空气中，加剧设施农业环境的污染，并在蔬菜中积累。同时，废弃农膜回收多采用人工方式，机械化程度低，回收技术落后。地膜处理处置方式不规范，从耕地中清理出的地膜最常见的处置方式是焚烧和丢弃，农用地附近废弃塑料薄膜随意乱扔的现象较为普遍，二次污染较为严重，导致污染的扩散和蔓延，严重影响了设施农业生产环境。

5.4.2　经营粗放、环境保护意识较薄弱、污染控制技术相对落后

在设施蔬菜的生产经营环节，根据作者在长江中下游地区的详细调查发现，从整个设施蔬菜生产的经营规模看，尽管生产基地大多较为集中，但生产经营方式还是以小规模的个体农户经营为主（80%以上），即使存在一些合作社组织或公司，但与生产者之间关系并不十分密切，合作社或公司与各农户在生产方式、经营品种、技术指导等方面互动薄弱，难以形成规模经营。同时，绝大部分生产者为异地务工人员，承租土地经营，迫于经济利益的压力、承租土地的短期性、社会保障体系的缺乏等因素，大多不愿意保护性投入，所以经营方式较为粗放，加之异地生产者对当地生活环境缺乏了解，导致他们对生态环境的保护意识不强，这些现象与上述不合理生产方式有着密切关系。相反，如果规模经营实施得好，有利于一些先进技术的推广应用，在获得经济利益的同时，生产者的环保意识也越来越强。从对山东寿光设施蔬菜基地的调查结果看，由于该地区经过多年的发展，设施蔬菜的经营已达到相当大的规模，基本上形成了村级规模的生产合作组织，生产者与合作者之间、生产者与生产者之间有着良好的互动关系，形成“一村（镇）一品”或“一村几品”的规模经营，生产方式也较为规范。近年来，随着节肥增效技术的推广应用，加之当地生产经营者环境保护意识的增强，设施蔬菜生产过程中肥料投入量呈逐年降低的趋势。

针对设施农业生产技术发展的需要，“十一五”期间国家和各级政府加大了对设施农业科技的投入，包括基础研究、技术研发和集成示范。科技部组织实施了国家“973”计划“设施作物对环境的适应机制与产品安全的基础研究”重点项目，国家科技支撑计划项目“园艺作物安全高效生产关键技术研究与示范”、“现代高效设施农业工程技术

研究与示范”、“设施农业配套关键技术装备研究与开发”、“绿色环控设施农业关键技术研究与产业化示范”等，以及“863”计划课题“基于环境模型的日光温室结构优化与数字化设计”等。农业部则通过启动行业科技计划、“国家大宗蔬菜产业技术体系”、“跨越计划”以及“园艺作物标准园”等来推动设施蔬菜科技进步和成果应用。但事实上，仍有大量的设施技术问题需要研究解决，人们普遍重视设施蔬菜生产中栽培、施肥、管理、品种改良等技术的研发和应用，然而有关污染控制与修复的技术相对滞后，即使有也只是与提高蔬菜产品品质相关的技术较多，而对土壤质量与生态环境保护相关的污染控制与修复技术较少甚至缺乏。这些技术的推广应用则更少，推广应用的主体主要是政府部门主管的设施蔬菜基地，且以示范为主。另一方面，科学技术的应用更多是受地方发展观、财力投入、生产组织与实施者实际操作等直接影响。实际生产中生产者素质低下、农村科技人才极度匮乏与设施生产高技术的要求形成强烈反差，生产中盲目施肥、滥用农药污染环境的情况比比皆是。

5.4.3　法律法规缺失、环境质量标准不适应管理需求

1. 缺乏针对设施蔬菜生产的法律法规

设施蔬菜生产是农业生产的一个特殊产业，其对生态环境的影响是其他农业生产活动所无法比拟的。因此，应该有专门的法律法规约束和规范这一产业的健康发展。这方面的工作，我国还严重滞后，对于农业生产活动中污染物总量控制缺乏一定规范，使得污染物进入农田生态系统的控制处于无序状态，而这些在国外都有相当详细的控制规范。如加拿大规定了每年允许进入土壤的重金属总量，欧盟则详细规定了每年进入农田土壤的养分限制量，这些都为控制污染物、保护农业生态环境提供了法规依据。此外，我国的《土地管理法》规定，在耕地上建房、挖砂、采石、采矿、取土等破坏种植条件的，或者因开发土地造成土地荒漠化、盐渍化的，由县级以上人民政府土地行政主管部门责令限期改正或者治理，可以并处罚款。《环境保护法》中也提出了生态环境谁污染谁治理的原则。然而，对于农业过度利用造成荒废的该如何处置并无明确规定。《水污染防治法》中主要是针对点源污染排放的防治，关于农药、化肥施用的规定虽然涉及农业污染的防治，但主要目标还是针对农产品的安全。从国家相关部委已出台的《农产品质量安全法》、《农产品产地安全管理办法》以及《农业部办公厅关于进一步加强农产品产地环境安全管理的通知》等相关文件看，其中并未对设施农产品产地的环境管理作特定的规定。

2. 设施农业土壤环境标准指标不完善、部分限值与实际脱节

设施农产品产地土壤环境主要受生产过程中农业投入品使用以及产地灌溉水、大气环境质量的影响，加强污染源头控制与产地环境质量监管是设施土壤环境安全的重要保障。从设施农业（种植业）相关标准制订情况看，迄今已颁布的数十项设施园艺国家和行业标准内容主要涉及两方面，一是设施农业装备及温室条件控制的标准化、灌溉设施

与方法的标准化等硬件设施方面，二是应农业部门对无公害蔬菜基地、产品认证需要而制订的部分无公害设施农产品的生产技术操作规程。一些省市还颁布了设施生产与病虫害防治相关的地方标准。这些标准规范基本都是由农业部门制定的，主要关注生产过程规范化、农产品品质的提高等方面，却较少关注设施生产过程中环境质量的保护，并不适应环保部门的监管需求。

目前我国在设施蔬菜产地环境质量标准方面已颁布两项标准，即农业部颁布的《无公害农产品种植业产地环境条件》（NY/T 5010—2016）和国家环境保护总局颁布的《温室蔬菜产地环境质量评价标准》（HJ/T 333—2006）。这两项标准存在着不少缺陷，其中的土壤环境质量标准指标主要是参考《土壤环境质量标准》（GB 15618—1995），其中 HJ/T 333—2006 规定了 8 项重金属和六六六、滴滴涕两项农药指标、土壤全盐量等指标的标准值，并分为严控和一般控制指标，规定了相关评价方法；NY/T 5010—2016 规定了 5 项重金属标准值，规定了评价方法。但这些标准还没有根据最近颁布的《土壤环境质量 农用地土壤污染风险管控标准（试行）》（GB 15618—2018）进行更新，从上述有关设施蔬菜产地环境出现的问题可看出，现行标准在污染物的拓展及标准值、评价方法等方面存有欠缺之处，对目前设施农业出现的农药残留、农膜与酞酸酯残留量和抗生素含量均未做出限定。

从现行标准的适用性看，土壤重金属只限定了全量，没有针对重金属在不同设施类型、不同土壤条件和不同蔬菜种植方式下，并根据土壤性质及生物有效性剧烈变化的实际，确定重金属的限定值，且缺乏长期监测结果支持。与肥料投入有关的指标只有全盐量一项，缺乏设施蔬菜产地肥料高投入对水体影响的土壤环境质量指标。因此，相关标准的更新已严重滞后，难以满足高强度利用的现代设施农业土壤环境污染加剧、污染物种类增多形势下土壤环境质量评价与污染控制管理的要求。

3. 设施农业农用投入品质量标准不完善

农用投入品是设施蔬菜生产过程污染物的主要来源，控制农用投入品的污染物含量是源头控制的关键步骤，可以达到事半功倍的效果。然而，对于设施农产品生产过程中污染物的主要来源——农用投入品，至今尚无针对性与适用性强的污染控制标准，如尚无一套针对设施环境中农药、农膜、有机肥等安全使用与污染控制相关的技术标准与管理措施。目前已颁布的相关肥料标准《有机肥料》（NY 525—2012）、《肥料中砷、镉、铅、铬、汞生态指标》（GB/T 23349—2009）均只有 5 项重金属标准，抗生素、Cu、Zn 等设施环境中常见的污染物未列入，农用薄膜中的污染物含量也无专门的限定标准。此外，已颁布的《农药安全使用规范 总则》（NY/T 1276—2007）、《化肥使用环境安全技术导则》（HJ 555—2010）、《农药使用环境安全技术导则》（HJ 556—2010）、《农业固体废物污染控制技术导则》（HJ 588—2010）等大多没有针对设施农业生产特点，或对污染控制仅为原则性指导，对于特殊利用方式下的设施农业环境安全管理的适用性不强。

5.4.4　生产整体规划缺乏、监管监测职责不明、体系机制缺失

1. 部分区域设施农业发展与环境间的协调性不够

从部分地区设施农业发展相关规划情况看，其重点均主要集中在设施建设、发展速度与规模上，对设施环境保护与土壤的可持续利用普遍未予重视，缺乏对土壤污染与资源破坏的预防工作要求。为提高发展速度，一些地区把设施蔬菜发展目标列入政府工作考核内容，将发展设施生产作为拉动内需的举措，而对高投入水平、高利用强度下设施土壤环境问题及危害风险关注甚少。往往忽视设施农业发展与资源环境间的协调性，不顾自然环境的承载能力，而盲目发展，影响这一产业的可持续性，主要体现在三个方面：一是资源利用极不合理，如北方局部地区设施蔬菜生产完全依赖地下水灌溉，导致大面积的地下水位快速下降，严重影响地下水资源的可持续利用；二是设施种植模式下各类农用投入品高强度投入，对环境影响加剧，其发展较少考虑资源环境的承受能力；三是规划设施蔬菜基地时，考虑城市发展的因素不够，城市框架拉大后设施蔬菜产地环境受城市工业、交通、生活污染的综合影响日益加剧。

2. 土壤环境监管职责不明确，环境监测监管体系和机制缺失

在设施农业土壤环境监管方面，尽管设施农产品产地环境问题的特殊性愈来愈凸现，但由于相关法规不配套，相应的监督职能部门与管理职责未予明确，对农业生产过程中带来的土壤环境问题认识不足、土壤质量保护意识不强。例如，作为设施农业生产管理主要部门——农业部门，对设施土壤环境监管并无专门的监管机构，即使涉及环境监管，也只是依据大田监管条例实施监管；地方相关部门在土壤环境监测能力、技术、人员、资金等方面，距监测监管要求尚存有相当的差距；一些地方领导和部门甚至还未认识到设施农业生产中土壤环境问题的特殊性。企业和农户从事设施生产则主要是受政策奖励和市场驱动，以获取经济效益为中心，生产过程中缺乏对设施土壤环境保护的主动意识及对污染行为的约束机制、污染后果的责任机制。这些因素均阻碍了设施环境监管工作的有效开展。

我国目前尚未建立起完善的设施农产品产地环境监管体系，对产地土壤环境质量的评价与管理尚未建立相应制度，环境监测、监管的手段和机制缺失，对于设施农业农产品产地环境管理与污染控制更是缺乏相应的监管制度与技术依据和措施。首先，设施农产品产地的环境管理与其他各类农产品产地类似，主要是应农业部门无公害农产品、绿色食品、有机食品产地的认证要求，依据相关标准进行产地环境质量的监测评价，通过创建无公害生产基地及产品认证带动农产品产地环境安全建设。对于无认证要求的产地则没有明确的环境评价要求与生产管理规定。其次，由于评价目的不同，各种评价中采用的评价指标、标准、方法随意性大，一些产地环境评价与大田环境采用相同的标准。由于标准、方法采用不规范，加上标准有所欠缺，评价结果往往不能全面、确切表征产地土壤环境的实际状况。另外，现行标准的应用与管理接口尚不明确，对各级超标土壤的环境适宜性及超标后的进一步管理未给出明确定论，对存在污染危害风险或实际危害的土壤未能及时进行有效的污染控制与监管，标准的管理效能未能有效发挥。总之，目前关于设施土壤环境监管的

体系和机制严重缺失，设施农产品产地环境监管体系和机制亟待建立。

5.5　我国设施农业土壤环境管理框架体系的建立

根据前述设施农业生产中出现的土壤环境问题以及对产生的原因进行分析，设施农业环境管理体系重点应围绕设施土壤质量改善、农产品安全和设施生态环境保护，以全面统筹考虑土壤污染环境风险防控与管理的主体、对象、过程和规模等要素，建立“四位一体”的设施农业土壤环境管理框架体系（图 5-12）。以政策、法规、规范、标准及相关基础研究的支撑作用为基础，以指导和监管为手段（张桃林，2015；黄标等，2015）。

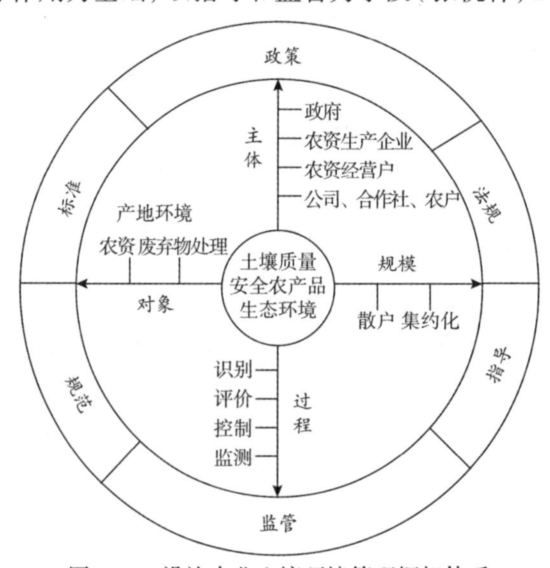

图 5-12　设施农业土壤环境管理框架体系

5.5.1　土壤环境管理要素

1. 主体

设施农业土壤环境管理涉及面广，污染防控与管理需要包括政府、农资生产企业、农资经营销售商、蔬菜生产企业、蔬菜生产合作社、蔬菜生产农户等不同主体的多方协同参与，必须明确各主体在土壤环境风险防控中的责任和义务，充分发挥政府的监管和指导作用，从业人员和组织切实履行职责，并发挥社会公众的监督作用，调动社会和科研院校提供监督保障与技术支撑（Hu et al.，2017b；黄标等，2015；华小梅等，2013）。

在这些主体要素中，政府部门尤为重要。由于设施农业生产环境问题涉及社会、经济和环境等方面的内容，因此，与设施农业环境管理相关的部门众多，如果各部门没有建立良好的协作机制和明确的职责划分，便会发生部门之间职能交叉和管理冲突，降低设施农业环境管理的效率。根据设施农业环境问题的主要特点和管理范畴，其涉及的核心管理部门应包括生态环境部、农业农村部、国家市场监督管理总局及对应的地方各级部门。此外，国家发展和改革委员会、财政部、科学技术部及其下级部门等在该问题的管理中也具有重要作用。

2. 对象

设施农业生产的风险管控对象，从整个生产过程看，应包括产地环境的评价、农用物资的生产使用、废弃物处理等。土壤环境风险主要源于超出产地土壤环境承载力、农用物资的非标准化生产和不合理使用农药、包装和农膜废弃物不合理处置等。所以，土壤环境风险管控应以产地环境评估、农用物质生产和使用、废弃物处置为主要对象，实施重点防控，着力解决土壤环境质量、农产品安全、设施及周边生态环境保护等问题。

3. 过程

有效的环境风险管理应实施全过程管控，设施农业环境风险管控同样遵循风险管理的一般步骤，包括风险识别、风险评价、风险监测、风险控制以及事故应急，通过系统的风险识别、科学的风险评价、实时的风险监测、合理的风险控制与应急措施，以最小的代价获取最大的环境安全效益。

4. 规模

我国设施农业发展快速，但设施农业生产明显呈现散户、公司化或集约化、区域化同时并举的特征，生产、经营和管理水平参差不齐，设施农业生产土壤环境风险防控与管理应采取“规模分级”原则，区别对待，根据散户、公司化或集约化特点，采用不同的防控与管理措施，实现分级优化管理。

5.5.2　土壤环境管理措施

1. 主体措施

1）政府

（1）针对目前设施农业土壤环境监管职责不明确，环境监测监管体系和机制缺失的缺陷，可以尝试建立以环保部门负责的环境监管职能部门，统筹设施蔬菜生产系统环境管理制度、环境监测标准、环境监测监管手段、土壤环境评价、土壤环境生态补偿确定和实施等的制定，使设施蔬菜生产的环境管理落实到实处。

（2）加强设施农业相关法规、规范、环境质量标准体系的建设。①尽快修订完善设施农业土壤环境质量标准。我国设施农业土壤环境质量标准的更新已严重滞后，修订和完善现行设施土壤环境质量标准势在必行。首先，要尽快通过设施蔬菜生产基地土壤重金属积累状况调查和重金属在设施土壤中的环境化学行为、迁移转化规律等修订现行的设施土壤重金属环境质量标准。其次，针对目前缺乏反映设施农业农药、肥料和农膜高投入污染的土壤环境质量指标，要尽快完善设施农业中常规使用农药、氮磷养分、农膜与酞酸酯残留、抗生素等污染物的含量限值。最终，应根据设施蔬菜生产体系的特点，规范相应的土壤环境质量评价方法。②建立完整的设施农业投入品质量标准。在设施农业农用投入品方面，尽快构建设施农业条件下农用投入品生产、安全使用规范与污染物控制限量标准，尤其是针对目前不健全的商品有机肥标准，如未列入监管的抗生素、Cu、Zn 等元素、农膜中尚未制定酞酸酯的限定标准等，完善相应的标准体系，为设施农业土壤环境质量管理提供依据。③在实施提高蔬菜产量和质量安全的各种生产措施时，兼顾环境质量的改善。如目前农业部门实施的"减化肥、减农药"和"保产量、保质量、保增收"的农业生产措施，可以考虑多个污染物的积累和效应，确定减量和保证的目标。

2）从业人员

政府应着力提高从业人员的环保意识，增强企业社会责任感。国内外的经验表明，生态环境的防治，除了法律法规约束、经济和技术措施支撑外，提高生产企业和生产者的环境保护意识是防止环境污染的有效措施。

通过大量调研发现，目前我国设施蔬菜生产系统存在两个不利因素影响着从业人员环保意识的提高：一是大部分个体从业者经济压力较大，受教育程度较低，如何提高一线生产者的环保意识面临很大的挑战；二是参与设施蔬菜生产的各个利益相关人员缺乏交流，尤其是异地从事蔬菜生产的从业者与当地各部门及利益群体之间的互动非常薄弱。作为设施蔬菜生产系统的政府部门、生产者、销售者往往较注重蔬菜产品的产量及质量安全，而作为普遍关心产品安全和生态环境质量的普通消费者和周边居民与上述群体之间几乎没有互动。因此，一方面政府在通过环保基金计划着力提高生产者经济收入的同时，应该加强蔬菜生产者环保知识和科学生产知识的宣传教育与示范，让生产者意识到自己的生产方式对环境产生的影响；另一方面应引导设施蔬菜生产系统内各个利益群体之间加强互动，通过信息交流，提高环保意识。这其中尤其要加强设施蔬菜生产企业环保意识的引导，因为，在目前形势下，企业产品质量和产地环境质量的提高有利于提高企业的社会形象，可明显增强企业的社会责任感。

我国设施农业发展与高度专业化、规模化、一体化、机械化、工厂化和现代化的国际水准和发展需求相比，还存在较大差距，亟须提高种植户和从业人员的标准化、安全生产知识。可利用科技下乡入户的形式在农村集贸市场集中咨询宣传，加强农作物病虫草害识别知识普及和农药等农业投入品的安全使用知识培训，使从业者熟练掌握农药的安全使用和安全间隔期、肥料的合理平衡施用和农膜的合理利用与回收等基本知识。建立广泛的公众参与机制，大力宣传环保知识，能够有效地提高政府部门对设施农业环境监管和管理的效率。

2. 对象措施

应该加强设施蔬菜产地农用投入品使用的监管和指导，包括：①严格限定用药安全间隔期、加强农药合理使用的指导。由于设施土壤和作物中农药消解慢，持留期长，因此，有必要对设施作物用药安全间隔期做出严格限定。同时，可通过加强农药销售商的培训和指导、生物农药和环境友好型农药助剂的使用指导、示范和推广农药减量化栽培种植管理技术等多途径加强农药合理使用的指导。②加强肥料中有毒有害污染物的源头监管和控制使用指导。设施蔬菜生产中，肥料是多种有毒有害污染物的主要来源，相对于露天蔬菜生产，这些污染物来源较为单一。因此，源头控制是实施环境管理的关键。目前这方面的管理还很薄弱，应在畜禽养殖业饲料添加剂、有机肥原料、商品肥料等各个农用投入品建立污染物限值标准，加强污染物含量监测。同时可以结合国外的先进经验，在肥料投入环节建立各种污染物投入总量控制标准，实施总量控制。③从源头控制和末端处置入手加强农膜使用的管理与指导。从目前农膜使用存在的问题看，在源头和末端两个环节上问题较多。应该通过制定严格的农膜生产质量标准来规范农膜生产企业的生产，要严把农膜质量关，杜绝不合格农膜上市流通。在农膜末端处置环节，应该建立农膜回收制度，建设废旧农膜回收站和田间垃圾回收点，着力提高废旧农膜回收和处置及资源化利用技术。为了达到源头控制和末端处置的目的，政府部门应通过一定的免税或补贴政策大力倡导农膜生产企业生产加工可降解地膜，保障企业的经济利益。此外，推广应用一些先进的废旧农膜清洗及回收机械，提高农膜残留回收利用水平和效率。

3. 规模措施

针对目前设施农业生产中存在个体小规模和集约化两种经营模式的现状，应采取不同的环境管理模式。对于小规模设施农业生产，由于经营分散，涉及千家万户，监管难度很大，所以，目前条件下，对小规模设施农业生产的环境管理应重在加强各种农用投入品的使用和废弃物处理等方面的指导，其次加强土壤环境的监测，及时了解土壤环境质量的动态变化特点，发现问题后采取相应措施，引导生产者进行清洁生产，控制土壤环境质量的退化趋势。从长远看，设施农业的发展应该坚持规模化和集约化。引导种植大户、返乡农民兴办设施农业专业合作社，着力在基地建设、市场培育和利益联结机制等方面取得新发展。这样既可以提高设施农业的产出率、资源利用率、劳动生产率和抵御自然灾害能力，增加生产者的经济收入，同时，也利于土壤环境质量的监管措施的实施。

对于集约化经营的设施蔬菜生产企业，其环境管理应改变目前的状况，对所有从事设施蔬菜生产的企业，在完善设施产地的准入、退出制度的基础上，逐步实现产地土壤环境质量的定期认证。生产过程中进行定期土壤环境质量监测，同时加强各种技术服务，引导企业清洁、高效、安全生产。随着大量农村劳动力的转移，今后进行小规模设施蔬菜生产的经营者将会逐渐萎缩，集约化、规模化经营会越来越多，应从现在开始，抓住时机，逐渐完善设施蔬菜环境管理体系，使该产业得到可持续发展。

4. 过程措施

1）定期监测

依托环保与农业部门现有的监测网络与监测力量，建立设施农业环境质量定期监测控制体系及信息平台建设，尤其是全国主要的大规模设施农业生产区。一是建立设施农业区的土壤环境质量定期监测体系；二是建立设施农业区周边水体质量定期监测体系；三是建立设施农业区大气景观质量定期监测体系。通过这些监测体系的建设，能够有效监测设施农业环境质量的动态变化规律，为环境管理政策制定和管理提供数据支持。

2）污染识别

根据建立的设施农业污染物优先控制清单，完善污染物识别技术体系，进行污染物来源和危害识别。污染识别的目的是掌握生态环境各单元中污染物的实时状况，如设施蔬菜中污染物含量、土壤中污染物的有效性等，为实时了解污染物来源、调整设施蔬菜生产管理措施、建立预警体系、处理污染应急事件提供决策支持。

3）效应评价

建立污染物监测和识别体系后，建立设施农业环境健康风险评估体系和效应评估机制显得尤为重要。首先，该体系应能确定污染等级和可接受的危险度水平；其次，可以确定发生污染风险时的应急预案以及各种应对策略、措施和手段等。例如在《农药环境安全评价试验准则》制修订过程中，应加强农药的亚急性和慢性影响，同时评价残留农药对土壤动物（蚯蚓等）、土壤微生物种群结构和功能、土壤生物功能（土壤呼吸、土壤酶活性、土壤肥力）、植物萌发和生长的危害效应，特别应加强复合农药污染效应的评价。

对设施蔬菜产地进行环境风险评估是实施环境管理的重要依据。目前，国家在对污染场地的生态风险评估方面做了大量的工作，形成了一系列规范和导则，构成了完善的污染场地环境风险评估框架体系。然而，污染场地的风险评估主要关注的是遗留遗弃工业污染场地再开发利用中对人体健康和生态环境的风险，并没有关注设施蔬菜生产基地土壤污染风险。因此，建议制定设施蔬菜生产基地土壤污染的风险评估技术和设施蔬菜产地土壤修复技术导则，开展设施蔬菜产地重金属和抗生素对生态环境和人体健康的风险评估，完善设施农业土壤重金属和抗生素污染生态风险评估体系，为设施农业土壤重金属和抗生素污染的风险评估与修复提供理论和技术支持。

4）污染控制

通过系统总结设施农业土壤污染和土壤功能退化的主要问题与成因，参考现有农产品生产污染控制相关管理规章与技术文件，以控制设施农业生产性污染为重点，以源头预防、过程污染控制为重点，兼顾污染土壤末端治理修复技术措施，筛选集成肥料（平衡施肥、合理灌溉、深翻改土）、农药（农药增效减量、农药降解技术）、重金属生物修复、抗生素生物降解等预防和控制技术措施，并进行相关的环境影响与经济、技术、管理的有效性、可行性分析，提出适合国情及管理需求的设施农业条件下土壤污染综合控制技术体系。

土壤污染综合控制技术体系的建立，可从设施土壤质量评价入手，确定污染物来源和特征、污染程度以及风险强弱，确定不同地区的主要污染防控对象。然后通过技术、经济、环境和可行性分析，筛选实用可行的污染防控单一或组合技术，再通过优化制定综合污染防控技术体系（图 5-13）。

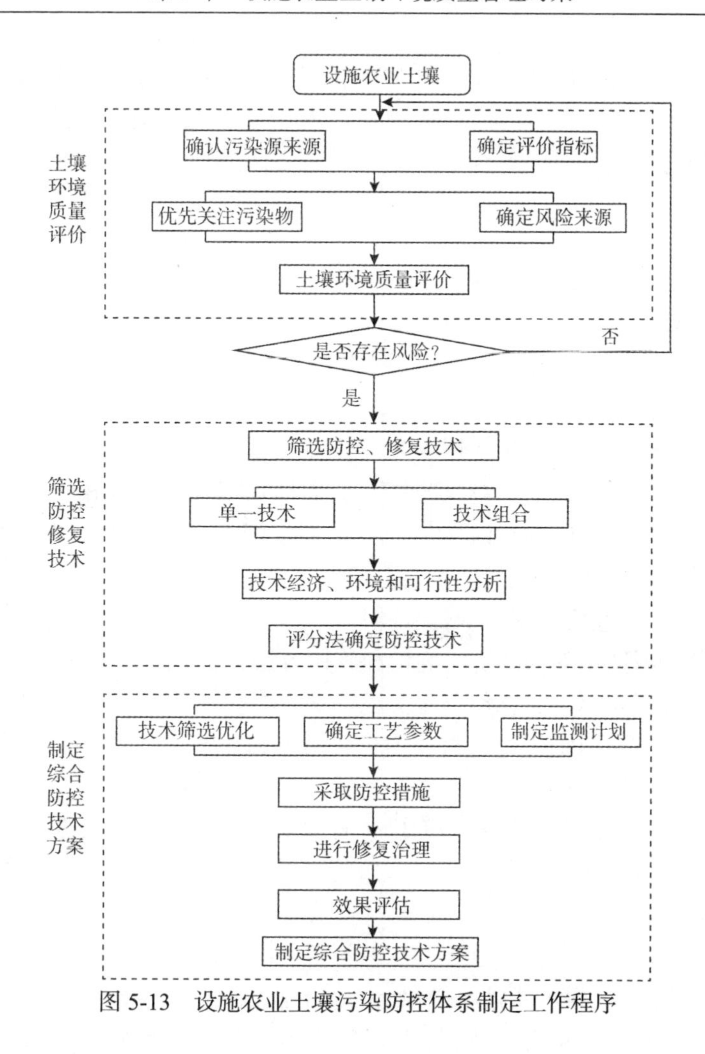

图 5-13　设施农业土壤污染防控体系制定工作程序

5.6　设施农业农用投入品安全使用与环境管理对策

5.6.1　农药安全使用与土壤环境管理对策

根据前述，设施农业土壤中农药污染具有①农药的土壤“持久性”高于露地环境；②农药在土壤中明显积累和“假持久性”；③明显影响土壤环境质量；④设施蔬菜农药残留高于露地蔬菜等特点。而产生设施菜地和农产品农药污染问题的原因包括①农药使用频率高；②农药投入量大；③农药品种复杂；④滥混滥用普遍等。

目前，为安全合理使用农药、防止和控制农药对农产品和环境的污染、保障人体健康，我国制订了《农药安全使用规范　总则》（NY/T 1276—2007）、《农药合理使用准则》[GB/T 8321.1—2000（一），GB/T 8321.2—2000（二），GB/T 8321.3—2000（三）]、《农药使用环境安全技术导则》（HJ 556—2010）。由于设施生产环境的特殊性，大田作物农药安全使用标准难以适应设施生产环境，简单地参照大田相关标准选择和使用农药，会导致设施生产环境农药污染问题突出，因此，作者提出了设施蔬菜土壤和农产品农药安全使用的对策建议。

1. 源头防控

1）农户用药培训、指导

利用科技下乡入户的形式开办农民田间学校、在农村集贸市场集中咨询宣传，加强农作物病虫草害识别知识普及、农药安全使用知识培训，做到农药安全使用，产品采收严格按照安全间隔期进行。

2）农药经营销售管理

实行农药经营人员持证上岗制度，农药经营从业人员须接受当地农业和环保主管部门的业务培训（病虫草害识别知识、农药安全使用知识），经考核合格取得农药经营资格证后，方可从事农药经营。

3）加强农药质量监管，完善农药标签

明确使用作物或防治对象、使用剂量和施用方法，对于危险性大和需特别加以说明的地方，要用醒目标志标记。农药企业实施“农药质量承诺制”，农药加工生产者必须按产品标记的有关说明组织生产，每年至少要向生态环境部报告 1 次农药的生产情况。

4）健全基层农药管理机构

基层农药管理纳入综合执法机构或设立乡镇农药管理机构和农药监管员，实行农药抽检、农药突发事件处置；强化农药日常监管，规范生产经营行为，本着“控制源头、标本兼治、长效监管”的原则，推行农药日常监管，提升农药监管水平，规范农药市场秩序。

5）制定基于环保政策的农业补贴制

融合农业环境保护政策与农业增长，完善农业补贴制度。设施生产的显著特点是“大肥大药”，产量和收益与农药投入呈某种程度的正相关，促使农药投入增加，不利于环境保护。因此，设施农业发展政策应该兼顾环境保护，对控制农药投入的给予一定程度的补贴。

2. 过程控制

1）设立并严格执行“安全间隔期”

设施菜地是一个相对封闭的环境，大棚覆盖物阻挡太阳辐射对农药的光降解、雨水对农药的淋溶以及农药的挥发等过程，导致设施土壤和作物中农药的持久性远高于露地环境，系统研究并设立设施作物农药使用安全间隔期，对保障农产品安全和避免设施土壤农药污染至关重要。本项目的研究成果表明，农药的使用安全间隔期应根据不同的作物适当延长。对于 75%百菌清可湿性粉剂，按推荐剂量（3000 g/hm^2）施用，施药间隔应为 15d，最后一次施药距采收间隔期番茄、黄瓜均为 5d。48%毒死蜱乳油按推荐剂量（1500 g/hm^2）施用，施药间隔 15d，最后一次施药距采收间隔期番茄为 5d、春夏黄瓜为 7d、秋冬黄瓜为 14d。50%多菌灵可湿性粉剂按推荐剂量（2250 g/hm^2）施用，施药间隔 15d，最后一次施药距采收间隔期番茄、黄瓜均为 7d。

2）农药减量使用

推广有机硅等环境友好型助剂提高农药利用率，降低农药投入总量。

利用“太阳能诱杀灯控制害虫”、“性诱剂诱杀害虫”、“黄板、蓝板诱杀害虫”、“遮阳网、防虫网防治病虫”、“臭氧棚室、空气、土壤消毒”、“太阳能高温土壤消毒”、“太阳能臭氧处理带病虫蔬菜残体”、“生物熏蒸剂防治烟粉虱和蔬菜根结线虫”和“生物农药替代化学农药”等物理防治、生物防治手段，降低化学农药投入。

3）监测与监管体系

开展设施蔬菜产品和土壤检测和管理，形成一套完善、有效的监督、检测体系，设施菜地农药污染检测纳入环保定期监测项目。

3. 末端治理

农药的末端治理主要在于农药包装废弃物的处置。设施生产过程中产生的大量农药包装废弃物难以降解，影响土壤结构，并且包装物中的残留农药还会流入河流，渗入地下，引起水质恶化和鸟类、家禽（畜）中毒，对人畜生命安全有一定的威胁，已经成为控制难度大的“面源”污染。因此，建议尽快建立农药包装废弃物回收机制。

设施生产具有集约化、规模化的特点，易于建立定点回收机制。按照“谁使用，谁受益，谁负责”原则，明确农药生产者、销售经营者和农药使用者的责任，对农药使用者施行有偿回收制，农药销售经营者施行保证金制，农药生产者施行税收优惠制。

（1）农药使用者负责农药包装废弃物的收集、分类、暂存。

（2）农药经销商负责回收农药包装废弃物。回收时向农户返还部分购药款，不得拒绝回收不属于自己售出农药的包装物。

（3）生产企业负责合理开发大规格包装，减少包装物使用量。

（4）政府财政负责发放农药废弃包装物回收补贴资金。

（5）政府招标具有资质的处理公司处理农药包装废弃物。

由政府提供农药废弃物处理的资金补贴，科研部门提供技术帮助，负责对农药废弃包装物进行分类无害化处理。

4. 配套措施

（1）加强环保知识宣传，提高设施生产从业人员的环保意识。

（2）制定农药包装废弃物管理法规。国家《农药安全使用规定》要求装过农药的空箱、瓶、袋等都要集中处理，《农药管理条例》要求应当做好农药包装废弃物的处置工作，防止农药污染环境，但相关规定和条例没有有效执行，缺乏技术指导服务和监管措施。建议政府部门根据设施生产相对较为集中的特点，制定出符合实际、可操作的农药包装废弃物管理法律法规，农药生产者、经营者和使用者联动，合理、科学地处置设施生产农药包装废弃物。

（3）建立监管机制。

5.6.2 肥料安全使用与土壤环境管理对策

1. 源头防控

相对于露天蔬菜生产，设施蔬菜生产中，有毒有害污染物的来源较为单一。农膜覆盖阻断了大气沉降污染物的进入，而灌溉水可带入部分 N、P 养分，重金属等污染物带入很少，肥料尤其是畜禽粪便制成的有机肥，是设施蔬菜生产过程中重金属和抗生素的主要来源，控制肥料中重金属等污染物的含量和肥料的投入量是重金属源头控制的关键，可以达到事半功倍的效果。可从如下三个方面实现源头控制的目的。

1）肥料品种选择

从保障设施土壤环境质量的角度出发，应合理选择重金属、抗生素等污染物含量符合国家有关标准规定的、流失环境风险小的有机肥和化肥品种。

从作者的研究来看，设施农业生产系统的重金属主要来源于有机肥，所以为了选择重金属含量较少的肥料品种，很有必要在肥料施用前进行重金属的含量监测，控制超标产品的施用。从目前本项目的监测结果看，重金属含量较高的主要为规模养殖场的牲畜废料及加工产品，对这些来源的有机肥，应有相应的监控手段及机制，可在销售环节加以监控。

已有研究表明，我国的磷肥中重金属含量较低，出现超标的可能性并不大。但肥料品种调查结果表明，目前，设施蔬菜生产中，从磷肥重金属含量较高国家进口的复合肥比例相当高，如欧洲、澳大利亚及美国等国家和地区进口的复合肥，这些肥料中重金属超标的可能性较大，应注意监控。

另外，有机肥施用也是土壤中抗生素污染的主要来源。因此，从源头控制出发，加强有机肥的管理是控制设施农业土壤抗生素污染的最主要的措施之一。从目前的调查结果来看，新鲜有机肥（特别是鸡粪、鸭粪）、豆粕、菜籽饼等有机肥中的抗生素含量相当高，长期施用势必导致土壤中抗生素的大量积累。因此要严格限制这些有机肥在设施农业生产中的施用。如果有些地区没有条件购买质量更好的有机肥，则一定要对这些有机肥进行长时间光照、暴晒等处理，使大部分抗生素被降解。通过调查，作者发现商品有机肥由于经过了发酵和再加工处理，其中的抗生素含量已经降低到相对安全的水平。

因此，建议在规模化设施农业生产中，尽量使用合格的商品有机肥。同时，对市售商品有机肥要进行抽检。

2）肥料投入量控制

项目的研究结果表明，设施农业土壤中各种污染的积累除了与肥料的品质有关外，更重要的是与肥料施入量有着密切的关系。即使一些污染物未出现超标，但高量施用一样可使污染物在土壤中积累，并带来环境风险，因此，控制肥料施用量尤为重要。

（1）从确保设施菜地作物产量和防治土壤次生盐渍化的角度出发，确定设施菜地肥料投入限值。设施菜地氮磷投入量应控制在 2250 kg/(hm^2·a)（折纯量），其中氮投入量应控制在 1500 kg/(hm^2·a)（折纯量）。从精确施肥角度出发，应进行测土配方施肥。通过土壤测试，了解土壤养分供应的状况，结合其他的养分输入情况，确定肥料投入量，并合理搭配有机肥和化肥。

（2）作者通过对南京设施蔬菜产地的系统调查与研究，结合设施蔬菜产地重金属的质量平衡与现有温室蔬菜产地土壤环境质量标准，建立了设施蔬菜连续种植 5a、10a 和 20a 土壤重金属仍不超标情况下的重金属和肥料的年投入量限值（表 5-8）。从本项目在南京的初步研究结果看，对设施农业土壤超标较多的重金属 Cd 而言，建议以控制肥料的施用量为 10 t/(hm^2·a)为宜，这样可以保证该地区土壤 20a 内不会超过现有标准。其他重金属年投入量限值远远高于目前的年投入量，即达到现有标准的时间远远超过 20a。

表 5-8　南京设施农业重金属和肥料年投入量限值

元素	年盈余量/[g/(hm^2·a)]	土壤标准/（mg/kg）	年投入量限值（种植 5a）/[g/(hm^2·a)]		年投入量限值（种植 10a）/[g/(hm^2·a)]		年投入量限值（种植 20a）/[g/(hm^2·a)]	
			重金属	肥料	重金属	肥料	重金属	肥料
Cd	3.9	0.3	41	81	21	41	10	20
Pb	166	50	1999	178	999	89	125	45
Cu	783	50	4869	146	2434	73	1220	36
Zn	4206	200	22412	126	11206	63	5600	32
As	105	30	4361	785	2180	392	1090	196
Hg	0.6	0.25	38	661	19	331	662	83

3）肥料中重金属等污染物标准的完善

我国至今尚无一套针对设施环境中肥料的安全使用与重金属污染控制相关的技术标准与管理措施。表 5-9 总结比较了我国不同肥料等农用投入品中重金属含量的限定标准，这是目前可供参考的国家和行业标准，是否符合设施农业生产还有待深入研究，同时，已颁布的相关肥料标准《有机肥料》（NY 525—2012）和《肥料中砷、镉、铅、铬、汞生态指标》（GB/T 23349—2009）均只有 5 项重金属指标，而 Cu、Zn、抗生素等设施环境中常见的污染物未被列入。与这些标准相配套，还需要建立设施农业肥料的施用量及设施土壤中重金属的年投入量标准。

表 5-9　我国不同肥料等农用投入品中重金属含量的控制标准（单位：mg/kg）

项目	农用污泥中污染物控制标准（GB 4284—1984）[a]		城镇垃圾农用控制标准（GB 8172—1987）[b]	有机-无机复混肥料（GB 18877—2002）[c]	复合微生物肥料（NY/T 798—2015）[d]	肥料中砷、镉、铅、铬、汞生态指标（GB/T 23349—2009）[e]	有机肥料（NY 525—2012）[f]
	pH<6.5	pH≥6.5					
Cd	5	20	3	10	3	10	10
Hg	5	15	5	5	2	0.5	5
As	75	75	30	75	15	50	50

续表

项目	农用污泥中污染物控制标准（GB 4284—1984）[a]		城镇垃圾农用控制标准（GB 8172—1987）[b]	有机-无机复混肥料（GB 18877—2002）[c]	复合微生物肥料（NY/T 798—2015）[d]	肥料中砷、镉、铅、铬、汞生态指标（GB/T 23349—2009）[e]	有机肥料（NY 525—2012）[f]
	pH<6.5	pH≥6.5					
Pb	300	1000	100	100	50	200	150
Cr	600	1000	300	150	150	500	500
Cu	250	500					
Zn	500	1000					
Ni	100	200					

a 适用于农田中施用城市污水处理厂污泥、城市下水沉淀池污泥、某些有机物生产厂下水污泥以及江、河、湖、库、塘、沟、渠沉淀底泥；b 适用于农田施用各种腐熟城镇生活垃圾和城镇垃圾堆肥工厂产品，不准混入工业来源及其他废物；c 适用于畜禽粪便、动植物残体、供农田施用的各种腐熟的城镇生活垃圾［必须符合《城镇垃圾农用控制标准》（GB 8172—1987）的要求］等有机物料经过发酵处理，添加无机肥料制成的有机-无机复混肥料，重金属标准参照《肥料中砷、镉、铅、铬、汞生态指标》（GB/T 23349—2009）；d 适用于特定微生物与营养物质复合而成，能提供、保持或改善植物营养，提高农产品产量或改善农产品品质的活体微生物制品；e 适用于中华人民共和国境内生产、销售的肥料；f 适用于以畜禽粪便、动植物残体等富含有机质副产品资源为主要原料，经发酵腐熟后制成的有机肥料，不适用于绿肥、农家肥和其他农民自积自造的有机粪肥。

总之，应在畜禽养殖业饲料添加剂、有机肥原料、商品肥料等各个农用投入品生产和使用环节，建立污染物限值标准及使用规范。

2. 过程消减

可通过各种施肥和农艺技术降低肥料中污染物的投入量。

1）优化施肥

如北方日光温室优化施肥实验结果表明，设施蔬菜生产过程中，化肥养分年投入量氮肥（以纯 N 计，下同）为 600~1100 kg/hm^2，磷肥（以 P_2O_5 计，下同）为 300~550 kg/hm^2，钾肥（以 K_2O 计，下同）为 750~1500 kg/hm^2。磷肥全部作为底肥施用，氮肥与钾肥 50%作为底肥、50%作为追肥施用。该技术比一般设施蔬菜生产的施肥量明显减少，同时产量又无明显降低。

2）缓控释肥

通过新型控释的使用，其化肥养分年投入量可以进一步降低，缓控释氮肥年施入量为 550~1000 kg/hm^2，磷肥为 300~550 kg/hm^2，钾肥为 750~1500 kg/hm^2。缓控释氮肥、磷肥全部作为底肥施用，钾肥 50%作为底肥、50%作为追肥施用。

3）填闲作物

在春茬蔬菜拉秧后的 6~8 月份，种植苋菜、青贮玉米、糯玉米、甜玉米或夏秋萝卜等生长迅速、生物量大、根系发达的作物，在秋茬蔬菜种植前收获或翻压进入土壤。

4）C/N 比调控

在秋茬蔬菜底肥施用时加入粉碎后的小麦秸秆 6000~8000 kg/hm^2（风干重），然后翻耕掺入土壤。

5）种植制度调整

对于设施种植年限较长，土壤重金属具有一定累积和土壤性质变化剧烈，但尚未形成污染的设施蔬菜产地，通过种植制度调整（低吸收作物种植、水稻-蔬菜轮作种植、蔬菜-草莓轮作种植），结合各种土壤调理剂的使用，进行污染物累积的过程阻断。

3. 末端治理

1）水旱轮作

由于施肥量过大，长期设施蔬菜生产，土壤氮磷养分大量积聚和次生盐渍化，适时进行轮作是治理这些土壤障碍的有效方法，在南方可采用水旱轮作的方式进行，一般在蔬菜种植 5~10a 后，可轮作一次。塑料大棚揭棚后，采用常规耕作方式种植水稻，在氮磷积累较高的土壤上，可以少施或不施肥。

2）废弃物改良

按有机肥亩均施用量 1.0t 与秸秆亩均施用量 0.4t 的混合配比方式，按比例将商品有机肥与秸秆充分混合，随后均匀地撒在翻耕过的地表面，用旋耕机旋耕，使改良剂与土壤均匀混合。

3）灌溉方式改进

在设施菜地采用滴灌、喷灌等先进灌溉方式，尽量减少大水漫灌、灌水洗盐等环境不友好的生产方式。

4）开展重金属等污染土壤修复

对于已出现污染物累积超过国标二级标准的设施蔬菜产地，仍可以有条件地进行蔬菜生产，在室内模拟和田间试验的基础上，建立各种修复技术和调控策略。可采取化学调控、植物修复和微生物修复等多种手段结合的方法，尤其是采用研制各种化学钝化调理剂、种植低吸收作物、改变种植制度等方法，实现对设施蔬菜产地土壤污染的末端修复和治理，既有助于保证农户的经济收入不受影响，又有利于保证蔬菜的品质，达到有效防控重金属污染的目的。

对于重金属重度污染土壤，在目前技术水平下难以通过有效的修复手段达到利用目的，建议设置为隔离区，禁止农业利用。

4. 配套管理措施

1）鼓励环境友好型设施农业生产

按照清洁生产的原则和循环经济的理念，鼓励农民采用环境友好型设施农业生产方式，在源头减量、有机肥和化肥合理配比的前提下，资源化利用农业废弃物，改善设施菜地土壤环境质量，促进设施农业可持续发展。

2）推广农田养分生态拦截技术

在合理布局设施农业发展区域的基础上，在设施农业集中区域推广农田养分生态拦截技术的应用，降低设施农业肥料投入对水环境的影响。

3）实行以提高质量和生态保护为主的环境经济补偿制度

改进以产量或面积为依据的现有设施农业补贴政策，逐步过渡到以质量和生态为主的环境经济补偿制度，为设施农业肥料投入控制提供激励手段。

4）因地制宜制定设施农业土壤污染防治技术规范

针对不同设施农业类型肥料投入现状和污染特点，因地制宜地制定设施农业污染防治技术规范，确定设施农业肥料投入限值，指导设施农业生产方式的转变。

5）建立重点区域土壤环境质量监测网络

建立设施农业生产重点区域土壤环境质量监测网络，及时掌握设施农业肥料高投入的环境风险。目前这方面的管理还很薄弱，应加强根据污染物含量监测以及根据土壤环境容量和作物对养分的需求规律进行合理施肥，以实现农田重金属的源头监控及全过程管理。同时可以结合国外的先进经验，在肥料投入环节建立各种污染物投入总量控制标准，实施总量控制。

6）加强宣传教育和科普推广

充分发挥农业技术推广服务机构的职能，提高公众对设施农业肥料高投入所产生危害的认识。

5.6.3　农膜安全使用与土壤环境管理对策

1. 源头防控

1）鼓励农膜生产企业使用低毒或无毒添加剂

农膜生产过程中，由于材料和工艺原因，会带入一些重金属，可能会导致设施土壤一定量的重金属积累。应鼓励农膜生产企业在制备地膜时，尽可能使用低毒或无毒添加剂，以减少重金属带来的污染。

2）鼓励农膜企业在农膜生产过程中适当添加抗老化物质和表面活性剂

通过改进生产工艺和材料，添加一些抗老化物质和表面活性剂，可以减轻地膜破碎程度，方便残膜回收。

3）鼓励开发、生产和销售可降解农膜

在生产工艺逐步走向成熟、成本降低以后，积极推广应用可降解农膜。政府可通过奖励、税收调控、信贷扶持、财政补贴等多种手段鼓励可降解农膜的开发、生产和销售，以促进其应用。

4）鼓励以天然纤维制品代替塑料农膜

利用天然产物和农副产品秸秆类纤维生产农用薄膜，可部分取代农用塑料，可完全降解，残留物不会造成环境污染。

5）生产和销售质量合格、厚度达标的农膜

生产覆盖用的地膜厚度应符合国家有关标准，即不低于 0.008 mm（含 0.008 mm），应严禁生产厚度不达标的超薄地膜。对故意生产和销售超薄地膜的生产单位或个人可采取一定的处罚措施。

2. 过程控制

1）合理降低农膜使用量

在技术允许范围内尽量减少农膜使用量，以减少农膜残留。

2）引导使用质量达标的农膜

应引导从事设施农业生产的单位或个人到正规农资经营机构购买合格的农膜产品，推荐使用厚度在 0.012mm 以上的薄膜（国际标准），以有效减少残留。

3）推荐使用宽膜和超宽膜

根据实际需要选用规格适宜的地膜。宽膜尽管比窄膜用量大，但压在土壤里的边膜量少，易清理，可以有效减少残留。所以推荐使用幅宽大于 140cm 的宽膜和超宽膜，尽量避免使用幅宽 60cm 以内的窄膜，以减少压在土壤里的边膜，有效减少地膜在土壤中的残留率。

4）推广农膜使用和管理的配套技术

（1）推广适当的农艺措施。农膜在土壤中的残留量与使用方式和栽培种植方式有密切关系。在可能的条件下，应推广有利于减少地膜残留量的农艺措施进行生产。如减少连续覆盖年限、增加使用间隔年限、高畦覆膜、人工翻地等措施可明显减少残膜量。

（2）推广侧膜栽培技术。即将农用地膜覆盖在作物行间，既保持土壤水分、提高土壤温度、促进作物生长，又不易被作物扎破，也易于回收。

（3）推广适时揭膜技术。适时揭膜可缩短覆盖塑料地膜的时间，使塑料地膜仍能具有较好的强度，提高塑料地膜的回收率，且有利于再生利用。同时，适时揭膜技术有利于抑制农作物病虫害的发生。同样，适时揭膜也有利于提高土壤和根系的透气性，有利于农作物根系直接吸收水分，从而有利于作物的生长。可选择雨后初晴或早晨土壤湿润时揭膜，应小心揭膜，尽量避免撕破薄膜。

3. 末端治理

1）鼓励和促进废旧农膜的回收

（1）鼓励废旧农膜的田间捡拾和清理。残膜的回收是减少农膜残留的重要措施之一。设施农业大棚内空间较小，只能依靠人工捡拾。政府应出台相应的奖惩政策，提高群众对残膜回收的积极性，鼓励从事设施农业生产的企业和个人对设施大棚内的废旧农膜及时捡拾和清理。

（2）组织农机部门研制适合棚内作业的小型清膜机械，加强残膜回收。

（3）建立废旧农膜回收处置点。在设施农业发达、地膜覆盖密集的地区，选择合适的地点，建设废旧农膜回收处置点，配备相应的工作人员和设备设施，以方便残留地膜的回收处置。

2）鼓励和促进废旧农膜再利用

政府需结合地方实际情况，实现回收废旧农膜的再利用。再利用的方法有以下几种：

（1）直接再生利用。对废膜进行分选、清洗、破碎、塑化及造粒的简单处理方式。

（2）复合再生利用。通过复合再生的方法把废旧农膜转化为高附加值的复合材料，复合材料包括塑/木复合材料、塑料/粉煤灰复合材料、玻璃/塑料复合材料、改性沥青、新兴复合材料和塑料混凝土。

（3）资源化利用。将处理过的废旧农膜用于生产滴灌带、配件和有色塑料，或者与煤适度配合，供燃烧使用。

4. 配套管理措施

1）尽快出台废旧农膜回收再利用的地方法规或管理办法

地方政府应当从立法的角度明确规定当地废旧农膜的正确处理方式，指定残膜回收机构，制定一套废膜回收的监督、奖惩制度，确立合理的回收价格，强化废膜回收清除工作。对利用残膜为原料进行加工生产的工厂，应按国家有关利用“三废”的政策，给予减免税收。

2）建立土壤中农膜残留控制标准，将农膜残留量作为常规监控指标

应尽快制定设施农业农膜残留的控制标准，使农膜残留污染控制评价定量化。农膜残留监测是农膜污染控制的重要依据。建议将农膜残留量纳入对设施农业土壤环境质量评价的指标体系，并作为设施农业土壤常规监测项目，对农膜残留量超过规定标准的，应强制其采取必要措施进行清理。

3）尽快出台农膜残留控制的技术政策

应尽快制定相应的政策法规，如设施农业农膜残留控制技术规范和设施农业废旧农膜回收管理办法等。政府部门应当尽快出台设施农业农膜污染控制的技术规范，明确提出具体的、可操作的农膜残留污染控制的综合技术。

4）加强宣传教育，提高从业者对农膜污染危害的认知程度，强化环保意识

在设施农业发达、地膜覆盖密集的地区，应开展农膜污染与环境保护的相关宣传教育活动，提高从业者对农膜环境污染的认知程度，强化环保意识。

5.7 设施农业土壤环境质量标准体系的建立和完善

5.7.1 设施农业土壤环境质量标准的完善

1. 土壤盐分含量评价标准的完善建议

在目前的温室蔬菜产地土壤环境质量评价标准中，建立了土壤中全盐量的评价标准限值，其标准值为 2 g/kg。从目前获得的实际资料看，该标准对于评价蔬菜中硝酸盐含量和土壤氮素淋失风险较为符合实际。但是，对于影响蔬菜生长的含盐量评价限值，没有给出限值标准。本项目的结果显示，当土壤中全盐量超过 4g/kg 时，对叶菜类蔬菜的生长开始产生明显影响，因此建议在评价标准中增加 4g/kg 的临界值，作为保证作物正常生长的土壤环境质量评价标准。此时需要在生产过程中采取措施降低土壤中的盐分含

量，以确保作物正常生长，或改变种植模式，如轮作一季大田作物等。

此外，从设施土壤中盐分组成看，NO_3^-含量占阴离子的比例高达 60%，且随着种植年限的增加而增加，在评价指标选取上，采用土壤 NO_3^-含量作为评价指标是一个值得考虑的方案，用土壤 NO_3^-含量指示蔬菜中 NO_3^-含量以及生长状况，可能更敏感、更直接。

2. 土壤酞酸酯含量评价标准的建议

1）土壤酞酸酯含量阈值

设施土壤酞酸酯以 DnBP 和 DEHP 检出率和残留率较高，因此本项目以这两种酞酸酯为目标污染物，研究设施土壤酞酸酯的阈值。基于设施土壤酞酸酯的动植物毒性研究得出，设施土壤 DnBP 和 DEHP 的残留阈值分别为 5 mg/kg 和 10 mg/kg。

从目前在全国主要设施农业区土壤中酞酸酯的调查结果表明，土壤中酞酸酯的积累现象较为普遍，局部地区含量最高可达几十 mg/kg，上述两个目标污染物含量也出现超过残留阈值的情况，导致作物中酞酸酯含量增加，带来环境风险。因此，建议在设施蔬菜土壤环境质量标准中增加土壤酞酸酯含量的标准值。除了单体的残留物之外，结合国内外的相关标准，将酞酸酯全量阈值确定在 15mg/kg 为宜。当土壤中酞酸酯类总量超过这一限值，应对土壤加强监测并采用适当治理措施，降低其对农产品的影响，且应密切关注农产品中酞酸酯的残留水平。

2）土壤酞酸酯定性定量分析

（1）定量分析原理。对土壤样品中邻苯二甲酸酯类含量的分析采用有机溶剂提取、柱层析净化，并经气相色谱-质谱联用仪测定。采用特征选择离子监测扫描模式（SIM），以碎片离子的丰度比定性，标准样品定量离子外标法定量。

（2）试剂及仪器。除另有说明外，本标准中所用水均为全玻璃重蒸馏水，试剂均为色谱纯（或重蒸馏分析纯，储存于玻璃瓶中）。六种酞酸酯标准物质为 DMP（98.0%）、DEP（99.9%）、BBP（99.0%）、DBP（99.1%）、DEHP（99.6%）和 DnOP（99.6%）；标准替代物为 DBP-D4（100μg/mL）和内标物 BBP（99%）；两种土壤标准参照物为 CRM 119-100（BNAs-Sandy Loam 6）和 CRM 136-100（NAs-Clay 1），以及分析纯正己烷、丙酮，色谱纯正己烷，无水硫酸钠、中性氧化铝、层析用硅胶（优级纯，于 600℃灼烧 6h，冷却后储备于干燥器中备用）。

GC-MS 气质联用仪（Agilent 7890GC-5975MSD 配用 CTC 自动进样器），色谱柱为 DB-5 弹性石英毛细管柱（30m×0.25mm×0.25μm），配备 EI 源，携带 Chemstation 工作站。低速自动平衡离心机为 LDZ5-2（北京医用离心机厂）；数控超声波清洗器为 KQ-600DB（昆山市超声仪器有限公司）；旋转蒸发仪为 Rotavapor R-215、Vacuum controller V8-50、Vacuum Pump V-700（BÜCHI Labortechnik AG, Switzerland）；微型涡旋混合仪为 WH-3（上海沪西分析仪器厂）；冷冻干燥系统为 FreeZone 2.5 Liter Benchtop Freeze Dry System（Labconco Corp. USA）。

（3）提取与净化。准确称取 5.0 g 土壤置于玻璃离心管中，加 30mL 正己烷-丙酮（1∶1），涡旋混匀再浸泡土壤 12h 后 40kHz 超声提取 30min，3000r/min 离心 3min 后过滤，再加入 15mL 正己烷-丙酮（1∶1）超声 15min 提取两次，合并滤液，旋转蒸发至 5 mL 待净化。

层析柱的制备：玻璃层析柱中先加入 2g 无水硫酸钠，再依次加入 6g 中性氧化铝，12g 硅胶和 1g 无水硫酸钠，轻轻敲实，依次用 15mL 正己烷和 15mL 正己烷-丙酮（4∶1）预淋洗净化层析柱，弃去淋洗液，柱面留少量液体。

净化与浓缩：将提取液完全转移至已淋洗过的净化柱中，用 40mL 正己烷-丙酮（4∶1）分多次洗脱，收集洗脱液于尾型瓶中，于旋转蒸发仪浓缩近干，加入 3mL 正己烷再浓缩近干，最终定容为 1mL，供 GC-MS 分析。

（4）气相色谱-质谱测定。色谱柱：DB-5 弹性石英毛细管柱（30 m×0.25 mm×0.25 μm）；进样口温度：250℃；升温程序：初始柱温 50℃，保持 1min，以 15℃/min 升至 200℃，保持 1min，再以 8℃/min 升至 280℃，保持 3min；载气：氦气（纯度>99.999%），流速 1.2 mL/min；进样方式：不分流进样；进样量：1μL。色谱与质谱接口温度：280℃；电离方式：电子轰激源（EI）；监测方式：选择离子扫描模式（SIM）；电离能量：70eV；溶剂延迟：2min。

（5）定性确证与定量分析。试样待测液和标准品的选择离子色谱峰在相同保留时间处（±0.5%）出现，并且对应质谱碎片离子的质荷比与标准品一致，其丰度比与标准品相比应符合 GB 31604.30—2016 和 GB 5009.271—2016 中的相关规定，即可定性确证目标分析物。本标准定量方法采用外标校准曲线法定量测定。以各种邻苯二甲酸酯化合物的标准溶液浓度为横坐标，各自的定量离子峰面积为纵坐标，作标准曲线线性回归方程，以试样峰面积与标准曲线比较定量。

（6）结果计算。土壤中邻苯二甲酸酯的含量按下式计算：

$$X=\frac{C_{is}\times V_{is}\times H_i(S_i)\times V}{V_i\times H_{is}(S_{is})\times m} \tag{5-1}$$

式中，X 为试样本某种邻苯二甲酸酯含量，单位为毫克每千克（mg/kg）；C_{is} 为标准溶液中某种邻苯二甲酸酯峰面积对应的浓度，单位为毫克每升（mg/L）；V_{is} 为标准溶液进样体积，单位为微升（μL）；V 为试样溶液的最终定容体积，单位为毫升（mL）；V_i 为试样溶液的进样体积，单位为微升（μL）；H_{is}（S_{is}）为标准溶液中某种邻苯二甲酸酯的峰面积，单位为平方毫米（mm^2）；H_i（S_i）为试样溶液中某种邻苯二甲酸酯的峰面积，单位为平方毫米（mm^2）；m 为称样质量，单位为克（g）。

3. 基于人体健康风险的设施农业土壤重金属环境质量标准建议

目前我国与设施农业土壤重金属环境质量评价相关的标准主要有《温室蔬菜产地环境质量评价标准》（HJ/T 333—2006）和《无公害农产品 种植业产地环境条件》（NY/T 5010—2016）。这些标准都是以 1995 年颁布的国家《土壤环境质量标准》（GB 15618—1995）二级标准为基础编制的。前者规定了 8 项重金属指标，并分为严控和一般控制指标，规定了相关评价方法，后者只规定了 5 项重金属标准值（表 5-10），未规定评价方法。

表 5-10　设施菜地及相关土壤重金属环境质量标准和产地环境条件比较（单位：mg/kg）

项目	土壤环境质量标准（GB 15618—1995）			温室蔬菜产地环境质量评价标准（HJ/T 333—2006）			食用农产品产地环境质量评价标准（HJ/T 332—2006）		
	pH <6.5	pH= 6.5~7.5	pH >7.5	pH < 6.5	pH= 6.5~7.5	pH > 7.5	pH <6.5	pH= 6.5~7.5	pH > 7.5
Cd	0.30	0.60	1.0	0.30	0.30	0.40	0.30	0.30	0.40
As	40	30	25	30	25	20	30	25	20
Hg	0.30	0.50	1.0	0.25	0.30	0.35	0.25	0.30	0.35
Pb	250	300	350	50	50	50	50	50	50
Cu	50	100	100	50	100	100	50	100	100
Zn	200	250	300	200	250	300	200	250	300
Cr	150	200	250	150	200	250	150	200	250
Ni	40	50	60	40	50	60	40	50	60

项目	无公害农产品 种植业产地环境条件（NY/T 5010—2016）			无公害食品 大田作物产地环境条件（NY 5332—2006）			绿色食品 产地环境质量（NY/T 391—2013）		
	pH <6.5	pH= 6.5~7.5	pH >7.5	pH < 6.5	pH= 6.5~7.5	pH > 7.5	pH <6.5	pH= 6.5~7.5	pH > 7.5
Cd	0.30	0.30	0.40[a]	0.30	0.30	0.60	0.30	0.30	0.40
Hg	0.25[b]	0.30[b]	0.35[b]	0.30	0.50	1.00	0.25	0.30	0.35
As	30[c]	25[c]	20[c]	40	30	25	25	20	20
Pb	50[d]	50[d]	50[d]	250	300	350	50	50	50
Cr	150	200	250	150	200	250	120	120	120
Cu	50	60	60						

注：蔬菜产地土壤标准中：a. 白菜、莴苣、茄子、蕹菜、芥菜、苋菜、芜菁、菠菜；b. 菠菜、韭菜、胡萝卜、白菜、菜豆、青椒；c. 菠菜、胡萝卜产地；d. 萝卜；其余参照大田作物。

这些标准已经很多年没有更新，现行标准在污染物的拓展及标准值、评价方法等方面存有欠缺之处。

首先，温室蔬菜土壤重金属环境质量标准在国家环境质量标准的基础上，提高了标准的要求，尤其是对元素 Cd 和 Pb 在高 pH 土壤中的标准值变化较大，要求更严格。已经接近由农业部颁布的《绿色食品 产地环境质量》的标准。从本研究获得的设施蔬菜地土壤和作物的重金属资料的分析来看（表 5-11），将作物中重金属含量分别以中国食品卫生标准和人体健康风险评价为限值，反推土壤重金属含量基准，其限值在 pH<6.5 时，叶菜类与上述相应标准较为接近，但对 pH 较高的土壤以及根茎类和茄果类蔬菜，目前的标准要严格得多。究竟是否需要这种高标准的要求，可能还缺乏足够量基础数据的支撑。设施土壤重金属标准在保障食品安全和人体健康的安全阈值框架下，是否可适当放宽高 pH 土壤 Cd、Hg、Pb 的限量要求，值得研究。

其次，在目前的设施土壤质量标准中，没有对蔬菜种类做出限值，而农业部的相应标准中，对各种具体的蔬菜给出了产地环境条件，过于烦琐。从本项目获得的资料可以看出，不同蔬菜类型对土壤重金属富集能力的差异较明显，一般叶菜类>根茎类>茄果类。设施蔬菜生产不同于粮食作物，种类非常复杂是其重要特点，因此，根据不同蔬菜类型制定土壤重金属质量标准，可能更符合实际。

表 5-11　基于人体健康风险评估的设施蔬菜产地土壤重金属安全阈值　（单位：mg/kg）

项目	设施蔬菜产地土壤重金属阈值（基于人体健康风险评估）												温室蔬菜产地环境质量评价标准（HJ/T 333—2006）		
	叶菜（N=163）				根茎（N=66）				茄果（N=95）						
	pH<5.0	5.0≤pH≤6.5	6.5<pH≤7.5	pH>7.5	pH<5.0	5.0≤pH≤6.5	6.5<pH≤7.5	pH>7.5	pH<5.0	5.0≤pH≤6.5	6.5<pH≤7.5	pH>7.5	pH<6.5	6.5≤pH≤7.5	pH>7.5
Cd	0.27	0.41	1.34	2.25	0.77	1.20	2.81	3.17	1.84	2.86	7.12	3.75	0.30	0.30	0.40
As	28	27	24	28	51	61	39	34	107	189	74	78	30	25	20
Hg	5.28	1.39	0.61	0.72	16.72	8.80	2.14	4.98	24.51	10.83	2.18	5.28	0.25	0.30	0.35
Pb	285	277	387	498	429	840	418	1138	615	1508	1097	539	50	50	50
Cu	259	254	290	258	413	479	192	380	245	362	386	305	50	100	100
Zn	837	933	1276	1144	1429	1363	1399	1176	1936	2967	3418	2612	200	250	300

最后，本项目以及目前相关研究资料均表明，蔬菜地土壤酸化较为明显，尤其在南方原本中酸性的土壤上，酸化更为明显，而蔬菜中重金属的吸收在较酸性的土壤中与pH 关系更为敏感。目前的环境质量标准的确考虑了这一因素，分别对土壤 pH<6.5、pH=6.5~7.5、pH>7.5 不同区间给出了不同的标准，但是，该标准对酸性土壤划分过粗，不能反映实际情况。

表 5-11 和 5-12 列出了不同于目前标准中土壤 pH 范围内，不同蔬菜类型土壤重金属的安全阈值。可看出，当土壤 pH<6.5 时，不同蔬菜类型土壤重金属的阈值变化更为敏感，尤其是对于种植叶菜的土壤，而 pH>6.5 时阈值已较高，再细分不同的标准控制意义已经不太明显；反而，在 pH 较低的情况下，细分 pH 范围的标准值，控制意义较明显。土壤 pH>6.5 条件下，重金属阈值较高，细分不同标准，控制意义不明显；土壤pH<6.5 细分控制意义明显，建议划分为 pH<5.0 和 5.0≤pH≤6.5，以制定更严格的标准。土壤 pH<6.5，土壤 Cd、As 的阈值与标准较为接近，对高 pH 条件，Cd 的标准可能偏严。

表 5-12　基于食品安全国家标准的设施蔬菜产地土壤重金属临界值　（单位：mg/kg）

项目	设施蔬菜产地土壤重金属阈值（基于食品安全标准）												温室蔬菜产地环境质量评价标准（HJ/T 333—2006）		
	叶菜（N=163）				根茎（N=66）				茄果（N=95）						
	pH<5.0	5.0≤pH≤6.5	6.5<pH≤7.5	pH>7.5	pH<5.0	5.0≤pH≤6.5	6.5<pH≤7.5	pH>7.5	pH<5.0	5.0≤pH≤6.5	6.5<pH≤7.5	pH>7.5	pH<6.5	6.5≤pH≤7.5	pH>7.5
Cd	0.32	0.48	1.56	2.64	0.91	1.40	3.29	3.71	2.16	3.35	8.34	4.39	0.30	0.30	0.40
As	27	26	24	27	50	60	38	34	104	185	72	76	30	25	20
Hg	1.03	0.27	0.12	0.14	3.26	1.72	0.42	0.97	4.78	2.11	0.43	1.03	0.25	0.30	0.35
Pb	125	122	170	219	188	369	184	500	270	662	482	237	50	50	50
Cu	1515	1487	1698	1512	2420	2808	1126	2227	1433	2119	2262	1784	50	100	100
Zn	980	1093	1494	1340	1674	1597	1639	1377	2268	3475	4004	3059	200	250	300

综上所述，现有《温室蔬菜产地环境质量评价标准》和《土壤环境质量标准》没有充分考虑不同区域重金属背景差异、设施农业不同土壤性质特点和不同蔬菜类型重金属的富集特性，因此，可以考虑在现有 pH 分类区间的基础上，再将 pH<6.5 的土壤标准划分为 pH<5.0、5.0≤pH≤6.5，对于 pH<5.0 的土壤制定更严格的控制标准，pH>6.5 的土壤则参照的国家标准的二级标准确定标准值。在保障设施菜地农产品安全和人体健康的前提下，是否可适当放宽高 pH 条件下土壤 Cd、Hg、Pb、Cu 和 Zn 的限量要求，值得进一步深入研究。

4. 抗生素液相色谱-双联质谱（HPLC-MS/MS）分析方法的建立

抗生素种类有数千种，临床应用的也有几百种，其中用量较大的有四环素类、磺胺类、喹诺酮类、大环内酯类等。如表 5-13 所示，这些不同类别的抗生素性质差异大，具有不同的分子结构、极性、水溶性和 K_{ow} 等。某些物质还具有酸碱两性、差向异构、脱水和与重金属螯合等特点，这些都在一定程度上加大了环境样品中抗生素的检测难度。因此，研发一种能够同时分析多种环境介质中的这四大类抗生素的方法是本研究的主要目的（Huang et al.，2013）。

表 5-13　常用抗生素的基本信息

抗生素	Antibiotic	简称	相对分子质量	辛醇-水分配系数（$\log_{10} K_{ow}$）
四环素类	Tetracyclines	TCs		
四环素	Tetracycline	TC	444.44	1.30
土霉素	Oxytetracycline	OTC	460.44	−1.22
金霉素	Chlortetracycline	CTC	478.89	−0.62
强力霉素	Doxycycline	DOC	444.44	0.52
四环素-氘 6	Tetracycline-D6 （IS）	TC-D6	450.45	
地美环素	Demeclocycline （SS）	DMCTC	464.82	
磺胺类	Sulfonamides	SAs		
磺胺嘧啶	Sulfadiazine	SDZ	250.28	−0.092
磺胺甲噁唑	Sulfamethoxazole	SMX	253.28	0.89
磺胺（二）甲嘧啶	Sulfamethazine	SMZ	278.33	0.89
磺胺（二）甲嘧啶-氘 4	Sulfamethazine-D4（IS）	SMZ-D4	282.33	
磺胺间甲氧嘧啶	Sulfamonomethoxine	SMM	280.30	0.18
磺胺喹噁啉	Sulfachinoxalin	SCX	300.34	0.54
磺胺二甲氧嘧啶	Sulfadimethoxine	SDM	310.33	0.79
磺胺二甲氧嘧啶-氘 6	Sulfadimethoxine-D6（IS）	SDM-D6	316.33	
磺胺对甲氧嘧啶	Sulfameter	SM	280.30	0.25
磺胺氯吡嗪	Sulfaclozine	SCZ	284.72	0.25

续表

抗生素	Antibiotic	简称	相对分子质量	辛醇-水分配系数（$\log_{10} K_{ow}$）
磺胺氯吡嗪-氘 4	Sulfamethoxazole-D4（SS）	SMX-D4	257.28	
喹诺酮类	Quinolones	QLs		
诺氟沙星	Norfloxacin	NFC	319.33	–1.03
氧氟沙星	Ofloxacin	OFC	361.37	0.35
环丙沙星	Ciprofloxacin	CFC	331.34	0.28
恩诺沙星	Enrofloxacin	EFC	359.39	1.1
环丙沙星-氘 8	Ciprofloxacin-D8 （SS）	CFC-D8	339.34	
恩诺沙星-氘 5	Enrofloxacin-D5 （IS）	EFC-D5	364.39	
大环内酯类	Macrolide	ML		
罗红霉素	Roxithromycin	RTM	837.03	0.002

表 5-14 是目前文献报道的对固体介质抗生素提取和浓缩的常用方法，主要采用超声提取加上固相萃取（SPE）的方法相结合。提取剂主要有甲醇、EDTA 缓冲液、柠檬酸缓冲液和磷酸盐缓冲液等。浓缩净化时采用的富集柱有 HLB 柱或者 HLB 柱与 SAX 柱串联。洗脱和定容以甲醇为主。

我们在这些研究的基础上比较了三种提取剂在土壤、有机肥、污泥中同时提取四类抗生素的效率。这三种提取剂分别是 EDTA-McIlvaine 缓冲液；甲醇（1∶1），EDTA-磷酸盐缓冲液；乙腈（1∶1），$Mg(NO_3)_2$-H_2O。

实验通过在基质中添加氘代同位素标记的抗生素作为替代标准物质来检验每一类抗生素的回收率，同时采用其作为内标进行定量。提取后抗生素采用高效液相色谱（日本岛津）进行分离，该液相色谱含二元液相泵（LC-20A）、在线脱气系统（DGU-20A）、自动进样器和柱温箱（CTO-20A）。分离柱为 Kromasil C18 柱（5μm，250 × 4.6mm，Akzo Nobel，Sweden）。流动相 A 为含 0.1%甲酸的水溶液，流动相 B 为甲醇。采用梯度洗脱法进行抗生素的分离：0~1min 为 15%流动相 B，1~2min 为 15%~30%流动相 B，2~5min 为 30%~40%流动相 B，5~10min 为 40%~50%流动相 B，10~14 min 为 50%~70%流动相 B，14~16min 为 70%~100%流动相 B，最后采用 100%流动相 B 保持 4min。流速为 0.5mL/min，进样量为 10μL。抗生素的检测采用三重四级杆质谱（API 3200，AB-Sciex，Framingham，MA）在电喷雾电离正离子（ESI+）检测模式下进行目标抗生素的检测。采用氮气作为干燥和轰击气体；电喷雾设置通过注射泵以 10μL/min 的流速将浓度为 1.0mg/L 的标准液注入到 ESI+源中。气帘气（curtain gas）压力为 20psi[①]，轰击气压力为 6psi，喷雾气压力为 70psi，涡轮气压为 50psi。质谱的去簇电压(DP)、轰击能（CE）等参数参见表 5-15，不同抗生素的提取离子色谱图见图 5-14。

① 1psi=6.89476×10^3Pa。

表 5-14　目前文献报道的环境介质中抗生素提取和浓缩方法汇总

抗生素	介质	超声提取步骤		SPE 步骤			定容液	文献
		提取剂	提取方法	柱子	活化液及体积	洗脱液及体积		
土霉素 磺胺氯哒嗪 泰乐菌素	土壤、猪粪	甲醇, 0.1 mol/L EDTA, McIlvaine 缓冲液（50：25：25）. pH=7	4g 土，5mL 提取液；涡旋 30s，超声 10min，再重复 2 次，用水稀释提取液使甲醇含量小于 2%，然后用磷酸调 pH 至 3 左右	SAX+HLB	甲醇	上样后，用 0.1 mol/L NaOAc；水；20%甲醇清洗，真空干燥 10min 后用 2mL 甲醇洗脱	1mL 甲醇定容	Blackwell et al., 2004
土霉素、磺胺类	土壤	甲醇，含 EDTA 的 McIlvaine 缓冲液（1：1）. pH=4	2g 土，5mL 提取液；恒温振荡 10min，超声 10min，再重复 2 次，合并提取液 40℃旋转蒸发至一半（7.5mL）	SAX+HLB	6mL 甲醇、6mL 水活化	上样后，用 6mL 水清洗，真空干燥 10min，3mL 甲醇洗脱	1mL 甲醇：水（3：2）混合液，分 3 次定容	赵娜，2007
四环素类、磺胺类、泰乐菌素	养猪废水悬浮物	0.2 mol/L 柠檬酸缓冲液（pH=4.7），5%Na_2EDTA	1g 样，30mL 柠檬酸，0.1mLEDTA 溶液，涡旋 30s，超声 30min，第二次用 10mL 甲醇：柠檬酸缓冲液（1：1），合并提取液后用水稀释至 200mL，使甲醇浓度降低至 5%	HLB	5mL 甲醇、5mL 0.5mol/L 盐酸、5mL 水	上样后，用 5mL 5%甲醇溶液和 5mL 水清洗，风干后继续用 3mL 正己烷清除脂肪酸类物质；最后用 10mL 二氯甲烷：丙酮（3：2）混合液洗脱	1mL 甲醇：水（2：3）混合液	Pan et al., 2011
四环素类、磺胺类、大环内酯类、喹诺酮类	沉积物	0.2 mol/L 柠檬酸缓冲液（pH=4）与乙腈的混合液（1：1）	2g 样，10mL 提取液，超声 15min，再重复 2 次，合并提取液后采用 55℃旋转蒸发去除有机溶剂；萃取后在 SPE 前还要用水稀释到 200mL，并加入 0.2g Na_2EDTA 去除溶液中的金属离子	HLB	10mL 甲醇，10mL 水	上样后，用 10mL 水清洗，真空干燥 1.5h，然后用 10mL 甲醇进行洗脱	1mL 甲醇定容	Yang et al., 2010
氟喹诺酮类、四环素类和磺胺类	土壤	0.1 mol/L Na_2EDTA，乙腈：磷酸盐缓冲液（pH=3）=1：1	2g 土，0.4gNa_2EDTA，10mL 混合提取液，恒温振荡 10min，超声 10min，再重复 2 次，合并提取液并稀释至 400mL	SAX+HLB	6mL 甲醇，6mL 水；6mL 缓冲液	上样后，用 6mL 水清洗，抽真空并在氮气保护下 20min 干燥，然后用 6mL 甲醇洗脱	1mL 甲醇定容	马丽丽等，2010

表 5-15 各种抗生素的质谱多反应监测（MRM）参数

抗生素	先驱离子/（m/z）[a]	DP/V	产物离子/（m/z）[b]	CE/V	离子比率[c]
TC	445.2	50	**410.2**	38	1.2
			154.2	28	
OTC	461.1	55	**426.2**	28	3.4
			443.3	23	
CTC	479.2	50	**154.2**	35	1.2
			444.3	30	
DOC	445.2	60	**154.2**	42	1.5
			410.2	22	
TC-D6	451.2	50	**416.2**	35	1.3
			160.1	28	
DMCTC	465.1	55	**448.1**	26	1.7
			430.1	30	
SDZ	251.2	65	**92.1**	35	1.0
			156.1	23	
SMX	254.2	65	**92.1**	35	1.0
			156.1	22	
SMZ	279.1	85	**92.1**	40	2.8
			156.1	25	
SMZ-D4	283.3	60	**186.2**	40	1.4
			124.2	20	
SMM	281.1	55	**156.1**	23	1.2
			108.1	38	
SCX	301.0	60	**156.1**	40	1.1
			108.1	30	
SDM	311.1	60	**156.1**	25	12
			218.0	20	
SDM-D6	317.2	50	**162.2**	30	1.7
			108.1	40	
SM	281.1	45	**92.0**	38	1.2
			156.1	21	
SCZ	285.1	60	**156.1**	20	2.9
			92.1	25	
SMX-D4	258.2	50	**160.0**	23	1.1
			111.9	30	
NFC	320.2	70	**302.4**	27	4.7
			276.3	25	
OFC	362.1	85	**261.3**	40	1.4
			318.4	28	

续表

抗生素	先驱离子/（m/z）ª	DP/V	产物离子/（m/z）ᵇ	CE/V	离子比率ᶜ
CFC	332.2	45	**288.3**	25	1.3
			254.1	30	
EFC	360.2	55	**316.3**	25	1.5
			245.2	35	
EFC-D5	365.3	55	**245.1**	40	2.4
			288.2	35	
CFC-D8	340.4	80	**235.2**	40	2.0
			322.4	30	
RTM	837.2	60	**158.2**	45	100
			679.5	50	

a. 先驱离子为$[M+H]^+$；b. 粗体字的产物离子为量化离子；c. 2 种所选产物离子比率由高 MRM 和低 MRM 计算得到。

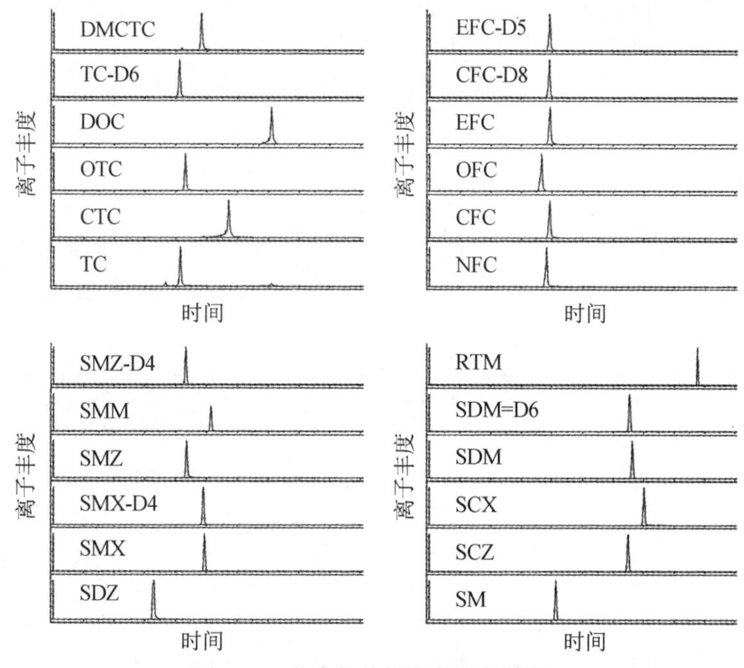

图 5-14　化合物的提取离子色谱图

图 5-15 是土壤、有机肥、污泥介质中采用四种提取剂进行添加替代物的回收率情况。总体上，以添加回收率来看，除 ES3 外，其他提取剂对三种介质中的磺胺类抗生素的提取效率都很高，对于四环素类和喹诺酮类抗生素，混合型的 CS 提取剂效果最好；其次为 ES2（但 ES2 对土壤中的四环素类和喹诺酮类抗生素的提取效果没有 ES3 好）。因此，环境介质中的抗生素提取效果同时受到环境介质特性和化学物质特性的双重影响。采用单一的提取剂来覆盖多种介质的不同化合物，在实际提取中会有很大的难度。所以，在实际样品的提取过程中，采用 ES2 与 ES3 以 3∶1 的体积比混合后得到的 CS

提取剂进行提取。表 5-16 是采用 CS 提取剂后的添加回收率、方法检测限和方法精度的汇总。

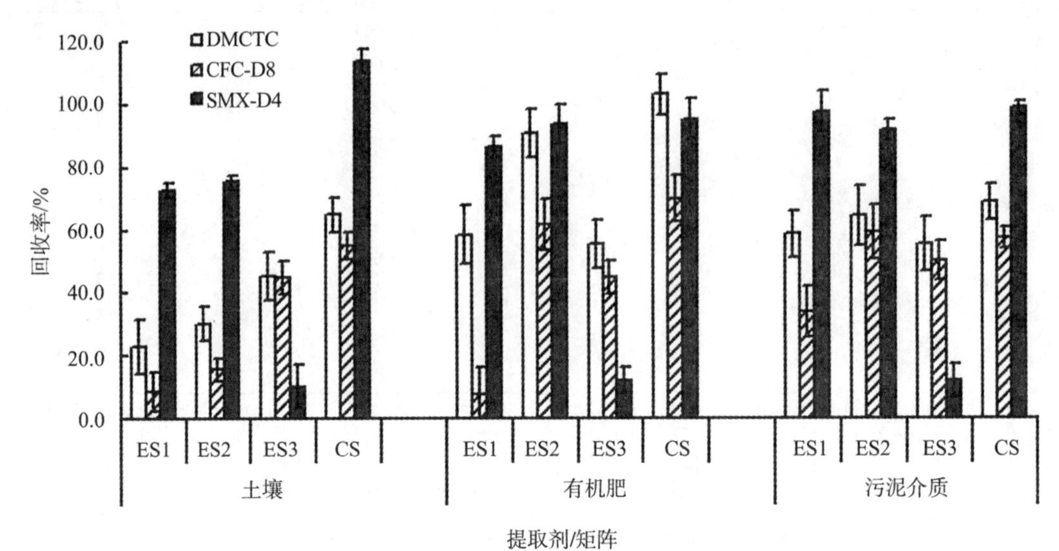

图 5-15　土壤、有机肥和污泥在中添加替代物的回收率

处理 CS 是指 ES2 与 ES3 以 3∶1 的体积比混合后得到的提取剂

表 5-16　土壤、有机肥、污泥中添加抗生素的回收率、方法检测限和精度

抗生素	土壤			有机肥			污泥		
	回收率/%	检测限/(μg/kg)	方法精度/(%RSD)	回收率/%	检测限/(μg/kg)	方法精度/(%RSD)	回收率/%	检测限/(μg/kg)	方法精度/(%RSD)
TC	103.6±11.1	2.6	5.9	101.9±0.9	2.1	4.5	81.5±2.3	6.5	6.5
OTC	94.6±5.2	2.2	6.1	102.9±2.1	5.3	5.3	78.3±2.9	11.2	7.4
CTC	132.7±8.3	10.5	6.7	92.3±9.6	4.2	3.7	69.3±7.8	15.7	10.8
DOC	105.6±13.1	14.8	9.8	103.9±3.5	8.5	12.9	81.5±2.3	8.6	13.2
SDZ	76.6±10.2	1.3	13.2	88.4±1.6	2.1	10.7	70.9±8.2	2.3	6.1
SMX	110.9±5.1	2.4	2.5	90.2±2.6	3.0	5.9	91.1±3.1	3.2	8.6
SMZ	80.4±14.3	3.8	6.7	81.7±3.5	2.8	4.8	86.0±1.0	2.2	10.7
SMM	111.0±3.8	1.5	7.8	94.3±4.1	1.8	8.3	90.7±2.3	1.5	15.6
SCX	61.3±12.1	1.1	7.2	81.5±2.2	1.5	5.2	77.4±2.3	2.2	6.2
SDM	96.9±1.6	0.8	3.4	100.7±1.4	0.5	2.0	96.6±1.4	1.8	3.9
SM	99.4±3.0	1.2	5.6	98.0±2.3	1.4	6.8	100.4±3.6	1.3	4.4
SCZ	70.7±1.9	1.9	8.7	71.6±3.2	1.8	6.6	86.9±1.9	2.9	7.8
NFC	52.8±2.1	3.8	6.4	73.7±6.0	4.2	6.4	91.5±14.6	16.5	16.8
OFC	53.3±1.4	4.2	7.9	68.8±7.4	5.8	5.9	94.5±14.7	17.3	14.7
CFC	61.6±11.1	5.8	10.7	83.3±5.4	14.1	11.6	85.0±8.8	15.8	9.6
EFC	89.1±13.8	2.5	5.4	85.4±4.4	7.9	14.2	77.7±10.3	4.5	8.9
RTM	137.5±13.5	0.5	9.6	136.0±1.6	7.0	8.3	66.5±9.1	8.6	5.7

从表 5-16 可以看出，土壤中的喹诺酮类抗生素回收率相对较低，但也均在 50%以上，其他介质中的 17 种抗生素的回收率均在 70%以上。方法检测限最高也在 20μg/kg 以下，满足了微量污染物的检测要求。

由于环境介质中普遍存在小分子有机酸及一些其他组分，因此会与目标污染物在离子化过程中产生竞争，形成基质效应。基质效应的大小可以采用一定浓度下基质中目标物的信号与提取液中目标物的信号的比值来表示：

$$\text{Matrix effect}(\%) = C_{\text{m}} / C_{\text{s}} \times 100 \tag{5-2}$$

式中，C_{m} 和 C_{s} 分别是基质中目标物的信号与提取溶液中目标物的信号。

图 5-16 是三种介质中 17 种抗生素的基质效应。从图中可以看出，通过提取剂提取到的目标污染物，其基质效应基本都在 100%左右。这表明，总体上的基质效应不明显。但污泥中的个别抗生素如诺氟沙星和氧氟沙星的基质效应高于 140%，表明该分析受到基体性质的影响较为明显，需要进一步通过改进提取方法或者洗脱方法来减小基体干扰。内标定量法是减小基体效应干扰的主要方法。通过加入同位素内标物（如 CFC-D8），利用该内标物进行最后定量计算，可以基本消除基体效应对最后定量结果的影响。

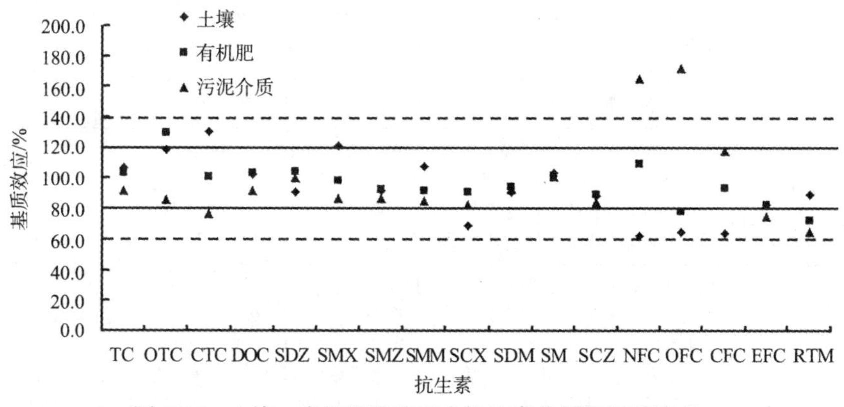

图 5-16　土壤、有机肥和污泥中抗生素分析的基质效应

5.7.2　设施农业土壤环境质量评价标准体系框架

土壤环境质量评价标准是我国土壤环境保护标准体系的核心所在。科学、合理的土壤环境质量标准是评价土壤环境质量、识别土壤污染风险、合理规划与实现土壤环境质量管理目标必不可少的依据，也是加强土壤环境管理、建立土壤环境管理长效机制的重要技术支撑。以控制土壤外源性污染投入为目标，以反映土壤环境质量动态变化为宗旨，结合污染物环境危害效应及土壤污染风险分析、现有设施农业土壤相关环境质量标准，提出设施农业土壤环境质量评价标准体系框架建议，其目的是为设施土壤环境质量评价体系的完善提供参考，同时为实施设施农业土壤环境质量管理与监控、合理规划设施农产品基地建设提供科学依据（Hu et al.，2017b；黄标等，2015；华小梅等，2013）。

1. 我国土壤环境质量评价标准体系的现状

1）土壤环境质量标准体系现状

我国土壤环境保护标准体系建设已有一定基础。迄今为止，我国已经颁布实施了20 多项主要适用于土壤环境保护的国家及行业标准，包括土壤环境质量标准、土壤环境质量评价标准、农产品产地环境标准（其中涉及土壤）、土壤环境监测标准、土壤环境术语标准等（表 5-17）。如果考虑到水污染物、大气污染物、固体废物和放射性污染物对土壤环境的影响，部分现行污染物排放（控制）标准或环保技术规范等可视为体系中的土壤污染控制标准，如《生活垃圾填埋场污染控制标准》（GB 16889—2008）、《危险废物填埋污染控制标准》（GB 18598—2001）等。这些标准中大部分由环境保护部制订颁布，也有部分由农业部、国家质量监督检验检疫总局等其他部委提出制订。

表 5-17　我国土壤环境质量标准体系现状

分类	部分标准
土壤环境质量标准	《土壤环境质量标准》（GB 15618—1995）； 《拟开放场址土壤中剩余放射性可接受水平规定（暂行）》（HJ 53—2000）
土壤环境质量评价标准	《工业企业土壤环境质量风险评价基准》（HJ/T 25—1999）； 《食用农产品产地环境质量评价标准》（HJ 332—2006）； 《温室蔬菜产地环境质量评价标准》（HJ 333—2006）； 《展览会用地土壤环境质量评价标准（暂行）》（HJ 350—2007）
农产品产地环境标准	《绿色食品 产地环境质量》（NY/T 391—2013）； 《无公害农产品 种植业产地环境条件》（NY/T 5010—2016）； 《农产品安全质量无公害蔬菜产地环境要求》（GB/T 18407.1—2001）； 《农产品安全质量无公害水果产地环境要求》（GB/T 18407.2—2001）
土壤环境监测标准	《土壤环境监测技术规范》（HJ/T 166—2004）； 《农田土壤环境质量监测技术规范》（NY/T 395—2012）； 《土壤 总铬的测定 火焰原子吸收分光光度法》（HJ 491—2009）； 《土壤和沉积物 二噁英类的测定 同位素稀释高分辨气相色谱-高分辨质谱法》（HJ 77.4－2008）； 《土壤质量 土壤总砷的测定 硼氢化钾-硝酸银分光光度法》（GB/T 17135—1997）； 《土壤质量 铅、镉的测定 KI-MIBK 萃取火焰原子吸收分光光度法》（GB/T 17140—1997）； 《土壤质量 铅、镉的测定 石墨炉原子吸收分光光度法》（GB/T 17141—1997）； 《土壤质量 镍的测定 火焰原子吸收分光光度法》（GB/T 17139—1997）； 《土壤质量 铜、锌的测定 火焰原子吸收分光光度法》（GB/T 17138—1997）； 《土壤质量总汞的测定 冷原子吸收分光光度法》（GB/T 17136—1997）； 《土壤质量总砷的测定 二乙基二硫代氨基甲酸银分光光度法》（GB/T 17134—1997）； 《土壤中六六六和滴滴涕测定的气相色谱法》（GB/T 14550—2003）
土壤环境术语标准	《土壤质量 词汇》（GB/T 18834—2002）
土壤污染控制相关标准	《农用污泥中污染物控制标准》（GB 4284—1984）； 《城镇垃圾农用控制标准》（GB 8172—1987）； 《农用粉煤灰中污染物控制标准》（GB 8173—1987）； 《农用灌溉水质标准》（GB 5084—2005）

《土壤环境质量标准》（GB 15618—1995）被国务院相关部门制定的标准广泛引用，

尤其是各类农产品产地环境标准多以该标准为主要依据（表5-17）。其中如《展览会用地土壤环境质量评价标准（暂行）》（HJ 350—2007）支持了上海世博会场地环境评价与管理工作。但是，随着各类土壤环境问题日益凸显、土壤污染防治工作的紧迫性不断增强，现行土壤环保标准体系的局限性也越来越明显，存在的问题主要表现在：

一是现行《土壤环境质量标准》不能满足当前土壤环境管理的需求和不同土地利用方式土壤环境质量评价的要求。

二是土壤环境保护标准体系各构成要素（如土壤环境质量标准与土壤环境调查、评价、监测分析方法和环境标准样品）之间不配套。

三是由于各类土壤环境保护标准制订的相关基础不一，时间不一，存在概念、术语、符号及标识上的不统一等。

2）设施蔬菜生产相关的土壤环境质量标准现状

加强污染源头控制与产地环境质量监管是设施土壤环境安全的重要保障。设施农产品产地土壤环境主要受生产过程中农业投入品使用以及产地灌溉水、大气环境质量的影响。从已颁布的数十项设施园艺国家和行业标准来看，内容主要涉及两方面：一是设施农业装备及温室条件控制的标准化、灌溉设施与方法的标准化等设施硬件方面，二是应农业部门对无公害蔬菜基地、产品认证需要制订的部分无公害设施农产品的生产技术操作规程（表5-18）。

表5-18　现行设施园艺农业生产污染控制标准及应用特点

序号	标准	应用特点
1	《有机肥料》（NY 525—2012）	用于肥料生产企业产品检验，不涉及肥料使用问题
2	《肥料中砷、镉、铅、铬、汞生态指标》（GB/T 23349—2009）	用于生产、销售的肥料产品检验，不涉及肥料使用问题
3	《有机-无机复混肥料》（GB 18877—2009）	用于肥料生产企业产品检验，不涉及肥料使用问题
4	《化肥使用环境安全技术导则》（HJ 555—2010）	对化肥、农药使用和污染防控的原则性指导
5	《农药使用环境安全技术导则》（HJ 556—2010）	
6	《农药安全使用规范 总则》（NY/T 1276—2007）	规定有安全用量及使用方法，但标准制订时间早，部分农药品种已淘汰，不适用于现阶段农业生产应用的要求
7	《农业固体废物污染控制技术导则》（HJ 588—2010）	畜禽粪便、农用薄膜、农业植物性废物污染控制的原则和指导措施
8	《绿色食品 肥料使用准则》（NY/T 394—2013）	绿色食品生产允许使用的肥料种类、组成及使用准则。有城市生活垃圾用作肥料的污染控制要求：每年每亩农田限制用量为黏性土壤不超过3000kg，砂性土壤不超过2000kg。缺少肥料中有害污染物限量标准，仅原则性要求因施肥造成土壤污染、水源污染，或影响农作物生长、农产品达不到卫生标准时，要停止施用该肥料，并向专门管理机构报告
9	《肥料合理使用准则 有机肥料》（NY/T 1868—2010）	有机肥料合理使用的原则和技术

续表

序号	标准	应用特点
10	《肥料合理使用准则 通则》（NY/T 496—2010）	肥料合理使用的原则和技术
11	《农用污泥中污染物控制标准》（GB 4284—1984）	9种无机物、2种有机物限值，每年每亩用量不超过2000kg，任一项无机物接近标准值时连续在同一块土壤上施用不得超过20年。有规定但无监督
12	《城镇垃圾农用控制标准》（GB 8172—1987）	5种重金属限值，每年每亩用量：黏土<4t，砂土<3t，新菜地宜用，老菜地、水田不宜用。有规定但无监督
13	《农用粉煤灰中污染物控制标准》（GB 8173—1987）	9种无机物限值，每亩累计用量不得超过3t。宜用于黏质土壤，砂质土不宜使用。有规定但无监督

对于设施农产品生产过程污染物的主要来源——农药、化肥、有机肥、农膜等农业投入品尚无针对性与适用性强的污染控制标准，目前已颁布的相关肥料标准均只有5项重金属标准，抗生素、Cu、Zn等设施环境中常见污染物未列入，农用薄膜中的酞酸酯类污染物含量也无专门的限定标准。此外，已颁布的《农药安全使用规范 总则》（NY/T 1276—2007）、《化肥使用环境安全技术导则》（HJ 555—2010）、《农药使用环境安全技术导则》（HJ 556—2010）、《农业固体废物污染控制技术导则》（HJ 588—2010）等尽管对投入品中污染物含量有控制要求及相应的污染防治原则与技术，但大多仅是对污染控制的原则性指导，操作与可监督性不强，且并非是针对设施农业生产特点，对于特殊利用方式下的设施农业环境安全管理的适用性不强。

现有与蔬菜产地土壤环境质量评价相关的标准文件见表5-19。在设施农产品产地环境质量标准方面，已颁布的专项标准有两项，即农业部颁布的《无公害农产品 种植业产地环境条件》（NY/T 5010—2016）和环保部颁布的《温室蔬菜产地环境质量评价标准》（HJ 333—2006）。如前所述，NY/T 5010—2016的应用管理对象仅是需进行无公害认证的设施蔬菜产地，而并非面广量大的其他一般设施产地。这两项标准中的土壤环境标准与大多数已颁布的土壤环境标准类似，主要也是引用和依据了《土壤环境质量标准》（GB 15618），其中HJ 333—2006规定了8项重金属和六六六、滴滴涕两项农药指标的标准值，并分为严控和一般控制指标规定了相关评价方法；NY/T 5010—2016规定了5项重金属标准值，未规定评价方法。

表5-19　现行的各类蔬菜产地环境质量评价相关标准

标准号	标准名称
HJ 333—2006	温室蔬菜产地环境质量评价标准
NY/T 5010—2016	无公害农产品 种植业产地环境条件
GB 15618—1995	土壤环境质量标准
HJ 332—2006	食用农产品产地环境质量评价标准
GB/T18407.1—2001	农产品安全质量无公害蔬菜产地环境要求

续表

标准号	标准名称
NY/T 391—2013	绿色食品 产地环境质量
NY/T 5295—2015	无公害食品产地环境评价准则
NY/T 5010—2016	无公害农产品 种植业产地环境条件
NY/T 848—2004	蔬菜产地环境技术条件
NY 5332—2006	无公害食品 大田作物产地环境条件
HJ/T 80—2001	有机食品技术规范
NY/T 1054—2013	绿色食品 产地环境调查、监测与评价规范
HJ/T 166—2004	土壤环境监测技术规范
NY/T 395—2012	农田土壤环境质量监测技术规范

2. 我国设施农业土壤环境质量评价标准体系框架建议

土壤是污染物在环境中的储藏库和集散地。与水体和大气污染相比，土壤污染具有间接性、隐蔽性，土壤污染危害具有多途径与多受体性。设施土壤中残留的污染物很大程度上来自其生产过程中投入的物质，而投入物质主要受利用功能（种植方式、作物类型）的影响，且不同植物/作物对土壤污染物的吸收富集性能也不一样。从目前的调查研究结果来看，与大田土壤相比，设施土壤的污染特征主要是污染物（重金属、农药、抗生素、酞酸酯）在土壤中累积性强、累积量大导致浓度较高、长期残留的问题，可能引起的危害与风险主要表现在以下几方面：

（1）影响农作物品质安全。

（2）土壤中硝态氮、重金属、抗生素等发生迁移影响水体（地表水、地下水），对人体健康造成威胁。灌水或揭棚洗盐是导致污染物迁移的重要途径。

（3）导致土壤微生物和功能多样性改变，土壤生态功能恢复周期延长，诱导其他有害微生物的产生，对生态系统产生风险。

（4）土壤酸碱失衡，影响作物生长。

（5）其他危害。

1）基本思路和原则

针对上述设施农业生产对土壤环境的危害和风险，设施农业土壤环境质量标准体系的构建应按照“改善设施土壤环境质量、保障设施农产品质量及生态安全、维护设施土壤资源可持续利用”的污染防治工作目标，围绕设施土壤污染控制和环境质量监控管理、环境风险管控的不同要求，在总结已有设施土壤环境标准问题的基础上，构建以设施农业土壤环境质量标准及相应的调查、监测、评价方法为主体，农灌水质、各类农业投入品污染控制标准为辅的设施农业土壤环境质量评价标准体系，为我国设施土壤环境保护提供标准支撑。

设施土壤环境质量评价标准体系应遵循科学性、客观性、时效性和可操作性等原则。

（1）系统设计，科学规划。土壤环境质量评价标准体系建设是一项系统工程。从发达国家土壤环保标准制修订情况和国内土壤环境管理的实际需求看，完整的土壤环境保护标准体系应该是可服务于各种管理需求、由众多标准组成的标准体系，包括土壤环境质量标准、土壤环境评价标准、土壤环境评价技术规范、土壤环境调查、采样和分析方法、土壤标准样品、土壤环境术语标准等。因此，要全面规划、系统设计，保证标准体系的完整性和科学性。依据国家环境保护方针、政策，与土壤环境功能区划和质量管理目标相衔接，评价方法要系统设计、全面规划和科学严谨，具有广泛的可接受性。

（2）统筹安排，重点突破。土壤环境质量评价标准体系是加强土壤环境管理的重要手段。二十多年来，以设施蔬菜为代表的设施农业在我国各地发展迅速，土壤环境质量评价标准体系建设要根据当前和今后我国土壤环境形势变化，统筹安排，重点突破，围绕当前突出的农产品产地土壤环境安全管理需求，加快制定急需的土壤环境标准。评价结果要能客观、真实地反映评价区域土壤环境质量与污染累积状况，反映土壤污染危害风险，适应设施农业土壤环境调查与评价管理的要求。

（3）立足现实，逐步推进。土壤环境质量评价标准体系建设是一项长期和艰巨的任务，不能一蹴而就。目前我国土壤污染防治法律、法规和政策尚未完善，土壤环境基准和标准研究基础薄弱，土壤环境管理体制和机制尚未健全。只有规范的采样、监测方法与污染物限量标准，评价工作才能切实可行。同时，评价要尽量采用最新的原始数据和最新的评价标准，这样评价结果才具有时间上的限制性，确保快速、准确、高效、及时地体现环境状况。

2）主要依据和定位

主要依据和定位包括：

（1）依据国家环境保护方针、政策和设施农业土壤环境质量管理的要求；

（2）土壤环境背景资料；

（3）设施土壤相关环境质量标准（如现行温室蔬菜产地环境质量评价标准、土壤环境质量标准修订，按新修订后标准执行）；

（4）土壤环境监测技术规范；

（5）各类污染物土壤环境监测方法标准；

（6）数据统计与数值修约规则。

3）标准体系框架

从土壤环境管理目标看，我国设施土壤环境质量评价标准体系建设应针对设施条件下的种植和环境管理需求，紧紧围绕土壤污染的防治、控制和治理过程的技术特点，标准体系总体框架包括以下几部分（表 5-20）：

（1）土壤环境质量标准体系，主要包括设施农业土壤环境质量标准、监测技术规范、质量评价技术规范和风险评估技术导则等。

（2）农业投入品污染控制标准体系，主要包括农业投入品农药、肥料和农膜安全使用和相关污染物的含量限值标准等。

（3）土壤环境分析测定方法体系，主要包括土壤环境各种污染物分析测试方法、样品处理方法等。

（4）农灌水质标准，包括灌溉水中与设施农业生产相关的各种污染物的含量限值标准等。

表 5-20　设施土壤环境质量评价相关标准体系框架

类别	标准名称	主要内容（备注，已有或新增）
设施农业土壤环境质量标准	设施蔬菜产地土壤环境质量标准	规定设施土壤中污染物安全限量水平
	设施蔬菜产地土壤环境监测技术规范	规定设施土壤环境质量监测布点和采样方法
	设施土壤环境质量评价技术规范	规定设施土壤环境质量评价指标和方法
	设施蔬菜产地土壤风险评估技术导则	规定设施土壤对农作物、生态及保护地下水的风险评估程序、方法和技术要求
	设施蔬菜产地土壤污染修复技术导则	规定设施污染土壤的修复技术、方法和操作规范等
土壤环境分析测试方法标准	土壤污染物分析测试方法（有国标方法的按现行国标方法）	规定土壤中重金属全量/有效态量测试方法 规定土壤中挥发性、半挥发性及持久性有机污染物的测试方法
	设施土壤理化性质测试方法（系列）	规定土壤理化性质测试方法（如 pH/OM/CEC/黏粒含量等）
农灌水质标准	设施蔬菜产地农灌水质量标准	规定灌溉水中污染物的含量标准
农业投入品污染控制标准	设施农业农药安全使用技术规范	推荐农药安全使用技术及包装回收规范
	设施农业肥料安全使用技术规范	推荐肥料安全使用技术及规范
	设施农业农膜安全使用技术指南	推荐农膜安全使用、回收技术及规范
	肥料中污染物限量标准	规定污染物的含量及投入量标准
	农用薄膜污染物限量标准	规定污染物的含量标准
	其他	

4）对策建议

（1）加快修订完成《温室蔬菜产地环境质量评价标准》（HJ/T 333—2006）。根据标准存在的问题应：①扩大标准的适用范围，除了考虑对农林业用地的保护，还需考虑其他土地利用方式下土壤环境的特点，制定适应其他利用功能、保护对象的土壤环境评价与管理要求的相应标准；②扩大污染物种类的标准；③制定分区、分作物类型的土壤环境质量标准，并制定相应的、与国际接轨的风险评估方法，直接考虑土壤污染物对人体健康和生态受体的暴露风险和毒理效应等。

（2）明确标准应用与管理接口。为了明确设施农业生产标准应用与环境管理有效衔接，可以尝试建立以环保部门负责的环境监管职能部门，统筹设施蔬菜生产环境管理制度、环境监测标准、环境监测监管手段、土壤环境评价、土壤环境生态补偿确定和实施等的制定。

为使环境监管职能部门真正发挥管理职能，建议重点在三个方面开展设施蔬菜生产的环境管理：①参与到设施蔬菜发展规划过程中，根据规划区的资源特点和污染防治要求，指导设施蔬菜污染防治规划，明确设施农业发展的优势区域、重点领域和重要项目；②在制定设施蔬菜产地土壤污染风险评估技术和土壤修复技术导则的基础上，开展设施蔬菜产地污染土壤对环境和人体健康的风险评估，进行设施农业产地土壤环境质量定期认证，以此建立设施蔬菜产地的准入、推出制度；③开展设施蔬菜土壤环境质量状况的系统调查与定位监测，逐步建立设施产地土壤环境质量监测与评价体系，实时了解区域设施土壤污染的特征与程度，及时反馈到规划和决策部门。

对各级超标土壤的环境适宜性及超标后的进一步管理给出明确定论。同时进行有效的污染控制与监管，发挥标准的效能。在全国土壤污染状况的监测数据不断积累的基础上，对标准实施后的可行性进行验证、重审。

（3）加强土壤环境质量评价标准制定的基础性工作。长期以来，我国对标准的相关基础研究不够，尤其是对土壤环境基准缺乏系统性研究，标准的技术支持不足是影响标准科学制订的至关重要的因素。我国设施农业土壤环境保护标准体系在法制保障、科研基础等方面存在诸多不足，需从以下方面着重加强，以保障标准体系建设工作的顺利开展：①加快完善我国土壤污染防治法律法规体系建设，尽快制定土壤污染防治专门法规和部门规章，为设施农业土壤环境管理和标准体系建设提供法律依据；②研究建立符合我国国情的健康风险评估和生态风险评估方法，完善土壤环境质量标准制订的方法学，规范标准制修订工作程序和技术要求；③重视我国土壤环境质量基准研究，形成具有中国特色的土壤环境质量基准和标准研究体系，建立土壤环境质量基准研究协作网和土壤环境质量基准数据库；④加大土壤环境标准研究资金投入，将设施农业土壤环境保护标准体系建设和土壤环境质量标准研制列为“十三五”环境保护标准规划中的重要任务；⑤加强土壤环境质量标准研究的国际合作与交流，充分学习和借鉴其他国家的经验和方法，使我国设施农业土壤环境质量标准研究处于国际先进水平。

5.8 设施农业土壤污染综合防控对策和技术体系

5.8.1 土壤污染防控技术研究

1. 农药土壤污染防控技术研究

1）农药减量使用技术

经过研发筛选获得了一种广谱性杀菌剂增效剂多聚糖，多聚糖和百菌清对黄瓜灰霉病菌的毒力测定结果见表 5-21。百菌清对黄瓜灰霉病菌的 EC_{50} 为 1.62 mg/L，而多聚糖在 500 mg/L 时对黄瓜灰霉病菌没有离体活性。

表 5-21　多聚糖与百菌清对黄瓜灰霉病菌的毒力测定结果

供试药剂	回归方程式（$Y=a+bx$）	相关系数（r）	EC_{50} 值/（mg/L）	95%置信限/（mg/L）
多聚糖			>500	
百菌清	$Y=4.8151+0.8871x$	0.9866	1.62	1.19~2.19

多聚糖和百菌清混配对黄瓜灰霉病菌的增效作用测定结果见表 5-22。施药 2h 后接菌。当助剂多聚糖为 15 mg/L 时，其毒效比是百菌清单剂的 1.85 倍，当助剂多聚糖为 30 mg/L 时，其毒效比是百菌清单剂的 2.35 倍。添加助剂多聚糖能够提高百菌清对黄瓜灰霉病菌的防治效果，且随多聚糖浓度的升高增效作用增大，其中以助剂多聚糖为 30 mg/L 的增效效果较好。

表 5-22　多聚糖与百菌清混配对黄瓜灰霉病菌的增效作用测定结果

处理	回归方程式（$Y=a+bx$）	相关系数（r）	EC_{50} 值/（mg/L）	95%置信限/（mg/L）	毒效比（RT）
百菌清	$Y=2.3975+1.8862x$	0.9880	23.98	13.70~41.97	1.00
百菌清+15%多聚糖	$Y=2.7687+2.0064x$	0.9867	12.94	7.99~20.98	1.85
百菌清+30%多聚糖	$Y=3.0692+1.9144x$	0.9946	10.20	6.41~16.22	2.35
15%多聚糖			多聚糖单用对瓜灰霉病菌无效		
30%多聚糖			多聚糖单用对瓜灰霉病菌无效		

基于多聚糖对百菌清的增效作用，以多聚糖（15 mg/L）与百菌清混合喷施，施药后 2h、9d、18d 分别采集番茄测定百菌清残留（图 5-17）：施药后 9d，多聚糖混合施药处理番茄中百菌清残留略低于对照处理；施药后 18d，混合处理番茄中百菌清残留明显低于对照。结果证明多聚糖混用可以降低用药量，进而降低果实中残留量。

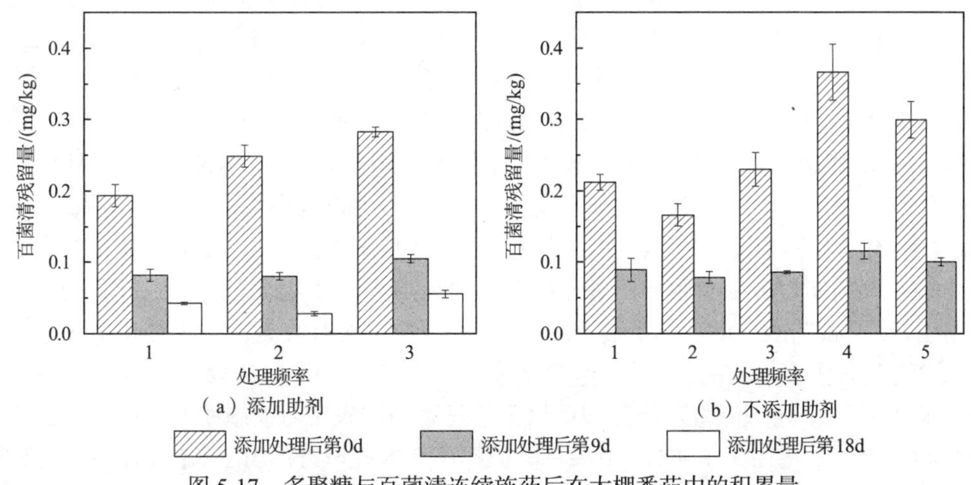

图 5-17　多聚糖与百菌清连续施药后在大棚番茄中的积累量

2）农药残留快速降解技术

利用自行分离的毒死蜱降解菌菌株 *Bacillus latersporus* DSP 携带的降解质粒 pDOC 及其在土壤微生物间的可转移性，构建了一种基于质粒强化的土壤中毒死蜱持续快速降解技术（图 5-18）。降解质粒 pDOC 可有效转移至土壤中的原生细菌中，从而有效提高土壤中毒死蜱的降解速率。该方法适用于不同类型的土壤，对土壤微生物群落和功能多样性没有显著影响，不具破坏性，可用于毒死蜱污染土壤的生物修复（Zhang et al.，2012）。

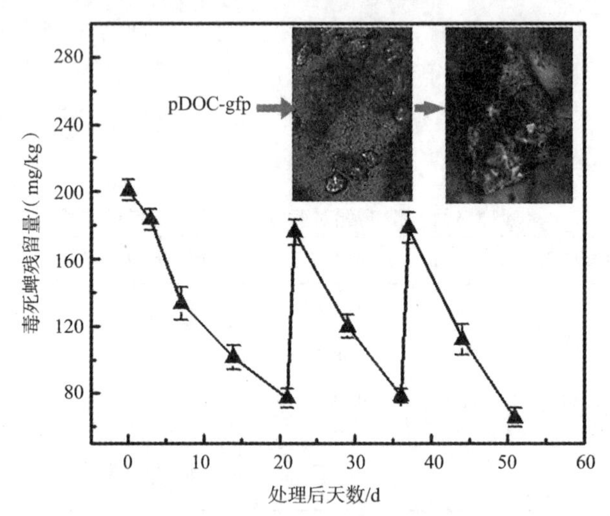

图 5-18 基于降解质粒 pDOC 强化的土壤中毒死蜱持续快速降解技术

pDOC-gfp 为降解质粒 pDOC 绿色荧光蛋白

2. 肥料高投入污染控制技术研究

1）肥料减量技术

（1）试验设计。以寿光市日光温室番茄（一年两茬）为研究对象，设置空白对照（CK：$N\text{-}P_2O_5\text{-}K_2O$=0-200-400 kg/hm^2）、农民习惯（FP：$N\text{-}P_2O_5\text{-}K_2O$ =600-200-400 kg/hm^2）、优化施肥（OPT：$N\text{-}P_2O_5\text{-}K_2O$ =300-200-400 kg/hm^2）、缓释氮肥（SRF：$N\text{-}P_2O_5\text{-}K_2O$ =300-200-400 kg/hm^2）、C/N 比调控[C/N：$N\text{-}P_2O_5\text{-}K_2O$ =300-200-400 kg/hm^2，在秋茬番茄底肥施用时按照 6000kg/hm^2（风干重）的施用水平施入粉碎后小麦秸秆]等共 5 个施肥处理，3 个重复，通过对番茄产量、品质、土壤硝态氮淋失等影响的监测，筛选设施菜地土壤化肥污染阻控的有效技术，并明确化肥污染阻控技术对土壤环境质量的影响。

（2）不同调控措施对番茄产量和单果重的影响。2011 年秋茬时，施氮肥处理与对照相比提高了番茄的产量和单果重，以 OPT 处理产量相对最高，SRF 处理单果重相对最大，但各处理之间的差异均没有达到显著水平（图 5-19）。2012 年春茬时，OPT、C/N、SRF 这三个处理的番茄产量和单果重均显著高于农民习惯施肥和对照，产量高低顺序为 OPT>C/N>SRF>FP>CK，单果重高低顺序为 SRF>C/N>OPT>FP>CK。第 1a 试验时，施肥处理与对照的产量没有显著差别，可能与实验日光温室本底养分较高有关，到第二茬时施肥处理造成的养分差异逐渐显现，从而对番茄产量造成了影响。

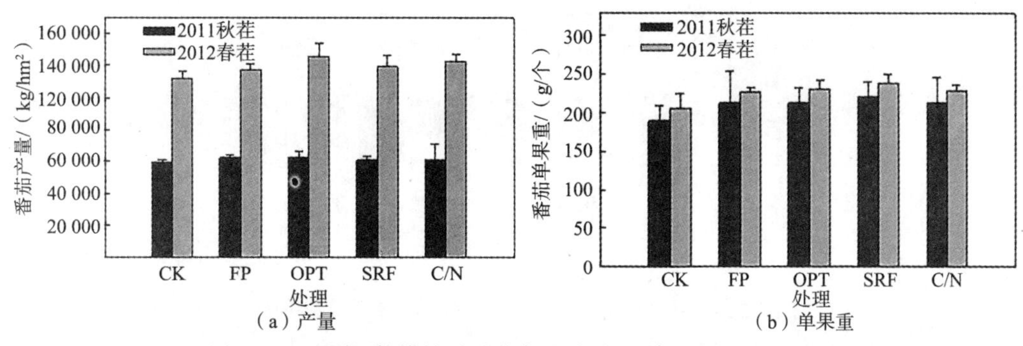

（a）产量　　（b）单果重

图 5-19　不同调控措施对番茄产量（a）和单果重（b）的影响

（3）不同调控措施对番茄果实品质的影响。施氮肥处理降低了两茬番茄果实的 VC 含量，以 FP 处理的降低幅度最大，但各处理之间的差别均没有达到显著水平（图 5-20）。

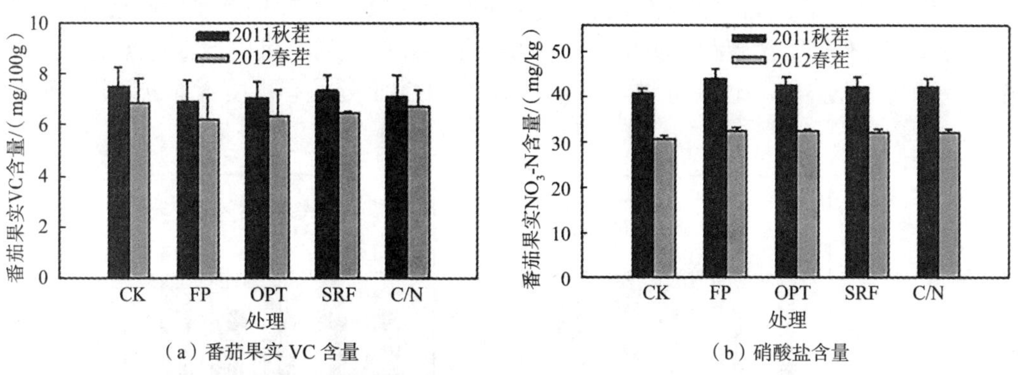

（a）番茄果实 VC 含量　　（b）硝酸盐含量

图 5-20　不同调控措施对番茄果实 VC（a）和硝酸盐（b）含量的影响

施氮肥处理提高了两茬番茄果实硝酸盐的含量。2011 年秋茬时 FP 处理番茄果实硝态氮含量显著高于 CK，2012 年春茬时各施肥处理的硝态氮含量均显著高于对照，但两茬番茄各施氮肥处理间差别均不显著。总体来看，两茬番茄果实硝酸盐的含量均未超过《农产品安全质量无公害蔬菜安全要求》（GB 18406.1—2001）中规定的瓜果类蔬菜硝酸盐含量≤600 mg/kg 的要求，以及《蔬菜中硝酸盐限量》（GB 19338—2003）中规定的茄果类、瓜类蔬菜硝酸盐含量≤440 mg/kg 的标准。

施氮肥处理两茬番茄果实的全氮含量略有提高，但各施氮肥处理间及与对照的差别均不显著（图 5-21）。施氮肥处理对两茬番茄果实的磷、钾含量没有显著的影响。

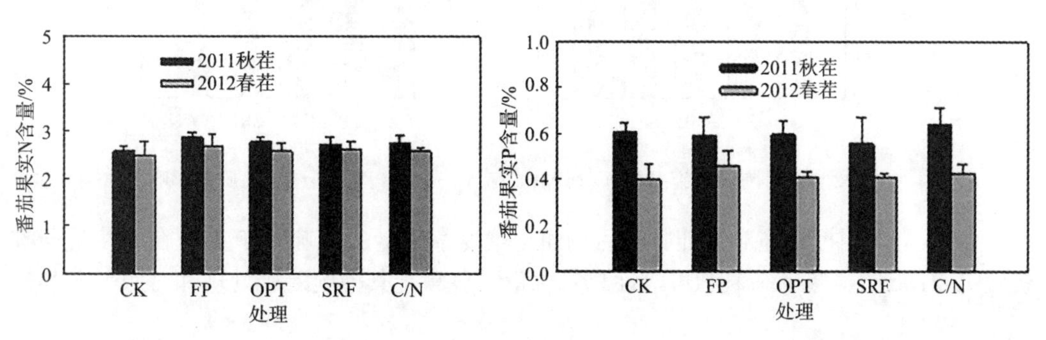

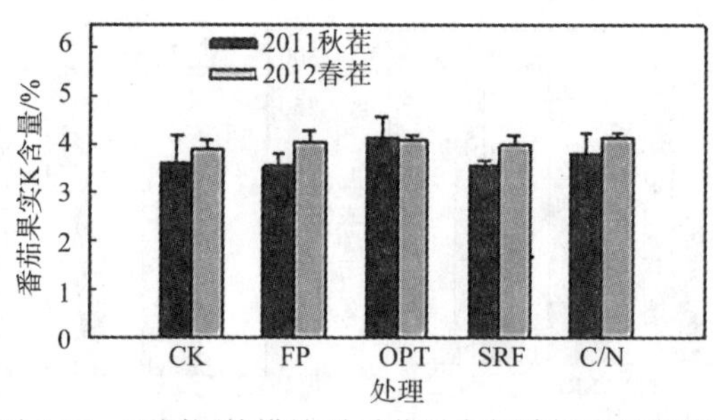

图 5-21　不同调控措施对番茄果实氮磷钾含量的影响

（4）不同调控措施对番茄收获后表层土壤理化性质的影响。施氮肥处理在两茬番茄收获后表层土壤 pH 有下降的趋势，但各处理间的差别均不显著；表层土壤全氮和盐分含量比对照提高，均以 FP 处理值最大，SRF 处理值最低，但全氮含量在各处理间差异不显著，SRF 和 C/N 的盐分含量显著低于 FP（图 5-22）。2011 年秋茬收获后施氮肥处理表层土壤有机质含量没有明显变化；2012 年春茬收获后有机质含量显著提高，C/N 调控措施下有机质含量比 FP 增加了 42.3%，SRF 和 OPT 处理有机质含量也显著高于 FP 处理。

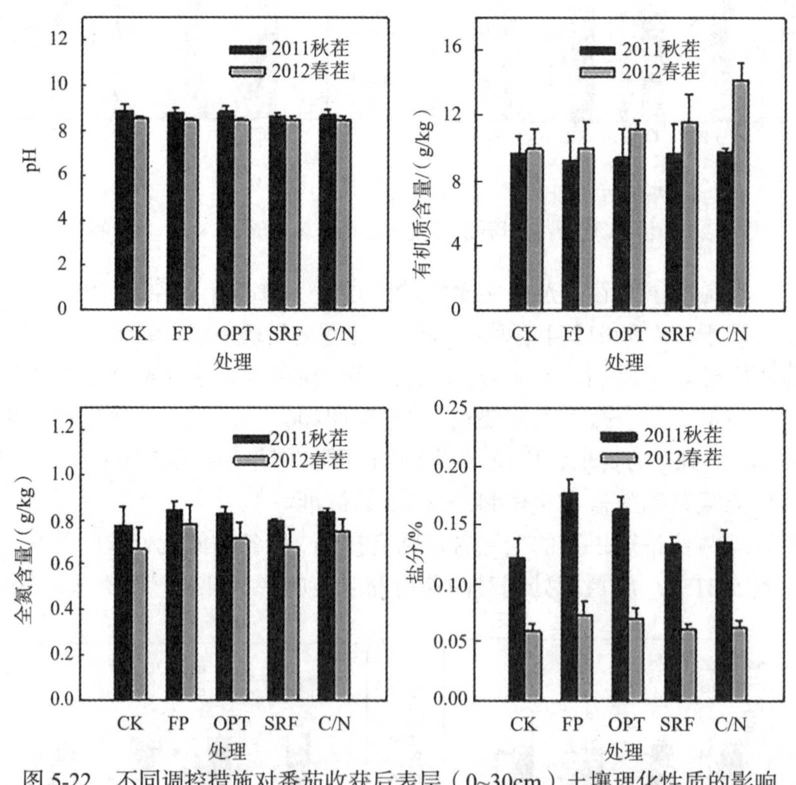

图 5-22　不同调控措施对番茄收获后表层（0~30cm）土壤理化性质的影响

（5）不同调控措施对番茄收获后剖面土壤氮素含量的影响。FP 处理在两茬番茄收获后 0~210cm 土层硝态氮和可溶性总氮含量明显高于其他施氮肥处理和对照，尤其是在 0~120cm 土层差别最为明显，各处理硝态氮和可溶性总氮含量高低排列顺序为 FP > OPT > C/N > SRF >CK；2011 年秋茬收获后，施氮肥处理以表层土壤硝态氮和可溶性总氮含量最高，2012 年春茬收获后，以 30~60cm 土层含量最高，硝态氮累积出现了下移现象（图 5-23）。对照处理在两茬番茄收获后均以 60~90cm 土层硝态氮和可溶性总氮含量最高，可能是由于没有施氮肥，浅层土壤氮被番茄充分吸收利用，从而导致 60~90cm 土层含量相对较高。

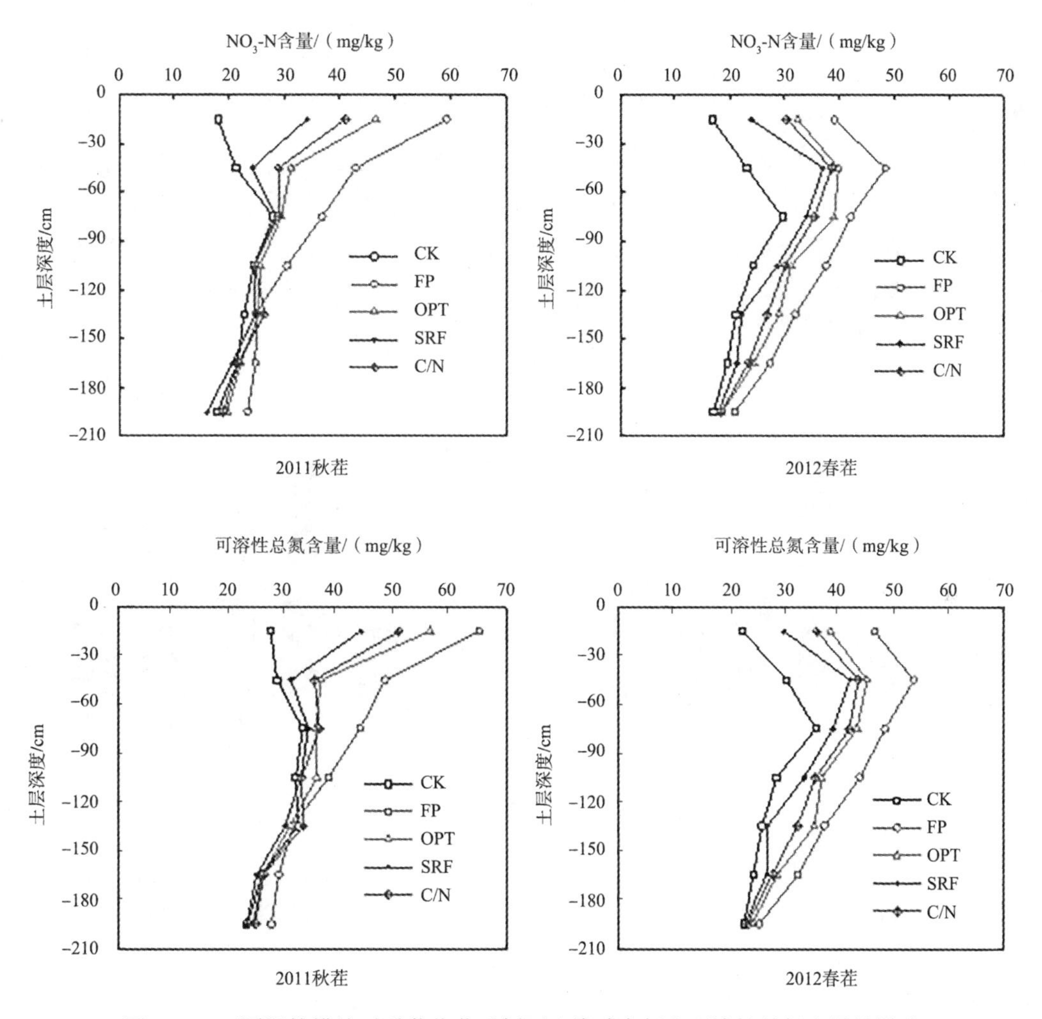

图 5-23　不同调控措施对番茄收获后剖面土壤硝态氮和可溶性总氮含量的影响

（6）不同调控措施对氮肥利用率的影响。两茬实验 OPT、C/N 和 SRF 处理的氮肥利用率均显著高于 FP 处理，第二茬实验时氮肥利用率有所提高，但仍低于 30%；OPT、C/N 和 SRF 处理间氮肥利用率没有显著差异（图 5-24）。

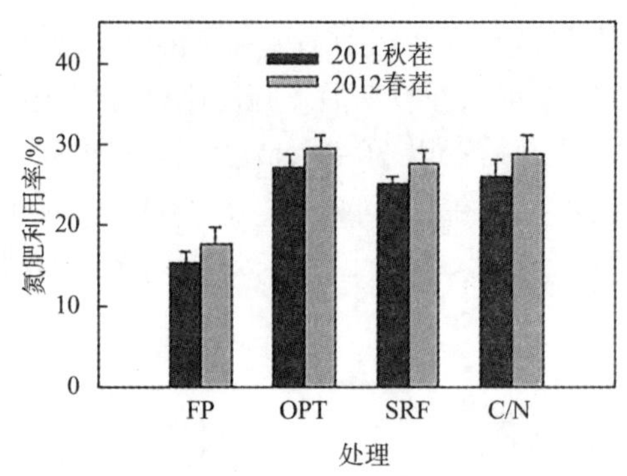

图 5-24　不同调控措施对氮肥利用率的影响

（7）不同调控措施对硝态氮和磷淋失的影响（0~90cm 土层）。2012 年春茬番茄整个生育期期间的硝态氮淋失量见图 5-25。施氮肥处理显著提高了硝态氮的淋失量，以 FP 处理的硝态氮淋失量最高，达到 97.5kg/hm^2，显著高于其他施氮肥处理。各施氮肥处理的硝态氮淋失系数（淋失量：施氮量）分别为：FP，16.2%；OPT，15.3%；SRF，9.6%；C/N，11.5%。

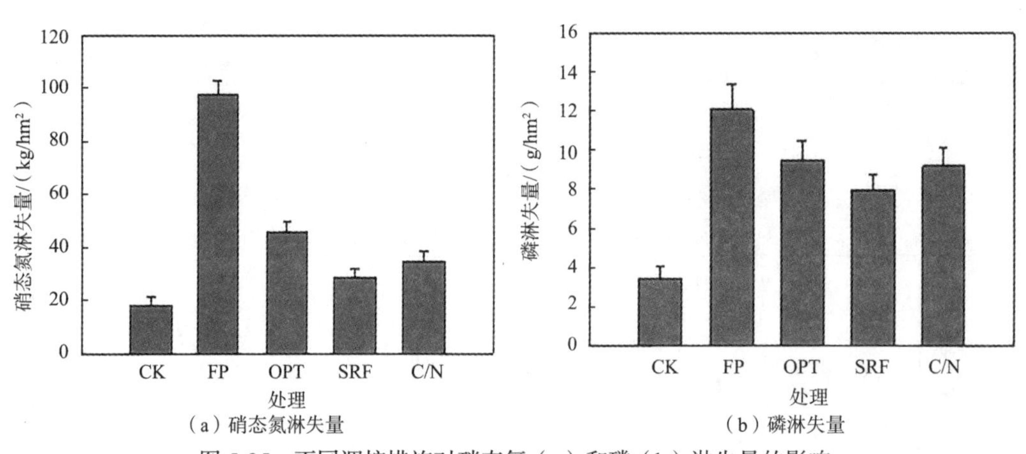

图 5-25　不同调控措施对硝态氮（a）和磷（b）淋失量的影响

尽管各措施磷肥施用量相同（200kg/hm^2），但可以看出，施用缓释氮肥、C/N 比调控和优化施肥三个处理与农民习惯施肥相比，明显降低了磷的淋失量（图 5-25）。与硝态氮相比，磷的淋失量相当低，淋溶水中可溶性总磷的含量介于 0.0172~0.0369mg/L，低于水体富营养化的磷的临界水平（溶解性总磷≥0.05mg/L），表明在当前施肥量情况下对地下水造成磷污染的威胁较低。

2）废弃物改良技术

（1）试验设计。根据资料调研以及前期工作基础，选取有机肥、秸秆和壳聚糖作为设施农业土壤改良剂，不同改良剂的浓度梯度见表 5-23，3 种改良剂两两混合设置 6 个处理组，分别为 A1+B2、A1+B3、A2+B1、A2+B3、A3+B1、B3+C1。

表 5-23　不同修复剂的浓度梯度设置　（单位：t/hm²）

处理	有机肥 A	秸秆 B	1%壳聚糖溶液 C
1	15	3	33
2	30	6	66
3	45	9	99

试验区域选取青浦现代农业园区内两个相邻的单栋设施大棚，大棚面积为长 35 m×宽 7 m。将试验区域中的两个单栋设施大棚分别隔出 7 个试验小区（规格为 2 m × 6 m），每个试验小区之间留有宽度为 1.5m 的隔离通道，起到不同处理之间的隔离作用。每个设施大棚两边均安装浇水皮管，以便于及时浇水灌溉（图 5-26）。设施大棚土壤平均盐分为 4.87 g/kg，各试验小区不同改良剂实际用量如表 5-24 所示。

图 5-26　小区试验现场照片

表 5-24　小区试验不同改良剂实际用量

处理	有机肥或壳聚糖用量/(kg/12m²)	秸秆用量/(kg/12m²)
CK	0	0
A1+B3	18.0	10.8
A2+B1	36.0	3.6
A2+B3	36.0	10.8
A1+B2	18.0	7.2
A3+B1	54.0	3.6
B3+C1	39.6	10.8

在小区试验基础上根据实用性、可操作性和经济性，并综合考虑小区土壤修复效果和农产品产量，确定综合效果最好的土壤改良剂进行大田试验。将试验区域中的 4 个单栋设施大棚分成青菜处理组、青菜对照组、黄瓜处理组和黄瓜对照组。每个设施大棚上方均安装浇水喷头，以便于及时浇水灌溉（图 5-27）。

图 5-27　大田试验现场照片

每次试验开始及结束时分别取空白对照组土样及各处理组耕作层土样进行分析。土壤中各项指标的测定参考土壤农化分析，土壤可溶性盐分的测定采用重量法，电导率采用电导仪直接测定（水：土=5：1），K^+、Na^+、Ca^{2+}、Mg^{2+}采用原子吸收分光光度法，Cl^-、SO_4^{2-}、NO_3^-采用离子色谱法。在试验结束后分别称量各试验小区的对照组和处理组的农产品产量。

（2）废弃物改良剂对蔬菜品质和土壤性质的影响。从现场试验数据可知（图 5-28），废弃物改良能明显增加叶菜类和茄果类农产品产量，在油菜种植中明显降低土壤中可溶性盐分含量，其中有机肥亩均施用量 1t 与秸秆亩均施用量 0.4t 混合配比组合（以下简称 A1+B2）和秸秆亩均施用量 0.4t 与壳聚糖溶液亩均施用量 2.2t 的混合配比组合效果最为显著。茄果类种植中由于对于养分的需求增大，在原有底肥基础上必须不断补施肥料，所以可溶性盐分去除效果不明显。与对照组相比，经过农业废弃物综合处理的各小区对土壤中的可溶性盐分有缓慢降低的作用。A1+B2 处理组不仅能大幅提高油菜和黄瓜的产量，同时对设施农田土壤有较好的修复效果，盐分降低幅度均在 40%左右。

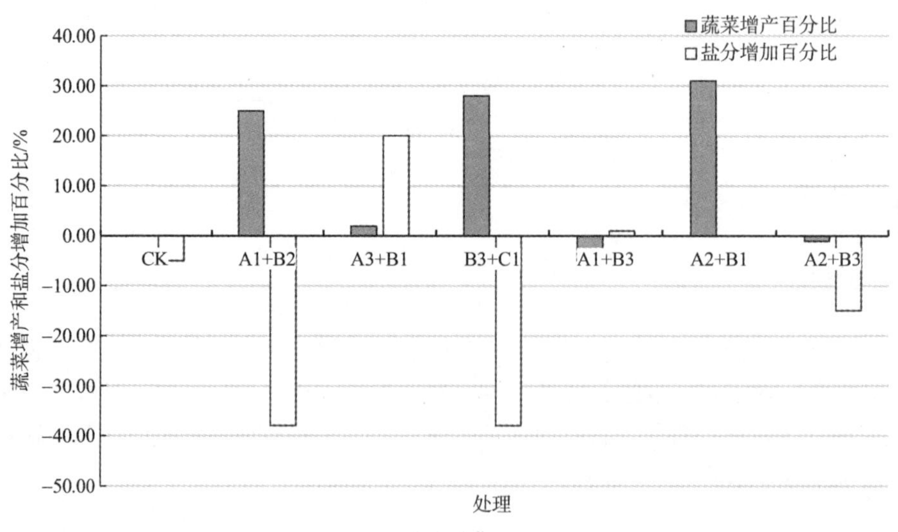

（a）油菜

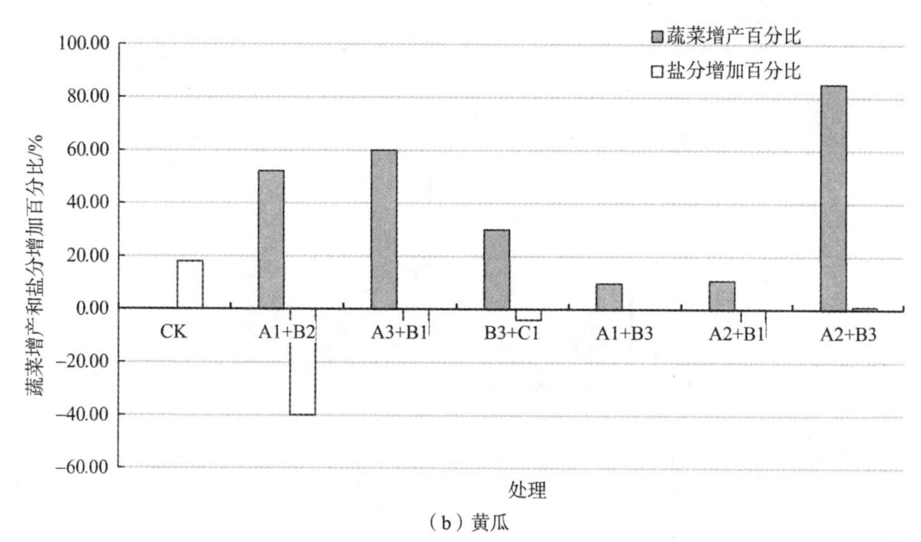

（b）黄瓜

图 5-28　农业废弃物混合使用对油菜（a）和黄瓜（b）产量及土壤盐分的影响

A1+B2 为有机肥亩均施用量 1.0t 与秸秆亩均施用量 0.4t 的混合配比；A1+B3 为有机肥亩均施用量 1.0t 与秸秆亩均施用量 0.6t 的混合配比；A2+B1 为有机肥亩均施用量 2.0t 与秸秆亩均施用量 0.2t 的混合配比；A2+B3 为有机肥亩均施用量 2.0t 与秸秆亩均施用量 0.6t 的混合配比；A3+B1 为有机肥亩均施用量 3.0t 与秸秆亩均施用量 0.2t 的混合配比；B3+C1 为秸秆亩均施用量 0.6t 与壳聚糖溶液亩均施用量 2.2t 的混合配比

因此，从产量提高和盐分降低这两个衡量土壤次生盐渍化修复效果的主要因素来看，有机肥和秸秆混合处理组以及秸秆和壳聚糖混合修复作用明显。由于壳聚糖在试验操作中需要先进行溶液配置，且与土壤混合过程中需要耗费大量人力，实际应用的可操作性较差，而有机肥和秸秆在试验操作中相对简便，同时在农业推广中比较容易获得，具有较大的实际应用价值。因此，有机肥和秸秆混合处理组在土壤次生盐渍化修复实践中更具有实用价值。

与对照组相比，经过农业废弃物处理后油菜种植土壤主要阳离子含量显著下降（图 5-29），特别是 A1+B2 处理组。Na^+的增加与畜禽养殖时在饲料中添加畜禽生长所需的矿物盐有关，未被畜禽吸收的 NaCl 等矿物盐随畜禽粪便排出，故有机肥中含有一定的 Na^+。Mg^{2+}离子含量和 Ca^{2+}离子含量在各个处理组中均有降低，这可能是由于一部分被植物吸收利用，一部分在秸秆分解过程中被土壤微生物利用或转化为难溶形态。

土壤中阴离子含量均高于阳离子含量（图 5-29），其原因为有机肥中有机质含量高，能保持较多的土壤水分，土壤的干湿效应刺激了土壤微生物活性、促进了土壤有机硫矿化，从而促进土壤有机硫中 SO_4^{2-}的释放。而 Cl^-含量的增加原因与 Na^+含量相似。

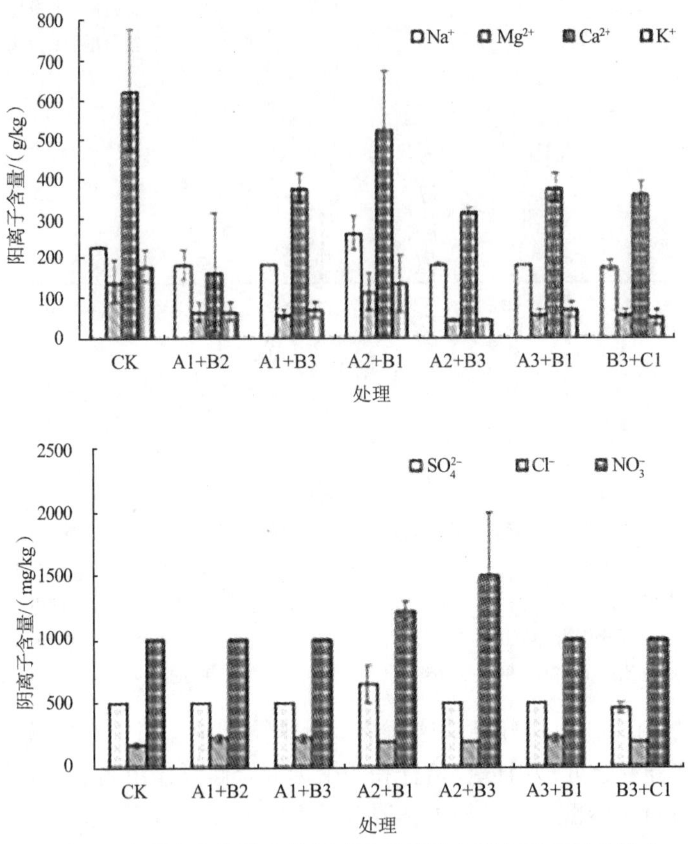

图 5-29　农业废弃物混合使用对油菜种植土壤主要离子的影响

黄瓜种植土壤中主要阳离子含量变化与油菜种植相似。与对照组相比，经过农业废弃物处理后土壤主要阳离子含量显著下降（图 5-30），特别是 A1+B2 组。与其他两种阴离子不同，有机肥和秸秆处理组土壤中 NO_3^-含量有明显的下降，主要由于土壤中添加修复剂材料后土壤肥力得到改善，延缓了土壤中铵态氮的硝化过程。同时，秸秆腐熟过程中微生物固氮也是秸秆处理组中 NO_3^-下降的原因之一。

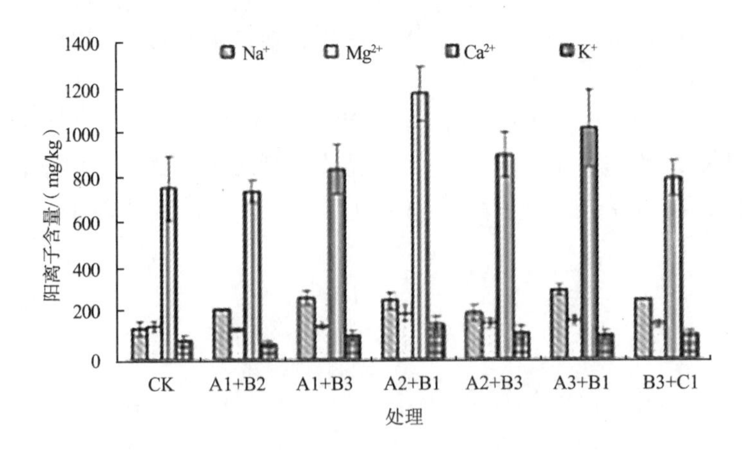

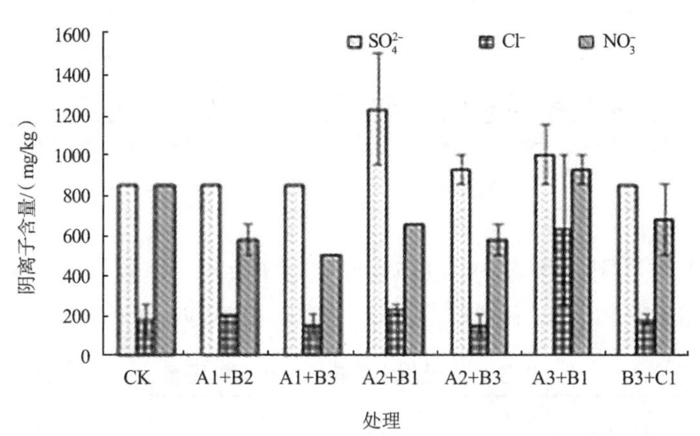

图 5-30　农业废弃物混合使用对黄瓜种植土壤主要离子的影响

对比小区试验结果，同时依据实用性、可操作性和经济性，并综合考虑小区土壤修复效果和农产品产量，确定 A1+B2 处理组综合效果最好，并作为土壤改良剂进行设施大棚大田试验，试验结果见表 5-25。

表 5-25　A1+B2 处理组对作物产量和盐分去除作用

作物种类	增产效果/%	盐分去除率/%
油菜	24.27	25.15
黄瓜	33.76	18.2

从上述试验数据可知，有机肥亩均施用量 1.0t 与秸秆亩均施用量 0.4t 的混合配比方式，按比例充分混合使用可以极大促进作物增产，同时对设施大棚中的次生盐渍化土壤具有良好的修复效果，其盐分去除率在 20%左右。

3）水旱轮作调控技术

（1）试验设计和方法。试验区域选取上海青浦现代农业园区的一个单栋设施大棚（7 m×35 m），分隔为 6 个面积相等的试验小区（7 m×5 m），每个试验小区四周筑坝，并用塑料薄膜防渗（深度 50 cm），均种植常规水稻，耕作层土壤基本理化性质见表 5-26。其中，2 个试验小区作为空白对照，不施用任何肥料；2 个试验小区作为全量施肥处理，按照常规施肥量施肥；2 个试验小区作为配方施肥试验处理，根据《测土配方施肥技术规范》进行配方施肥，公式如下：

$$\text{施肥量（kg/亩）}=\frac{\text{作物单位产量养分吸收量}\times\text{目标产量}-\text{土壤测试值}\times 0.15\times\text{土壤有效养分校正系数}}{\text{肥料中养分含量}\times\text{肥料利用率}} \quad (5\text{-}3)$$

式中，作物单位产量养分吸收量为 100 kg 稻谷需 N 12.5 kg、$P_2O_5$1.3 kg 和 K_2O 3.3 kg；目标产量设定为 500 kg；土壤测试值为硝态氮、速效磷和速效钾含量（mg/kg）；土壤有效养分校正系数氮磷钾分别取 0.3、0.4、0.5；氮磷钾肥料利用率分别取 40%、30%和

50%。

表 5-26　试验区域设施大棚耕作层土壤基本理化性质

全盐量/（g/kg）	全氮/%	全磷/（g/kg）	硝态氮/（mg/kg）	速效磷/（mg/kg）	速效钾/（mg/kg）
3.88	0.18	1.23	193	152	214

根据测土配方施肥计算结果，设施大棚土壤速效磷和速效钾已经满足水稻生长需求，只需亩均增施 9.5 kg 左右的纯氮即可。因此，各试验小区的施肥量见表 5-27。

表 5-27　设施大棚各试验小区施肥量　　（单位：kg/亩）

处理	N	P_2O_5	K_2O
不施肥	0	0	0
配方施肥	9.5	0	0
全量施肥	19	7.5	7.5

在种植水稻前后，每个试验小区分别采集 3 个土层（0~20cm、20~40cm、40~60cm）的土壤样品，测定指标为全盐量、全氮、全磷、硝态氮；种植水稻期间，在每次排水时，每个试验小区采集田面水样品 1 个，测定指标为总氮、总磷、氨氮、硝氮、可溶性磷；水稻种植后，计算每个试验小区的稻谷产量。

（2）水旱轮作对土壤养分的影响。水稻种植前后土壤全盐量、全氮、全磷、硝态氮含量变化情况如图 5-31 所示。由图可知，水稻种植后不施肥、配方施肥和全量施肥处理土壤全盐量、全氮和硝态氮含量均比种植前有所降低，且表层土壤（0~20 cm）比其他层土壤降低更大。其中，不施肥和配方施肥处理表层土壤全盐量和硝态氮含量在水稻种植后降到了 2 g/kg 和 100 mg/kg 以下，说明对塑料大棚设施菜地次生盐渍化土壤具有较好的改良作用；不同处理土壤全磷含量则无显著差异。

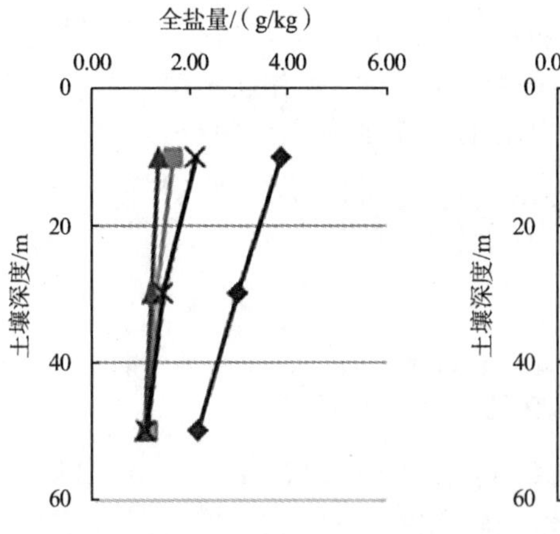

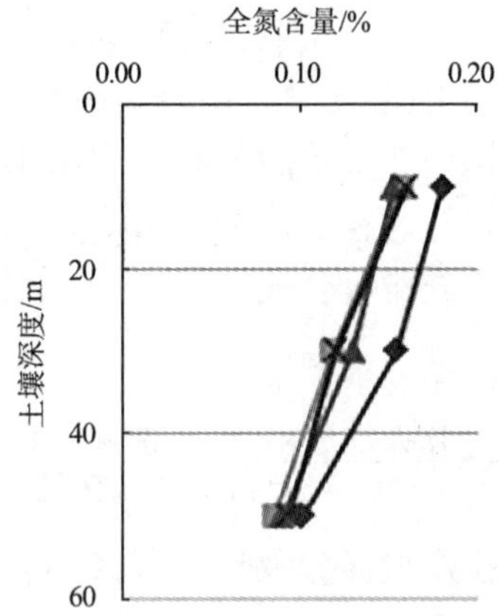

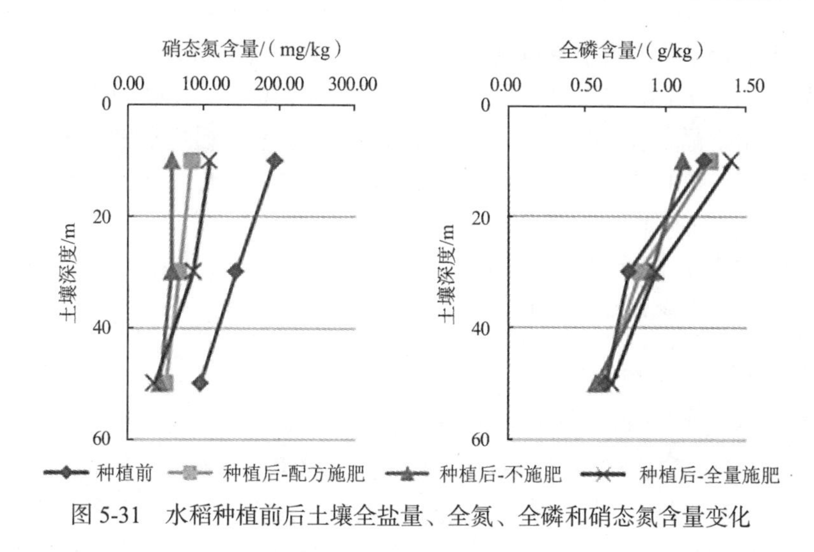

图 5-31　水稻种植前后土壤全盐量、全氮、全磷和硝态氮含量变化

（3）水旱轮作对水稻产量的影响。不同处理水稻产量如图 5-32 所示。由图可知，在配方施肥的情况下，水稻产量能够达到近 500 kg/亩，略低于全量施肥的常规水稻种植模式，但远高于不施肥处理的 377 kg/亩。

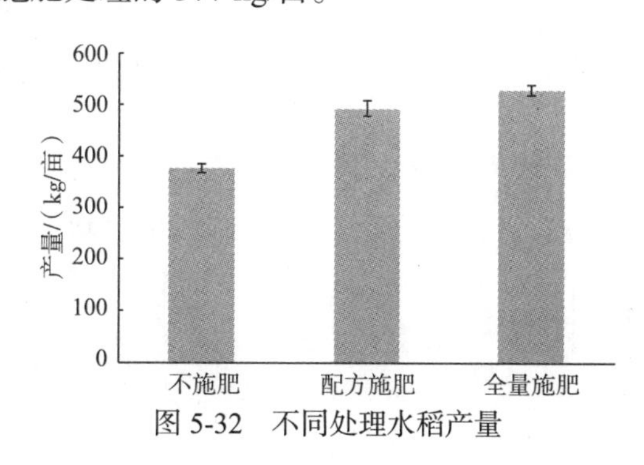

图 5-32　不同处理水稻产量

（4）水旱轮作对土壤污染负荷的影响。水稻种植期间不同处理农田径流污染物排放负荷如图 5-33 所示。由图可知，由于土壤本身氮磷养分累积较多，在全量施肥的情况下，其农田径流氮磷污染物流失负荷显著高于不施肥和配方施肥处理。不施肥处理和

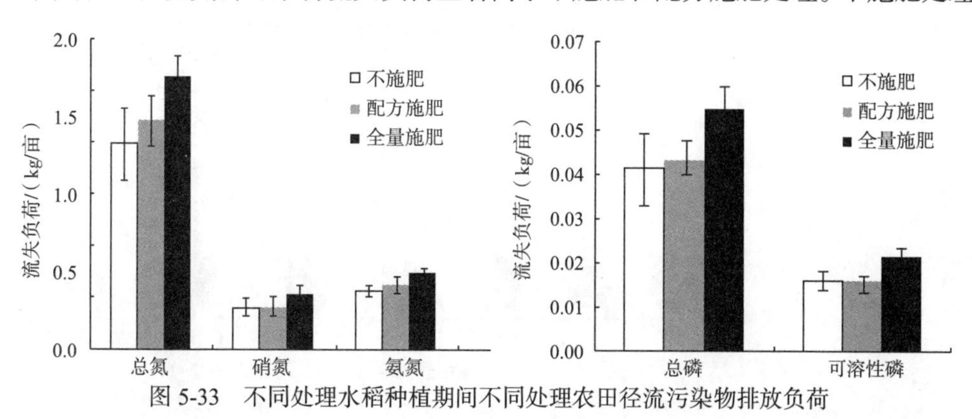

图 5-33　不同处理水稻种植期间不同处理农田径流污染物排放负荷

配方施肥处理的污染物流失负荷则无显著差异。在配方施肥的情况下，总氮和总磷年流失负荷分别为 1.47 kg/亩、0.04 kg/亩，远低于灌水洗盐总氮和总磷的流失负荷。

从上述土壤指标、水稻产量和污染负荷监测结果来看，通过水旱轮作方式，在配方施肥的情况下，不仅可以避免塑料大棚设施菜地灌水洗盐，而且可以有效降低土壤盐分和确保作物产量，对设施菜地次生盐渍化具有良好的控制效果。此外，结合项目在徐州地区关于蔬菜-水稻轮作条件下土壤重金属积累明显低于蔬菜-蔬菜的轮作调查结果，可以看出，水旱轮作是调控设施农业土壤污染风险的有效技术之一。

3. 酞酸酯污染土壤的修复技术

1）豆科与禾本科植物间混作修复酞酸酯污染土壤

以长江三角洲地区浙江省某典型酞酸酯污染农田为研究对象，供试土壤为水稻土，成土母质为海相沉积物，系统分类为铁聚水耕人为土，土壤中六种酞酸酯目标物的总浓度为 1.66±0.69 mg/kg。土壤 pH 为 5.56，容重为 1.08 g/cm^3，有机质含量为 36.5 g/kg，全氮、全磷、全钾分别为 1.96 g/kg、0.56 g/kg 和 23.1 g/kg。设置 7 个试验处理，分别为对照处理组（CK）、紫花苜蓿单作（A）、黑麦草单作（P）、高羊茅单作（T）、紫花苜蓿-黑麦草间作（AP）、紫花苜蓿-高羊茅间作（AT）和紫花苜蓿-黑麦草-高羊茅间作（APT），研究了豆科植物紫花苜蓿与禾本科植物黑麦草和高羊茅间混作对酞酸酯污染土壤的修复效应。

（1）土壤中酞酸酯的组成和含量变化。由图 5-34 所示，试验处理一年后，所有种

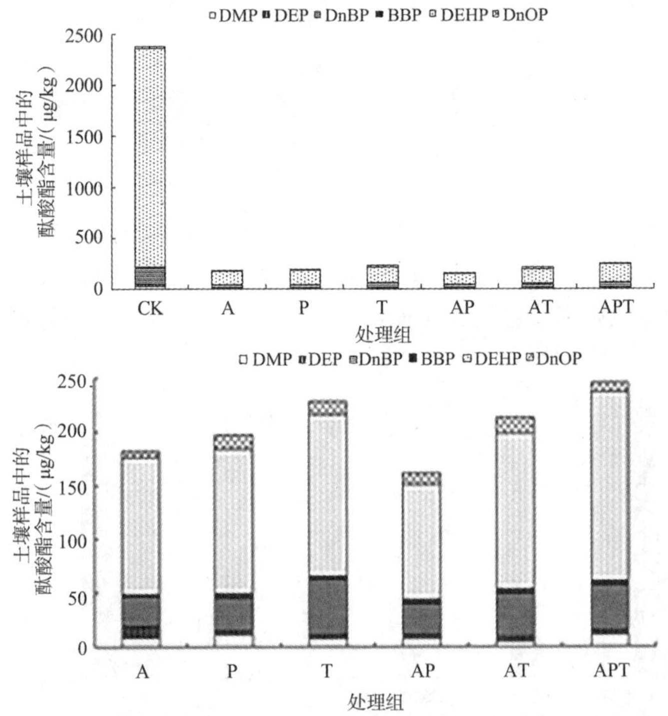

图 5-34　豆科与禾本科修复组合各处理土壤中酞酸酯的组成和含量

植植物的处理组的土壤中的酞酸酯的含量相对于对照组均有了明显减少（$p < 0.01$），即种植所有三种植物的各个处理组均对六种目标酞酸酯有明显的修复作用，且修复后的土壤中六种目标物的浓度已经低于美国国家环境保护局规定的相应污染物的土壤控制标准。所有处理中，紫花苜蓿单作的处理对土壤中的酞酸酯去除效果最好，对于六种目标酞酸酯的总的去除率达到 90%以上。

紫花苜蓿单作的处理有良好的修复效果，主要原因可能是紫花苜蓿作为一种豆科植物，可以在根部形成根瘤，而根瘤是植物与土壤中根瘤菌形成的良好的共生系统，该共生系统的存在不但可以增加植物的固氮能力而促进植物的生长，更能够加速根际固氮细菌的繁殖，促使植物和细菌共同对土壤酞酸酯的去除发挥作用。采集植物样品时，可以观察到紫花苜蓿根部存在健康的根瘤，这更加验证了紫花苜蓿在本试验进行过程中一直存在良好的固氮作用。各处理组除了紫花苜蓿单作之外，多种植物间混作也表现出良好的修复效果，去除效果都在 80%以上。各处理组对酞酸酯的去除效果排序为紫花苜蓿-黑麦草间作>紫花苜蓿单作>黑麦草单作>紫花苜蓿-高羊茅间作>高羊茅单作>紫花苜蓿-黑麦草-高羊茅混作处理。

通过组分分析可以发现，土壤中两种最主要的酞酸酯类污染物为 DEHP 和 DnBP，修复前它们在对照土壤中占六种酞酸酯目标物总浓度的比例分别约为 90%和 7%。修复试验之后酞酸酯各组分中，DEHP 是去除率最高的组分，除了对照组之外，各处理组的 DEHP 去除率均超过了 60%，DnBP 单组分去除率达到了 70%以上。关于这一点可以从酞酸酯污染物的结构和特性方面得到解释，即随着时间的增加，酞酸酯类化合物中的烷基链越长，越容易被吸附和积累。在所有的处理组之中，紫花苜蓿单作和紫花苜蓿-黑麦草间作比其他的植物组合具有更突出的优点，尤其在 DEHP 的去除方面。而对于两种禾本科修复植物黑麦草和高羊茅来说，它们在对 DEHP 和 DnBP 的去除方面显示出略微差异。而当与豆科植物间作或混作时，禾本科的植物比豆科植物能够去除更多的 DnOP。

上述结果表明，虽然使用植物修复方法进行土壤中酞酸酯污染的修复需要花费较长的时间，比单纯使用微生物降解或其他光化学、电化学方法去除污染物耗时长久，但是在实际田间应用过程中更加实用，且收效明显（Xu et al., 2010; Zeeb et al., 2006）。同时，紫花苜蓿被认为是一种很适合用于修复酞酸酯污染土壤的修复植物。

（2）植物体各部位中酞酸酯的组成和含量。由图 5-35 和图 5-36 可知，三种植物混作处理时，六种目标酞酸酯在每种植物地上部的总含量都是最高的，均在 4 mg/kg（干重）以上，而紫花苜蓿单作对土壤中酞酸酯的去除率最高，这一点可以从紫花苜蓿地上部中目标物含量较高的现象中得到解释。对于 DEHP 和 DnBP 两种含量较高的代表性组分来说，各种处理的植物地上部中含量也都比较高，与土壤中酞酸酯的组分与含量显现出一定的一致性。

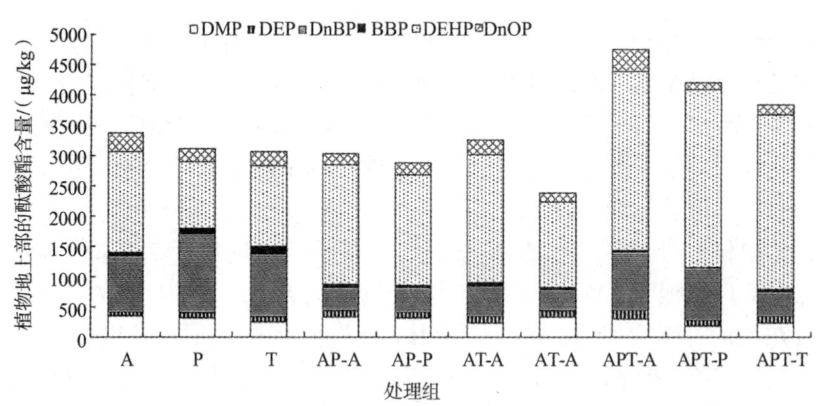

图 5-35 豆科与禾本科修复组合各处理植物地上部酞酸酯的组成和含量

图 5-36 显示，除 DnBP 和 DEHP 之外，植物根部对另一酞酸酯组分 DnOP 的吸收含量明显增加，虽然含量只有 0.5 mg/kg（干重）左右，但是其在不同植物体内的积累情况存在差异。由图可见，紫花苜蓿对 DnOP 的积累同样显示出显著的优势。土壤中测得的 DnOP 含量并没有很高，而植物地上部含量及比例也没有超过 10%，但在植物地下部其含量却明显上升，达到了 15%以上。由此估计该污染物的主要迁移途径可能是先经过植物地上部进入植物体，再随植物体内各种疏导系统中的载体转移到脂类物质相对含量较高的根部。

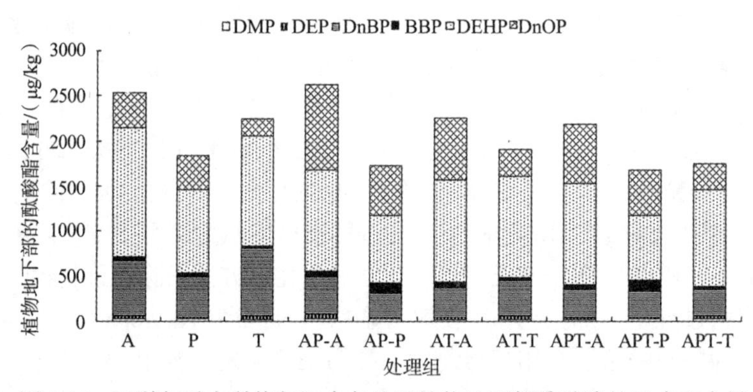

图 5-36 豆科与禾本科修复组合各处理植物地下部酞酸酯的组成和含量

（3）不同处理下修复植物的生物量。由表 5-28 可知，在豆科与禾本科组合中，生物量最大的植物是紫花苜蓿，无论单作还是与其他植物间混作，其生长都没有受到限制，而且在混作的处理中生物量还有所增加。从这一点上看，无论紫花苜蓿是否是去除酞酸酯最多的植物，其在污染土壤中生存的适应性是非常好的，而另外两种植物在间混作时生物量受到了限制。

各处理的植物对目标污染物的去除量结果显示，紫花苜蓿单作以及三种植物混作的处理方式，在污染土壤中酞酸酯的去除总量方面是最佳选择。根据每种植物的生物量以及体内酞酸酯的含量，初步估算出每种植物在相应处理条件下对土壤中总酞酸酯的去除

表 5-28　豆科与禾本科植物间混作修复组合植物的生物量变化

处理组植物	地上部生物量/（kg 干重/小区）	地下部生物量/（g 干重/小区）	酞酸酯的去除量/mg
A	6.78±0.20a	1.03±0.05b	26.24±0.84
P	2.58±0.11c	0.52±0.12a	9.62±0.71
T	1.49±0.03d	0.55±0.07b	6.23±0.21
AP-A	4.09±0.04e	0.99±0.12c	15.30±0.48
AP-P	0.96±0.04f	0.49±0.09b	4.15±0.36
AT-A	2.28±0.06g	1.05±0.15c	10.82±0.70
AT-T	0.67±0.02b	0.56±0.09b	2.94±0.28
APT-A	2.97±0.09h	1.11±0.23c	19.37±1.53
APT-P	0.65±0.02b	0.53±0.13b	4.92±0.60
APT-T	0.32±0.02i	0.36±0.20a	2.61±0.88

注：结果为四个重复的平均值±SD；A 为紫花苜蓿单作；P 为黑麦草单作；T 为高羊茅单作；其他字母组合表示不同作物间的间混作；平均值后不同字母表示处理间在 $p<0.05$ 水平上差异显著。

量。将小区数据推而广之，由于每个小区面积为 2.4 m×2.4 m，若土层深度按照 20 cm 计算，三种植物混作的处理方式能够去除 46.70 g/hm^2 左右的酞酸酯，这将是一个非常可观的修复效果。

（4）不同植物处理对酞酸酯污染土壤的修复效率。各处理组对土壤中酞酸酯的去除率如图 5-37 所示。根据计算结果，所有处理组的酞酸酯去除率都达到了 80%以上，尤其是 DEHP 和 DnBP 两种污染物，都得到了大量的削减。而紫花苜蓿单作处理组对于总污染物的去除效果最佳，可以作为推荐的推广修复模式。

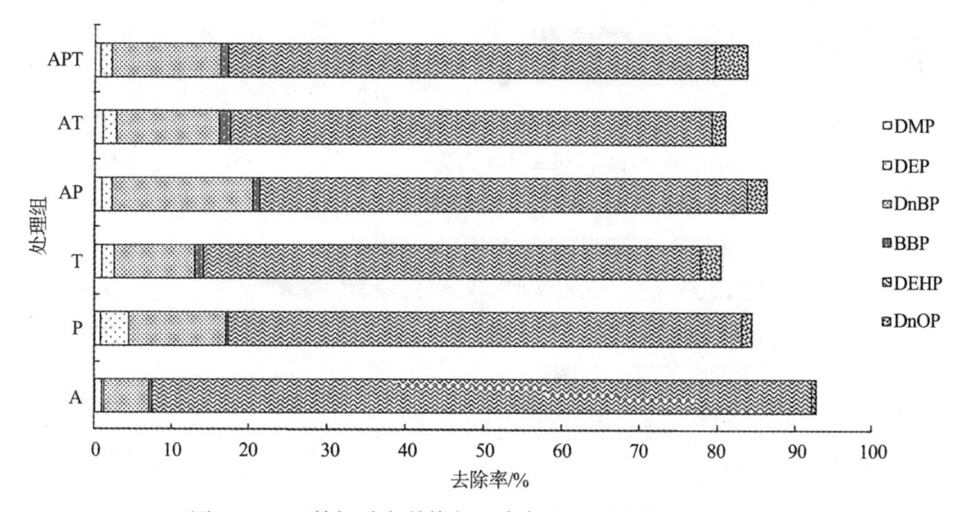

图 5-37　豆科与禾本科修复组合各处理组的酞酸酯总去除率

如图 5-38 所示，三种植物混作处理时，植物富集系数最大，约为 150。这其中贡献率最大的应属混作组合中的紫花苜蓿，虽然处于混作模式下，但其生物富集系数较单作而言并无减少，反而有些许的增加。这一现象与其巨大的生物量呈现一定的正比关系。

相对于其在土壤和植物体内的含量而言，DEHP 和 DnBP 的植物富集系数在三种植物单作和混作处理条件下分别呈现较低的数值，在土壤和植物地上部含量不高，却在植物根部含量显示较高的组分 DnOP 得到了较大程度的生物富集，尤其是三种植物混作处理中的紫花苜蓿。由于紫花苜蓿具有较大的地上部生物量，可能增加叶表面对 DnOP 的吸收量，从而导致根部获得更多的积累，因而生物富集系数较高。不同目标化合物的不同植物富集系数同样说明了植物原位修复的修复方式是可以根据当地不同的实际污染状况来选择的，而使用三种植物混作的处理组合对于去除本试验地的特征性污染物可以起到较好的效果。

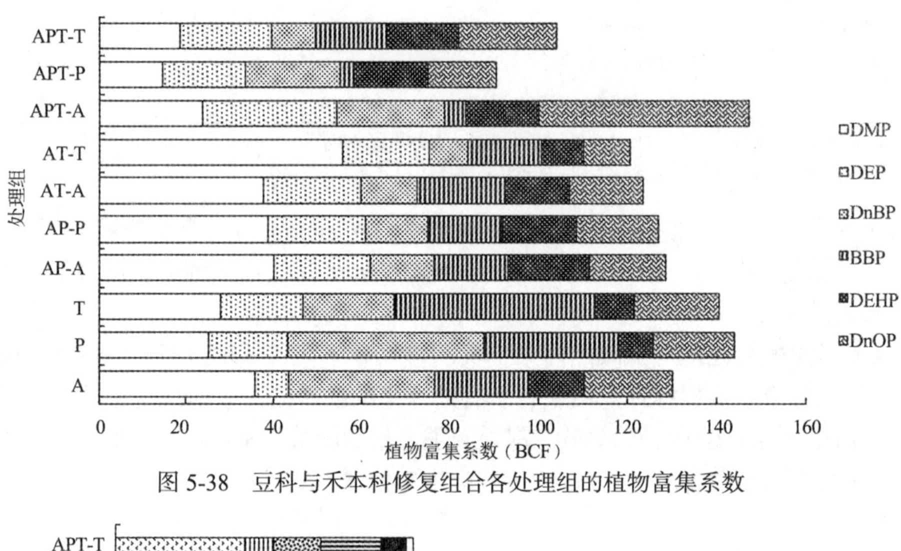

图 5-38　豆科与禾本科修复组合各处理组的植物富集系数

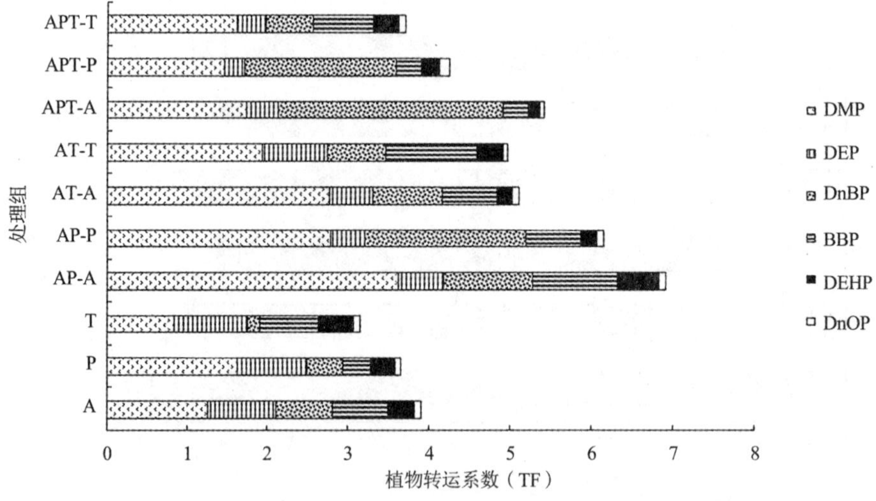

图 5-39　豆科与禾本科修复组合各处理组的植物转运系数

如图 5-39 所示，不同植物的转运系数与各种污染物本身的性质相一致，分子量小、烷基链短的组分，如 DEP 和 DMP 等，比较容易迁移，因而具有较大的转运系数；而对于分子量大、烷基链长、亲脂性高的 DEHP 和 DnOP 等组分来说，其植物转运系数则较小。对于吸收方式较为特殊的 DnOP 来说，其植物转运系数越小说明从地上部吸收并转运的可能性越大。植物提取修复效率说明三种植物混作的组合仍旧显示了较强的修复优势。

图 5-40 显示了植物提取修复效率的排序为三种植物混作>紫花苜蓿单作>黑麦草单作>高羊茅单作>紫花苜蓿-黑麦草间作>紫花苜蓿-高羊茅间作，且效率为 1.18%~1.78%。三种植物混作的组合仍旧显示了较强的修复优势。

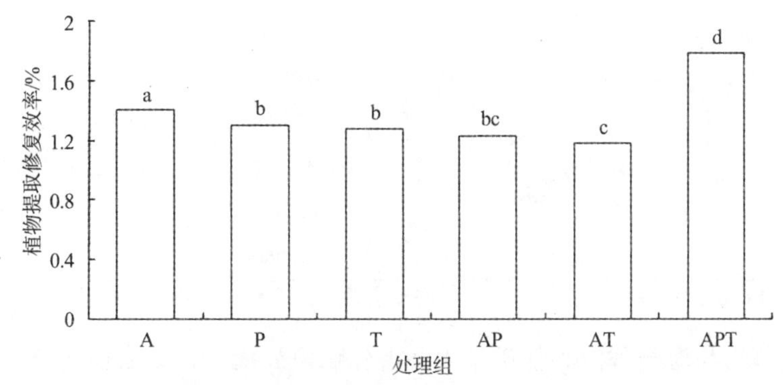

图 5-40　豆科与禾本科修复组合各处理组的植物提取修复效率

平均值柱上方不同字母表示处理间在 $p<0.05$ 水平上差异显著

（5）不同植物修复处理对微生物群落的影响。采用 Biolog 法测定不同植物修复处理组根际微生物的群落变化，分别采用平均每孔颜色变化率（average well color development，AWCD）、Shannon 指数、底物丰度平均值（evenness，E）三个指数描述微生物群落的变化情况。豆科与禾本科植物间混作修复组合的不同处理组土壤微生物在 Biolog 板上培养的平均吸光度值如图 5-41 所示。从图中可以看出，随着培养时间的增加，各处理组的 AWCD 值都明显上升。其中对照组与高羊茅单作的处理上升幅度最小，表明这两个处理条件下的微生物群落丰度较低。三种植物混作的组合仍然显示了最高的吸光度，这表明该处理条件下酞酸酯目标污染物较高的去除率主要是通过土壤微生物的作用来实现的。

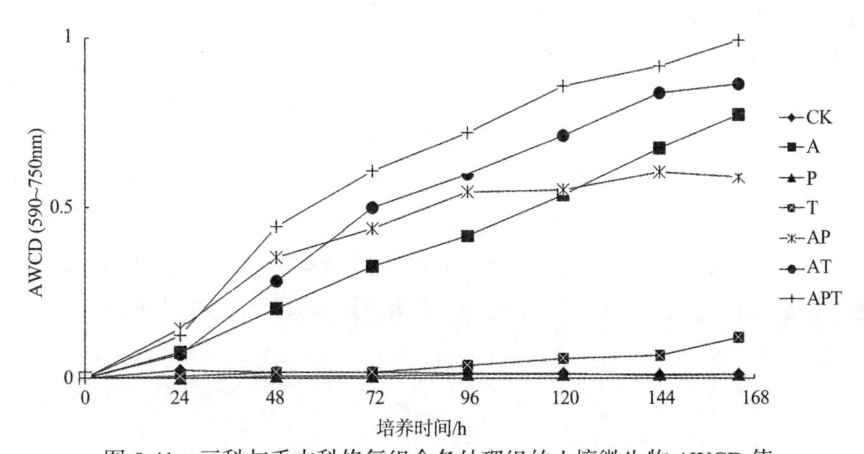

图 5-41　豆科与禾本科修复组合各处理组的土壤微生物 AWCD 值

从表 5-29 可知，三种植物混作的情况下微生物的丰度最高，碳源利用率最高，可被选为最佳修复种植模式。

表 5-29 豆科与禾本科修复组合的微生物群落多样性变化

处理组	种群丰度 richness（S）	种群多样性 Shannon 指数	均匀度指数 evenness（E）
CK	10a	1.58±0.02a	>0.99
A	26d	2.38±0.03c	>0.99
P	14b	1.94±0.04b	>0.99
T	21c	2.08±0.03b	>0.99
AP	22.3c	2.65±0.04d	>0.99
AT	24.3cd	3.06±0.07e	>0.99
APT	30.3e	3.77±0.05f	>0.99

注：表中字母不同表示处理间差异显著。

2）紫花苜蓿与海州香薷和伴矿景天间混作修复酞酸酯污染农田土壤

以长江三角洲地区浙江省某典型酞酸酯污染农田为研究对象，供试土壤为水稻土，成土母质为海相沉积物，系统分类为铁聚水耕人为土，土壤中六种酞酸酯目标物的总浓度为 1.66±0.69mg/kg。土壤 pH 为 5.56，容重为 1.08g/cm^3，有机质含量为 36.5g/kg，全氮、全磷、全钾分别为 1.96 g/kg、0.56 g/kg 和 23.1g/kg。设置 6 个试验处理，分别为对照处理组（CK）、紫花苜蓿单作（A）、紫花苜蓿-海州香薷混作（AE）、紫花苜蓿-伴矿景天混作（AS）以及紫花苜蓿-海州香薷-伴矿景天混作（AES），研究豆科植物紫花苜蓿与海州香薷和伴矿景天对酞酸酯污染土壤的修复效应。采用田间微域的试验方法，在该农田中放置无底的 PVC 圆筒（高度 30 cm，直径 30 cm，圆筒高出表层土壤 10 cm，以防止桶内外的物质交换），桶内加入供试土壤，得到本试验的田间微域。

（1）土壤中酞酸酯的组成和含量变化。如图 5-42 所示，在不同修复植物组合的作用下，经过一年的修复，六种酞酸酯目标污染物的总去除率在各组合中均超过了 87%，且与对照组相比有极显著性差异（$p<0.01$）。各处理组按照效果排序为紫花苜蓿-海州香薷间作（91.3%）>紫花苜蓿-海州香薷-伴矿景天混作（89.4%）>紫花苜蓿单作（87.2%）≈紫花苜蓿-伴矿景天间作（87.2%）。不同植物处理组在修复结束时均显示出良好的酞酸酯去除效果，且修复后单个目标污染物的浓度都下降到了美国土壤污染的允许浓度以下。修复后不论六种污染物的总浓度还是单个污染物的浓度，均比对照有显著降低，尤其是 DEHP 和 DnBP 两种组分，组分 DEHP 的去除效果最佳，可达到 80%以上，DnBP 去除率也在 75%以上。其中紫花苜蓿所发挥的作用仍然是无法被忽视的。

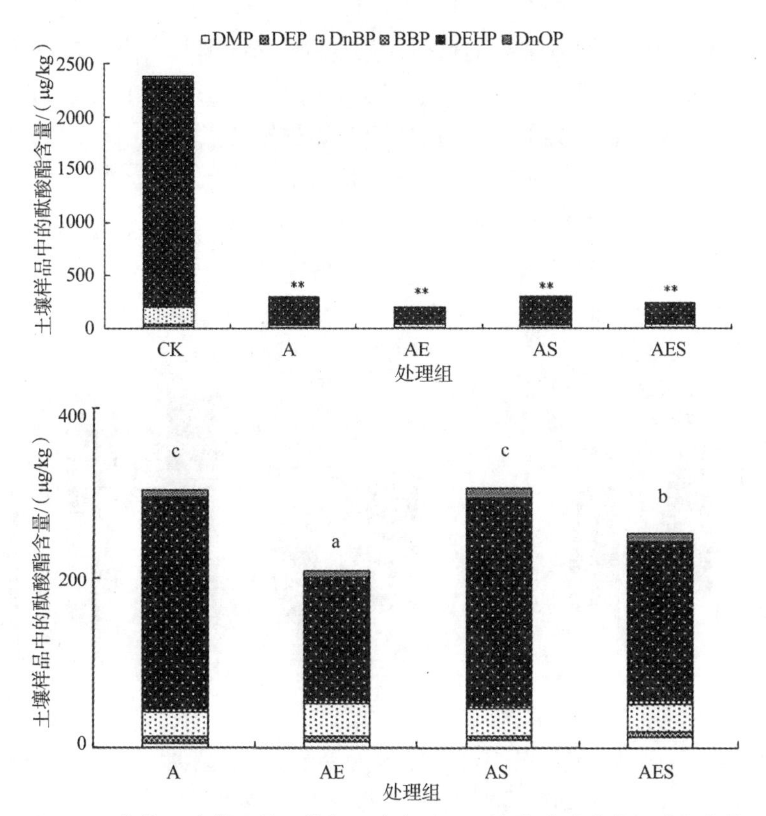

图 5-42 苜蓿、香薷和景天修复组合各处理土壤中酞酸酯的组成和含量

**表示处理间在 p<0.01 水平差异显著。不同字母表示处理间达到显著差异

除了豆科植物紫花苜蓿之外，海州香薷和伴矿景天也是该修复组合的特色。长期以来这两种修复植物被广泛应用于重金属污染土壤修复，它们对镉、锌等的超积累作用显著，通过减少土壤环境中的某些重金属的含量，为土壤微生物提供更好地生存和繁殖环境，从而促进土壤微生物增殖，进而促进土壤中酞酸酯的去除（Jiang et al., 2010; Wei et al., 2011）。在不同的种植模式下，紫花苜蓿-海州香薷间作显示了最佳的修复效果，究其原因除了修复植物本身的性质之外，目标污染物本身的性质以及土壤微生物的作用也是不可或缺的。除了紫花苜蓿之外，海州香薷也具有极大的生物量，这对于土壤中污染物的去除是很重要的优势，使它们分别能达到 0.18~0.27 mg 和 0.17~0.25 mg 每盆的总去除量，成为去除总量最高的处理。本修复组合中，间作处理为较优处理，更适合于大面积推广。

（2）植物体各部位中酞酸酯的组成和含量。紫花苜蓿与海州香薷和伴矿景天间混作修复组合的各处理组的植物样品地上部、地下部的酞酸酯结果见图 5-43 和图 5-44。

各植物地上部的六种酞酸酯污染物的含量介于 2~5 mg/kg（干重），相对含量较高的仍然是三种植物混作的组合。而不论是间作还是混作，海州香薷都显示出比单作更好的酞酸酯积累效果。究其原因，主要与植物的生物量有关。与紫花苜蓿类似，巨大的生物量使它能够积累相对更多的目标污染物，从而达到更好的去除效果。虽然香薷不像苜蓿那样存在着根瘤菌的共生体来帮助目标污染物的去除，但是自身的良好适应性和生长能力对于修复来说也是不错的优势。其他关于 DEHP、DnBP 和 DnOP 的吸收、积累规律与豆科、禾本科植物组合类似。不过 DnOP 的积累特点更加明显，地上部和土壤中 DnOP 的含量越低，根部含量越高，说明它可能是通过大气先进入植物地上部之后再转移到根部的，但是关于此原因还需要进一步深入探究。某些情况下，DnOP 的含量竟然可以达到总浓度的一半左右。

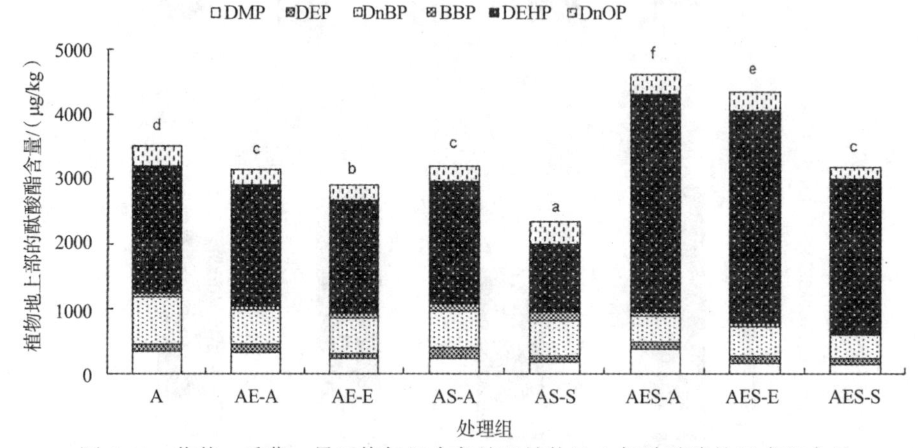

图 5-43　苜蓿、香薷、景天修复组合各处理植物地上部酞酸酯的组成和含量

不同字母表示处理间达到显著差异（$p<0.05$）

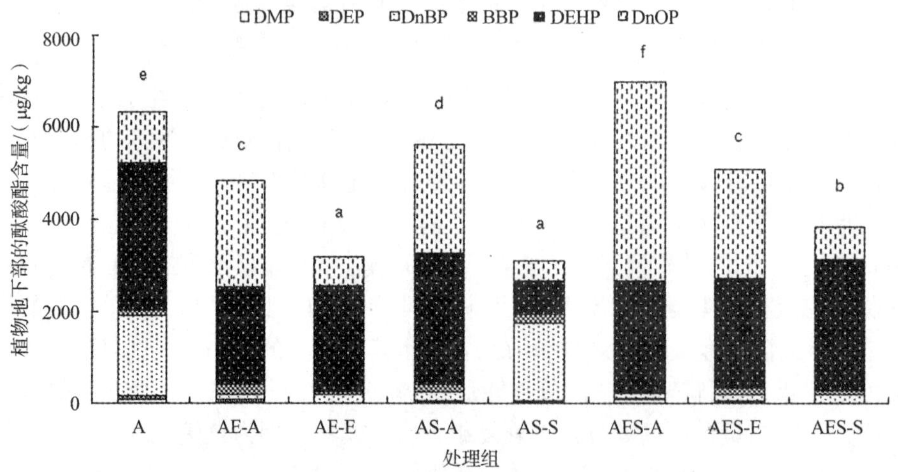

图 5-44　苜蓿、香薷、景天修复组合各处理植物地下部酞酸酯的组成和含量

不同字母表示处理间达到显著差异（$p<0.05$）

（3）不同处理下修复植物的生物量。由表 5-30 可见，海州香薷在有限的微域中，其生物量已经达到了紫花苜蓿的两倍左右，再加上原本海州香薷对酞酸酯的积累也只是略低于紫花苜蓿，因而紫花苜蓿-海州香薷间作的处理显示出很大的优势。在三种植物混作的处理中，紫花苜蓿和海州香薷的生长都没有受到限制。

表 5-30　苜蓿、香薷、景天修复组合植物的生物量变化

处理组植物	地上部生物量/(g/盆干重)	地下部生物量/(g/盆干重)	酞酸酯的去除量/mg
A	58.31±3.59d	46.98±2.77e	0.20
AE-A	26.51±0.68b	19.36±3.01b	0.18
AE-E	108.33±4.24f	23.28±1.55c	0.17
AS-A	37.16±3.96c	30.15±3.62	0.19
AS-S	19.55±0.97a	2.78±0.05a	0.14
AES-A	28.53±1.88b	18.87±2.73b	0.27
AES-E	68.23±4.58e	22.43±3.78c	0.25
AES-S	16.36±1.38a	2.52±0.04a	0.19

注：结果为四个重复的平均值±SD；平均值后不同字母表示处理间达到显著差异（$p<0.05$）。

按照上面的估算，混作组合对每公顷污染土壤中的酞酸酯去除量在 0.22g 左右，总体效果比豆科与禾本科组合差。究其主要原因可能是由于种植空间的限制，供试植物被局限在一个小的微域中，未能达到最佳的生长状态，导致各种植物的生物量较豆科与禾本科组合少得多，从而影响最终总的修复效率。

（4）不同处理下植物修复效率。如图 5-45 所示，不同处理组的总去除率均能达到 80%以上，但各处理组的总效率差别不大。总的去除效率与豆科与禾本科的间混作组合相比略差。去除最明显的仍为 DEHP 和 DnBP 两种组分，三种植物混作的修复效果最佳，可作为今后推广的修复模式。

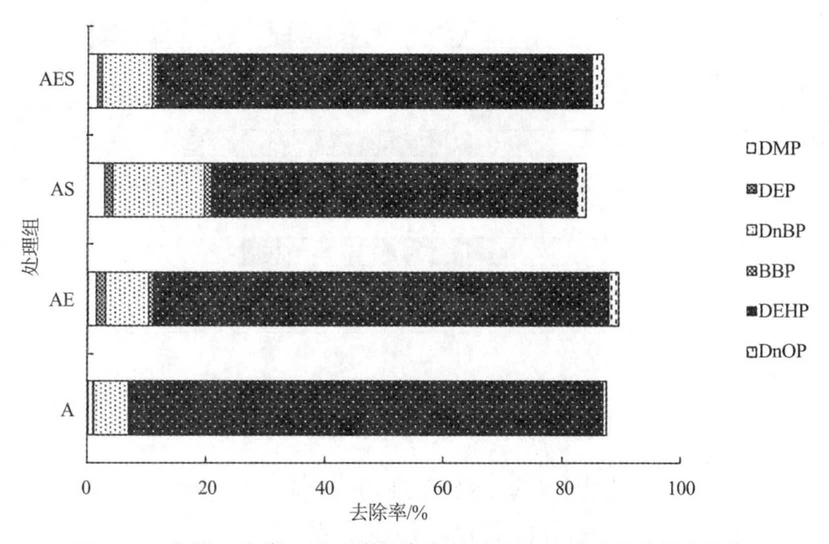

图 5-45　苜蓿、香薷、景天修复组合各处理组的酞酸酯的总去除率

（5）植物富集系数、转运系数、植物提取修复效率等参数比较。分别计算紫花苜蓿与海州香薷和伴矿景天间混作修复组合的植物富集系数、转运系数、植物提取修复效率，结果如图 5-46 和图 5-47 所示。

在不同的种植模式下，紫花苜蓿都显示出对酞酸酯类物质良好的生物富集能力，尤其是在单作的条件下，这与其巨大的地上部和地下部的生物量密不可分。对于特殊组分 DnOP 的富集尤其显示出了这一优势。本植物组合的三种植物混作条件下，植物富集系数的和可以达到 310 左右（图 5-46），略低于豆科与禾本科的间混作组合，但仍为推荐的修复模式。

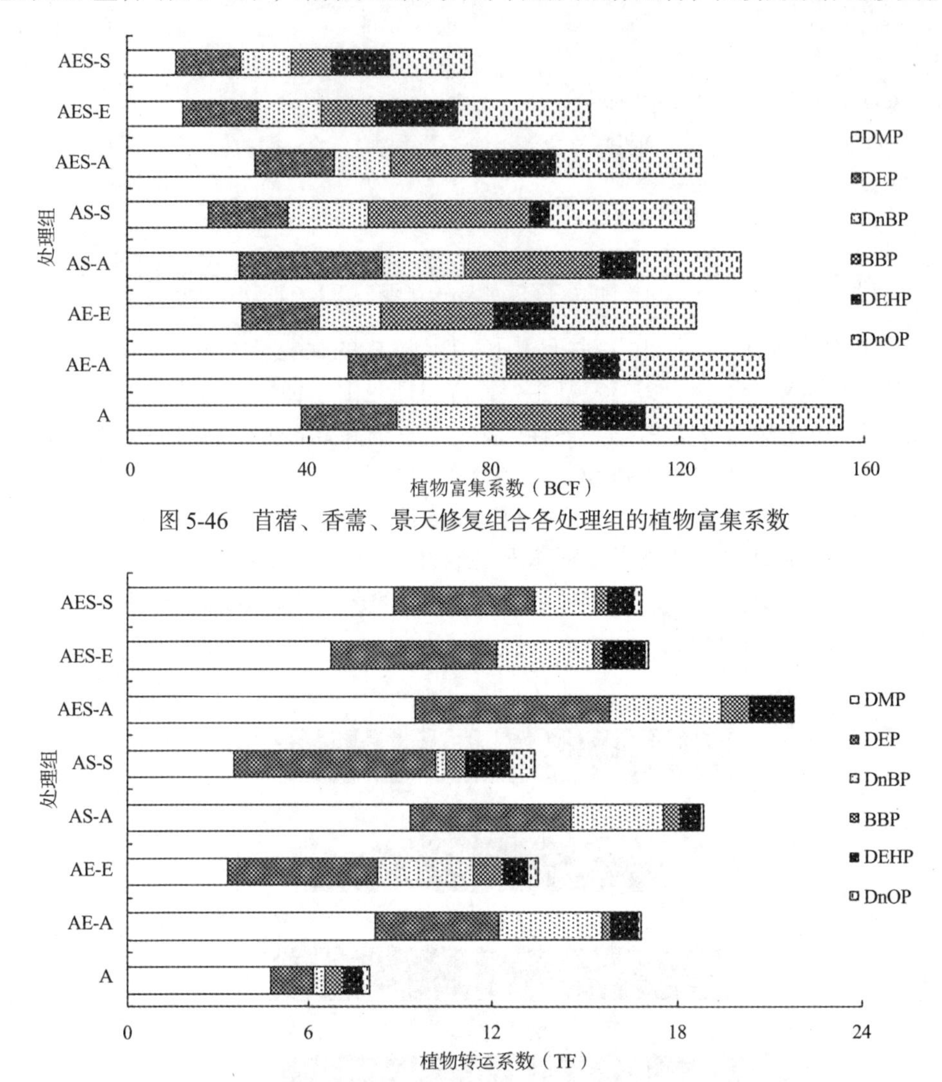

图 5-46　苜蓿、香薷、景天修复组合各处理组的植物富集系数

图 5-47　苜蓿、香薷、景天修复组合各处理组的植物转运系数

图 5-47 显示，本组植物的转运系数呈现的特点和变化趋势与豆科禾本科的间混作组合类似，尤其是 DEP、DMP 和 DnBP 的转运系数。

不同植物组合处理下，植物提取修复效率介于 1.26%~1.69%（图 5-48），如此低的植物提取效率暗示，除了植物体本身的作用外，还存在着其他因素推动着土壤中酞酸酯的消除，如微生物可能发挥着巨大的作用，因而还需要对不同处理组的土壤微生物群落变化进行探讨。不同组合的排序为三种植物混作>紫花苜蓿单作>紫花苜蓿-海州香薷间作>紫花苜蓿-伴矿景天间作的处理。

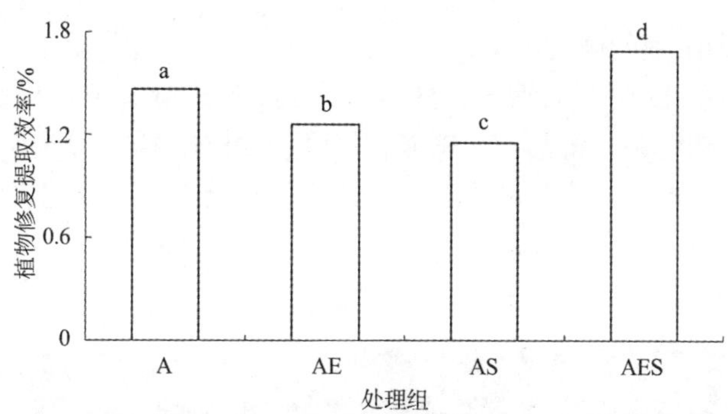

图 5-48　苜蓿、香薷、景天修复组合各处理组的植物提取修复效率

不同字母代表处理间差异显著

（6）不同植物修复处理对微生物群落的影响。不同处理组土壤微生物在 Biolog 板上培养的平均吸光度值如图 5-49 所示。

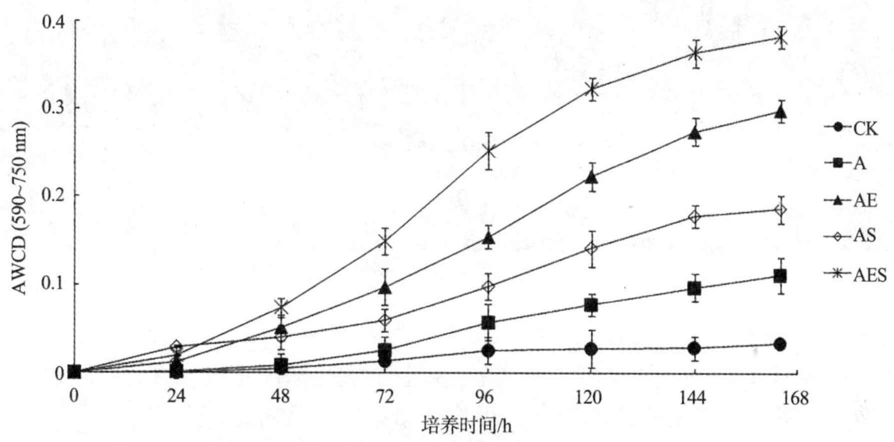

图 5-49　苜蓿、香薷、景天修复组合各处理组的土壤微生物 AWCD

图 5-49 显示，随着培养时间的增加，各处理组的 AWCD 均明显上升，显示了土壤酞酸酯去除过程中土壤微生物的重要作用，所有 AWCD 都在 168 h 左右趋于平稳。其中对照组吸光度值上升幅度最小，而三种植物混作的组合仍然显示出最高的吸光度。表 5-31 中各种指数的趋势类似于豆科与禾本科组合，仍以三种植物混作的情况下微生物的种群丰度最高，碳源利用率最高，为该植物组合方式下的最佳植物种植模式。

表 5-31　苜蓿、香薷、景天修复组合的微生物群落多样性变化

处理组	种群丰度 richness（S）	种群多样性 Shannon 指数	底物利用均值 evenness（E）
A	58.31±3.59d	3.78±0.07b	>0.99
AE	26.51±0.68b	3.37±0.01a	>0.99
AS	19.55±0.97a	3.41±0.04a	>0.99
AES	68.23±4.58e	4.03±0.03c	>0.99

注：表中不同字母代表处理间差异显著。

3）酞酸酯污染土壤的微生物修复

（1）土壤酞酸酯降解菌的筛选、分离与鉴定。通过分离纯化从设施菜地土壤中筛选得到 4 株 DEHP 降解菌，将其中一株能较好降解 DEHP 的菌编号为 WJ4。WJ4 在 LB 培养基平板上培养 48h 后，菌落呈淡黄色、圆形、黏质不透明、边缘整齐、表面隆起、湿润光滑，菌落直径一般在 1.0~2.5mm。经染色镜检，该菌为革兰氏阳性，菌体呈球状或短杆状（图 5-50）。

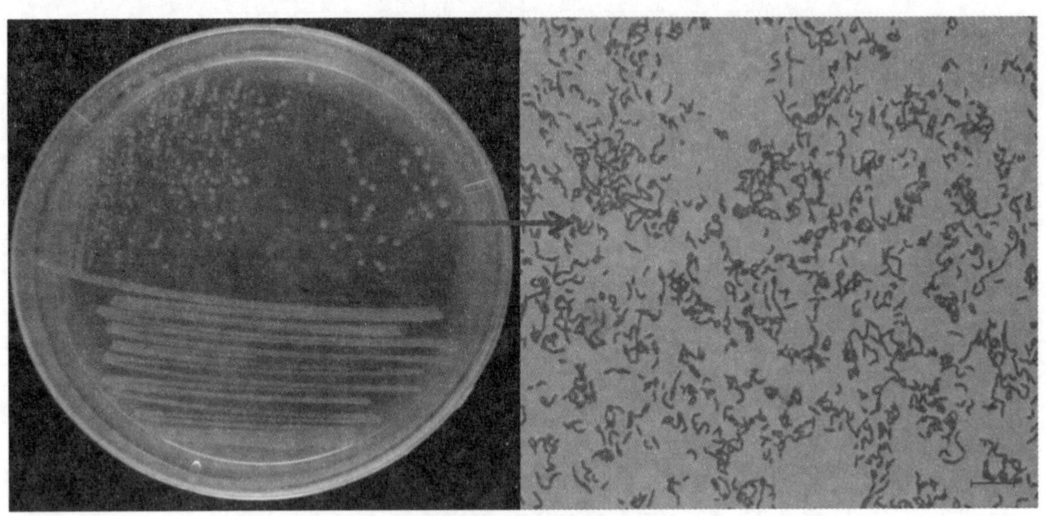

图 5-50　WJ4 菌落形态及菌株显微镜照片（100×）

菌株 WJ4 的生理生化特性测定结果见表 5-32。由表 5-32 可知，菌株 WJ4 的甲基红试验和 V.P. 反应呈阴性，过氧化氢酶测定呈阳性，氧化酶测定呈阴性，可以利用硝酸盐和柠檬酸盐，不能利用淀粉，不能液化明胶，吲哚试验呈阴性，蔗糖、葡萄糖发酵产酸产气，乳糖发酵不产酸不产气（Wang et al., 2015）。

表 5-32　菌株 WJ4 的生理生化特征

试验名称	试验结果	试验名称	试验结果
甲基红试验	–	淀粉利用情况	+
V.P. 反应	–	明胶液化试验	–
过氧化氢酶测定	+	吲哚试验	–
氧化酶测定	–	蔗糖、葡萄糖发酵试验	+
硝酸盐利用情况	–	乳糖发酵试验	–
柠檬酸盐利用情况	–		

注：“+”表示可以利用和阳性，“–”表示不能利用和阴性。

以菌株 WJ4 基因组 DNA 为模板，利用细菌 16S rDNA 通用引物进行 PCR 扩增，得到长度为 1428bp 的扩增产物。根据 Genbank 序列同源性比较，球状红球菌（*Rhodococcus globerulus*）WJ4 菌株与 *Rhodococcus globerulus* strain DSQ17（GenBank

登录号 HM217119）同源性为 100%，结合其形态特征和生理生化特性结果，初步将该菌鉴定为球状红球菌。图 5-51 是该菌株 16S rDNA 的系统发育树。

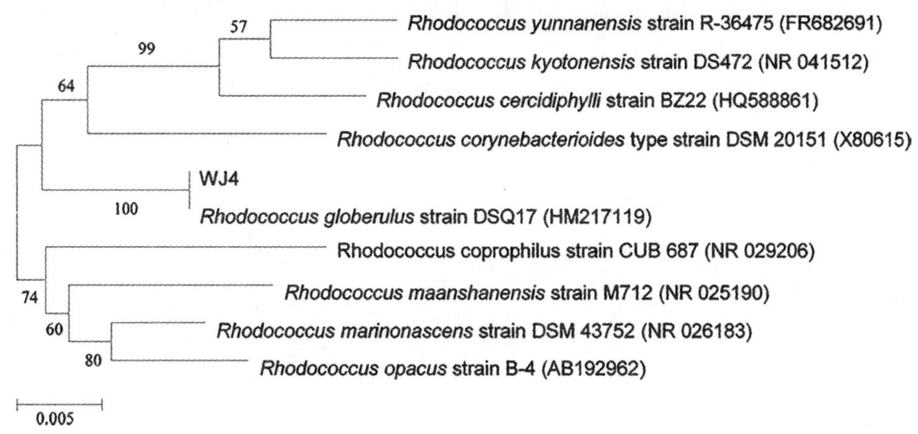

图 5-51　菌株 WJ4 的 16S rDNA 的系统发育树

（2）酞酸酯降解菌的降解特性。球状红球菌 WJ4 菌株对溶液中 DEHP 的降解动态结果如图 5-52 所示。由图 5-52 可知，接入球状红球菌 WJ4 进行生物降解后，溶液中 DEHP 的降解率显著增加，在第 1d、3d、5d、7d 时降解体系中 DEHP 的浓度分别为 177.18 mg/L、64.29 mg/L、20.05 mg/L 和 7.28mg/L。试验组与对照组之间存在显著差异（$p<0.05$），在 200 mg /L 初始浓度条件下，第 1d、3d、5d、7d 时，该菌对 DEHP 的降解率相对于灭菌对照分别达到了 11.4%、51.7%、89.7%和 96.4%。在加入灭活菌液的对照组中，DEHP 的浓度为 193.44±3.90 mg/L，这可能是由于 DEHP 在提取纯化过程中挥发或发生光解等非生物因素造成。

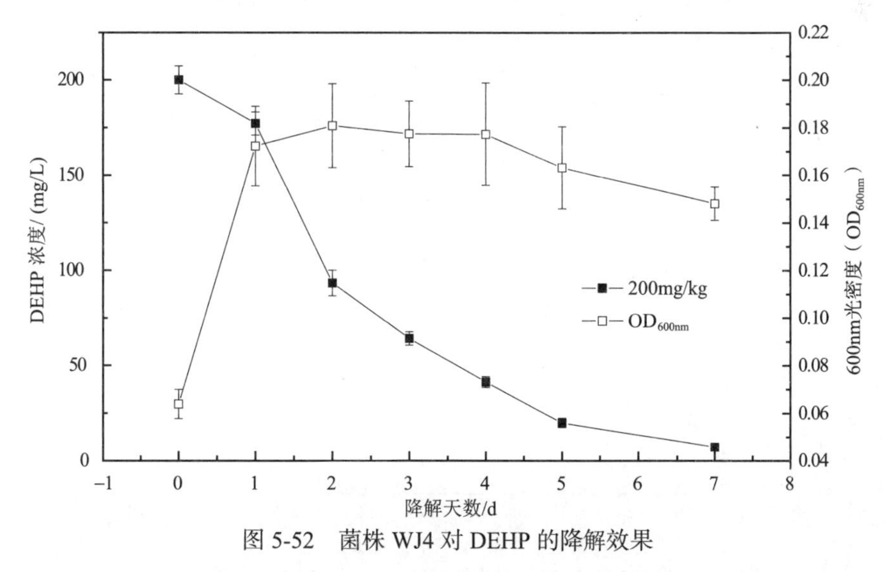

图 5-52　菌株 WJ4 对 DEHP 的降解效果

（3）酞酸酯污染土壤的微生物修复效应。经过 21d 的球状红球菌 WJ4 的生物强化修复后，各处理中污染土壤 DEHP 的残留量变化动态如图 5-53 所示。与接灭活菌液的对照组相比，接种活菌球状红球菌 WJ4 显著促进了污染土壤中 DEHP 含量的降低，在第 0d、1d, 3d, 7d、14d、21d，土壤中 DEHP 的残留量分别为 958.14 mg/kg、892.48 mg/kg、856.58 mg/kg、764.65 mg/kg、630.49 mg/kg 和 425.02 mg/kg，在第 21d 降解率达到了 57.5%，各处理土壤中 DEHP 的残留量均随修复时间的延长而逐步降低。

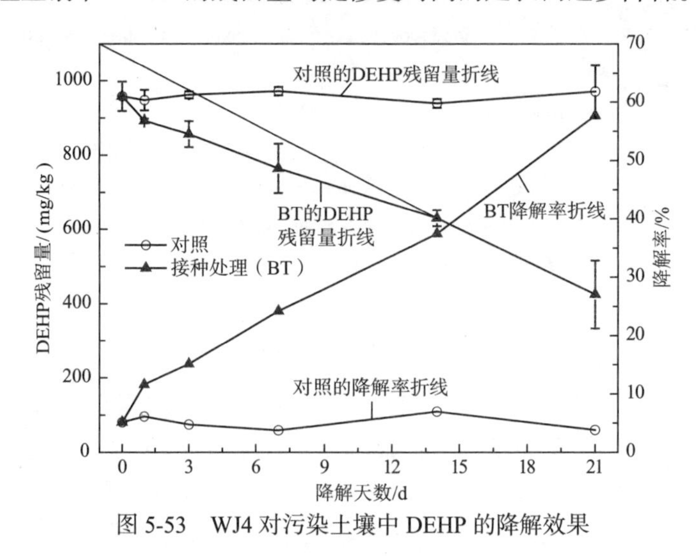

图 5-53　WJ4 对污染土壤中 DEHP 的降解效果

由图 5-54 可知，土壤中 PAEs 生物可降解程度与其侧链长度和原子数量有关，随着侧链的增长，生物可降解性逐渐降低。土壤中 PAEs 浓度随培养天数的增加而逐渐降低，DnBP 在第 0d、1d、3d、7d、14d、21d 时的残留浓度分别为初始浓度的 100%、98.7%、76.2%、65.3%、41.5%和 2.0%；DEHP 分别为 100%、93.1%、89.4%、79.8%、65.8%和

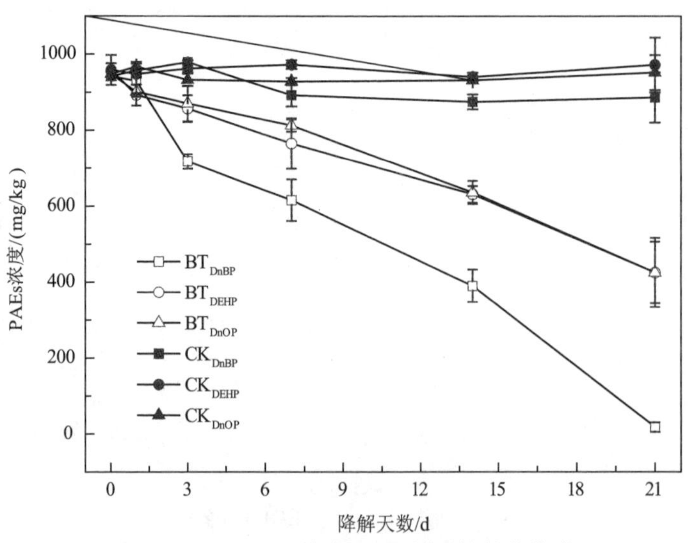

图 5-54　WJ4 对土壤中 PAEs 同系物的共代谢

CK 表示对照处理；BT 表示接种处理

44.4%；DnOP 分别为 100%、95.1%、91.8%、85.7%、67.1%和 44.9%。DnBP 浓度在 14~21d 下降迅速，而在 1~14d 内相对较为缓和，这可能是由于前期 DEHP 和 DnOP 降解过程产生了 DnBP，从而使其在土壤中浓度下降缓慢。土壤中 DEHP 和 DnOP 的残留浓度在 21d 时趋于稳定，从而使土壤中 DnBP 浓度相对稳定。微生物具有优先选择利用结构相对简单的化合物的特性，当土壤中 DnBP 大量存在时，其开环过程相对简单。因此，在 DEHP 和 DnOP 含量趋于平稳时，DnBP 被微生物开环降解，其残留浓度迅速降低。

5.8.2　土壤污染防控对策和技术体系的构建

1. 土壤污染防控对策和技术筛选的原则和方法

1）筛选原则

围绕“改善设施土壤环境质量、保障设施农产品质量安全、维护设施土壤资源可持续利用”的设施土壤污染防治工作目标，根据设施土壤污染控制和环境质量监控管理、环境风险管控的不同要求进行全面规划、科学设计，进一步优化筛选可行的综合防控对策和技术。筛选条件主要包括防控对策和技术是否能针对处理关注污染物、修复效果的好坏、修复技术是否成熟、成本和效益是否合理、能否和其他修复技术集成、修复技术是否容易获得、修复时间是否允许、修复过程是否对环境和安全产生不利影响、是否需要第三方监测、是否符合各利益相关方的要求、是否满足法律法规的要求等。常常采用的原则包括：

（1）科学性原则。依据国家环境保护方针、政策，与土壤环境功能区划和质量管理目标相衔接，科学设计出满足设施农业土壤污染防控要求的技术。

（2）规范性原则。采用程序化和系统化的方式规范设施污染土壤的防控、修复过程和行为，进一步恢复设施土壤的主要环境指标和生产功能。

（3）可行性原则。针对设施土壤周边自然条件和健康风险，综合考虑污染防控对策和技术的效果、时效性和经济可行性等因素，合理选择防控、修复技术，使技术切实可行。

（4）安全性原则。采用的防控对策和技术应确保施工安全和减少对周边环境的影响，避免危害施工人员和周边人群健康，造成二次污染。

2）筛选方法

如果技术预评价得到几种备选修复技术，则可采用评分矩阵法，从场地特征、资源需求、成本、环境、安全、健康、时间等方面对备选修复技术进行详细分析。评分矩阵法分四步，分别是确定分析指标、确定权重因子、逐项对各备选技术（或技术组合）进行评分和确定最佳修复技术（或技术组合）。

（1）定性矩阵法。根据污染土壤的特征信息，如土壤类型、pH、黏土矿物含量、有机质含量、粒径分布、土层深度、容重、含水率、渗透系数、孔隙率、土壤水溶质特性、土壤水流体力学特性、土壤异质性等；以及优先关注污染物信息，如污染物的种类、浓度水平、空间分布、存在形态及在土壤胶体、孔隙水、气相中的分布、理化性质（可溶性、密度、毒性、蒸汽压、黏性、在气/水界面的分散力、分配系数、自然降解率）等，这两种特征影响污染物在场地中的迁移转化，结合设施土壤污染场面积、地形和周边生态环境、降水及季节分布、风力、风向等小气候特征、地表覆盖情况，再根据可能的修复技术和初始筛选条件列出矩阵，对修复技术进行筛选。

（2）类比法。根据设施土壤污染地块之间的区域环境特征、土壤和地下水特征、分布有污染物的地层岩性以及污染物种类、浓度水平的相似性和可比性，将已有成功案例应用的修复技术应用在待修复的地块。区域环境特征包括气象条件、地貌状况、生态特点、地质水文特点等方面。

（3）专家评估法。专家根据设施土壤污染地块所在地的区域环境特征、场地的特征条件、污染物特征、修复目标等相关信息进行修复技术的评估。其他方法不适用的情况下可以采用专家评估法。

2. 土壤污染综合防控主要对策和技术

1）源头防控对策和技术

源头防控对策和技术主要包括设施农业种植过程中农业投入品的减量化、无害化技术，低毒高效的添加替代技术，以及科学合理的农药、肥料和农膜添加、使用技术和农艺措施等。

（1）农药污染防控对策和技术。

①农药销量控制登记管理制度。农药批发、零售实行专营特许制度，对农药批发和零售经营网点实行总量控制，建立由批发企业、区域配送中心、零售企业组成的三级经销网络，环保部门对农药运输、储存、销售、使用各环节实行全程监管，加大监管处罚力度；农药经销人员应持证上岗，建立严格的质量控制、安全防范、责任追溯等经营管理制度，并建立农药经营电子台账管理系统。

②禁用农药管理制度。按照《农药管理条例》有关规定，对违法经营国家明令禁止使用的农药的行为以及违法在设施作物上使用不得使用或限用农药的行为，环保部门应予以严厉打击。设施作物上禁止使用的农药包括甲胺磷、甲基对硫磷、对硫磷、久效磷、磷胺、六六六、滴滴涕、毒杀芬、二溴氯丙烷、杀虫脒、二溴乙烷、除草醚、艾氏剂、狄氏剂、汞制剂、砷类、铅类、敌枯双、氟乙酰胺、甘氟、毒鼠强、氟乙酸钠和毒鼠硅；蔬菜上禁止使用的农药包括甲拌磷、甲基异柳磷、特丁硫磷、甲基硫环磷、治螟磷、内吸磷、克百威、涕灭威、灭线磷、硫环磷、蝇毒磷、地虫硫磷、氯唑磷和苯线磷；甘蓝禁止使用氧乐果；花生上禁止使用丁酰肼。

③对症下药。准确识别设施作物主要的病虫害，同时了解农药品种特性、登记作物范围、防治对象，避免滥用药，做到对症下药。真菌性病害在潮湿的条件下都有菌丝、孢子产生；细菌性病害没有菌丝、孢子，病斑表面没有霉状物，但有菌脓移出，病斑表面光滑；病毒性病害的发生有明显的由点到面逐渐向外传播蔓延的现象，如日光温室蔬菜青枯病、枯萎病和根结线虫病危害症状相似，温室番茄早疫病和晚疫病发生条件相似，症状也相似，设施农业种植人员常常误诊，造成盲目用药。

④适时用药。设施作物栽培过程中，根据有害生物发生条件（如大棚温度、湿度等）、发生规律、预测预报信息以及作物生长状态确定预防用药最佳时机，如菜青虫防治时期应在 1~3 龄幼虫盛发期，一般在产卵高峰后 1 周左右；蚜虫防治时期应抓住迁飞前的有翅若蚜盛发期；冬季温室番茄、辣椒遇低温高湿，通风不良，栽培过密，前期枝、叶茂盛，或开花或坐果时期为灰霉病惯性高发期，此时应抓住预防灰霉病的最佳时期。

⑤轮换用药。两种或两种以上不同作用机制的农药轮换使用，可防止因连续使用单一农药使病原物和害虫产生抗药性，从而减少农药使用剂量、次数，如有机磷杀虫剂和拟除虫菊酯类杀虫剂轮换使用；氰霜唑对甲霜灵产生抗性或敏感的病菌均有活性，可轮换使用；乙霉威能有效防治对多菌灵、速克灵产生抗性的病菌，可轮换使用。

⑥合理混用。不同作用机制的农药混用，可兼治多种病虫害，提高防治效果，延缓有害生物的抗性发展；若混用的两种或几种有效成分之间具有协同增效作用，则可以减少农药的用量，降低选择压，如用于防治小菜蛾、菜青虫、甜菜夜蛾的辛氰乳油、辛澳乳油、马阿乳油、菊马乳油等，其复配的有效成分之间作用机制不同，且单剂之间有明显的增效作用，能大大减少农药的使用量；64%杀毒矾和 72.2%普力克混配对温室番茄疫病的防效可达 80.72%，高出单一药剂防效 10%~15%；恶霉灵与多菌灵混合使用对甜瓜枯萎病的防效高达 82.21%~86.67%，高出单一药剂恶霉灵的防效 13.23%和多菌灵的防效 60.47%。

⑦增效减量用药技术。农用有机硅喷雾助剂是一种表面活性剂，具有超低表面张力和超级扩展能力，能提高农药药效，减少农药使用量，如用 15%茚虫威悬浮剂（安打）防治甘蓝上小菜蛾时，加入 0.1%GE 有机硅助剂能提高防效，可减少农药一半的喷雾量。可用于氯氰菊酯、氟氯氰菊酯、溴氰菊酯、氰戊菊酯、杀螟硫磷、敌敌畏、阿特拉津等农药增效，如增效醚对高效氯氰菊酯防治甜菜夜蛾的增效高达 7.9 倍，可减少农药用量。另外，氮酮对高效氯氰菊酯、拿捕净、虎威、丁草胺、乙草胺均有明显的增效作用，如氮酮对高效氯氰菊酯防治甜菜夜蛾的增效达 4.4 倍，可减少农药用量。

（2）化肥污染防控对策和技术。

①合理轮作。设施内长期高负荷种植单一作物，造成土壤养分不均衡，个别离子严重累积。不同生长习性、不同需肥规律的作物进行轮作、间作或套作，可合理利用不同肥料的养分和不同深度土壤的盐分，不仅有效防止盐分在土壤表层积聚，而且能修复土壤中重金属污染，如茄果类、瓜类、豆类等深根性作物品种与叶菜类、葱蒜类等浅根性作物品种轮作，可有效降低设施农业土壤中的盐分含量；玉米-芥菜、生姜-葱-莴笋、玉米+生姜-小白菜等轮作模式能有效修复设施农业土壤中 Pb、Zn、Cd 等重金属污染。实行水旱轮作是解决土壤次生盐渍化的最有效办法，在种植水稻过程中通过合理的灌排技术，达到排盐洗碱的目的，如浙江嘉兴大棚生姜-晚稻、大棚番茄-晚稻，浙江临海地区大棚草莓-水稻，浙南地区大棚番茄-水稻、大棚茄子-水稻水旱轮作模式均可有效减轻设施农业土壤盐渍化。

②配方施肥，减少化肥用量。过量施用化肥是造成设施农业土壤次生盐渍化障碍的主要因素之一，因而控制化肥用量是减少土壤盐渍化的重要举措。在控制硝态氮肥数量

和把握“少量多次”追肥原则的基础上，根据设施内不同作物需肥规律、土壤供肥性能与肥料效应、产前测土等措施提出施用各种肥料的适宜用量、比例及配套施肥方法，降低化肥的使用量，从而有效减缓设施农业土壤次生盐渍化，如硫酸亚铁、磷酸二氢钾和氯化钾等无机肥料的施用不仅能降低土壤和黄瓜中的硝酸盐含量，而且能提高温室黄瓜产量。

设施作物栽培过程中大量施用尿素、碳酸氢铵、硫酸铵等氮肥，然而，作物对氮肥的利用率不足 30%，所以氮肥投入量远大于作物实际需求和吸收量，导致氮素在土壤中的大量积累，如设施农业土壤有效氮含量高出露地土壤 7.6~22.8 倍。设施作物栽培过程中常施用过磷酸钙、重过磷酸钙、磷酸二氨等高浓度的水溶性磷肥，加之蔬菜作物对磷素的吸收相对较少，造成土壤磷素的富集，如设施农业土壤速效磷含量显著高于大田土壤，种植年限越长，数值越大，种植 10a 左右的棚室土壤速效磷含量为 116.0 mg/kg，高出大田土壤 8 倍之多；也有研究表明日光温室栽培土壤全磷、有效磷、水溶性磷含量分别为农田的 1.78 倍、8.00 倍和 3.70 倍，且随日光温室栽培年限的增加，不同形态磷的累积量呈逐年递增的趋势。

土壤盐渍化是硝酸盐积累的重要原因。大棚复种指数高，化肥用量过大，导致土壤有机质含量下降，缓冲能力降低，硝态氮大量累积，加之氮、磷、钾三种元素的投入比例过大，而钙、镁等中量元素投入相对不足，造成土壤养分失衡，使土壤胶粒中的钙、镁等碱基元素很容易被氢离子置换，使土壤酸化严重。同时，化肥过量施用也是造成设施菜地土壤次生盐渍化的重要原因之一。已有研究表明日光温室化肥施用量大约为大田的 5~10 倍，有的甚至高达 20 多倍，由此可见，化肥投入量远远超过了蔬菜正常生长需要的量而逐渐在土壤中积累，如山东大棚土壤各土层的含盐量均高于相应对照土层，其中 0~5cm、5~10cm 两土层与相应对照土层差异达到极显著水平。设施内底肥、追肥、叶面肥施用过程中大量使用尿素、碳酸氢铵等化肥，是造成土壤中硝酸盐积累的主要原因，已有研究表明增加化学氮肥用量会明显促进土壤中硝酸盐积累。随着设施作物栽培时间的延长，土壤盐渍化不断加重，土壤盐分的积累与硝酸盐的积累有十分密切的正相关关系。

③化肥中重金属含量控制标准。长期大量施用化肥（氮肥、磷肥等）会促使设施农业土壤中重金属的积累，如土壤重金属 Cd 的贡献中，磷肥占 54%~58%；土壤重金属 Pb 污染也主要来源于化肥。

（3）有机肥污染控制技术。

①有机肥腐熟技术。大量未经无害化处理或经简单堆肥处理的含有抗生素残留的畜禽粪便作为有机肥施入设施农业土壤，是设施农业土壤中抗生素污染的主要来源，如浙北地区施用畜禽粪肥的农田表层土壤中土霉素、四环素和金霉素的平均残留量分别为未施畜禽粪肥农田的 38 倍、13 倍和 12 倍。

高温堆肥对四环素类等抗生素具有较好的降解作用，并且能促使抗生素敏感微生物种群增加，抗性微生物种群减少，如猪粪和麦秸堆肥处理后，四环素、土霉素、金霉素的去除率分别高达 85.97%、84.46%、75.60%，而鸡粪和麦秸堆肥处理相应的去除率也分别高达 66.56%、82.44%、72.95%。外源接种有益降解菌剂辅助堆肥能显著促进有机肥中抗生素残留的降解或去除，如接种 BM 菌剂堆肥后四环素、土霉素、金霉素去除率分别高达 81.46%、59.36%、66.85%（猪粪）和 73.73%、46.62%、53.02%（鸡粪）；添加堆肥调理剂锯末、秸秆等也可显著促进四环素类抗生素的降解。

②抗生素残留控制标准。目前商品有机肥中还未制定抗生素相关标准，环保部门应加快制定有机肥中抗生素残留限量标准，从源头上控制设施农业土壤中抗生素污染风险。

③有机肥重金属含量控制标准。商品有机肥和农家肥均需严格执行农业部《有机肥料》（NY 525—2012）中规定的重金属 As、Hg、Pb、Cr、Cd 限量标准；考虑到 pH 对重金属活性的影响，如随着土壤溶液 pH 的不断增加，土壤对重金属 Cd、Cu 的吸附随之增加，当土壤 pH 高于 8.0 时 Cd 几乎被完全吸附，因此，应制定适用于不同 pH 土壤的有机肥重金属限量标准。

有机肥中常含有一定量的重金属，我国 8 省（市）商品有机肥的调查结果显示：有机肥中各种重金属均出现了不同程度的超标，已有研究表明施用鸡粪等有机肥的设施农业土壤中，Cu、Zn 等重金属含量明显高于未施有机肥的土壤。污泥、垃圾等固体废弃物作为有机肥施入土壤也会造成菜地土壤重金属含量增高，如天津市长期施用污泥的菜地土壤中，Cu、Zn、Pb 等重金属含量高于背景值 3~4 倍，Cd 含量高于背景值 10 倍，Hg 含量高于背景值 125 倍；施用城市垃圾的菜田土壤中，Pb、As、Cd 等重金属含量高于背景值 1/3~1 倍，Hg 含量高于背景值 30 多倍。

（4）农膜（酞酸酯）污染控制技术。

①提高农膜生产质量标准。目前设施内大多使用厚度为 0.007 mm 的超薄膜，韧性小、易破碎、难以回收，造成土壤中严重的农膜残留。国际上对农膜的厚度作出了严格的规定，大都超过 0.012 mm，因此，环保部门应建议设施作物栽培过程中使用厚度大于 0.012 mm 的农膜，从源头上控制农膜在土壤中的残留量，从而降低土壤中酞酸酯残留。

②控制农膜中酞酸酯含量。我国尚未制定土壤中农膜中酞酸酯残留限量标准，设施农业土壤酞酸酯的控制一般参考美国土壤酞酸酯化合物限量标准，即土壤中邻苯二甲酸二甲酯（DMP）、邻苯二甲酸二乙酯（DEP）、邻苯二甲酸二丁酯（DBP）、邻苯二甲酸丁基苄基酯（BBP）、邻苯二甲酸二（2-乙基）己酯（DEHP）、邻苯二甲酸二辛酯（DOP）残留限量标准分别为 0.02 mg/kg、0.07 mg/kg、0.08 mg/kg、1.22 mg/kg、0.44 mg/kg、1.20 mg/kg。大量数据表明，我国设施菜地土壤的酞酸酯污染水平已远远超过美国标准，应尽快制定有关设施农业土壤中农膜及酞酸酯残留限量标准。

2）过程削减对策和技术

（1）农药削减防控对策和技术。

①性诱剂。每亩菜地摆放水盆 3~4 个，盆内放水和少量洗衣粉或杀虫剂，水面上方 1~2 cm 处悬挂昆虫性诱剂诱芯，可诱杀大量前来寻偶的昆虫。目前已商品化生产的有斜纹夜蛾、甜菜夜蛾、小菜蛾、小地老虎等性诱剂诱芯。

②黄板。黄色塑料板涂上粘油、凡士林油或其他黏着物，可诱杀对黄色有趋性的蚜虫、斑潜蝇、白粉虱等，如日光温室黄瓜斑潜蝇和白粉虱初发期以 450 片/hm^2 放置黄板，在减少农药使用次数 2~3 次的情况下同样达到单纯使用化学农药的防效；黄板对温室内烟粉虱成虫种群具有明显的控制效果，每 10 m^2 设置 1.5 块黄板后 5d 和 10d 对温室黄瓜烟粉虱的防效分别高达 71.1%和 88.1%。

③糖醋液。地老虎、种蝇、金龟子等对酸甜味有趋性，可用糖醋液（糖：醋：水=1：2：20）再加入 0.1%的敌百虫，放在设施菜田内诱杀其成虫，进而减少农药使用频率和使用量。

④防虫网。防虫网是一种孔径细小（一般为 20~25 目）的纱网，是温室阻隔外来虫源入侵的重要措施。温室蔬菜覆盖防虫网后，基本上能免除小菜蛾、菜青虫、甘蓝夜蛾、甜菜夜蛾、斜纹夜蛾、棉铃虫、豆野螟、黄曲条跳甲 、蚜虫、美洲斑潜蝇等多种害虫的危害，如日光温室覆盖防虫网对南美斑潜蝇、蚜虫和白粉虱等主要害虫均能起到显著的控制作用，防效高达 80.7%~91.5%。

⑤生物农药。选用生物农药防治温室蔬菜病虫害，可减少化学农药的使用量，如苏云金杆菌（BT）、阿维菌素、木霉菌剂等，如利用 BT 制剂防治食心虫；用阿维菌素防治小菜蛾、菜青虫、斑潜蝇等；用核型多角体病毒、颗粒体病毒防治菜青虫、斜纹夜蛾、棉铃虫等；农用链霉素、新植霉素防治多种蔬菜软腐病、角斑病等细菌性病害；木霉菌剂对温室枯萎病的防效高达 93.3%；喷施白粉病发酵液 16d 后对温室草莓白粉病的防效可达 73.04%~86.81%，且对灰霉病和炭疽病也有很好的预防和治疗作用。

⑥杀虫灯。利用害虫特有的趋光性，在温室内放置一定数量的灯具来诱杀小菜蛾、灯蛾、斜纹夜蛾、棉铃虫、叶蝉、蝼蛄等多种害虫，尤其在夏秋季节害虫发生高峰期对蔬菜主要害虫有良好防治效果。可诱杀温室蔬菜害虫约涉及 5 个目，18 个科，39 种害虫，对斜纹夜蛾防效更为明显，设置频振式杀虫灯的菜地，落卵量降低 70%左右。

⑦高温闷棚。夏季大棚休闲期进行高温闷棚，对根结线虫及其他土传病害有较好的防治效果，如大棚于 7~8 月份施入 750~1500 kg/hm^2 生石灰，进行耕翻灌溉，然后将大棚覆盖后密闭，选择晴天闷晒增温，可达 60~70℃，连续高温闷棚 5~7d，可有效杀灭土壤中线虫、枯萎病原菌等，进而减少农药用量。

（2）化肥污染削减防控对策和技术。

①硝化抑制剂。设施农业土壤中添加硝化抑制剂抑制铵态氮转化成亚硝态氮和硝态氮，不仅能提高化肥肥效和减少化肥使用量，而且可以减少土壤中硝酸盐含量，如氢醌、双氰胺、硫脲等硝化抑制剂不仅能降低设施农业土壤和小白菜中硝酸盐含量，而且能显著提高小白菜的维生素 C 和可溶性糖含量，增强对 N、P 养分的吸收。

②合理增施有机肥。设施农业土壤中合理增施有机肥，不但可以减少化肥使用量，而且可有效改善土壤性质，增加土壤中有机质含量和微生物数量，增强土壤的团粒结构，加大土壤通透性，提高土壤吸收容量和缓冲能力，增加土壤胶体对重金属的吸附能力，并有效促进土壤脱盐和抑制返盐，消除土壤板结。

③优化漫灌。改进设施农业土壤灌溉方式，完善设施内灌排系统，保证灌溉水的安

全性，每次浇水应浇足浇透，避免小水勤浇，在休闲期可采取大水漫灌或剥离设施覆盖物利用自然雨水灌溉，将设施农业土壤表层盐分稀释下渗到底层供植物吸收，如在沪郊3 个设施西瓜、甜瓜栽培次生盐渍化土壤，采用全封闭漫灌水层高于地面 2~3 cm，经第 1 次 8d 漫灌垂直淋溶洗盐后耕层盐分含量由洗盐前的 4.2 g/kg、4.2 g/kg、4.4 g/kg 分别大幅降至 1.6 g/kg、2.0 g/kg、2.2 g/kg，第 2 次洗盐后，耕层盐分进一步显著下降至 0.9 g/kg、0.5 g/kg、1.2 g/kg。

④滴灌技术。对于设施农业种植区，将漫灌系统改为滴灌系统不仅可以将有害离子排出植物根部，有效降低设施表层土壤的盐分积累速度，而且滴灌方式比沟灌节约一半的水资源。已有研究表明设施内采用滴灌方式的土壤中全盐、硝酸盐含量均低于沟灌、渗灌等方式，如日光温室栽培宜采用膜下软管滴灌，可减少土壤表层累积的盐分。

（3）有机肥无害化技术。

大量的研究证明，未经腐熟或腐熟度不高的畜禽粪便等农家肥施用后产生有机酸残留于土壤耕作层，随着设施栽培年限的增加，致使土壤酸化；同时，大棚内高温条件促使畜禽粪便迅速分解挥发，而一些硫化物、硫酸盐、有机盐和无机盐残留于耕层土壤内增加了土壤含盐量，造成设施农业土壤板结、盐渍化。因此，必须大力发展有机肥无害化技术，减少有机肥施加带来的环境危害。

（4）农膜（酞酸酯）削减控制技术。

①推广适期揭膜技术。筛选作物最佳揭膜期，如作物收获后揭膜改为收获前揭膜，可缩短覆膜时间 60~90d，所以地膜仍保持较好的韧性，容易回收，一般回收率可达 95% 以上。

②建立农膜回收系统。在设施农业种植区建立废旧农膜回收系统，鼓励和促进废旧农膜资源化，研制并大力推广清除农膜的工具、机具，如 ISQ-20 型地膜消除机、环形滚动钉齿式残膜清除机等，加大残膜回收力度，减少其对设施农业土壤的污染。制定优惠政策鼓励农膜生产企业、农膜销售网点、农膜消费者自行回收、利用、加工废旧农膜，不能自行回收利用的企业或个人要缴纳回收处理费，用于对回收利用者的补偿，从而充分调动废旧农膜回收利用者的积极性。

3）末端治理修复技术

（1）客土法。盐渍化较严重的设施农业土壤可采用客土法，即将发生连作障碍的土壤与质量较好的土壤进行交换，一般交换土壤厚度为 5~15 cm，也可采用基质交换原土，常用的基质为沙砾、泥炭、蛭石等。

（2）深耕翻土。把富含盐类的设施表层土壤翻到下层，同时将含盐量相对较少的下层土壤翻到上层，可大大减轻盐渍化、板结，耕翻深度一般为 40 cm 左右。

（3）土壤改良剂。施用高效土壤改良剂能有效增加土壤团粒结构，提高土壤有机质含量、土壤微生物活性，消除土壤板结，降低土壤盐渍化，并通过对重金属的络合、氧化还原或沉淀作用，降低重金属的生物有效性。常用的土壤改良剂主要有生石灰、碳酸钙、磷酸盐、硅酸盐、腐殖酸、有机肥、生物炭、草炭、谷糠、草屑、秸秆、锯木屑、椰子壳、微生物菌肥等。如覆盖稻草可明显降低土壤盐分含量，而且随着覆盖时间的延长除盐效果越明显，覆盖 42d 比 5d 的土壤电导率降低了近 50%；有机肥+秸秆的改良剂组合对设施菜地土壤脱盐效果显著；施用生石灰或碳酸钙主要是提高土壤 pH，降低土壤酸化，并促使设施农业土壤中重金属 Cd、Cu、Hg、Zn 等元素形成氢氧化物或碳酸盐结合态盐类沉淀；腐殖酸是天然的土壤修复添加剂，能明显吸附、络合设施农业土壤中重金属 Cu；磷酸盐和硅酸盐可使土壤中重金属形成难溶性沉淀；生物炭能显著降低设施农业土壤中交换态 Cd，同时对碳酸盐结合态 Cd、有机结合态 Cd 及残渣态 Cd 的形成起显著作用。

（4）揭棚淋洗与人工洗盐。利用设施换茬空隙撤膜淋雨与人工洗盐是消除设施农业土壤盐渍化的简易可行的有效措施。揭棚淋雨和灌水洗盐能将表层土壤盐分溶解稀释到下层土壤中，一部分供植物吸收，一部分随水排出，如揭棚淋雨可以将大棚表层土壤（0~5 cm）盐分含量降低 79.5%；灌水洗盐可大幅降低浦东新区大洪蔬菜园艺场盐渍化土壤的含盐量，从重盐土的 14.36 g/kg 下降到 1.00 g/kg 以下，基本达到可以栽培的正常含盐水平。

（5）微生物修复。微生物对污染土壤的修复是以其对污染物的降解和转化为基础的。从次生盐渍化严重的设施栽培土壤中分离、筛选以硝态氮为氮源的菌株，如克雷伯氏菌株 NCT-1 能以硝态氮为氮源生长，72 h 内对硝态氮的转化率可达 80%以上；设施青菜地中施加硝酸盐降解菌巨大芽孢杆菌 NCT-2 菌剂不仅大大降低了复合肥的用量，而且降低了土壤中硝酸盐含量。微生物对土壤中酞酸酯的降解起主要作用，如产气菌、纤维单胞菌、深红红球菌、产碱菌、无色杆菌、棒杆菌、节杆菌、分枝杆菌、假单胞菌、短杆菌、不动杆菌、铜绿假单胞菌等菌株均能降解酞酸酯。有研究表明，不动杆菌和铜绿假单胞菌能以酞酸酯为唯一碳源和能源生长，在 48 h 内可将 40 mg/L 酞酸酯分别降解 98.64%和 74.62%；尖孢镰刀菌 F2 和棒束梗霉菌 F3 在 30d 内对土壤中 300 mg/kg 酞酸酯的降解率高达 69.02%。

（6）植物修复。筛选重金属超积累植物，从设施农业土壤中吸收、积累重金属，随后收割地上部并进行集中处理；利用植物根系吸收易挥发重金属（如 Hg、Se 等），将其转化为气态物质挥发到大气中；利用重金属在耐重金属植物或超积累植物根部的积累、沉淀或根表吸收来提高土壤中重金属的固化率，降低其生物有效性，如 Cd 超积累植物东南景天、中华景天、三叶鬼针草、紫茉莉等；As 超积累植物蜈蚣草；Hg 超积累植物蜈蚣草、苎麻、剪股颖等；已有研究表明印度芥菜对 Zn、Cd 有较强的忍耐和富集能力，生长 66d 后叶片中积累 Zn、Cd 的平均浓度分别高达 280~662 mg/kg、161 mg/kg。植物能直接吸收设施农业土壤中残留抗生素，如氟喹诺酮类、磺胺类和氯四环素等，土壤中抗生素向植物体内的富集率可高达万倍以上。大棚休闲期种植耐盐作物是土壤除盐的一种措施，禾本科作物根系发达、植株高大、生长迅速、吸收土壤矿质元素能力强，而且覆盖度大、蒸发量小，降低土壤盐分效果最好。研究发现，在连作番茄四年、积盐严重的大棚休闲期种植玉米和黄瓜，能显著降低土壤电导率，大棚表层土壤电导率较未种植作物的大棚分别降低 64%和 49%；利用毛苕子、苏丹草、甜玉米、苋菜作为填闲作物均能够显著降低土壤可溶性盐分含量。

（7）植物-微生物修复。植物-微生物联合能促进设施农业土壤中农药的修复效率，如 Cd 超积累植物东南景天与 DDT 降解菌株鞘氨醇杆菌 D-6 能联合修复设施南瓜土壤中 Cd-DDT 复合污染，处理 90d 后土壤中 *p,p*'-DDE 和 *p,p*'-DDD 残留量分别比 0 天的残留量缩减了 65.7%和 93.3%，而 *o,p*-DDT 和 *p,p*'-DDT 甚至未检出；毒死蜱降解菌株 DSP-A 与高丹草联合对土壤中毒死蜱的降解率高达 96.44%。根际微生物通过对重金属的价态转化或刺激植物根系的生长发育而提高植物对重金属的吸收、挥发、固定效率，同时，根际微生物能产生有机酸，提供质子或与重金属络合的有机阴离子，交换或络合金属离子，或通过生物转化作用或生理代谢活动，如胞外络合作用、胞外沉淀作用、胞内积累与转化等，使重金属由高毒状态变为低毒状态，如接种耐 Pb 绿色木霉菌及耐 Cd 淡紫拟青霉菌能显著提高龙葵对土壤中 Pb 的积累；接种 As 还原菌等外源微生物菌剂可提高蜈蚣草地上部和地下部对土壤中 As 的积累。植物和真菌能联合修复设施农业土壤中酞酸酯污染，如番茄、大豆和香根草等植物和棒束梗霉菌 F3 对设施农业土壤中酞酸酯的降解有一定的协同作用。

（8）化学-微生物-植物修复。设施农业土壤中添加重金属化学螯合剂并同时接种耐重金属微生物能提高植物对土壤中重金属的修复效率，如耐 Pb 绿色木霉菌和耐 Cd 淡紫拟青霉菌并联合螯合剂柠檬酸施入设施农业土壤中能提高龙葵对重金属 30%的累积量。通过集成修复技术，强化和促进设施农业土壤中农药修复效率。如化学-微生物耦合修复技术，将还原物质零价铁粉和农药降解菌耦合，使用到设施农业土壤中去除农药残留，如化学-植物、化学-植物-微生物等土壤污染综合修复技术。

（9）化学修复。向设施农业土壤中添加零价铁粉等还原物质修复设施农业土壤中的农药残留的化学修复技术。

（10）固化–稳定化。指通过固态形式在物理上隔离污染物或者将污染物转化成化学性质不活泼的形态，降低污染物的危害，可分为原位和异位固化-稳定化修复技术。采用高比表面积固化剂（如硅藻土、石灰石、活性炭、树脂、沸石、羟基磷灰石等）吸附设施农业土壤中重金属，使之呈颗粒状或大块状存在，进而使重金属处于相对稳定状态，或将重金属转化为迁移能力或毒性小的状态和形式，降低其生物有效性。如硅藻土与石灰石以 1∶2 比例混合并以 6 g/kg 的添加量应用后，设施农业土壤中 Pb、Cd、Zn 浸出量分别大幅降低 54.3%、100%和 63.8%。利用高吸附性物质（如生物炭等）吸附土壤中的残留抗生素，降低其生物有效性，如生物炭能高效吸附土壤中磺胺甲噁唑残留，可用于修复抗生素污染土壤。

3. 土壤污染综合防控对策和技术体系构建

1）工作思路

通过系统总结设施农业土壤污染和土壤功能退化的主要问题与成因，参考现有农产品生产污染控制相关管理规章与技术文件，以设施农业生产性污染（农药、化肥、有机肥、农膜等）影响为重点，以源头预防、污染控制为重点，兼顾污染土壤治理修复技术措施，筛选集成提炼化肥（平衡施肥、合理灌溉、深翻改土）、农药（农药增效减量、农药降解技术）、重金属生物修复、抗生素生物降解等预防和控制技术措施，并进行相关的环境影响，经济、技术、管理的有效性、可行性分析，提出适合国情及管理需求的设施农业条件下土壤污染综合控制技术体系（Zhang et al.，2013；华小梅等，2013）。建立设施农业土壤污染综合防控对策和技术体系的基本工作思路如图 5-55 所示。

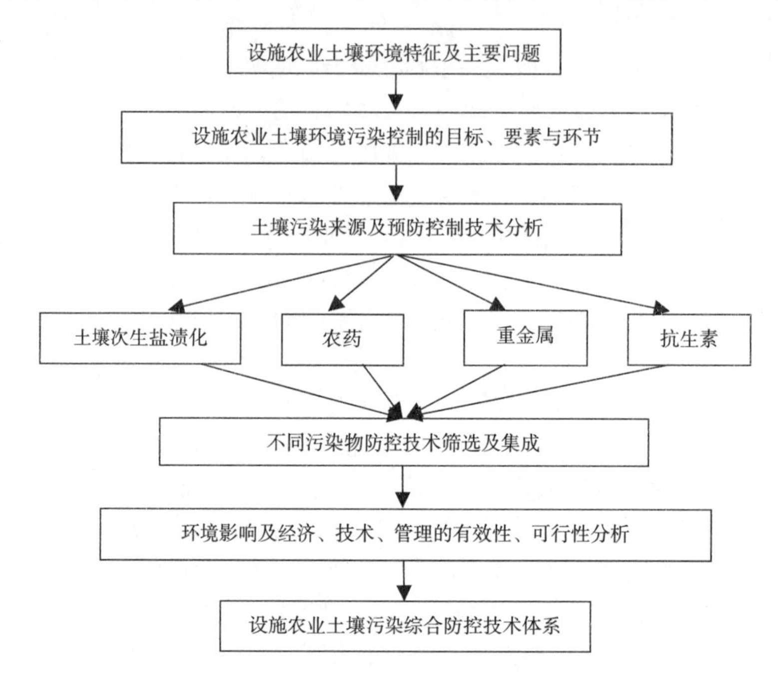

图 5-55　设施农业土壤污染综合防控技术体系构建工作思路

2）工作程序

我国设施农业的发展规模不断扩大，不同区域设施类型、生产模式、管理水平不一，耕地土壤资源与环境保护尤应加强，设施农产品产地环境监管体系和机制亟待建立。我国目前对各类土壤环境质量的评价及管理未建立相应制度，对存在污染危害风险或实际危害的土壤未能及时进行有效的污染控制与监管。在设施农产品产地环境质量评价上，不同来源和目的的蔬菜相关标准名目较多，内容交叉，由于对标准的采用无明确规定，各种评价中对评价标准、指标、方法的采用随意性大，一些产地环境评价与大田环境采用相同的标准。由于标准、方法采用不规范，加上标准有所欠缺，监测数据大多较为零散，且代表性、可靠性不确定，评价结果往往不能全面、确切表征产地土壤环境的实际状况。因此有必要建立设施土壤质量评价和污染综合防控对策和技术体系的工作程序（图 5-56）。

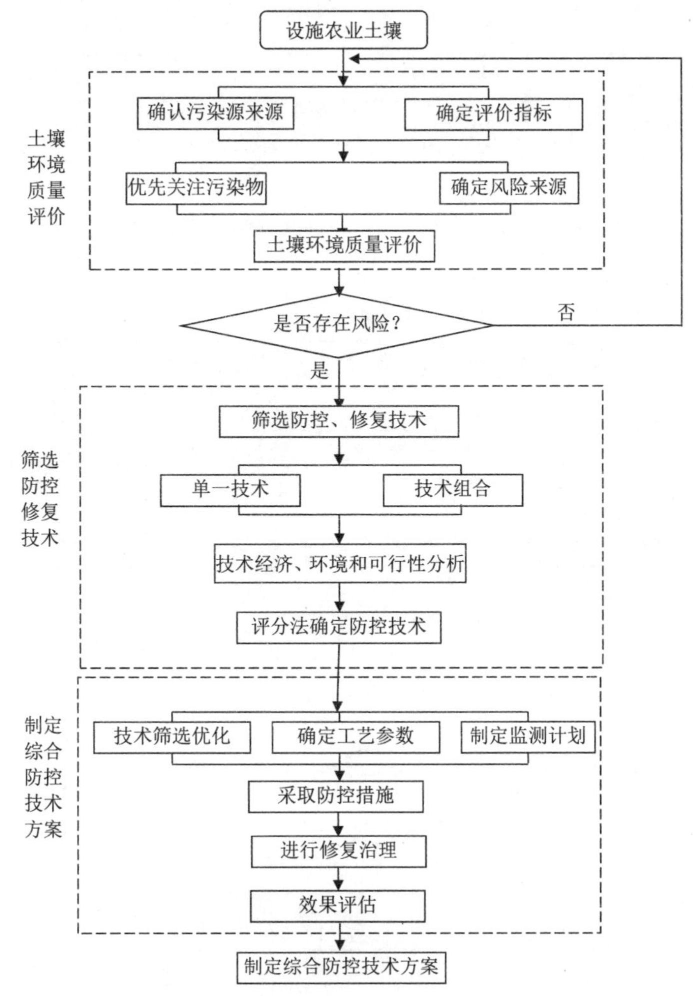

图 5-56　设施农业土壤污染综合防控技术体系构建工作程序

4. 土壤污染综合防控对策和技术体系框架

以控制农业投入品的数量和质量为核心，建立起“源头防控、过程削减、末端治理”全过程的设施农业土壤污染综合防控对策和技术体系，具体包括源头综合防控对策和技术体系、过程综合消减对策和技术体系、末端综合修复治理技术体系（表 5-33），设施农业土壤污染综合防控对策和技术体系框架如图 5-57 所示（Zhao et al.，2015；黄标等，2015；华小梅等，2013）。

表 5-33　设施农业土壤污染综合防控对策和技术体系

体系	管理措施和技术	主要防控目的和内容
源头综合防控对策和技术体系	（1）农药污染防控对策和技术。农药销量控制登记管理制度；禁用农药管理制度；对症、适时、轮换用药；合理混用；增效减量用药技术 （2）化肥污染防控对策和技术。合理轮作；配方施肥；化肥中重金属含量控制标准 （3）有机肥污染控制对策和技术。有机肥腐熟技术；有机肥抗生素残	制定农用投入品生产标准和管理制度，从源头上严格控制污染物。尽可能采用减量化、无害化技术、合理农艺措施，减少农用投入品使用量及污染物进入土壤

续表

体系	管理措施和技术	主要防控目的和内容
	留、重金属含量控制标准 （4）农膜（酞酸酯）污染控制对策和技术。农膜生产质量标准	
过程综合消减对策和技术体系	（1）农药削减防控对策和技术。生物防虫技术；生物农药；高温闷棚 （2）化肥削减防控对策和技术。硝化抑制剂；合理增施有机肥；优化漫灌、滴灌技术 （3）有机肥无害化技术 （4）农膜（酞酸酯）削减控制技术。适期揭膜技术	采取合理管理和技术措施，削减养分和污染物的残留
末端综合修复治理技术体系	（1）物理修复技术。客土法；深耕翻土；揭棚淋洗与人工洗盐；热脱附技术 （2）化学修复技术。土壤改良剂；化学修复；固化–稳定化 （3）生物及复合修复技术。微生物修复；植物修复；化学-微生物-植物修复 （4）农药包装回收利用技术体系 （5）农膜回收利用技术体系	采用各种方法修复污染的土壤或改变土地利用方式，并恢复土壤功能。建立回收利用体系，防止二次污染的发生

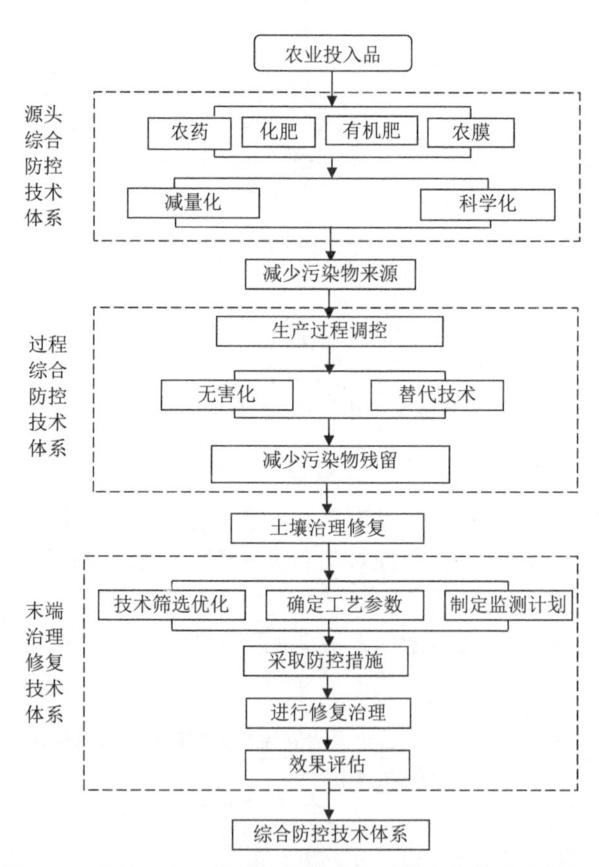

图 5-57　设施农业土壤污染综合防控对策和技术体系框架

1）源头综合防控对策和技术体系

源头综合防控对策和技术体系主要包括设施农业种植过程中农业投入品（农药、化肥、有机肥和农膜等）的减量化、无害化技术，低毒高效的添加替代技术，以及科学合理的农药、肥料和农膜添加、使用技术和农艺措施等。相应的还应该建立农业投入品的登记、建档，并详细记录农业投入品的使用人、使用时间和使用量等信息，最终建立农业投入品的溯源体系。强化源头管理，加强农业投入品生产标准的制定。对违禁农药的生产、流通和销售渠道加以监控，防止进入设施农业生产领域。设施农业农药使用情况调查中，发现部分农民仍使用甲胺磷、呋喃丹、甲拌等禁用限用农药，应严格禁止此类农药在蔬菜上使用。设施内高温、高湿的密闭环境，导致病虫害多发、高发，应更加频繁、准确、及时地进行病虫预测预报，选择农药最佳防治时期。设施内农药使用参照《无公害蔬菜产地环境要求》（GB/T 18407.1—2001）和良好农业生产规范。

2）过程综合削减对策和技术体系

过程综合削减对策和技术体系主要包括在设施农业种植过程中采取科学合理的管理和技术措施，进一步削减污染物的残留，并通过秸秆还田、地膜覆盖、高温堆肥和高温闷棚等措施减少化肥、农药等的使用量；减少因有机肥的使用引起重金属和抗生素污染土壤的危害；通过措施减少因大量使用化肥产生的土壤酸化、盐渍化等环境质量的下降等技术手段。

3）末端综合修复治理技术体系

末端综合修复治理技术体系包括针对污染土壤性质确定的物理、化学和生物学处理技术和方法。考虑污染物在土壤中的存在状态和分布特征，不同的修复技术适用的土壤类型也有差异。因此，要结合土壤理化性质和污染物的分布规律，结合防控目标、修复周期、修复成本和技术可行性选择合适的修复技术。

4）农药包装回收利用技术体系

构建农药包装回收利用的市场激励补偿机制和体系，建立农药包装回收利用机制和发展无害化处理技术，防止农药包装随意抛弃引发的环境污染和危害。建立农药包装废弃物可持续的长效回收运行模式，按照“谁污染，谁治理”的原则，明确谁生产销售农药，谁负责回收处理废弃农药包装物，明确农药生产及使用的权益与农药废弃包装物在生产和回收环境的责任的统一，实现“责、权、利”的有机联系，建立农药废弃包装物回收的可行管理模式和补偿机制。

5）农膜回收利用技术体系

构建农膜生产技术标准，建立农膜回收利用的市场激励补偿机制和体系，建立农膜回收利用机制和发展无害化处理技术，防止农膜降解过程释放的酞酸酯污染土壤和环境。通过制定严格的农膜生产质量标准来规范农膜生产企业的生产，要严把农膜质量关，杜绝不合格农膜上市流通。在农膜末端处置环节，应该建立农膜回收制度，建设废旧农膜回收站和田间垃圾回收点，着力提高废旧农膜回收和处置及资源化利用技术。为了达到源头控制和末端处置的目的，政府部门应通过一定的免税或补贴政策大力倡导农膜生产企业生产加工可降解地膜，保障企业的经济利益。其次，推广应用一些先进的废旧农膜清洗及回收机械，提高农膜残留回收利用水平和效率。

参 考 文 献

陈永, 黄标, 胡文友, 等. 2013. 设施蔬菜生产系统重金属积累特征及生态效应. 土壤学报, 50(4): 693-702.

国家环境保护总局. 2006. 温室蔬菜产地环境质量评价标准(HJ/T 333—2006). 北京: 中国环境科学出版社.

胡文友, 黄标, 马宏卫, 等. 2014. 南方典型设施蔬菜生产系统镉和汞累积的健康风险. 土壤学报, 51(5): 132-142.

华小梅，何跃，吴运金，等. 2013. 我国设施农业产地环境问题与土壤环境保护管理对策//2013 年中国环境科学学会学术年会论文集（第三卷）. 北京: 中国环境科学出版社: 1381-1385.

环境保护部. 2014a. 场地环境调查技术导则(HJ 25.1—2014). 北京: 中国环境科学出版社.

环境保护部. 2014b. 场地环境监测技术导则(HJ 25.2—2014). 北京: 中国环境科学出版社.

环境保护部. 2014c. 污染场地风险评估技术导则(HJ 25.3—2014). 北京: 中国环境科学出版社.

环境保护部. 2014d. 污染场地土壤修复技术导则(HJ 25.4—2014). 北京:中国环境科学出版社.

黄标, 胡文友, 虞云龙, 等. 2015. 我国设施蔬菜产地土壤环境质量问题及管理对策. 中国科学院院刊, 30: 194-202.

马丽丽, 郭昌胜, 胡伟, 等. 2010. 固相萃取-高效液相色谱-串联质谱法同时测定土壤中氟喹诺酮、四环素和磺胺类抗生素. 分析化学, 38(1): 21-26.

南京市统计局. 2011. 南京统计年鉴 2011. 南京: 凤凰出版社.

寿光市统计局. 2011. 寿光统计年鉴 2011.

徐州市统计局, 国家统计局徐州调查队. 2011. 徐州统计年鉴 2011. 北京: 中国统计出版社.

杨岚钦, 黄标, 毛明翠, 等. 2014. 南京设施蔬菜生产系统的可持续性研究——基于经济和社会管理层面. 土壤, 46(4): 737-741.

张桃林. 2015. 加强土壤和产地环境管理促进农业可持续发展. 中国科学院院刊, 30(4): 435-444.

赵娜. 2007. 珠三角地区典型菜地土壤抗生素污染特征研究. 广州: 暨南大学.

中国科学院农业领域战略研究组. 2009. 中国至 2050 年农业科技发展路线图. 北京: 科学出版社.

中国农业年鉴编辑委员会. 2011. 中国农业年鉴. 北京: 中国农业出版社.

中华人民共和国国家环境保护总局, 中国环境监测总站. 1990.中国土壤元素背景值. 北京:中国环境科学出版社.

中华人民共和国国家统计局. 2011. 中国统计年鉴 2011. 北京: 中国统计出版社.

中华人民共和国国家统计局. 2013. 中国统计年鉴 2013. 北京: 中国统计出版社.

中华人民共和国国家卫生和计划生育委员会, 国家食品药品监督管理总局. 食品安全国家标准　食品中污染物限量（GB 2762—2017）. 北京: 中国标准出版社.

中华人民共和国国家质量监督检验检疫总局, 中国国家标准化管理委员会. 2009. 肥料中砷、镉、铅、铬、汞生态指标(GB/T 23349—2009). 北京: 中国标准出版社.

中华人民共和国农业部. 2015. 无公害食品 产地环境评价准则(NY/T 5295—2004). 北京:中国标准出版社.

中华人民共和国卫生部, 中国国家标准化管理委员会. 2006. 生活饮用水卫生标准（GB 5749—2006）. 北京: 中国标准出版社.

Blackwell P A, Holten Lützhøft H C, Ma H P, et al. 2004. Ultrasonic extraction of veterinary antibiotics from soils and pig slurry with SPE clean-up and LC–UV and fluorescence detection. Talanta., 64(4): 1058-1064.

Hu W Y, Huang B, He Y, et al. 2016. Assessment of potential health risk of heavy metals in soils from a rapidly developing region of China. Human and Ecological Risk Assessment, 22: 211-225.

Hu W Y, Huang B, Tian K, et al. 2017a. Heavy metals in intensive greenhouse vegetable production systems along Yellow Sea of China: Levels, transfer and health risk. Chemosphere, 167: 82-90.

Hu W Y, Zhang, Y X, Huang, B, et al. 2017b. Soil environmental quality in greenhouse vegetable production systems in eastern China: Current status and management strategies. Chemosphere, 170:183-195.

Huang Y J, Cheng M M, Li W H, et al. 2013. Simultaneous extraction of four classes of antibiotics in soil, manure and sewage sludge and analysis by liquid chromatography-tandem mass spectrometry with the isotope-labelled internal standard method. Anal. Methods, 5: 3721-3731.

Jiang C A, Wu, Q T, Sterckeman T, et al. 2010. Co-planting can phytoextract similar amounts of cadmium and zinc to mono-cropping from contaminated soils. Ecol. Eng., 36(4): 391-395.

Pan X, Qiang Z M, Ben W W, et al. 2011. Simultaneous determination of three classes of antibiotics in the suspended solids of swine wastewater by ultrasonic extraction, solid-phase extraction and liquid chromatography-mass spectrometry. Journal of Environmental Sciences-China, 23(10): 1729-1737.

Wang J, Zhang M Y, Chen T, et al. 2015. Isolation and identification of a Di-(2-Ethylhexyl) phthalate-degrading bacterium and its role in the bioremediation of a contaminated soil. Pedosphere, 25(2): 202-211.

Wei R C, Ge F, Huang S Y, et al. 2011. Occurrence of veterinary antibiotics in animal wastewater and surface water around farms in Jiangsu Province, China. Chemosphere, 82: 1408-1414.

Xu L, Teng Y, Li Z G, et al. 2010. Enhanced removal of polychlorinated biphenyls from alfalfa rhizosphere soil in a field study: The impact of a rhizobial inoculum. Sci. Total Environ., 408(5): 1007-1013.

Yang J F, Ying G G, Zhao J L, et al. 2010. Simultaneous determination of four classes of antibiotics in sediments of the Pearl Rivers using RRLC-MS/MS. Science of the Total Environment, 408(16): 3424-3432.

Yang L Q, Huang B, Mao M, et al. 2016. Sustainability assessment of greenhouse vegetable farming practices from environmental, economic, and socio-institutional perspectives in China. Environ. Sci. Pollut. R.: 1-11.

Yang Q X, Tian T T, Niu T Q, et al. 2017. Molecular characterization of antibiotic resistance in cultivable multidrug-resistant bacteria from livestock manure. Environ. Pollut., 229: 188-198.

Zeeb B A, Amphlett J S, Rutter A, et al. 2006. Potential for phytoremediation of polychlorinated biphenyl-(PCB-)contaminated soil. Int. J. Phytoremediat., 8(3): 199-221.

Zhang B, Li Y, Gao X H, et al. 2013. Status and suggestions of the pesticide use in the protected vegetable foilds in Shandong province. Asian Agricultural Research, 5(4): 117-120.

Zhang Q, Wang B C, Cao Z Y, et al. 2012. Plasmid-mediated bioaugmentation for the degradation of chlorpyrifos in soil. Journal of Hazardous Materials, 221: 178-184.

Zhao F J, Ma Y B, Zhu Y G, et al. 2015. Soil contamination in china: current status and mitigation strategies. Environ. Sci. Technol., 49(2): 750-759.

第6章　设施农业土壤环境质量演变、风险评估与环境管理研究展望

1. 开展设施农业土壤环境专项调查

在国家层面组织开展设施农业产地土壤环境专项调查。建立各地设施土壤环境本底数据，划分土壤污染高风险区，为相关标准的制定提供数据支持。建立国家设施土壤环境信息管理系统，及时掌握与分析设施土壤环境质量及其动态变化趋势，为设施土壤污染防治与资源保护提供科学依据（赵其国，2015；曾希柏等，2007）。

2. 加强设施农业土壤环境容量和区域环境承载力研究

深入研究设施农业的高投入和设施规模的不断扩张对土壤生态环境和地下水资源的影响，评估设施农业生产区土壤和水资源的利用潜力及区域的环境承载力。由于设施农业发展和环境间的协调关系非常复杂，目前的研究基础还很薄弱，因此非常有必要开展专项研究。

3. 加强设施农业区域宏观调控研究

建议生态环境部根据国家各个地区的资源和区位优势，制订有指导性的设施农业污染防治规划，明确设施农业发展的优势区域、重点领域和重要项目。各地区环保部门应参与到设施农业的发展规划中，进行监管和指导，把节约资源和保护生态环境的理念落实在设施农业发展的各个环节（Hu et al.，2017a；黄标等，2015；华小梅等，2013；赵其国等，2009）。

为了保障一个地区的土壤资源合理利用，在合理规划的基础上制定设施农业产地的准入、退出制度。

4. 尽快修订和完善设施农业土壤环境质量标准

土壤环境质量标准的制订是一项涉及面广、量大、十分复杂的工作，我国缺乏基础研究与数据，标准制订的技术方法是一个不断完善的过程，需要实践检验并持续改进。指标体系选择及标准值制定等方面也需要不断地采用现场数据进行检验与调整。为此应加强各相关调查与基础性研究工作，在今后的各类土壤污染调查及相关研究中对标准不断予以检验、修正和完善（Hu et al., 2017b; Zhao et al., 2015; 黄标等，2015）。同时，及时补充制定标准指标体系中污染物的标准分析方法，保证标准实施的可行性。建立由科学家、管理者、使用者等各方能进行信息沟通的工作平台，标准制订过程中与农业、

国土等各相关部门、协作单位共同研讨，鼓励地方参与土壤环境标准的研究与制订工作，广泛征求各方专家及管理者的意见，并请各单位利用原有调查或试验资料进行标准的检验，提出修改意见，使最终形成的标准在符合科学性与可行性的同时，可为各级政府管理部门与应用单位接受（陈怀满等，1999）。

我国设施农业土壤环境质量标准的更新已严重滞后，修订和完善现行设施土壤环境质量标准势在必行。首先，要尽快通过设施蔬菜生产基地土壤重金属积累状况调查和重金属在设施土壤中的环境化学行为、迁移转化规律等修订现行的设施土壤重金属环境质量标准。其次，针对目前缺乏反映设施农业农药、肥料和农膜高投入污染的土壤环境质量指标，要尽快完善设施农业中常规使用农药、氮磷养分、农膜与酞酸酯残留、抗生素等污染物的含量限值。在设施农业农用投入品方面，尽快构建设施农业条件下农用投入品生产、安全使用规范与污染物控制限量标准，尤其是针对农药包装废弃物随意处置问题，制订设施农业农药安全使用标准和农药包装废弃物管理处理政策和技术体系，针对目前商品有机肥标准的不健全，如未列入监管的抗生素、Cu 和 Zn 等元素、农膜中尚未制定酞酸酯的限定标准等，完善相应的标准体系，为设施农业土壤环境质量管理提供依据（Hu et al.，2017a；黄标等，2015）。

5. 完善相应管理法规，加强标准的实施管理

建立合理可行的设施蔬菜产地环境监督管理体系，可以尝试建立以环保部门负责的环境监管职能部门，统筹设施蔬菜生产系统环境管理制度、环境监测标准、环境监测监管手段、土壤环境评价、土壤环境生态补偿确定和实施等的制定，使设施蔬菜生产的环境管理落实到实处（Hu et al.，2017a；黄标等，2015）。

构建土壤污染防治的政策、法律及管理体系框架，建立土壤污染防治的有效机制，各地方应查明并建立各自区域内土壤环境中需重点或优先控制的污染物名录，促进土壤环境保护标准的有效实施，使土壤环境质量评价切实成为土壤资源与环境保护、土地开发利用及保障农产品安全与人体健康的法规性管理手段，从而进一步增强标准对土壤环境监控管理的服务功能（骆永明等，2009；赵其国和骆永明，2015；张桃林，2015）。

6. 开展设施农业环境监测和风险评估

为了保障一个地区的资源合理利用，开展设施土壤环境质量状况的系统调查与定位监测，逐步建立设施产地土壤环境质量监测与评价体系，实时了解区域设施土壤污染的特征与程度，适时反馈到规划和决策部门。

对设施蔬菜产地进行环境风险评估，是实施环境管理的重要依据。目前，国家在对污染场地的生态风险评估方面做了大量的工作，形成了一系列规范和导则，构成了完善的污染场地环境风险评估框架体系。然而，污染场地的风险评估主要关注的是遗留遗弃工业污染场地再开发利用中对人体健康和生态环境的风险，并没有关注设施蔬菜生产基地土壤污染风险。因此，建议制定设施蔬菜生产基地土壤污染的风险评估技术和设施蔬菜产地土壤修复技术导则，开展设施蔬菜产地农药、酞酸酯、重金属和抗生素等污染物

对生态环境和人体健康的风险评估，尤其是对设施农业从业人员的健康风险评估，完善设施农业土壤农药等污染物的生态风险评估体系，为设施农业土壤重金属和抗生素污染的风险评估与修复提供理论和技术支持（Hu et al.，2017a；黄标等，2015）。

在环境监测和风险评估的基础上，应逐步建立设施农业产地土壤环境质量的定期认证，并以此为基础制定设施产地的准入、退出制度，切实加强设施农业土壤环境管理，保护设施土壤资源，保障设施农业产地农产品质量安全和环境生态安全。

7. 开展设施农业发展的生态补偿机制研究

国内外的先进经验表明，设施农业生产的生态补偿是改善一个地区生态环境切实有效的重要途径。而结合各地区设施农业特点，研究和制定设施农业生态补偿规划及如何设立设施农业生态补偿专项资（基）金；研究设施农业生态补偿的标准和技术支撑体系及如何建立设施农业生态补偿监督评估机制，如何提高农民组织化程度，推进设施农业产业化进程和生态补偿机制的有效运行。这些问题都有待深入研究。

8. 加强设施农业环境问题的关键调控技术研发和示范推广

目前设施农业生产中有关环境问题的关键技术依然存在瓶颈，有必要加大研发力度，如设施农业减少环境影响的装备的更新与改造、环境友好型农药的研发与推广、先进的精准施肥技术、节水灌溉技术、土壤中农药、酞酸酯、重金属和抗生素污染控制与修复技术等有待深入研究。重视协同攻关，集成各方优势，联合开发具有自主知识产权的设施农业环境技术设备和污染控制技术，促进设施农业的技术进步和可持续发展。

参考文献

陈怀满，郑春荣，涂从，等. 1999. 中国土壤重金属污染现状与防治对策. AMBIO-人类环境杂志，2：130-135.

胡文友，黄标，马宏卫，等. 2014. 南方典型设施蔬菜生产系统镉和汞累积的健康风险. 土壤学报, 51(5): 132-142.

华小梅，何跃，吴运金，等. 2013.我国设施农业产地环境问题与土壤环境保护管理对策//2013 年中国环境科学学会学术年会论文集（第三卷）. 北京: 中国环境科学出版社: 1381-1385.

黄标，胡文友，虞云龙，等. 2015. 我国设施蔬菜产地土壤环境质量问题及管理对策. 中国科学院院刊, 30: 194-202.

骆永明，等. 2009. 土壤环境与生态安全. 北京: 科学出版社.

曾希柏，李莲芳，梅旭荣. 2007. 中国蔬菜土壤重金属含量及来源分析. 中国农业科学，40(11)：2507-2517.

张桃林. 2015. 加强土壤和产地环境管理促进农业可持续发展. 中国科学院院刊, 30: 435-444.

赵其国. 2015. 赵其国谈我国土壤重金属污染问题与治理的对策. http://www.mlr.gov.cn/xwdt/jrxw/201510/t20151029_1385762.htm.

赵其国，骆永明. 2015. 论我国土壤保护宏观战略. 中国科学院院刊, 30: 452-458.

赵其国，骆永明，滕应. 2009. 中国土壤保护宏观战略思考. 土壤学报, 46（6）：1141-1145.

Hu W Y, Huang B, Tian K, et al. 2017a. Heavy metals in intensive greenhouse vegetable production systems along Yellow Sea of China: Levels, transfer and health risk. Chemosphere, 167: 82-90.

Hu W Y, Zhang Y X, Huang B, et al. 2017b. Soil environmental quality in greenhouse vegetable production systems in eastern China: Current status and management strategies. Chemosphere, 170:183-195.

Zhao F J, Ma Y B, Zhu Y G, et al. 2015. Soil contamination in china: current status and mitigation strategies. Environ. Sci. Technol., 49: 750-759.